석유화학공학

장구수 지음

도서출판 동화기술

머리말

석유는 전 세계적 에너지 사용량의 많은 부분을 차지하는 대표적 에너지 근원이다. 또한 석유제품은 에너지 자체로서의 역할뿐 아니라 여타 산업의 원자재로서의 중요한 역할을 하고 있다. 즉 원유가 분리되어 석유제품 연료유로 사용이 되고 그 중 일부 중질납사는 개질 공정을 거쳐 방향족 제품인 벤젠, 톨루엔, 자일렌의 이성체를 제조하고, 경질납사는 석유화학 공장으로 보내져 납사 크래커에서 분해하여 석유화학 기초 원료인 에틸렌, 프로필렌, 부타디엔을 생산한다. 이들 기초 원료를 합성 및 중합을 통하여 플라스틱, 섬유, 고무, 정밀화학, 바이오 제품 등을 만들게 된다.

이와 같은 석유화학 제품은 석유정제에서 시작하는데, 석유정제는 여러 물질의 혼합물인 원유를 증류하여 순도 및 가치 높은 석유제품 및 반제품으로 제조하는 것을 말하며 정유라고도 부른다. 이 정유공정은 열역학, 유체역학, 반응공학, 이동현상, 분리공정, 촉매이론, 공정제어, 공정모사 및 최적화 등 화학공학의 모든 이론이 집대성된 화학공학의 꽃이라고 할 수 있다. 과거의 공해산업이라는 이미지에서 벗어나 친환경적 제품 및 공정시스템 구축에 많은 재원을 투자하고 있으며, 이에 따라 신촉매 및 신공정기술들이 활발히 개발되어 적용되고 있다.

저자는 석유화학공학에 대한 강의를 맡게 되어 여러 가지 교재를 찾아보았으나 마땅한 책을 찾을 수가 없었다. 고심하던 끝에 엔지니어로서 약 30년간 석유정제 및 석유화학 공정 분야에서 근무했던 경험을 바탕으로 직접 자료를 정리해서 강의하였으며, 강의 자료를 모아 책으로 발간하게 되었다.

현대의 석유정제 공정은 전통적인 원유 증류 공정 중심의 단순 정제에서 탈피하여 보다 부가가치가 높은 제품의 수율을 선택적으로 높이거나 제품의 품질을 향상시키는 방향으로 고도화되고 있다. 또한 환경에 대한 관심이 고조됨에 따라 제품의 청정성 향상은 물론 석유정제 또는 저장 중 발생하는 오염물질을 저감하는 기술이 요구되고 있다.

첫째 중질유 분해 기술

석유정제는 연산품 생산 공정으로 중질유 같은 저부가 가치의 활용도가 낮은 제품이 반드시 생산되므로 중질유를 분해하여 경질유를 생산하는 고도화 시설의 보유 여부에 따라 수익성이 크게 좌우된다. 대표적인 중질유 분해 기술로는 유동식 촉매분해 공정과 수소분해 공정이 있다. 전자는 중질유로부터 휘발유를 직접 생산하고 후자는 중질유로부터 납사, 등유, 경유를 주로 생산한다.

둘째 제품 업그레이딩

원유에는 불순물이 포함되어 있는데 이중 유황과 질소 성분은 석유제품의 연소 시 각각 아황산가스와 산화질소로 변환되어 대기를 크게 오염시킨다. 따라서 이들 성분을 제거시키는 대표적인 기술로는 고온 고압 하에서 황화수소 형태로 회수하는 수첨탈황 시설이 있으며, 이 과정에서 질소 성분도 상당량 제거된다. 이들 제거 공정에는 중질납사/등유/경유 탈황 시설과 중질유 탈황 시설이 있다. 전자는 중간 유분에 들어 있는 유황 성분을 수첨탈황하고 후자는 중질유에 포함되어있는 유황, 질소 성분 등을 수첨탈황하는 기술이다.

셋째 환경관련 기술

석유정제 공정 및 저장 시설에서 발생하는 환경오염물질을 회수, 제거, 발생 방지하는 기술을 말한다. 예를 들면 회수에는 탈황 공정에서 발생하는 황화수소를 처리하여 유황으로 회수하는 황회수 시설이 있고, 제거에는 수처리 시설, 배출가스 탈황 시설 ($DeSO_x$), 배출가스 탈질 시설 ($DeNO_x$), 집진 시설 (전기집진기 등)이 있다. 그리고 발생 방지에는 휘발성 유기화합물 (VOC) 저감 시설과 냄새 방지 시설 등이 있다.

넷째 신제품 생산 기술

석유제품 규격이 날로 까다로워짐에 따라 이를 만족시키기 위하여 신제품을 생산하는 공정이 석유정제 공정에 추가되고 있다. 특히 자동차 산업의 발달과 환경 규제 강화에 맞추어 고옥탄가의 청정 휘발유를 생산하기 위한 공정이 주를 이루고 있다. 예를 들면 중질유분해 과정에서 생산되는 탄소수 4개를 가지는 C_4와 5개를 가지는 C_5 올레핀 제품을 이용하여 고옥탄가 휘발유 블렌딩 유분을 생산하는 MTBE와 Alkylation 공정을 들 수 있다.

다섯째 제품 첨가제 기술

내연기관에서 연소되는 연료유의 경우 내연기관의 성능 향상에 따라 연소 조건이 점차 가혹한 조건으로 변하고 있다. 따라서 순수 유분으로 제품 규격을 맞추기에는 한계가 있어 별도 소량의 첨가제를 첨가하여 제품의 성능을 향상시키고 있다. 이것에는 휘발유 첨가제인 엔진 청정제, 항공유 첨가제인 결빙 방지제, 그리고 경유 첨가제인 유동성 향상제 등이 있다.

여섯째 기타 석유정제 관련 기술
석유정제 공정이 단순 분리 공정에서 벗어나 화학반응이 수반되는 공정으로 발달됨에 따라 이에 필요한 촉매 관련 기술이 크게 발달하고 있다. 게다가 안정적인 운전과 수익성 향상을 위하여 공정제어 기술, 공정 시뮬레이션 기술의 중요성이 부각되고 있으며, 최적화된 제품 생산 계획을 수립하기 위한 최적화 기술 등이 석유정제 공정에서 널리 사용되고 있다.

위와 같은 석유정제산업 발전에 대하여 본 저서는 1장에서 17장까지 원유에서 최종제품까지 정유 및 석유화학 전체 공정을 다루고 있다. 다시 말해 석유정제공정, 석유화학공정, 납사분해공정, 중질유분해공정, 윤활유공정, 수소생산공정, 황회수공정, 탈황공정, 폴리프로필렌생산공정, 바이오디젤생산공정, 화학공정촉매에 이르기까지 각 공정별 사용원료, 최종제품, 공정시설, 운전변수, 반응 및 촉매 화학 등에 대하여 화학공학인의 입장에서 가능한 많은 것을 전달하려고 노력하였다.

이처럼 원유로부터 시작하여 석유정제 및 석유화학 전체 공정의 제품이 어떻게 만들어지는지 그리고 이들 공정들은 상호 어떤 연관성을 갖고 있는지에 대하여 이론을 기초로 실제 현장의 많은 공정흐름도와 사진 및 데이터를 체계적으로 실었기 때문에 이론 기초로 실제 현장을 간접적으로 이해하고자 하는 석유화학공학을 배우는 3, 4년 학생들이나 석유화학 관련 산업분야에 종사하는 엔지니어들에게 많은 도움이 되었으면 하는 바람을 가져 봅니다.

참고로 석유화학제품을 비롯한 모든 관련 공정의 기술용어는 가능한 우리말로 사용하고 뒤에 영어로 함께 표기하여 뜻을 보다 명확히 전달하려고 노력하였다. 돌이켜보면 우연한 기회에 책장에 사장되어 있던 자료를 모아 밤새 강의 준비를 하고 책을 쓸 수 있게 기회와 동기를 주었던 수원대학교 화학공학과 황 인국교수님께 진심으로 지면을 빌어 감사의 마음을 전하고 싶습니다.

아울러 보다 좋은 책으로 완성될 수 있도록 지속적인 수정 보완을 약속드리며 본서의 출간에 많은 도움을 주신 도서출판 동화기술의 임직원 여러분께 깊은 감사를 드립니다.

차 례

1
CHAPTER

석유화학 산업 개요

석유는 전세계적 에너지 사용량의 37.5%를 차지하고 우리나라의 경우는 51%를 차지하는 대표적 에너지 근원이다. 또한 석유제품은 에너지 자체로서의 역할뿐 아니라 여타 산업의 원자재로서의 역할 및 국가 세수의 주요 원천으로서의 역할을 하고 있다. 이와 같은 중요성으로 인해 석유 자원의 확보는 국가경쟁력 강화에 가장 중요한 요소 중 하나이다. 세계 각국은 국가의 사활을 걸고 석유 자원 확보에 나서고 있으며, 과거 이라크 유전 확보를 위한 이라크 전쟁 및 미국 - 유럽의 대립, 중앙아시아 및 러시아 유전 확보를 위한 미국 - 러시아 - 중국 - 일본의 치열한 외교전 등은 그 예라 할 수 있다.

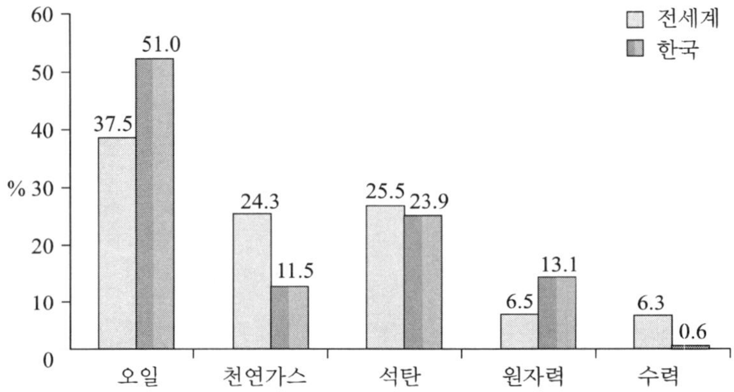

그림 1.1 1차 에너지 소비 분포 (2002년)

1.1 석유정제의 정의

석유정제란, 여러 물질의 혼합물인 원유 (Crude Oil)를 증류 (Distillation)하여 순도 및 가치 높은 석유제품 및 반제품으로 제조하는 것을 말하며 정유 (精油)라고도 부른다.

전세계 대륙별 석유정제 시설 현황을 살펴보면 상압증류 시설 능력은 아시아가 가장 높고 중질유 감압증류 시설 능력은 북미 쪽이 매우 높다. 따라서 북미는 감압증류 제품 (감압가스오일)을 분해하는 촉매분해/수소분해 시설뿐만 아니라 수소첨가 탈황시설 능력 또한 상대적으로 매우 높음을 표 1.1에서 알 수 있다.

표 1.1 전세계 석유정제 시설 현황 (Oil & Gas Journal 2000, 12)

	개수	상압증류능력	감압증류능력	촉매분해능력	수소분해능력	수첨탈황능력
아프리카	46	3,265	459	190	28	790
아시아	205	20,165	3,720	2,625	731	7,820
동유럽	92	10,711	3,666	822	173	4,097
중동	45	5,992	1,955	296	578	1,706
북미	179	19,969	8,854	6,371	1,717	12,418
남미	70	6,676	2,816	1,244	162	1,832
서유럽	105	14,471	5,084	2,150	861	7,917
전체	742	81,251	26,557	13,701	4,253	36,583

주) 단위: × 1000 B/D (Barrel/Day)

전세계 정유사의 정제능력을 살펴보면 베네수엘라 파라과나 정유센터가 일일 원유처리 능력이 가장 높고 이어서 한국의 SK정유와 GS칼텍스가 그 뒤를 따르고 있다. 한국은 비산유국임에도 불구하고 원유정제 능력이 매우 높고 수요 과잉 석유제품은 수출을 하고 있으며 각 정유사들의 시설 고도화율이 매우 높아졌다. 예를 들면 GS칼텍스 경우 상압잔사유 유동식 촉매분해 (RFCC, Residue Fluid Catalytic Cracking)를 비롯하여 감압가스오일의 수소분해 (HCR, Hydrocracking), 감압잔사의 수소분해 (VRHCR, Vacuum Residue Hydrocracking) 그리고 감압잔사 수소분해 제품인 분해가스오일의 유동식 촉매분해 (VGOFCC, Vacuum Gas Oil Fluid Catalytic Cracking) 시설을 완비하고 있다.

표 1.2 전세계 정유사 정제능력 순위 (Oil & Gas Journal 2000, 12)

순위	정유사	위치	상압증류능력 (×1000 B/D)
1	파라과나 정유센터	카든주디바나, 팰콘, 베네수엘라	940
2	SK정유	울산, 한국	850
3	GS칼텍스	여수, 한국	650
4	엑슨/모빌사	주롱/팔라우, 싱가포르	580
5	Reliance사	잠내거, 인디아	540
6	호벤사 정유사	크로익스, 버진아일랜드	525
7	쌍용정유	울산, 한국	525
8	엑슨/모빌사	베이타운, 텍사스, 미국	508
9	엑슨/모빌사	베이톤라우지, 로스앤젤레스, 미국	485
10	러시안인베스트먼트사	앤갈스크, 러시아	441

국내 정유사의 원유정제 능력은 SK정유가 가장 높고 이어서 GS칼텍스 그리고 쌍용정유, 현대정유 순서이다. 실제 각 사의 정제 능력은 공정개조를 통하여 이보다 높다고 할 수 있다. 즉 SK정유가 현재 일일 1백만 배럴 (Barrel) 이상이고 GS칼텍스 또한 80만 배럴 (Barrel) 이상을 처리하고 있다.

표 1.3 국내 정유사 석유정제 능력 시설 비교 (2002) (단위: × 1000 B/D)

	SK 정유	GS 칼텍스	쌍용 정유	현대 정유	인천 정유	전체
상압증류	850	650	525	350	275	2650
감압증류	88	11	178	35	20	332
중질유업그레이딩						
잔사 유동식 촉매분해	53	80	65	-	-	198
수소분해	37	-	105	39	-	181
상압잔사/감압잔사 수첨탈황	93	-	40	-	-	133
전체	183	80	210	39	-	512
중질유업그레이딩/상압증류 비율(%)	21.5	12.3	40.0	11.0	-	19.3
수첨탈황						
정유 (납사, 등유/경유, 분해납사)	221	237	131	130	103	822
방향족 (납사)	40	65	45	25	30	205
전체	261	302	176	155	133	1027
수첨탈황/상압증류 비율(%)	30.7	46.4	33.5	44.3	48.2	38.7
방향족(파라자일렌), ×1000톤/년	650	1.050	600	-	300	2200
폴리프로필렌, ×1000톤/년	340	180	-	-	-	505

아래 표 1.4는 석유자원 매장량을 나타내고 있다. 대륙별로 보면 중동이 65.4%로 가장 높고 남미/중미, 유럽/유라시아가 각각 9.4%와 9.3%이다. 국가별로는 사우디아라비아가 25%, 이라크 10.7%, 아랍에미리트 9.3%, 쿠웨이트 9.2%, 이란 8.6% 순이다.

표 1.4 석유자원 매장량 (확인 매장량 기준)

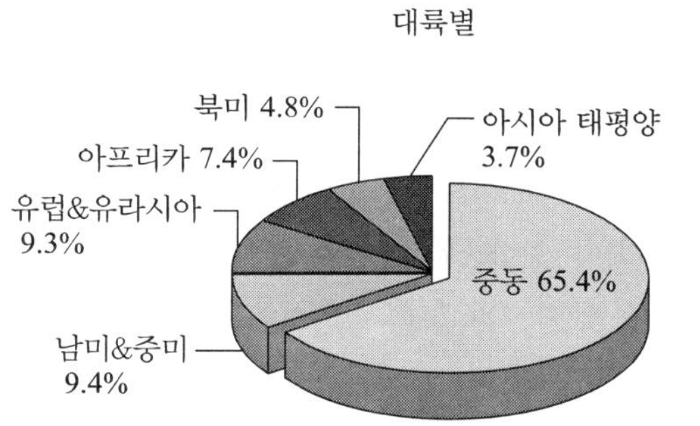

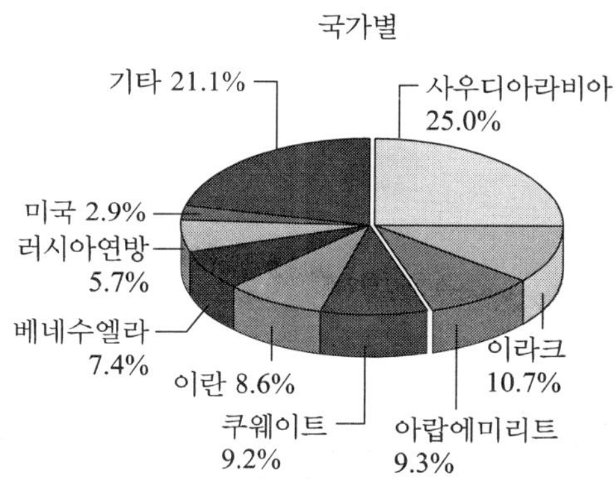

	(×1000 배럴)	매장률	사용 연한
중동	685.6	65.4%	92
남미&중미	98.6	9.4%	42
유럽& 유라시아	97.5	9.3%	17
아프리카	77.4	7.4%	27
북미	49.9	4.8%	10
아시아 태평양	38.7	3.7%	16
세계 전체	1047.5	100%	41
사우디 아라비아	261.8	25.0%	86
이라크	112.5	10.7%	>100
아랍 에미리트	97.8	9.3%	>100
쿠웨이트	96.5	9.2%	>100
이란	89.7	8.6%	74
베네수엘라	77.8	7.4%	74
러시아연방	60	5.7%	22
미국	30.4	2.9%	11
기타	221	21.1%	-
세계 전체	1047.5	100%	41

국내 원유 도입선은 대부분 중동에서 들여오며 사우디아라비아, 아랍에미리트, 쿠웨이트 그리고 이란 순으로 이는 원유 매장량이 많은 국가 순과 일치한다.

표 1.5 국내 원유 도입 현황

(단위: x 1000배럴)

	1997	1998	1999	2000	2001	2002
사우디아라비아	267,888	234,450	241,747	264,925	255,432	240,765
아랍에미리트	127,395	122,022	117,604	128,064	128,405	105,905
쿠웨이트	55,091	66,894	53,284	66,627	64,407	56,996
이란	82,192	67,502	81,944	81,251	80,413	51,512
인도네시아	40,965	33,599	41,726	36,762	45,228	42,457
오만	50,197	57,195	55,802	46,632	53,639	42,053
멕시코	-	-	-	-	-	39,409
콰타르	34,252	34,879	37,301	45,722	42,157	35,330
기타	215,435	202,553	244,682	223,960	189,686	176,567
전체	873,415	819,094	874,090	893,943	859,367	790,992

1.2 원유의 분류

원유는 대체로 85% 정도의 탄소와 12% 정도의 수소로 이루어져 있는 혼합물로 주성분인 탄화수소 (Hydrocarbon) 이외에 황, 산소, 질소 및 철, 니켈, 바나듐 등의 불순물이 포함되어 있다. 원유는 주성분인 탄화수소의 특성에 따라 파라핀 (Paraffin) 계열, 올레핀 (Olefin) 계열, 나프텐 (Naphthene) 계열, 방향족 (Aromatic) 계열 등으로 구분할 수 있다. 또한 성상과는 별도로 비중이나 유황 함량에 따라 분류를 할 수 있는데, 이것은 표 1.6/표 1.7과 같다.

표 1.6 API에 의한 분류

분 류	API	대표 원유
경질(輕質)원유	34 이상	Arun Condensate, Attaka, TAPIS
중질(中質)원유	34 − 30	Labuan, Oman, Dubai
중질(重質)원유	30 이하	AH, Duri, Champion

표 1.7 유황 함량에 의한 분류

분 류	유황 함량	대표 원유
저유황원유	1 wt% 이하	Duri, Arun-C, Champion
고유황원유	1 wt% 이상	AH, AM, Ratawi

1.3 탄화수소 (Hydrocarbon)

원유는 탄화수소의 혼합물로써 탄소수 1개 (C_1)인 매우 가벼운 경질탄화수소에서 탄소수가 수십 개 이상 (예: C_{90} 중질유)인 중질탄화수소의 혼합물로 구성되어 있다. 이들 탄화수소의 비등점은 탄소 (Carbon)수에 비례하여 상승한다. 그리고 분자구조 및 성상에 따라 크게 파라핀 (Paraffin), 나프텐 (Naphthene), 방향족 (Aromatics), 올레핀 (Olefin) 탄화수소로 구분하고 특성은 다음과 같다.

1. 파라핀 (Paraffin)

직쇄형의 포화탄화수소로 분자식은 C_nH_{2n+2}이다.

2. 나프텐 (Naphthene)

고리형 포화탄화수소로 분자식은 C_nH_{2n}으로 표시하며, 포화탄화수소이지만 이중결합이 없는 고리 구조를 가진 탄화수소를 말하며 이름을 붙일 때는 앞에 사이클로(Cyclo-)를 붙인다. 분자에 포함되어 있는 탄소 (Carbon) 대 수소 (Hydrogen)의 비율은 불포화탄화수소 (Olefin)와 같아, 분자식이 올레핀 (Olefin)과 같고 포화된 고리 형태를 이루고 있기 때문에 안정도가 높으며 사이클로 펜탄 (Cyclopentane, C_5H_{10})과 사이클로 헵탄 (Cycloheptane, C_7H_{14})이 여기에 속한다.

3. 방향족 (Aromatics)

벤젠고리 구조를 가진 불포화탄화수소로 이중결합을 가지고 있음에도 선형 구조를 갖지 않고 고리형 구조를 가져 상당히 안정된 탄화수소이다. 대개 독특한 향기를 가지고 있어 방향족 (芳香族) 탄화수소라 부르며 분자식은 C_nH_{2n-6}으로 표시한다. 방향족 탄화수소는 탄소와 수소가 각각 6개인 벤젠 (Benzene)을 기본으로 (벤젠고리 또는 벤젠링이라고 함) 수소 대신 결합된 탄화수소의 종류나 결합된 형태에 의해 방향족 화합물의 종류가 결정된다. 벤젠 (Benzene, C_6H_6), 톨루엔 (Toluene, C_7H_8, 벤젠에서 수소가 하나 빠지고 대신 메틸기 $-CH_3$가 붙은 형태), 자일렌 (Xylene, C_8H_{10}, 벤젠에서 수소가 2개 빠지고 대신 메틸기 $-CH_3$가 2개 붙은 형태, 붙은 위치에 따라 *Ortho-/Meta-/Para-*의 이성체가 존재함) 등이 대표적인 방향족 화합물이며 이 3가지 방향족 화합물을 BTX라고 부른다.

4. 올레핀 (Olefin)

이중결합을 포함하고 있는 선형 불포화탄화수소로 수소수가 포화탄화수소보다 적은 탄화수소에서는 탄소가 부족한 수소의 개수만큼 2중 또는 3중 결합을 하는데 이들 중 2중 결합을 포함한 선형 화합물을 말한다. 올레핀은 포화탄화수소보다 불안정하며 2중 결합이 끊어지면서 여러 분자들이 붙어 고분자 화합물을 형성하기 쉬워진다. 일반적으로 분자식은 C_nH_{2n}으로 표시하며 이름 끝에 엔 (-ene)을 붙여 표시한다. 에틸렌 (Ethylene, C_2H_4), 프로필렌 (Propylene, C_3H_6), 부틸렌 (Butylene, C_4H_8) 등이 여기에 속한다.

1.4 원유 분석방법

원유는 여러 물질의 혼합물이므로 성분별 분석을 하지 않고 비점 (Boiling Point)별 분율을 측정하여 표시한다. 이를 가성분 (Pseudo-component)이라 부른다. 이들 분석방법에는 ASTM, TBP, EFV가 있으며 각 장단점은 아래와 같다.

1. ASTM

엔글러 플라스크 (Engler Flask)를 이용한 증류 (No Packing, No Reflux) 방법으로 분리도가 낮은 반면에 실험이 매우 간단하며 비용이 저렴한 장점이 있다. 각 유종에 따라 D86, D216, D1160 등의 표준화된 방법이 있다.

2. TBP (True Boiling Point)

15－100개의 이론단수를 가진 칼럼 (Column)에서 높은 환류비 (High Reflux Ratio)를 가지고 수행이 되는데 분리도가 높지만 실험 절차가 까다롭고 시간이 많이 걸리는 단점이 있다.

3. EFV

일정 압력에서 각 온도별로 플래시 증발 (Flash Vaporization)에 의해 증류되는 분율을 측정하여 커브 (Curve)를 작성하는 방법으로 각 온도별로 개별적 실험이 행해져야 하는 단점이 있다.

1.5 석유제품 종류별 용도

주요 석유제품의 종류와 용도는 아래 표 1.8과 같다.

표 1.8 석유제품 종류 및 용도

제품명	탄소수	비등점범위 (℃)	용 도	기 타
LPG (프로판) (부탄)	C_3 C_4		취사용, 난방용 난방용, 운송용	
납사	C_4-C_9	30 – 150	가솔린 제조용, 석유화학원료	
가솔린	C_4-C_{12}	30 – 180	운송용	여러 제품의 블렌딩으로 제조
등유	C_9-C_{13}	150 – 235	취사용, 난방용, 석유발동기용	
경유	$C_{10}-C_{25}$	180 – 340	난방용, 운송용, 석유발동기용	
벙커유 (중질유)		235 –	산업용 보일러, 선박용	
아스팔트			도로포장, 건축재료	감압증류로 생산

1.6 석유제품 주요 규격

석유사업법상 규정된 석유제품의 주요 규격은 아래 표 1.9와 같다.

표 1.9 석유제품 주요 규격 (2003년 말)

	LPG (자동차용)	휘발유	등유	경유 (자동차용)	중유 (B-C)
옥탄가 (RON) / 세탄지수 (경유)	N/A	보통: 91 − 94 고급: 94 이상	N/A	45 이상 (세탄지수)	N/A
증류성상 (℃) (90% 유출온도)	N/A	90%: 175 이하 종말점: 225 이하	실내등유: 265 이하 보일러용: 285 − 325	360 이하	N/A
RVP (kPa) / 증기압 (LPG)	1.27 이하 (증기압) (40℃, MPa)	여름용: 44 − 70 겨울용: 44 − 96	N/A	N/A	N/A
필터 막힘점 (℃)	N/A	N/A	N/A	혹한기: − 16 이하	N/A
동점도 (@50℃, mm^2/s)	N/A	N/A	N/A	N/A	540 이하
유황 함량 (wt%)	0.02 이하	0.013 이하	실내등유: 0.01 이하 보일러용: 0.1 이하	0.043 이하	0.3, 0.5, 1.0, 1.6, 4.0 이하
방향족 함량 (vol%) 벤젠 함량 (vol%)	N/A	35 이하 1.5 이하	N/A	N/A	N/A
인화점 (℃)	N/A	N/A	실내등유: 38 이상 보일러용: 40 이상	40 이상	70 이상
연점 (mm)	N/A	N/A	실내등유: 21 이상 보일러용: N/A	N/A	N/A
동판 부식	1 이하 (40℃, 1 hr)	N/A	1 이하 (50℃, 3 hr)	1 이하 (100℃, 3 hr)	N/A
C_3 함량 (mol%)	여름용: 10 이하 겨울용: 15 − 35	N/A	N/A	N/A	N/A
부타디엔 함량 (mol%)	0.5 이하	N/A	N/A	N/A	N/A

1.7 옥탄가, 세탄가 및 RVP

석유제품의 주요 물성에는 옥탄가 (RON), 세탄가, RVP가 있다.

1. 옥탄가 (RON, Research Octane Number)

노킹 (Knocking)은 휘발유 엔진 내에서 연료가 조기 폭발하는 현상으로 노킹이 발생하면 엔진의 폭음이 비정상적으로 커지며 엔진의 출력이 급격히 줄어든다. 이 노킹의 반대 개념인 안티노킹 (Anti-Knocking) 정도를 수치로 나타낸 것을 옥탄가라고 부른다. 즉 기준물질인 이소옥탄 (*Iso*-Octane)을 100, 노말헵탄 (*N*-Heptane)을 0으로 하여 안티노크 (Anti-Knock)성을 표시한다. 예를 들어 어떤 연료의 옥탄가가 90이라는 말은 그 연료의 안티노크성이 이소옥탄 90%와 노말헵탄 10%를 혼합한 물질과 같다는 의미이다.

옥탄가 측정 방법으로 RON (Research Octane Number)과 MON (Motor Octane Number)이 있다. RON은 저속 및 가속시의 안티노크성을 표시하고 MON은 고속시의 안티노크성을 나타낸다. 그리고 현재 석유사업법등의 기준은 주로 RON을 사용하고 있다.

2. 세탄가 (Cetane Number)

디젤 노크 (Knock)는 디젤엔진 내에서 연료의 폭발이 지연되는 현상을 말하고 폭발이 지연되면 엔진 실린더 내의 연료량이 많아지고, 이것이 일시에 연소하면 급격한 팽창 및 높은 열에 의해 피스톤 머리 부분이 심한 충격을 받게 된다. 여기서 디젤엔진의 안티노킹 (Anti-Knocking) 정도를 수치로 나타낸 것이 세탄가로 부르고 있다. 이것은 기준 물질인 노말세탄 (*N*-Cetane)을 100으로 하고 2,2,4,4,6,8,8-헵타메틸노난 (Heptamethylnonane)을 15로 했을 때 안티노크 (Anti-Knock)성을 표시한다. 어떤 연료와 안티노크성이 상기 두 기준물질의 특정 혼합비로 만들어진 표준용액과 같을 때 세탄가는 아래와 같이 결정된다.

$$\text{세탄가} = A + 0.15 \times B$$

여기서 A: 표준용액 혼합물 중 *N*-Cetane %

B: 표준용액 혼합물 중 2,2,4,4,6,8,8-Heptamethylnonane %

참고로 동절기에 디젤의 저온유동성 물성 (Cold Flow Property)에는 운점 (Cloud Point), 유동점 (Pour Point), 저온필터 막힘점 (Cold Filter Plugging Point)이 있다.

3. RVP (Reid Vapor Pressure)

휘발성 저점도유 (Low Viscosity Oil)의 증기압을 측정한 것으로 온도의 함수이다. RVP는 증발 손실, 운반 및 저장 안정성, 가솔린 엔진의 증기폐색, 시동성과 관계가 있으며 저장탱크의 설계 자료로도 중요한 규격이다.

2 CHAPTER

정유공정 개요

정유공정은 열역학, 유체역학, 반응공학, 이동현상, 분리공정, 촉매이론, 공정제어, 공정모사 및 최적화 등 화학공학의 모든 이론이 집대성된 "화학공학의 꽃"이라고 할 수 있다. 과거의 공해산업이라는 이미지에서 벗어나 친환경적 제품 및 공장시스템 구축에 많은 재원을 투자하고 있으며, 이에 따라 신촉매 및 신공정기술이 개발되어 적용되고 있다. 그리고 치열한 수익성 경쟁구도에서 생존하기 위하여 기존 공정의 최적화에 전력을 기울이고 있으며, 이에 따라 공정 제어 및 최적화의 신기술을 활발히 도입하고 있다.

정제과정은 원유산지로부터 유조선으로 원유를 운송 하역하여 원유 탱크에 저장한다. 저장 원유는 정제 공정으로 투입되기 전에 불순물을 제거하고 제품으로부터 열을 받아 예열되며, 다시 가열한 후 상압증류탑에서 분리 및 분해 공정을 거치게 된다.

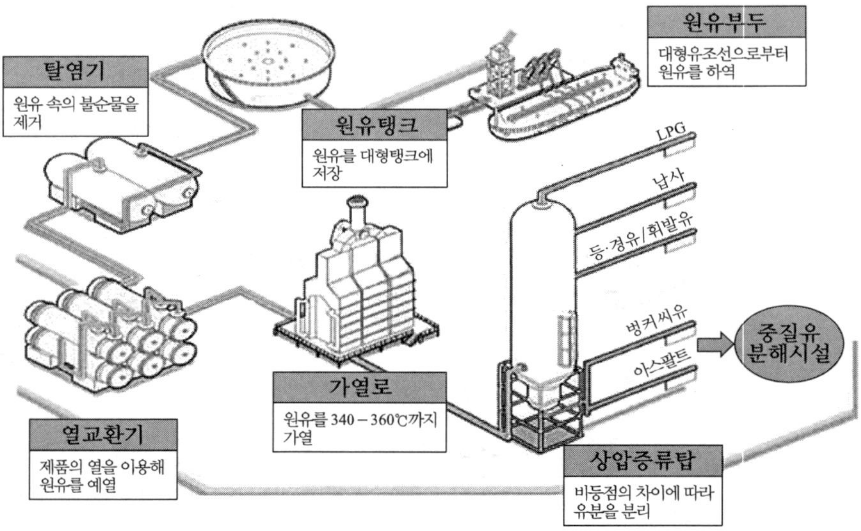

그림 2.1 석유정제 공정 개요도

원유가 분리되어 석유제품 연료유로 사용이 되고 그 중 일부 중질납사는 개질공정을 거쳐 방향족제품인 벤젠, 톨루엔, 자일렌 이성체를 제조하고, 경질납사는 석유화학 공장으로 보내져 납사크래커에서 분해하여 석유화학 기초 원류인 에틸렌, 프로필렌, 부타디엔을 생산한다. 이들 기초원료를 합성 및 중합을 통하여 플라스틱, 섬유, 고무, 정밀화학, 바이오 제품 등을 만들게 된다. 이와 같이 원유에서 비롯되는 석유화학 산업은 우리의 일상생활과 매우 밀접한 관계를 가지고 있으며 아래 그림 2.2를 통해서 확인할 수 있다.

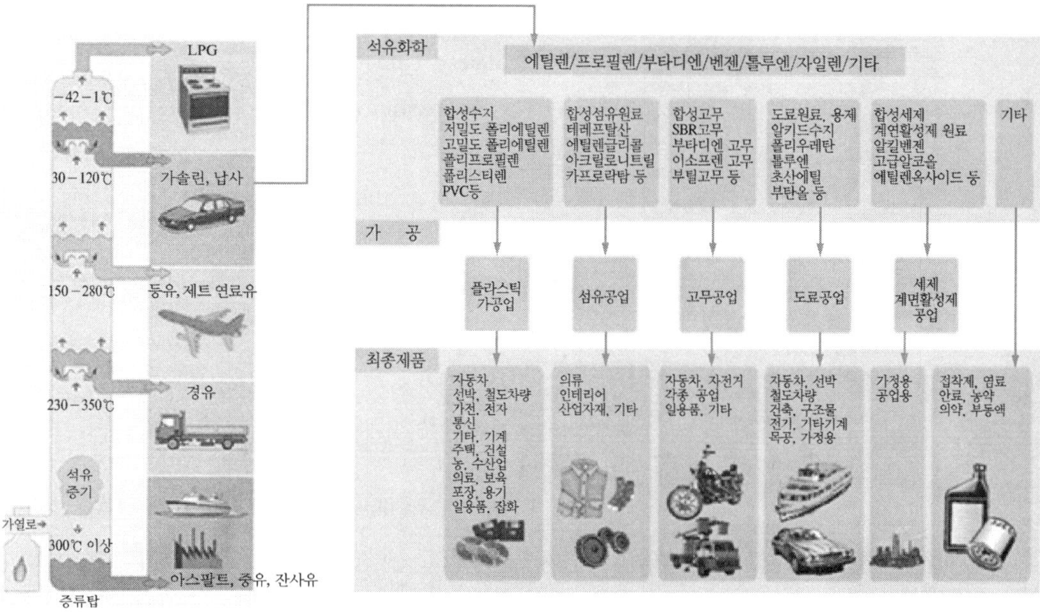

그림 2.2 정유 및 석유화학공정 흐름도

석유정제 공정은 크게 원유를 단순히 분리만 하는 토핑 (Topping), 중질유를 열/촉매/수소를 이용하여 깨는 분해 (Cracking), 탄화수소를 개질/중합/이성화반응을 통해 조합 및 재배열, 수소/촉매를 이용하는 탈황 및 기타 윤활유 공정으로 분류하며 이를 아래 표 2.1에 나타내었다.

표 2.1 석유정제 공정 분류

분 류	주요 공정
토핑 (원유분리)	상압증류, 감압증류, 용제탈아스팔팅
열분해/촉매분해	딜레이드 코킹, 유동식 코킹/플렉시 코킹, 비스브레이킹, 촉매접촉분해, 촉매수소분해
탄화수소 조합/재배열	알킬레이션, 촉매개질, 중합, 이성화, 에테르 제조
탈황	촉매수첨탈황/수소화, 스위트닝/황 제거
기타	윤활유, 그리스, 아스팔트

일반적으로 정유공정은 아래와 같이 구성되어 있다.

- 원유증류 (Crude Distillation)
- 탈염기/가열로 (Desalter & Fired Heater)
- 액화석유가스 회수 (LPG Recovery Unit)
- 액화석유가스 스위트닝 (LPG Sweetening)
- 납사분리/스위트닝 (Naphtha Rerun & Sweetening)
- 납사 수첨탈황/개질 (Naphtha Hydrotreating & Reformer)
- 스팀 스트리퍼 (Steam Stripper)
- 등유/경유 수첨탈황 (Kero & Diesel Hydrodesulfurization)
- 감압증류 (Vacuum Distillation)
- 중질유분해 시설 (Heavy Oil Cracking Facilities)
  ① 벙커씨 수첨탈황 (Bunker-C Hydrodesulfurization)
  ② 수소분해 (Hydrocracking)
  ③ 유동식 촉매분해 (Fluid Catalytic Cracking)
  ④ 딜레이드 코킹 (Delayed Coking)

2.1 상압증류탑

원유증류 공정은 씨디유 (CDU), 에이칼럼 (A-Column), 에이타워 (A-Tower) 또는 토퍼 (Topper)라고 부른다. 이것은 원유를 분리하여 액화석유가스 (LPG), 프로판/부탄 등 석유제품을 생산한다. 분리방법은 각 제품의 끓는점의 차이를 이용하는 것으로 사이드컷 (Side Cut)에 의한 다성분 증류 (Multi-Component Distillation)의 전형적인 예이다. 생산된 제품은 제품에 따라 후처리와 블렌딩 (Blending)을 거쳐서 최종제품이 된다.

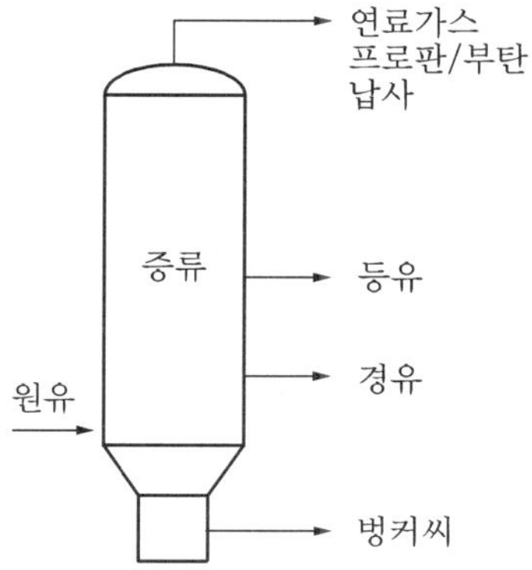

그림 2.3 원유증류탑

증류탑은 상압에서 운전되고 내부는 약 40－50단의 트레이 (Tray)와 트레이 상에 부착된 많은 버블 캡 (Bubble Cap)으로 구성되어 있다. 기 - 액 평형 (Vapor Liquid Equilibrium)에서 고비점 성분 (그림 2.4 속 A)은 아래로 처지고 저비점 성분 (그림 2.4 속 b)은 위로 뜨게 된다. 주요 운전변수는 온도와 압력이며 이들은 위로 올라갈수록 감소한다.

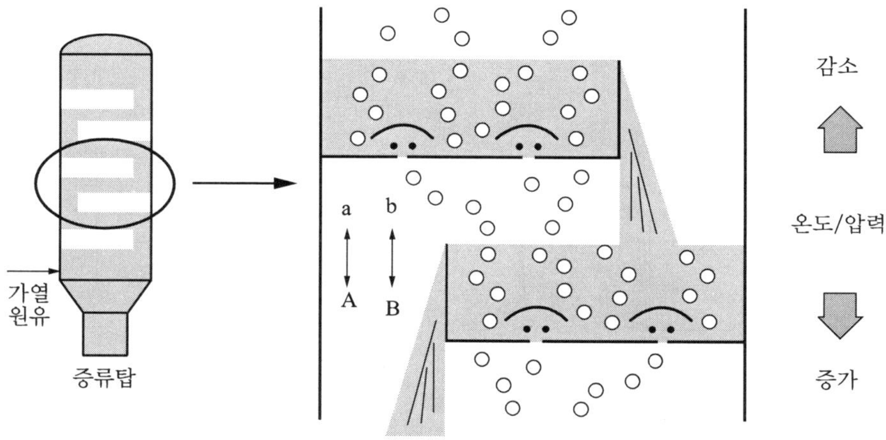

그림 2.4 증류탑 내부

2.2 탈염기 및 가열로

원유증류탑으로 투입되는 원유는 투입 전 탈염기 (Desalter) 및 가열로 (Fired Heater)를 거친다. 탈염기는 원유수송선의 평형수 (Ballast Water)로 인해 원유에 포함되는 염분은 정유시설의 부식의 원인이 되므로 제거해야 한다. 제거방법에는 전기탈염법과 화학탈염법이 있다. 그리고 가열로는 원유를 약 350℃로 가열하는 데 사용된다.

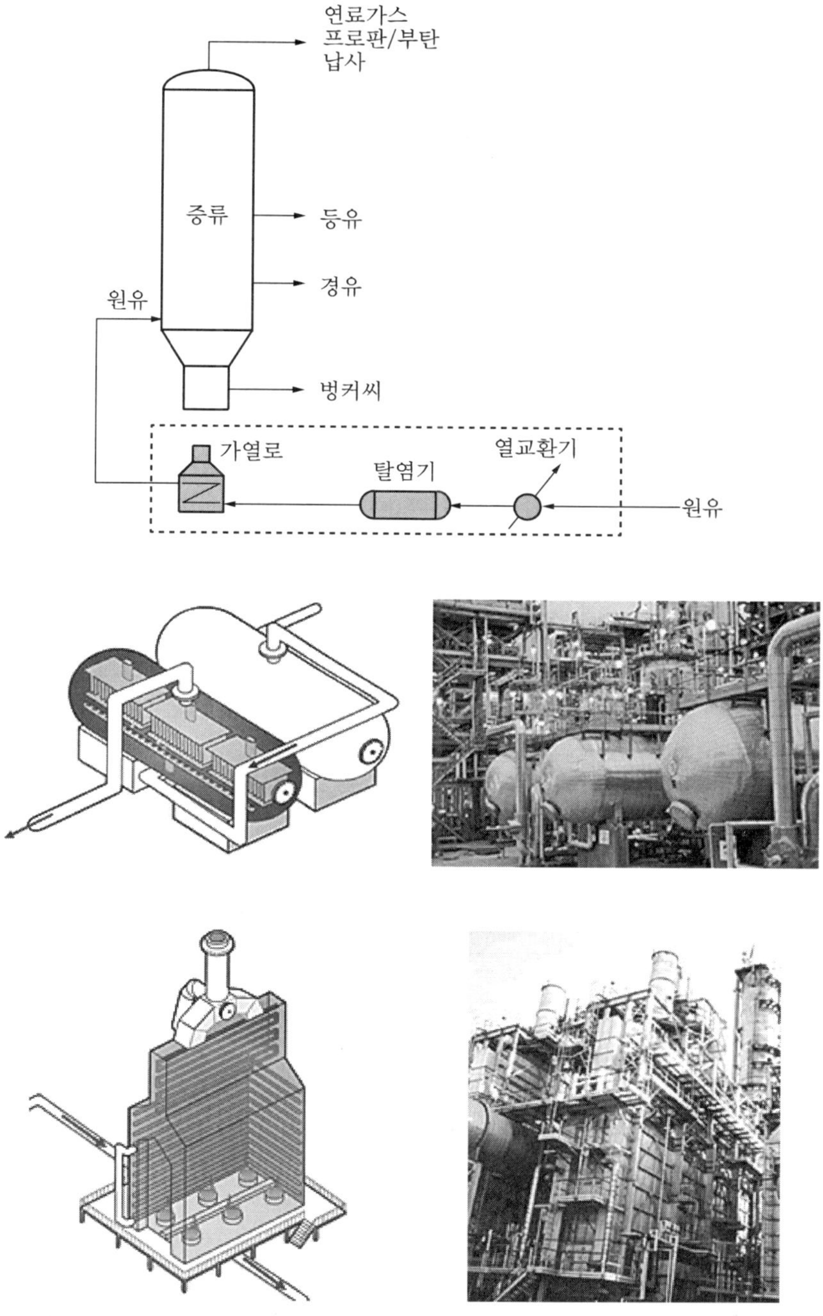

그림 2.5 탈염기 (상) 및 가열로 (하)

2.3 액화석유가스 회수

원유증류 공정의 상부 (Top)로부터 빠져나온 가스 (Gas)들은 끓는점의 차이 때문에 환류드럼 (Reflux Drum)과 납사안정증류탑 (Stabilizer)을 거치면서 액화석유가스 (LPG, Liquified Petroleum Gas)와 납사 (나프타, Naphtha)로 분리된다. 다시 말해 환류 드럼의 하부로 나온 유분은 납사안정증류탑을 거치면서 비점이 낮은 액화석유가스 및 연료가스 (Fuel Gas)는 탑의 상부로 나와 에탄분리탑 (Deethanizer)에서 액화석유가스와 연료가스로 분리되고, 탑의 하부로는 고비점의 납사 (WSR, Whole Straight Run)가 생산된다. 그리고 에탄분리탑의 상부로는 끓는점이 액화석유가스보다 낮은 연료가스 (C_1, C_2, 기타)가 빠져나오고 탑의 하부로는 액화석유가스가 생산된다.

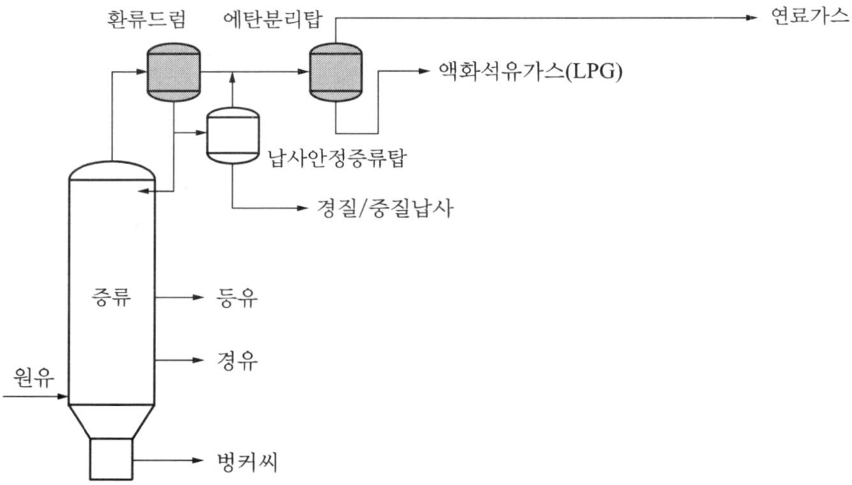

그림 2.6 액화석유가스 회수 공정

2.4 액화석유가스 스위트닝탈황

생산된 액화석유가스는 스위트닝 공정 (Sweetening Unit)을 거치면서 화학반응에 의해 독성의 머캡탄 (Mercaptan)을 제거한다. 머캡탄이 제거된 액화석유가스는 프로판분리탑을 거치면서 저비점의 프로판 (Propane)과 고비점의 부탄 (Butane)으로 분리되며, 출하 직전에 미량의 취기제 (Odorant)를 첨가하여 누출 사고에 대비한다. 프로판과 부탄은 상온에서 고압의 기체이므로 타 제품과는 달리 구형의 볼탱크 (Ball Tank)에 액상으로 저장한다.

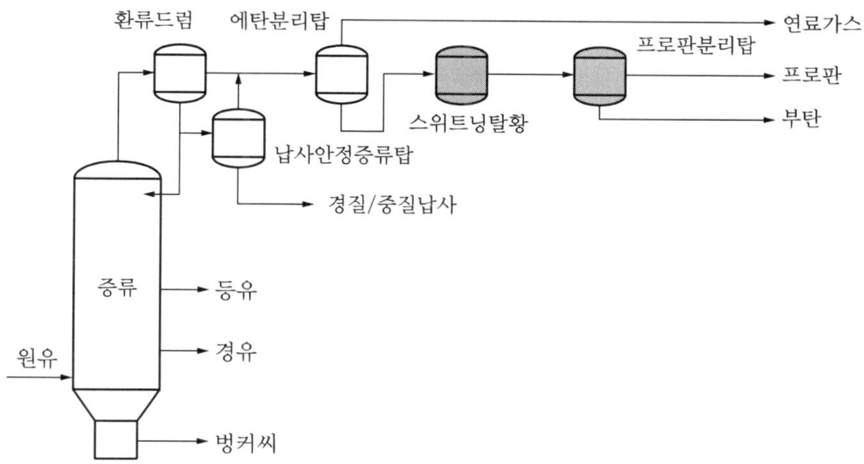

그림 2.7 액화석유가스 탈황 및 분리

2.5 납사분리 및 스위트닝탈황

납사안정증류탑 (Stabilizer)에서 회수된 납사 (WSR, Whole Straight Run)는 납사분리탑 (Rerun)을 거치면서 온도차에 의해 경질납사 (LSR, Light Straight Run)와 중질납사 (HSR, Heavy Straight Run)로 분리된다. 스위트닝 (Sweetening) 탈황 시설을 거친 경질납사는 용제 (Solvent), 항공유 (JP-4), 가솔린 블렌딩 (Gasoline Blending) 등에 사용되고, 석유화학 납사크래커 (Naphtha Cracker)의 원료가 된다. 그리고 중질납사는 접촉개질 (Reformer)의 원료로 사용된다.

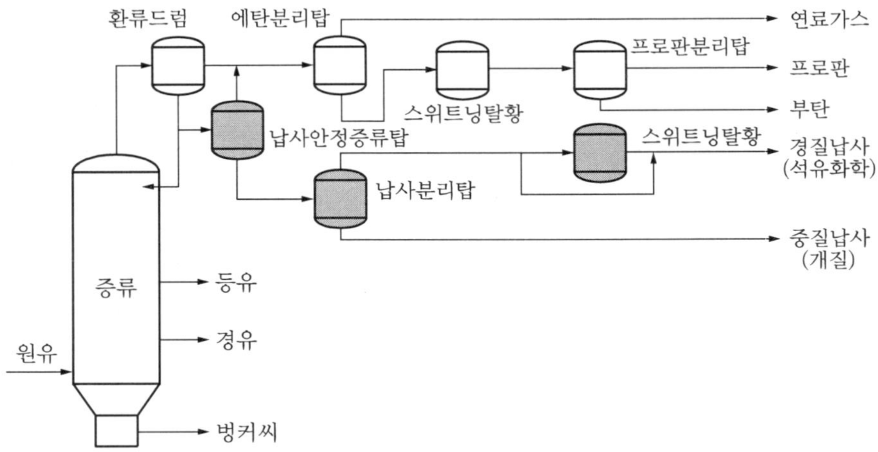

그림 2.8 납사분리 및 스위트닝탈황 공정

> **참고 | 스위트닝 (Sweetening)탈황**
>
> 스위트닝 (Sweetening)이란 일반적으로 메록스 (Merox, Mercaptan Oxidation) 공정을 일컫는 말로서, 탄화수소 내에 머캡탄 (Mercaptan, RSH) 형태로 존재하는 유황성분을 제거 또는 전환시키는 공정을 말한다. 스위트닝은 좀 더 세부적으로 추출 (Extraction)과 작은 의미의 스위트닝으로 나누어진다. 추출은 가성소다 (Caustic, NaOH) 용액을 이용하여 탄화수소 내의 머캡탄을 추출 및 제거하는 공정이다. 스위트닝은 추출에 의해 완벽하게 제거되지 않는 머캡탄에 대해 적용하는 공정으로, 머캡탄을 디설파이드 (Disulfide, RSSR)의 형태로 전환시키는 공정을 말한다. 이는 유황성분을 실제적으로 감소시키지는 않으나, 머캡탄을 상대적으로 증기압이 낮고 악취 및 부식성이 적은 디설파이드로 전환시켜 유해성을 줄이는 공정이다.

2.6 납사 수첨탈황 및 개질

중질납사는 개질공정 (Reformer)에 투입하기 전에 납사 수첨탈황 (Naphtha

Hydrotreating Unit)을 거쳐 탈황이 된다. 이는 중질납사에 함유되어 있는 유황분이 개질공정의 귀금속 촉매를 피독시키기 때문이다. 개질공정에서 생산된 개질체(Reformate)는 고옥탄가의 방향족 화합물로써 휘발유제조 및 방향족 (BTX: 벤젠, 톨루엔, 자일렌) 제품을 생산하는 원료가 된다.

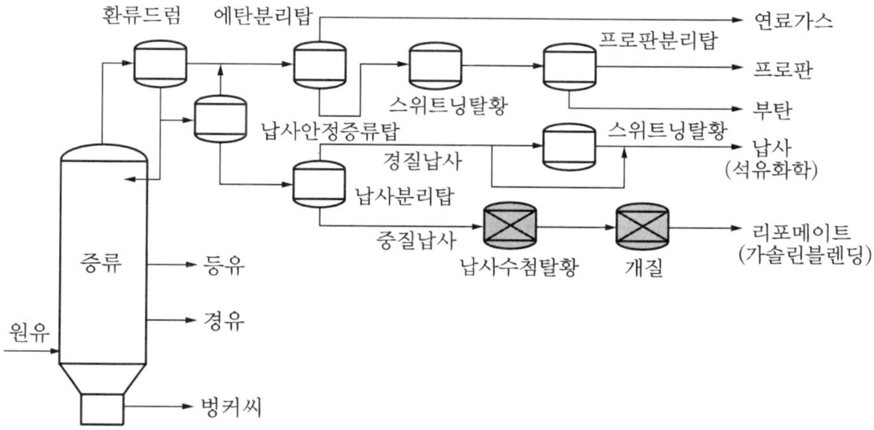

그림 2.9 납사 수첨탈황 및 개질공정

2.7 반재생 및 연속촉매재생 개질

개질공정의 초기 운전 (SOR, Start Of Run) 시 촉매의 활성이 가장 좋으나 상당기간 운전 후에는 촉매상에 코크 축적 (Coke Build-up) 등으로 인해 제품의 품질 및 수율을 더 이상 유지하기 힘들어지는데 이때를 말기 운전 (EOR, End Of Run)이라고 한다. 경제적 운전을 위하여 말기 운전 상태의 촉매를 초기 운전 상태로 회복시키는 작업이 필요하며, 이를 촉매의 재생이라고 부른다. 촉매재생 방법에 따라 반재생 (Semi-Regeneration)법과 연속촉매재생 (CCR, Continuous Catalyst Regeneration)법으로 구분한다.

반재생 개질공정은 촉매의 수명 사이클이 초기 운전 → 말기 운전 → 재생 → 초기 운전의 형태를 띠는 것, 즉 일정기간 운전 후 공정 셧다운 (Shut Down)을 통해 촉매재생을 행하는 형태의 공정을 말한다. 그리고 연속촉매재생 개질공정은 별도의 촉매재생기를 설치하여, 운전 중 촉매의 일정량을 연속적으로 순환 재생시킴으로서 높은 촉매 활성을 유지할 수 있도록 한 공정을 말한다. 이것은 공정의 가혹도 (Severity)가 높아 잦은 촉매재생이 필요하거나, 촉매 활성의 저하를 최대한 억제해야 하는 경우에 채택된다.

그림 2.10 반재생 개질공정 (좌) 및 연속촉매재생 개질공정 (우)

2.8 스팀 스트리퍼 (Steam Stripper)

스팀을 불어 넣어 탄화수소의 분압을 낮춤으로써 좀 더 낮은 온도에서 끓게 하여 분리하는 방법이다. 다시 말해 추출된 유분에 포함되어 있는 저비점 화합물을 스팀을 불어 넣어 분리해내는 일종의 스팀증류 (Steam Distillation) 방식을 말한다. 이것의 목적은 저비점 화합물을 제거함으로써 제품의 인화점 (Flash Point)을 높여 요구제품의 규격을 맞추기 위함이다.

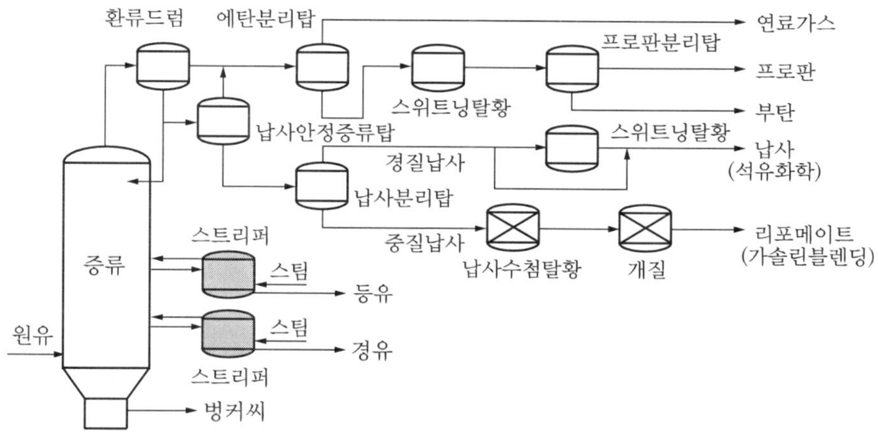

그림 2.11 스팀 스트리퍼 공정

2.9 등유 및 경유의 중간유분 탈황

중간유분인 등유와 경유의 유황 함량을 수소와 촉매를 이용하여 낮추는 방법에는 등유 및 경질경유 수첨탈황공정 (Kero/Diesel Hydrodesulfurization Unit), 중질경유 수첨탈황공정 (Gas Oil Hydrodesulfurization Unit) 그리고 등유의 머캡탄(Mercaptan)만을 제거하는 스위트닝 공정 (Kero Sweetening Unit)이 있다.

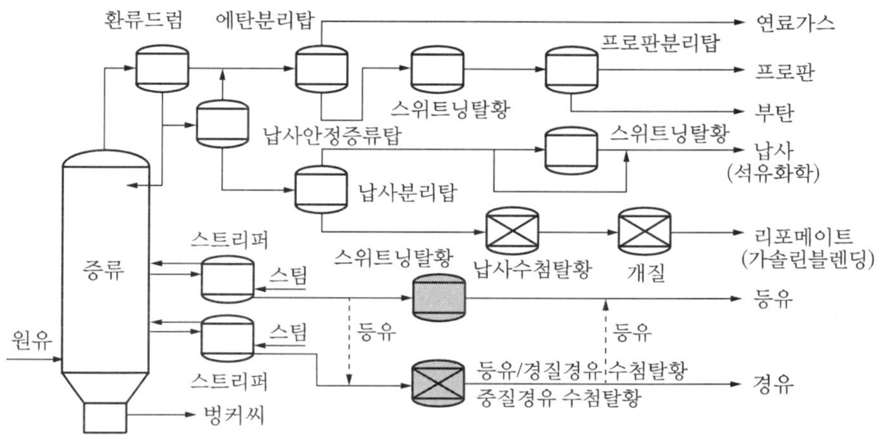

그림 2.12 등유/경유 수첨탈황공정 (좌) 및 중질경유 수첨탈황 (우)

2.10 벙커씨 및 아스팔트

벙커씨 유분을 상압에서 약 350℃ 이상 가열하면 분리가 일어나는 것이 아니라 코킹 (Coking) 현상이 일어나 고체의 탄소덩어리로 변한다. 따라서 증류탑 내부의 압력을 진공상태로 감압시킨 후 가열하면 감압경유 (VGO, Vacuum Gas Oil)와 감압잔사유 (VR, Vacuum Residue)로 분리된다.

감압경유는 재처리 후 윤활유 (Lubricant)의 원료인 윤활기유 제조에 사용하거나 벙커씨 (Bunker-C)유 블렌딩 (Blending)에 사용하고, 감압잔사유는 바로 아스팔트 (Asphalt) 제품으로 사용하거나 탈황 후 저유황 연료유 (벙커씨유)로 이용된다.

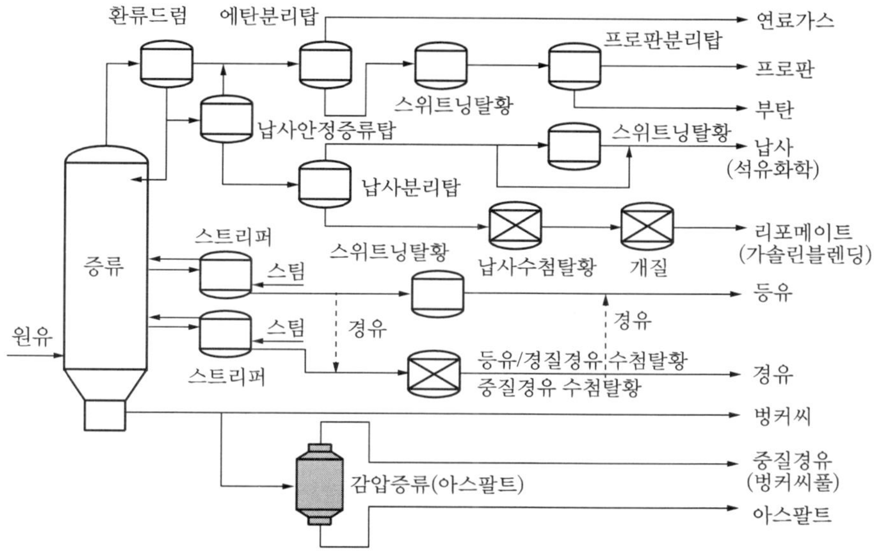

그림 2.13 벙커씨 및 아스팔트 공정

3

CHAPTER

방향족공정 개요

방향족이란 벤젠고리를 포함한 화합물을 말하며 탄소수가 6개 (C_6)인 벤젠, 탄소수가 7개 (C_7)인 톨루엔, 탄소수가 8개 (C_8)인 자일렌 이성체 (올소-, 메타-, 파라-자일렌) 및 에틸벤젠 그리고 탄소수가 9개 (C_9)인 방향족이 있다. 방향족 생산 원료로서는 원유증류에서 나오는 중질납사 (HSR, Heavy Straight Run)이고 중질납사의 비등점 (Boiling Point)은 80－150℃, 탄소수는 C_5-C_9의 범위를 가지며 성분은 포나 (PONA, Paraffin/Olefin/Naphthene/Aromatics)로 이루어져 있다. 개질반응을 통하여 중질납사의 방향족 함량을 높여서 원하는 제품의 수율을 높이는 공정을 방향족공정이라 한다.

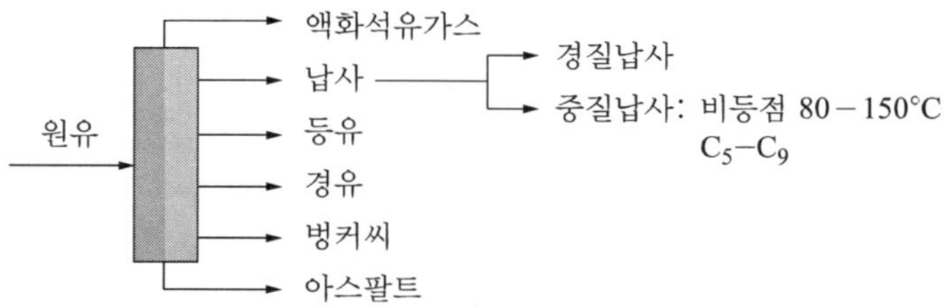

그림 3.1 방향족제품 생산 원료

3.1 방향족공정 원료

방향족공정 원료는 파라핀 (Paraffin), 올레핀 (Olefin), 나프텐 (Naphthene), 방향족 (Aromatics)의 탄화수소 혼합물로 이루어져 있다. 이들의 분자구조식과 특성은 아래와 같다.

1. 파라핀 (Paraffin)

막대형의 직쇄형 구조를 하고 있는 포화탄화수소이다.

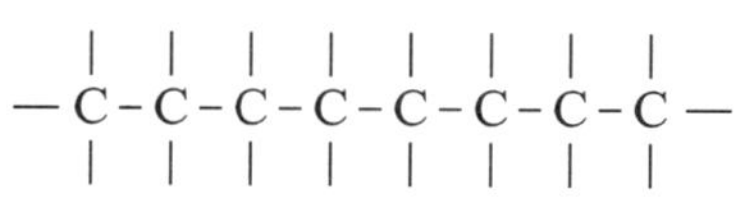

옥탄 (Octane)

2. 올레핀 (Olefin)

탄소(C) - 탄소(C) 간에 2중 혹은 다중결합을 가지는 불포화탄화수소로서 화학적으로 매우 불안정하다.

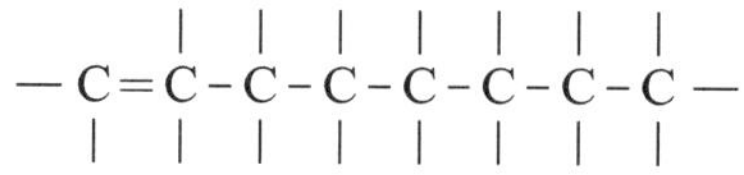

옥틸렌 (Octylene)

3. 납센 (Naphthene)

링 (Ring)의 구조를 가지는 포화탄화수소를 말한다.

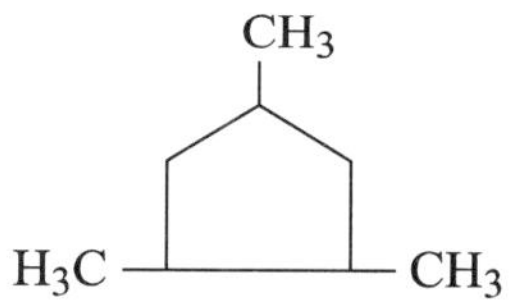

메틸사이클로펜탄
(1,3,4-Methyl Cyclopentane)

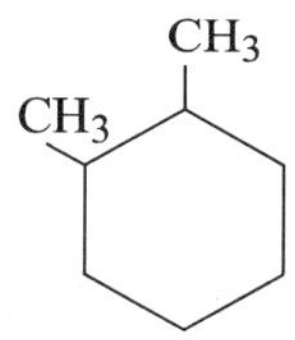

메틸사이클로헥산
(1,6-Methyl Cyclohexane)

4. 방향족 (Aromatics)

벤젠 (Benzene), 톨루엔 (Toluene), 자일렌 (Xylene) 이성체인 올소자일렌 (*o*-Xylene), 메타자일렌 (*m*-Xylene), 파라자일렌 (*p*-Xylene)의 혼합물로 되어 있다. 통상 자일렌이라고 하면 이들 3가지 물질의 혼합자일렌 (Mixed Xylene)을 말하며 모두 이성질체 (Isomer)이다.

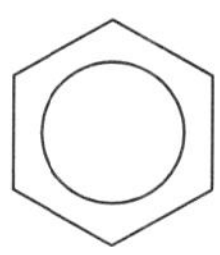

벤젠 (Benzene)

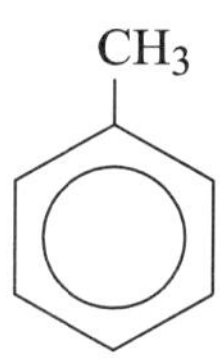

톨루엔 (Toluene)

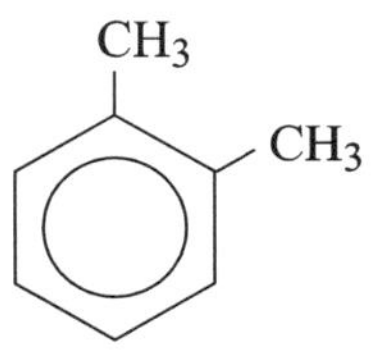

올소자일렌 (*o*-Xylene)

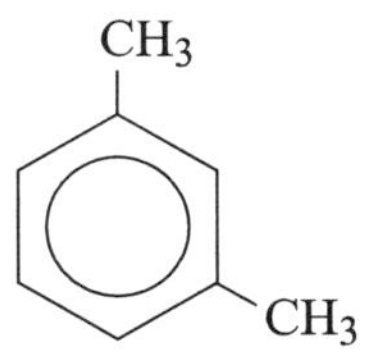

메타자일렌 (*m*-Xylene)

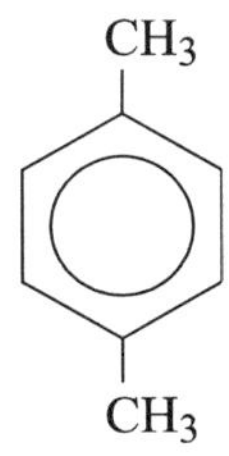

파라자일렌 (*p*-Xylene)

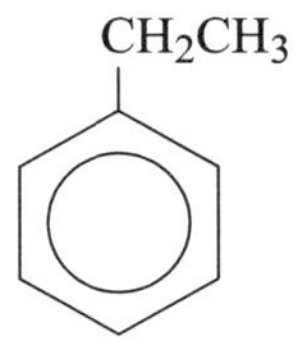

에틸벤젠 (Ethyl Benzene)

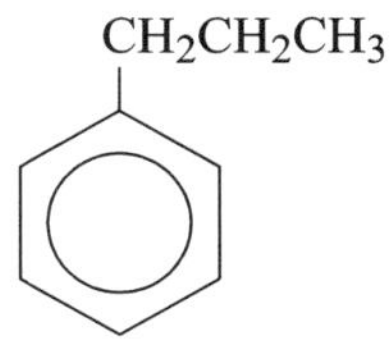

C_9 방향족 (C_9 Aromatic)

3.2 방향족공정 제품

방향족제품에는 벤젠 (C_6H_6), 톨루엔 ($C_6H_5CH_3$), 혼합자일렌 [$C_6H_4(CH_3)_2$], 파라자일렌 [$C_6H_4(CH_3)_2$], C_9 중질 방향족제품이 있으며 그 특성은 아래와 같다.

1. 벤젠 (C_6H_6)

무색 내지 엷은 황색의 방향성 냄새를 가지는 휘발성 액체이다. 용도는 페놀 (페놀수지), 스타이렌모노머, 사이클로헥산 (나일론), 아닐린, 무수말레이산 (불포화 폴리에스테르 수지), 알킬벤젠 (합성세제), 의약품, 염료, 농약, 유기약품 등의 원료로 사용된다.

2. 톨루엔 ($C_6H_5CH_3$)

투명 무색의 방향성 냄새를 가지는 휘발성 액체 물질로 도료용 용제로 주로 사용한다. 예를 들면 접착제, 잉크 및 의약품의 용제로 사용하고 TDI (Toluene Di-Isocyanate, 폴리우레탄), 벤조산 (카프로락탐), TNT 등의 원료로 이용한다.

3. 혼합자일렌 [$C_6H_4(CH_3)_2$]

엷은 색 내지 무색의 방향성 냄새를 가지는 윤활성 액체이다. 도료 용제 및 휘발유의 성분으로 사용되고 올소자일렌 (무수프탈산), 메타자일렌 (이소프탈산), 파라자일렌 (테레프탈산) 및 에틸벤젠 (스타이렌모노머)으로 사용한다.

4. 파라자일렌 [$C_6H_4(CH_3)_2$]

무색의 방향성 냄새를 가지는 액체이다. 폴리에스테르섬유 및 폴리에틸렌테레프탈레이트의 원료인 테레프탈산 (TPA) 및 디메틸테레프탈레이트 (DMT) 원료로 사용한다.

5. C_9 중질 방향족

방향족공정에서 생산되는 중질 방향족 (Heavy Aromatics) 중 C_9 성분만 따로 분리해낸 것으로 방향족 순도가 100%에 가깝다. 그리고 공업용 페인트 (선박, 자동차) 용제, 농약 유화제로 사용한다.

3.3 방향족공정

방향족의 주요 공정은 아래와 같다.

1. 탈황공정 (Naphtha Hydrotreating)

중질납사 원료 중에 함유된 촉매독 성분 (황, 질소, 금속 등)을 제거함으로써 후속 공정인 플랫포밍 (Platforming) 공정에 사용되는 고가의 백금 촉매를 보호하기 위함이다.

2. 플랫포밍/연속촉매재생 [Platforming/CCR (Continuous Catalyst Regeneration)]

보통 중질납사 중의 방향족 총 함량은 원유에 따라 차이가 있으나 대략 10－20%에 불과하다. 이러한 농도로는 수율이 너무 낮아 경제성이 없으므로 촉매의 도움을 받아 방향족 (Aromatics) 성분이 80－90% 이상인 개질체 (리포메이트)를 생산하며 이 과정에서 발생하는 수소 (Hydrogen)는 전 공정에 사용된다. 연속촉매재생 (CCR, Continuous Catalyst Regeneration)은 촉매를 연속적으로 재생함으로서 플랫포밍 공정의 촉매활성도를 일정 수준 이상으로 유지시킨다.

3. 자일렌 유분 분리탑 (Xylene Fractionation Distillation)

이것은 리포메이트 (Reformate) 분리탑, 자일렌 칼럼, C_{10} 칼럼으로 구성되어 있다. 플랫포밍으로부터 받은 리포메이트를 증류를 통해 분리하여 후속 공정에 원료를 공급한다. 그리고 파라자일렌 분리 (흡탈착) 공정의 칼럼을 운전하기 위한 리보일링 (Reboiling) 열의 소스를 제공한다.

4. 설포레인 공정 (Sulfolane Unit)

이는 리포메이트 분리탑으로부터 받은 경질리포메이트 (Light Reformate)를 액 - 액 추출로 분리하여 벤젠과 톨루엔을 생산하는 공정이다.

5. 벤젠톨루엔 추출 공정 (BT Extraction Unit)

추출증류 방식으로 경질리포메이트에서 벤젠과 톨루엔을 분리하기 위한 기 - 액 추출 공정을 말한다.

6. 파라자일렌 분리공정 (Parex Unit)

자일렌 유분 분리탑으로부터 받은 혼합자일렌 (Mixed Xylene)으로부터 파라자일렌만을 선택적으로 분리하는 공정을 말한다. 파라자일렌 흡착/탈착을 위해 흡착제 (Adsorbent)를 담고 있는 흡착탑 (Adsorbent Chamber)과 탈착제 (*p*-DEB, *para*-Diethylbenzene, C_{10})를 필요로 한다.

7. 자일렌 이성화 공정 (Isomar Unit)

파라자일렌 분리공정 상부에서 나오는 혼합자일렌을 이성화반응을 통해 파라자일렌을 포함한 혼합자일렌으로 전환하는 공정을 말한다. 또한 이 공정은 자일렌과 끓는점이 비슷하여 자일렌 분리탑 - 파라자일렌 분리탑 - 자일렌 이성화의 순환계 내에 들어와 축적되는 에틸벤젠 (Ethyl Benzene, C_8) 성분들을 분해하여 순화계로부터 제거한다.

8. 톨루엔 전환 공정 (Tatoray Unit)

톨루엔을 반응시켜 벤젠과 혼합자일렌을 생산한다.

9. 톨루엔 반응 공정 (MTPX Unit)

톨루엔을 반응시켜 벤젠과 혼합자일렌 (파라자일렌 풍부 혼합자일렌)을 생산하여 파라자일렌 분리공정인 크리스탈라이저 (Crystallizer)로 보낸다.

10. 파라자일렌 분리공정 (Crystallizer Unit)

톨루엔 반응 공정에서 받은 혼합자일렌 (파라자일렌 89 – 90%)으로부터 파라자일렌만을 선택적으로 분리하는 공정이다. 이 공정은 혼합자일렌 중에서 파라자일렌의 어는점 (Freezing Point)이 가장 높은 성질을 이용해서 분리한다.

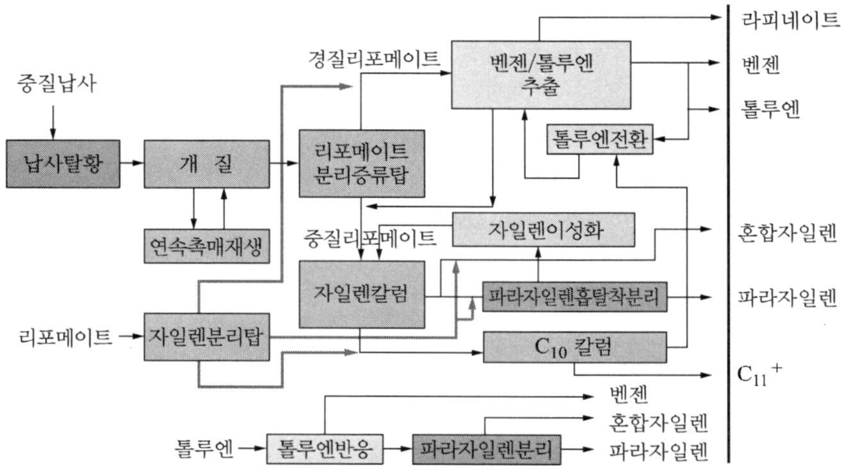

그림 3.2 방향족공정 개요도

3.4 방향족공정 물질분리법

방향족공정의 물질분리법에는 증류 (Distillation), 추출 (Extraction), 흡착 - 탈착 (Adsorption-Desorption), 결정화 (Crystallization)가 있으며 이들 각각의 원리와 적용공정은 아래와 같다.

1. 증류 (Distillation)

끓는점 (Boiling Point) 차이를 이용한 물질 분리방법으로 자일렌 유분 (Xylene Fractionation)을 비롯하여 모든 증류탑 칼럼 (Column)에서 활용된다.

2. 추출 (Extraction)

특정 액체의 용매에 대한 용해도 즉 잘 녹느냐 안 녹느냐의 차이를 이용한 물질 분리방법으로서 액 - 액 추출의 설포레인 (Sulfolane) 공정과 기 - 액 추출의 벤젠

톨루엔 추출 (BT Extraction) 공정이 여기에 속한다.

3. 흡착 - 탈착 (Adsorption-Desorption)

특정 흡착제에 대한 흡착 정도 즉 잘 잡히느냐 안 잡히느냐의 차이를 이용한 물질 분리 방법이며 파렉스 (Parex) 공정이 이에 속한다.

4. 결정화 (Crystallization)

특정 물질의 어는점 (Freezing Point) 차이를 이용한 물질 분리 방법이며 크리스탈라이저 (Crystallizer) 공정이 여기에 속한다.

3.5 방향족공정의 화학반응

방향족공정의 화학반응에는 탈황반응 (Desulfurization), 개질반응 (Reforming), 아이소머반응 (Isomerization), 트랜스알킬레이션 (Transalkylation) 반응이 있으며 각각의 목적과 공정은 다음과 같다.

1. 탈황반응 (Desulfurization)

납사원료 중에 포함되어 있는 황 (Sulfur) 성분을 제거하여 반응기의 촉매독을 방지한다. 적용공정은 납사 수첨탈황 (NHT, Naphtha Hydrotreating)이 있다.

2. 개질반응 (Reforming)

방향족제품의 원료인 파라핀, 올레핀, 납센을 방향족 (Aromatics)으로 전환하는 반응으로 플랫포밍 (Platforming) 공정을 말한다.

3. 아이소머반응 (Isomerization)

올소자일렌과 메타자일렌을 파라자일렌으로 전환시키는 반응으로 아이소머 (Isomar) 공정이 여기에 속한다.

4. 트랜스알킬레이션 (Transalkylation)

2개의 톨루엔을 반응시켜 양쪽에 한 개씩 있는 가지 (알킬기, Alkyl기)를 한쪽에 몰아주기 (Trans) 반응으로 엠티피엑스 (MTPX) 공정과 타토레이 (Tatoray) 공정이 여기에 속한다.

3.6 방향족제품 물성

방향족제품의 물성을 표 3.1에 나타내었다. 표에서 보는 바와 같이 벤젠은 5.5℃, 파라자일렌은 13℃에서 녹는다. 그리고 에틸벤젠, 파라자일렌, 메타자일렌, 올소자일렌의 끓는점은 매우 유사하며 모두 136－144℃ 범위 내에 존재하고 있음을 알 수 있다.

표 3.1 방향족제품 물성

성 분	분자식	분자량	비등점 (℃)	녹는점 (℃)	비 중
벤젠	C_6H_6	78.0	80	5.5	0.882
톨루엔	C_7H_8	92.0	110	－95	0.869
에틸벤젠	C_8H_{10}	106.2	136	－95	0.872
파라자일렌	C_8H_{10}	106.2	138	13	0.866
메타자일렌	C_8H_{10}	106.2	139	－48	0.869
올소자일렌	C_8H_{10}	106.2	144	－25	0.885
파라디에틸벤젠	$C_{10}H_{16}$	136.0	183.7	－45	0.867

3.7 방향족제품 생산 규격

벤젠과 파라자일렌의 순도는 각각 99.8%와 99.7% 이상이다. 혼합자일렌 (Mixed Xylene)의 경우 파라자일렌 함량이 18 wt% 이상, 비방향족/C_9^+ 방향족 함량이 최대 1 wt%, 그리고 에틸벤젠이 최대 18.0 vol%의 생산 규격을 가지고 있다.

표 3.2 방향족제품 생산 규격

항 목	벤젠	톨루엔	혼합자일렌	파라자일렌
순도, wt%	99.8 min		파라자일렌 18% min	99.7 min
비중 @15.6℃	0.882－0.886	0.869－0.873	0.865－0.875	
응결점, ℃	5.39			
색상, Pt-Co 스케일	20 max	20 max	20 max	20 max
산 세척 색상	2 max	2 max	5 max	2 max
카본 디설파이드, wtppm	0.5 max			
총 황 함량, wtppm	1.0 max		3.0 max	
구리부식	통과	통과	통과	통과
황화수소, 이산화황	검침 안 됨	검침 안 됨	검침 안 됨	검침 안 됨
산도	유리산 없음	유리산 없음	2.0 max	2.0 max
비방향족, wt%		0.3 max	1.0 max	0.2 max
C_9^+ 방향족, wt%			1.0 max	
에틸벤젠, vol%			18.0 max	
브롬지수, mg/100g			2.0 max	

CHAPTER 4

납사분해 공정

(Naphtha Cracking Unit)

납사분해 (Naphtha Cracking)는 크게 분해공정, 급냉공정, 압축공정, 정제공정으로 이루어져 있다. 즉, 분해가열로 (Cracking Heater), 급냉기 (Quencher), 압축기 (Compressor), 회수 (Recovery) 및 정제 (Purification) 시설로 나눈다. 주원료는 납사 (Naphtha), 가스오일 (Gas Oil), 액화석유가스 (LPG, Liquified Petroleum Gas), 순환에탄 (Circulating Ethane)이고 주제품은 에틸렌, 프로필렌, 수소, 메탄, 혼합 C_4, 공정가스오일 (PGO, Process Gas Oil)/공정연료오일 (PFO, Process Fuel Oil)이다.

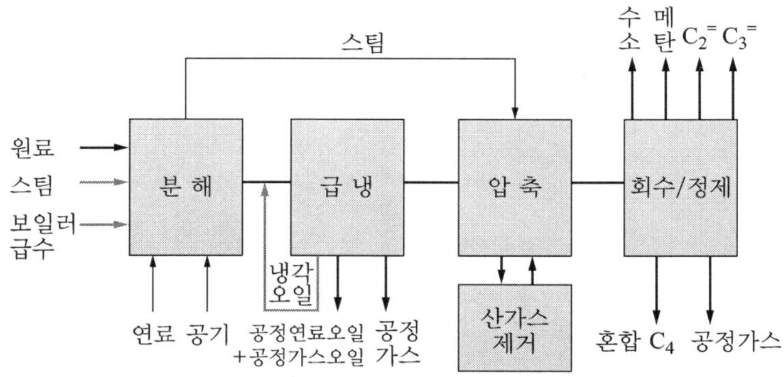

그림 4.1 납사분해 공정도

(1) **분해 (Cracking) 공정**

원료를 고온에서 열분해하여 여러 종류의 탄화수소 화합물을 생산하고 가열로 출구에서 폐열을 회수하며 초고압 증기를 생산한다.

(2) **급냉 (Quenching) 공정**

분해로 (Cracker)에서 생산된 열분해가스를 급냉시켜 중합에 의한 코크 (Coke), 타르 (Tar) 형성을 방지하고 압축기의 부하를 줄이며 폐열을 회수하여 스팀을 생산하고 정제공정의 리보일러 (Reboiler)의 열원을 공급한다.

(3) **압축 (Compressing) 공정**

분해가스를 경제적으로 분리하기 위해 도입된 공정으로 과도한 온도 상승을 방지하기 위한 시스템으로 5단의 압축기를 사용한다.

(4) 회수 (Recovery) 및 정제 (Purification) 공정

압축된 분해가스를 증류장치를 통해 수소 (H_2, Hydrogen), 메탄 (CH_4, Methane), 에틸렌 (C_2H_4, Ethylene), 프로필렌 (C_3H_6, Propylene), C_4 혼합물 (C_4 Mixture) 등으로 분리한다.

4.1 분해가열로 (Cracker)

분해가열로는 원료인 경질납사 (Light Straight Naphtha), 가스오일 (Gas Oil), 프로판 액화석유가스 (C_3 LPG), 부탄 액화석유가스 (C_4 LPG) 등의 탄화수소에 희석 스팀 (Dilution Steam)을 주입하고 고온으로 가열하여 에틸렌, 프로필렌, 부타디엔, 벤젠, 톨루엔, 자일렌 등으로 열분해 시키는 장치이다. 가열분해로는 다수로 구성되어 있으며 분해로의 사용 목적에 따라 순환에탄 분해로 1기와 액체원료 분해가열로로 구별된다.

분해가열로는 복사부, 대류부, 스팀발생 장치로 구분할 수 있으며 예열기에서 예열된 원료는 대류부에서 다시 예열되어 부분적으로 증발하며 각 코일에 주입되는 희석스팀과 함께 합쳐져서 재차 예열된 후에 분해가열로의 복사부로 유입된다. 복사부에 들어간 원료는 고온의 열에 의해 열분해 (Thermal Cracking)되어 출구의 이송라인 열교환기 (Transfer Line Exchanger, 2개 코일당 1기) 및 급냉 분사장치에서 급냉되어 가솔린 정류탑으로 보내진다. 단, 순환 에탄의 분해가열로 출구물은 1차 이송라인 교환기에서 급냉된 후 2차 이송라인 열교환기에서 원료를 예열하도록 되어 있다.

모든 분해가열로의 연소공기는 정상운전 시에는 압축된 공기와 가스터빈에서 나온 배출가스가 혼합되어 사용되며 가스터빈이 가동 정지되었을 때는 공기만으로 분해가열로의 운전이 가능하도록 설계되어 있다.

분해가열로의 버너는 가열로 버너와 측면벽 (Side Wall) 버너로 되어 있으며 측면벽 버너는 가열로 버너만으로는 분해로에 필요한 열량을 균일하게 공급하지 못하므로 복사부 상단에 설치되어 있고 가열로 버너와 측면벽 버너의 연료가스 분배는 비례 조절계에 의해 유량이 조절된다.

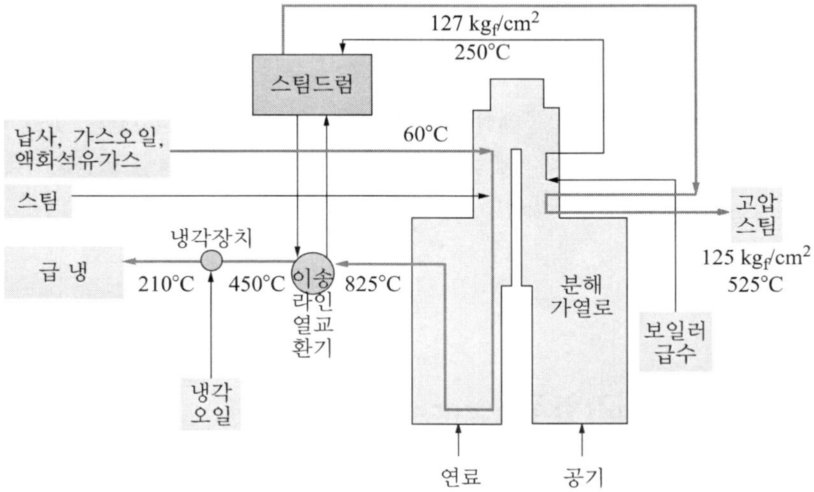

그림 4.2 **분해가열로**

각 분해가열로에는 한 개의 온도조절기가 (각 코일 출구온도의 평균온도를 기준으로 함) 설치되어 있어 연료량을 조절하게 되어 있고 설정온도 (Setting Temperature)와 각 코일 출구온도 (COT, Coil Outlet Temperature)와의 온도 편차에 따라 총 원료 투입량은 일정한 상태에서 각 코일의 원료주입 유량을 증감시켜 각 코일의 출구온도를 조절할 수 있도록 되어 있다. 분해가열로의 출구 압력은 직접적으로 조절되지 않고 분해가스 압축기의 1단 흡입압력과 장치내의 압력 강하에 의하여 좌우되며 분해가스 1단 흡입압력은 압축기의 터빈 회전속도를 조절하여 유지한다.

스팀드럼으로 공급되는 보일러 급수는 냉각오일에 의해 1차 예열된 후 분해가열로의 대류부에서 다시 예열되어 스팀드럼에 들어가 여기에 연결되어 있는 이송라인 열교환기에서 분해가열로 출구가스와 열교환에 의해 133 kg_f/cm^2의 초고압 스팀이 발생된다. 스팀드럼에서 발생된 초고압 스팀은 분해가열로의 대류부에서 525℃로 가열되어 초고압 스팀헤더 (Steam Header)로 보내진다.
탄화수소의 열분해는 스팀존재 하에 이루어지나 스팀은 직접 반응에는 참여하지 않고 제품수율 선택성 (Selectivity)을 높이고 분해로 코일과 이송라인 열교환기에서 코킹 (Coking)을 줄이는 역할을 한다. 열분해는 분해, 탈수소, 중합, 축합 등의 많은 연쇄반응으로 이루어진다.

(1) 복사부 (Radiant Section)

복사부는 복사코일과 열분해에 필요한 열원을 공급하는 버너로 구성되어 있으며 정상운전 시 분해가열로 내부가 1,000℃ 정도의 고온이므로 열손실을 최소화하기 위하여 여러 층의 단열재로 단열되어 있다. 또한 내부 점검을 위한 관찰 도어 (Peep Door)와 디코킹 (Decoking) 배출가스를 복사부 내부로 유입시키기 위한 노즐이 복사부 하부에 설치되어 있다.

(2) 대류부 (Convection Section)

대류부에는 복사부에서 나오는 뜨거운 연소가스를 효율적으로 이용하기 위하여 여러 개의 코일층 (Coil Bank)이 쌓여 있으며 코일에서 가열되는 물질에 따라 원료 예열기, 보일러 급수 예열기, 혼합 원료 예열기 및 고압스팀 과열기로 구분된다. 연료유를 연소시킬 경우에 발생되는 그을음 (Soot)을 정상운전 중에 대류부 코일로부터 제거하기 위하여 수트 블로우어 (Soot Blower)가 연료 오일을 사용하는 가열로에 다수 설치되어 있으며 나머지 분해가열로에는 정비기간 중에 대류부 코일의 상태를 점검하고 필요한 경우 그을음을 제거할 수 있도록 클리닝도어 (Cleaning Door)가 설치되어 있으며, 핀 (Fin) 튜브 상단에는 맨홀이 설치되어 있다.

(3) 연돌 (Stack)

분해가열로에는 유도 통풍식 (Induced Draft)이므로 분해가열로 상부에는 터빈에 의하여 구동되는 배출가스 유도팬 (Induced Draft Fan)이 설치되어 있으며 팬입구에 설치되어 있는 댐퍼 (Damper)의 개폐에 따라 내부의 부압이 조절된다. 정상운전 시에는 배출가스의 온도가 130℃ 이하로 유지되지만 디코킹의 운전 시에는 대류부에서 흡수하는 열량이 감소하기 때문에 배출가스 온도가 증가하며 이러한 경우에 대비해 배출가스 유도팬의 설계 온도가 315℃로 되어 있다. 또한 우천 시에 배출가스의 유도팬 케이싱 (Induced Fan Casing) 내부에 고이는 물을 드레인 (Drain) 시키기 위하여 2인치 (″) 드레인 캡이 설치되어 있다. 특히 팬과 댐퍼 (Damper)는 연료의 연소에 필요한 공기와 부압을 조절하는 역할을 하므로 팬이 정지되었을 시 분해가열로 내의 압력 및 온도가 상승하므로 자동적으로 분해가열로가 운전 정지되도록 설계되어 있다.

4.2 라이센서별 공정 특성

납사분해 공정의 라이센서 (Licensor)별 공법 특성은 아래와 같다.

(1) 스톤 앤 웹스터 (Stone & Webster)

가열로의 수율과 연료효율이 좋으며 발전된 회수 시스템 (ARS, Advanced Recovery System)을 이용하여 저온측 (Cold Side)에 장점을 가지고 있다. ARS는 에너지 사용이 절감되며 투자비용이 저렴하여 저온측 용량 확대나 병목 현상을 해결하기 위한 대책으로 적용한다.

(2) 켈로그 브라운 앤 루트 (Kellogg Brown & Root)

독자적인 선택적 분해 최적회수 (SCORE, Selective Cracking Optimum Recovery)라는 기술과 밀리세컨드 (Millisecond) 기술을 가지고 있다. 밀리세컨드 기술은 매우 가혹한 조건과 짧은 체류시간에서 에틸렌에 대한 높은 선택성을 가지고 있으며 좁은 복사부, 작은 가열로 튜브, 높은 분해 온도를 가지고 있다. 운전 기간은 납사원료를 기본으로 했을 때 다른 기술 제공선 보다 짧아 정비 비용이 많이 들고 디코킹 (Decoking) 주기가 짧다.

(3) 에이비비 러머스 (ABB Lummus)

다른 라이센서와 비교하여 큰 차이가 없으며 에틸렌공장의 약 40%를 점유하고 있다.

(4) 테크닙 – 코플렉십 (Technip–Coflexip)

가열로는 에틸렌에 대한 높은 선택성을 가지고 있으며 체류시간이 짧다. 또한 컨덴세이트 스트리퍼 (Condensate Stripper)를 이용하여 단계적으로 성분을 분리하여 운전이 용이하다.

(5) 린데 (Linde)

과거에는 타사의 가열로 기술을 채용하였으나 현재는 파이로크랙 (Pyrocrack) 가열로 기술을 포함한 전 에틸렌공장에 대한 기술을 제공하고 있다. 파이로크랙 가열로는 0.5 – 0.15초의 체류시간을 가진다.

4.3 국내 납사분해 공정 현황

국내에서 도입한 납사분해 공정의 현황은 아래 표 4.1과 같다.

표 4.1 국내 납사분해 공정 현황 (단위: 1,000톤)

납사크래커	라이센서	연간용량		개조(2007년 –)	
여천앤씨씨#1	ABB Lummus	510	1,465	857	1,832
여천앤씨씨#2	Stone & Webster	555		575	
여천앤씨씨#3	ABB Lummus	400		400	
엘지화학(여수)	ABB Lummus	760	1,290	860	1,860
엘지화학(대산)	Kellogg Brown & Root	530		680	
롯데화학(여수)	ABB Lummus	720	1,310	720	1,720
롯데화학(대산)	Kellogg Brown & Root	590		590	
서통(STC)	ABB Lummus	600	600	1,000	1,000
SK #1	Kellogg Brown & Root	196	836	196	1,196
SK NEP	Kellogg Brown & Root	640		640	
대한유화	ABB Lummus	400	400	460	460

5

CHAPTER

석유정제 공정의 고도화

현대의 석유정제 공정은 전통적인 원유증류 공정 중심의 단순 정제에서 탈피하여 보다 부가 가치가 높은 제품의 수율을 선택적으로 높이거나 제품의 품질을 향상시키는 방향으로 계속적으로 발달하고 있다. 또한 환경에 대한 관심이 고조됨에 따라 제품의 청정성 향상은 물론 석유정제 또는 저장 중 발생하는 오염 물질을 저감하는 기술이 요구되고 있다.

5.1 중질유분해 공정 (Heavy Oil Cracking Unit)

상압증류탑의 가스오일 (Gas Oil) 혹은 탑저제품 잔사 (Residue)의 중질유를 원료로 하거나 상압증류탑 잔사를 다시 감압증류하여 나온 감압가스오일 (Vacuum Gas Oil)을 원료로 한다. 이들 원료를 촉매 (Catalyst), 촉매와 수소 (Hydrogen) 혹은 열 (Heat)을 이용하여 중질유를 분해 (Cracking)함으로써 고부가 가치의 경질제품 (LPG, 납사)이나 중간제품 (등유, 경유)을 생산하는 고도화된 공정이다.

1. 중질유 감압증류 공정 (Vacuum Distillation Unit)

상압증류탑 탑저제품인 잔사를 감압 조건에서 증류하여 중질유분해 공정의 원료인 감압가스오일 (Vacuum Gas Oil)을 생산해 내는 공정을 말한다.

그림 5.1 감압증류탑

2. 중질유 수첨탈황공정 (Hydrodesulfurization)

분해 공정에 사용하는 중질유 원료는 주로 탈황을 하지만 라이센서 (Licensor)에 따라 탈황을 하지 않고 바로 분해하는 경우도 있다. 원료 탈황공정에는 크게 상압잔사유 탈황 (ARDS, Atmospheric Residue DeSulfurization)과 감압잔사유 탈황 (VRDS, Vacuum Residue DeSulfurization)이 있다.

벙커씨 (Bunker-C)의 탈황은 고정 촉매층 (Fixed Bed)으로 이루어진 반응기 내에서 수소를 이용하여 이루어지며, 유분 속에 포함되어 있는 유황성분은 황화수소 (H_2S) 가스로 빠져 나온다. 다량의 수소가 사용되는 이 공정은 고온, 고압 하에서 일어나므로 건설비가 매우 높다. 탈황률은 보통 80－90% 정도이며 부반응으로 원료의 일부 (약 20－30%)가 분해되어 액화석유가스 (LPG), 납사 (Naphtha), 등유 (Kerosene), 경유 (Diesel) 등 경질유가 생산된다.

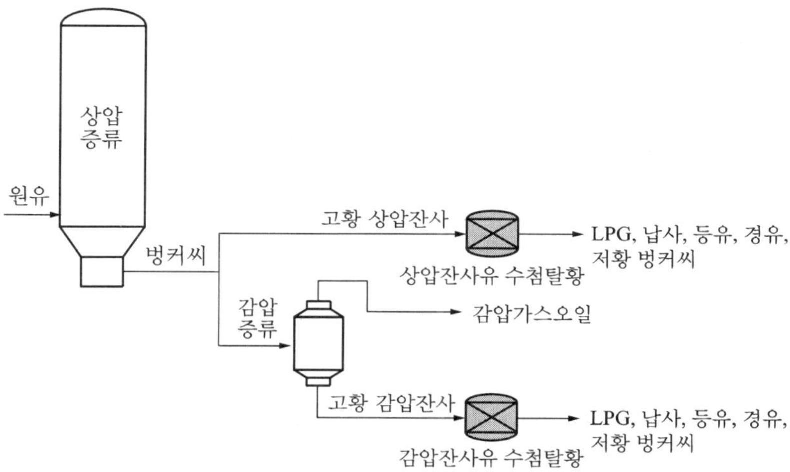

그림 5.2 수첨탈황공정

3. 중질유분해 공정 분류

중질유분해 공정은 수소첨가 유무에 따라 크게 수소공법 (Hydroprocess)과 비수소공법 (Non-hydroprocess)으로 나눈다.

수소공법에는 상압증류 가스오일 (GO, Gas Oil) 혹은 상압잔사유 (AR, Atmospheric Residue)의 감압증류에서 나오는 감압가스오일 (VGO, Vacuum Gas Oil)의 수소분해 (Hydrocracking)가 있고, 감압증류탑의 하부 유분인 감압잔사 (VR, Vacuum Residue)의 수소분해 (Hydrocracking)가 있다.

비수소공법에는 촉매분해 (Catalytic Cracking)와 열분해 (Thermal Cracking)가 있는데 촉매분해의 예는 유동식 촉매분해 (FCC, Fluid Catalytic Cracking)를 대표적으로 들 수 있는데 이는 사용 원료에 따라 ① 상압잔사유를 사용하는 잔사유동식 촉매분해 (RFCC, Residue Fluid Catalytic Cracking) ② 상압증류 가스오일 (GO, Gas Oil)을 사용하는 유동식 촉매분해 (FCC, Fluid Catalytic Cracking) ③ 상압잔사의 감압증류에서 나오는 감압가스오일 (VGO, Vacuum Gas Oil)을 이용하는 감압가스오일 유동식 촉매분해 (VGOFCC, Vacuum Gas Oil Fluid Catalytic Cracking) ④ 감압잔사 수소분해 공정에서 나오는 감압가스오일을 원료로 사용하는 유동식 촉매분해가 있다.

그리고 열분해에는 딜레이드 코커 (Delayed Coker)와 비스브레이킹 (Vis-breaking)이 대표적인 예가 된다. 이들을 정리하면 그림 5.3과 같다.

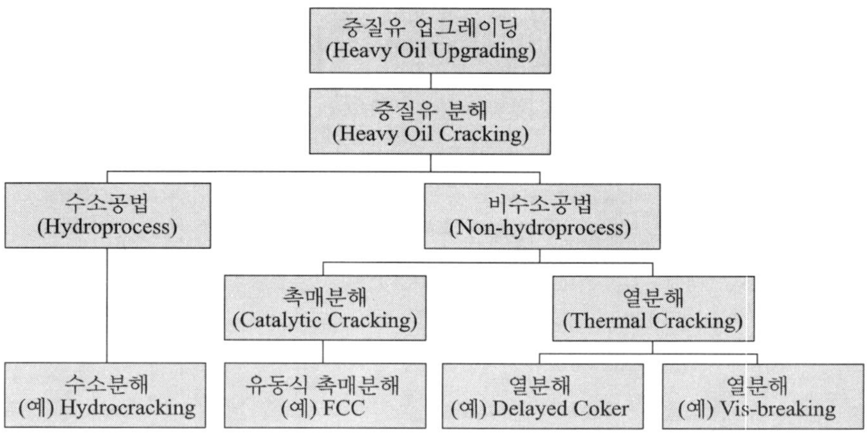

그림 5.3 중질유분해 공정 분류

4. 수소분해 공정 (Hydrocracking Unit)

감압증류탑에서 생산된 감압가스오일을 고정 촉매층으로 이루어진 반응기 내에서 수소를 이용하여 분해함으로써 중간유분 생산을 주목적으로 하는 시설이다. 다량의 수소가 사용되는 이 공정은 고온, 고압 하에서 일어나므로 건설비가 매우 높다. 투입된 감압가스오일의 약 95% 정도가 분해되며, 분해반응과 동시에 탈황이 이루어져 생산된 제품은 초저유황제품이 된다. 부산물로 생산되는 저급 감압잔사유를 처리하기 위해 보통 감압잔사 수첨탈황 (또는 딜레이드 코커)이 함께 건설된다. 또 다른 경우는 감압잔사 (Vacuum Residue)를 분해하는 엘씨 핀어 (LC Finer) 공정을 설치하여 고온, 고압 하에서 수소를 이용하여 분해함으로써 중간유분 (Middle Distillate)을 생산하기도 한다. 국내 정유사의 수소분해 시설 현황은 표 5.1과 같다.

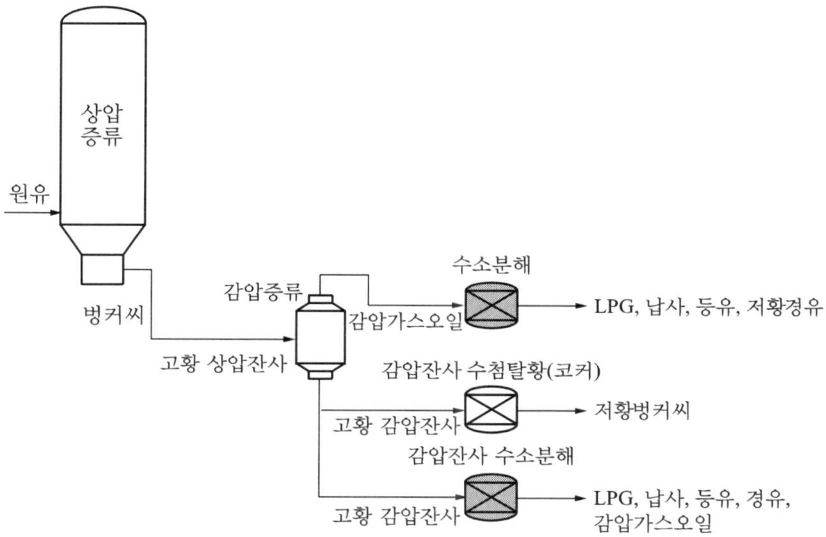

그림 5.4 수소분해 공정

표 5.1 국내 수소분해 시설 현황 (BPSD)

	수소분해 공정	딜레이드 코커	감압잔사탈황공정
SK정유	30,000	-	30,000
GS칼텍스	80,000	-	-
쌍용정유	30,000	-	27,000
현대정유	18,500	19,000	-

5. 유동식 촉매분해 공정 (Fluid Catalytic Cracking Unit)

벙커씨 또는 감압가스오일을 유동 촉매층으로 이루어진 반응기 내에서 수소를 사용하지 않고 촉매 분해하여 고옥탄가의 휘발유 생산을 주목적으로 하는 시설이다. 온도는 높으나 압력이 매우 낮고 수소가 사용되지 않으므로 수소분해(Hydrocracking)에 비해 부대시설도 필요 없으며 건설비도 상대적으로 낮은 편이다. 투입된 원료의 약 90% 정도가 분해되며, 생산된 휘발유는 옥탄가가 높아 탈황 후 바로 휘발유로 사용할 수 있다. 수율은 약 50－60%이고, 연속촉매재생 공정으로 가동률이 높으나, 생산된 분해경유는 수첨탈황 후에만 경유로 사용할 수 있다.

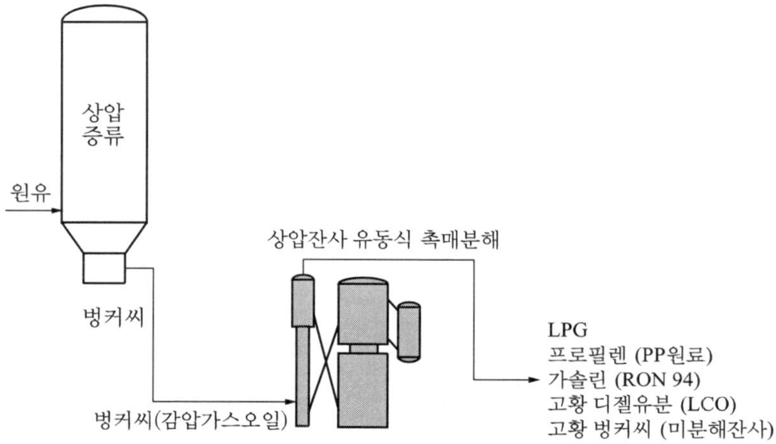

그림 5.5 유동식 촉매분해 공정

표 5.2 국내 유동식 촉매분해 시설 현황

	처리능력 (BPSD)	라이센서
SK정유	50,000	UOP
GS칼텍스	70,000	Stone & Webster
쌍용정유	40,000	IFP

그림 5.6 유동식 촉매분해

6. 딜레이드 코킹 (Delayed Coking)

감압잔사유 또는 상압잔사유를 반응기에 넣고 고온, 고압의 상태를 유지시키면 탄소분이 고체의 코크 (Coke)로 변하고 일부는 분해되어 경질유분이 생산된다. 딜레이드 코커 (Delayed Coker)에서 생산된 경질제품은 안정성이 낮아 수첨탈황 후에 일반 제품으로 사용될 수 있다. 생산된 코크 (Coke)는 연료로 사용하거나 유황분이 적을 경우 탄소전극 제조의 원료로 이용된다. 투자비는 비교적 저렴하나 후처리 공정이 반드시 있어야 하며 부산물인 코크 (Coke)의 처리문제 때문에 요즘은 타 분해시설에 비해 선호하지 않은 공정이다. 그리고 국내에서는 유일하게 현대정유가 19,000 BPSD 처리 능력의 코커 (Coker)를 보유하고 있다.

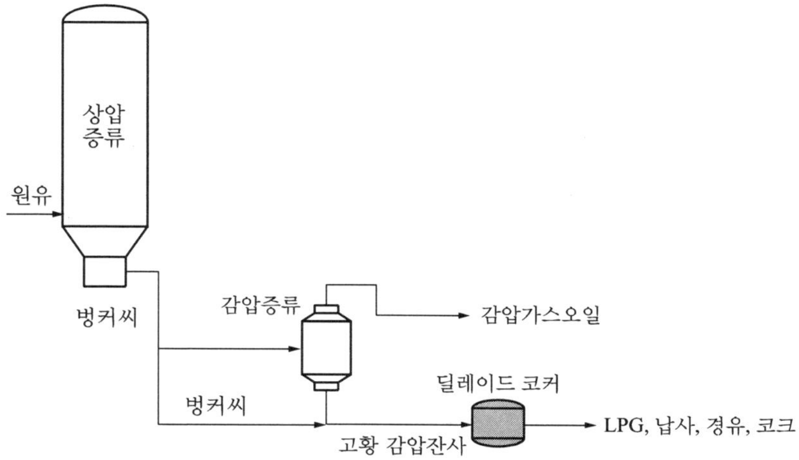

그림 5.7 딜레이드 코킹 공정

5.2 정유공정 시설별 분류

공정 고도화 정도에 따라 토핑 (Topping), 하이드로스키밍 (Hydroskimming), 분해 (Cracking) 그리고 전체 하이드로전 (All Hydrogen)의 정유공정 (Refinery) 시설로 분류하기도 한다.

1. 토핑 (Topping) 정유공정

상압증류탑 및 스위트닝 (Sweetening) 탈황 시설로만 구성되고, 개질시설이 없어 제품의 수율은 원유에 전적으로 의존하게 된다. 따라서 이 시설은 고옥탄가의 휘발유를 생산할 수 없다.

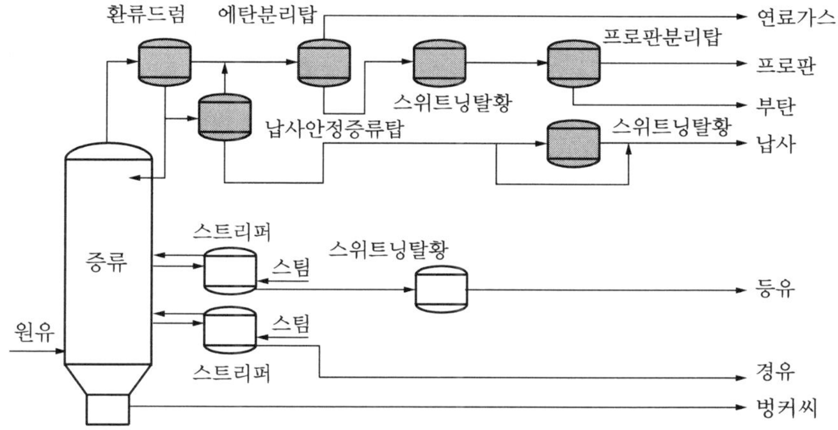

그림 5.8 토핑 정유공정

2. 하이드로스키밍 (Hydroskimming) 정유공정

토핑 정유에 납사 개질시설 (Reformer)과 여기에서 생산되는 수소를 이용한 수첨탈황 시설이 포함된다. 따라서 이 시설은 고부가 가치의 휘발유와 저유황제품을 생산할 수 있다.

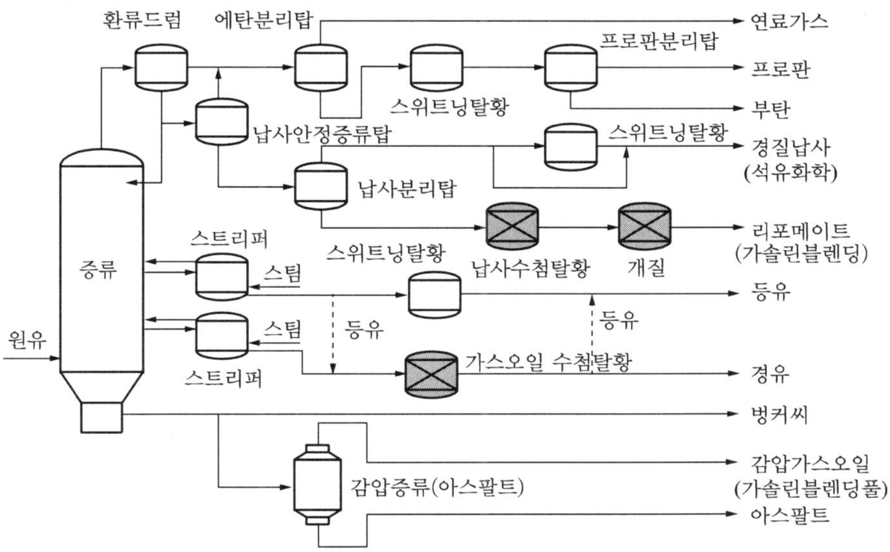

그림 5.9 하이드로스키밍 정유공정

3. 분해 (Cracking) 정유공정

하이드로스키밍 정유공정 시설에 중질유분해 시설인 유동식 촉매분해 (Fluid Catalytic Cracking) 또는 딜레이드 코킹 (Delayed Coking)이 추가된 형태를 말한다. 이 시설 규모는 고부가 가치의 휘발유 및 중간유분 생산을 더 높일 수 있으며 연료유 사용목적의 수율을 낮출 수 있어 원유 선택에 융통성을 제공한다.

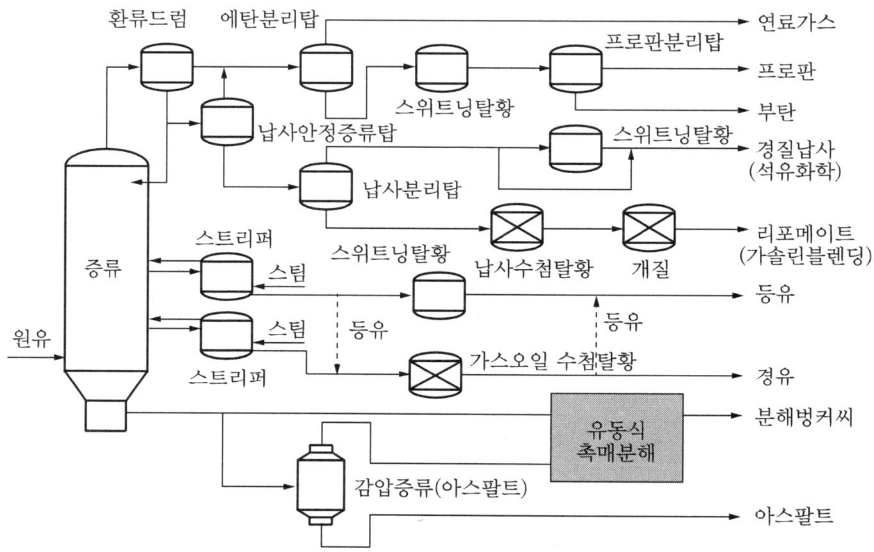

그림 5.10 분해 정유공정

4. 올 하이드로전 (All Hydrogen) 정유공정

이 시설은 하이드로스키밍 정유공정 시설에 중질유분해 시설인 유동식 촉매분해 (FCC) 또는 딜레이드 코킹 (Delayed Coking) 대신에 수소분해 (Hydrocracker)와 수소생산시설이 추가된 형태이다. 원유의 성상에 관계없이 고부가 가치의 제품생산을 최대로 할 수 있으나 건설비 및 운전비가 가장 많이 든다.

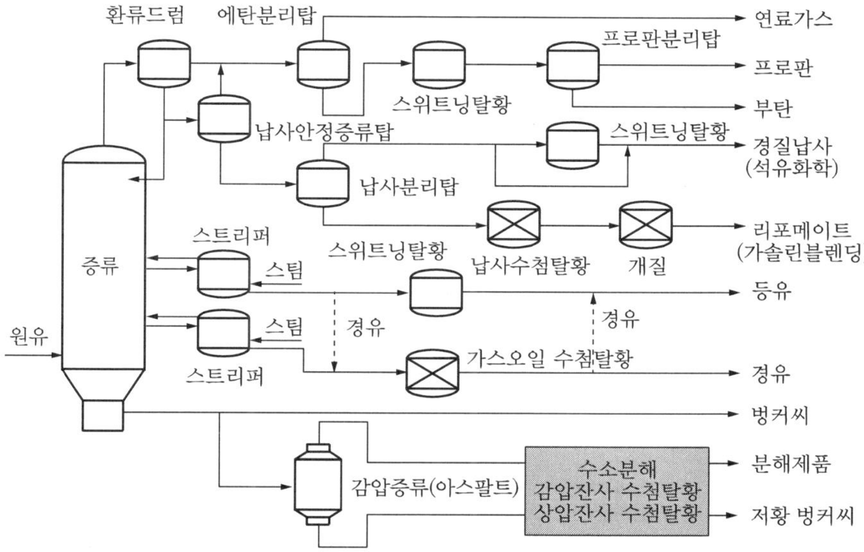

그림 5.11 올 하이드로전 정유공정

5.3 정유공정 전체 흐름도

정유공정의 상압증류 및 감압증류를 기초로 한 다운스트림 (Down Stream)의 전체 흐름도는 그림 5.12와 같다.

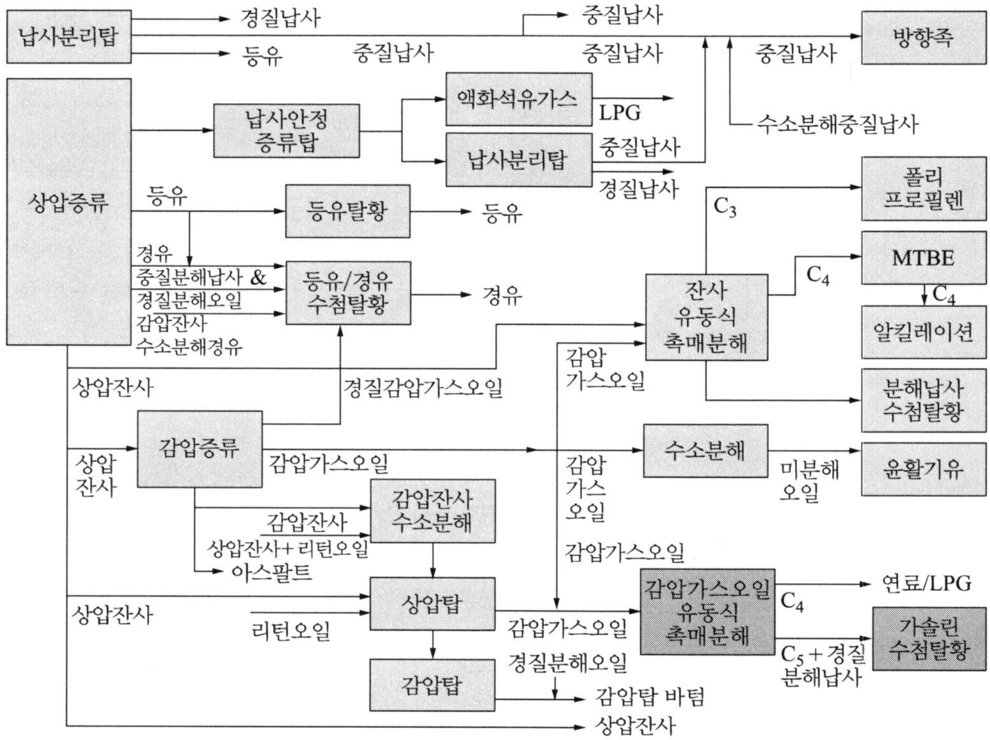

그림 5.12 전체 정유공정 흐름도

6 CHAPTER

석유정제 단위공정별 상세

혼합물인 원유를 끓는점이나 휘발도 등의 차이를 이용하여 증발과 응축의 과정을 통해 분리하는 공정을 증류 (Distillation)라 하며 증류를 통해 분리된 부분을 유분 (Distillate)이라고 한다. 원유는 단순 증류만으로 각 제품을 분리할 수 없고 반복되는 재증류에 의해 분리된다. 증유가 반복되면 증발과 응축의 현상이 발생하여 증기의 조성은 점차로 유출 부분으로 향하여 어떤 일정한 유출분을 형성하고, 응축하는 액체의 부분은 액상쪽으로 모여 찌꺼기 부분을 형성하여 두 개의 상이 서로 분리하게 된다.

증류의 종류에는 ① 상압증류 (Atmospheric Distillation) ② 감압증류 (Vacuum Distillation), 공비증류 (Azeotropic Distillation) 및 추출증류 (Extractive Distillation)가 있다. 결국 상압증류 공정은 원유를 증류하여 부생가스 (Off Gas), 납사 (Naphtha), 등유 (Kerosene), 경유 (Diesel) 등의 유분과 잔사유 (Reduced Crude)를 분리한다.

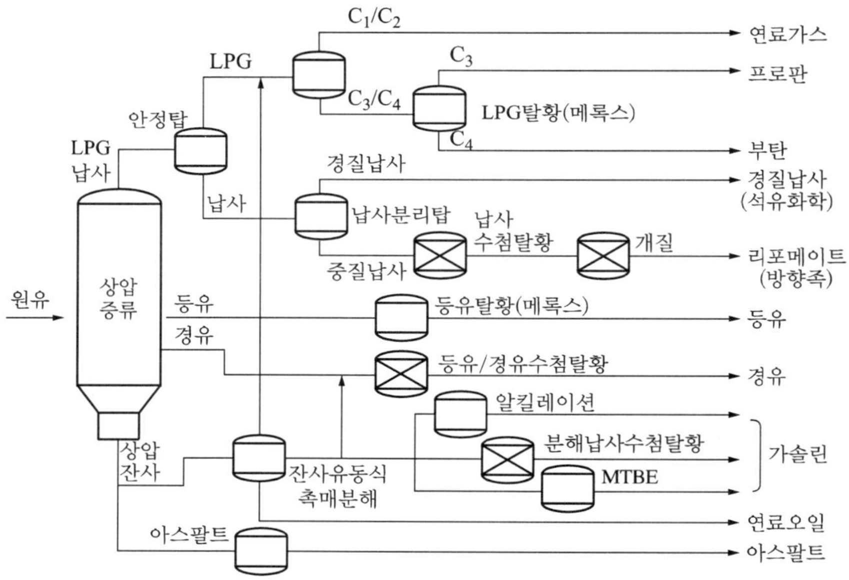

그림 6.1 상압증류탑을 포함한 공정 개요도

그리고 상압증류 공정은 ① 펌프 ② 열교환기 ③ 탈염기 ④ 가열로 ⑤ 상압증류탑 ⑥ 스트리퍼 칼럼 ⑦ 응축기와 냉각기 ⑧ 밸브 및 계기 등으로 구성되어 있다.

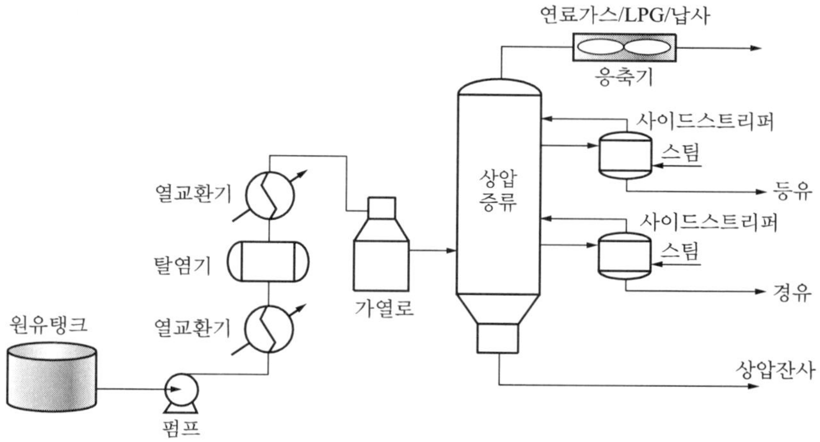

그림 6.2 상압증류탑 전/후 공정 개요도

6.1 열교환기 (Heat Exchanger)

원유는 상압증류탑에 들어가기 전에 330－350℃로 가열되고 상압증류탑을 나온 각 제품들은 저장탱크로 가기 전에 40℃ 이하로 냉각된다. 그림 6.3은 증류탑 전단에 위치한 열교환기를 나타낸다. 그리고 그림 6.4와 같이 이들은 원유와 제품 간의 최적의 열교환망을 구성하며 열회수에 의한 에너지 효율을 극대화 하고 있다. 다시 말해 상압증류탑 전단에 구성되어 있는 열교환기 트레인 (Train)에서 원유와 제품들 간의 폐열회수를 최대화 한다. 정유공장의 연간 운전비용 중에서 가장 큰 비중을 차지하는 것이 에너지비용이다.

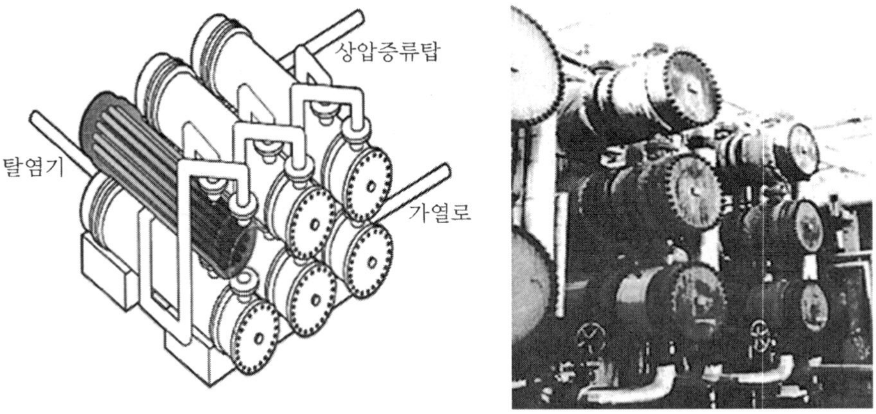

그림 6.3 열교환기

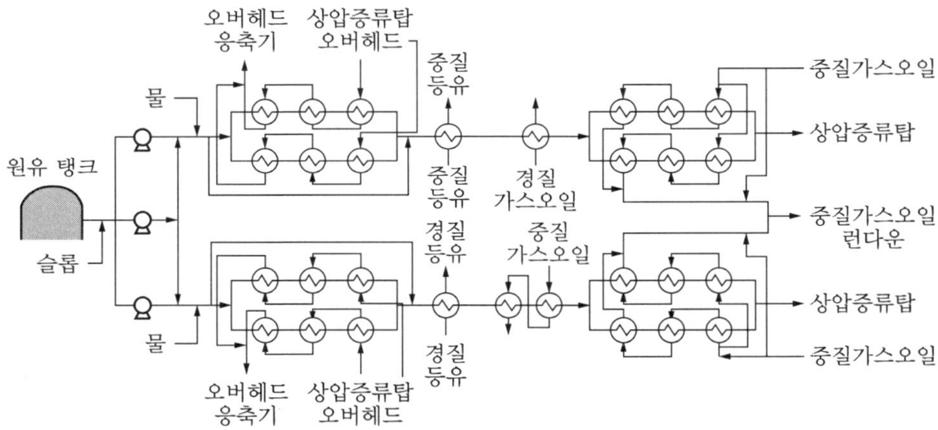

그림 6.4 원유와 제품 열교환기망 예

6.2 탈염기 (Desalter)

원유수송 시 원유선에 바닷물을 평형수 (Ballast Water)로 사용하기 때문에 원유 중에는 Na을 비롯한 Mg, Ca 등의 염 (Salt)화물이 10 − 1,000 ppm 함유되어 있다. 이들 염화물들은 열교환기 튜브 내에 스케일 (Scale)로 축적되거나 가열로 튜브 내에 코크 (Coke)를 형성하여 열교환 효율을 저하시키고 압력저하의 원인이 되기도 한다. 그리고 이들은 가열로 내부 고온에서 가수분해되어 염산 (HCl)을 생성하여 증류탑이나 후단 장치를 부식시킨다. 이들 염의 제거방법에는 전기탈염법과 화학탈염법이 있다. 전자는 고압 (16.5 – 33 kV) 전장을 형성하여 물방울을 결합시켜 중력으로 떨어뜨리는 방법이고, 후자는 유탁파괴제 (Demulsifier, Emulsion Breaker) 주입과 pH 조절을 위해 가성소다 (NaOH)를 주입하는 방법을 말한다.

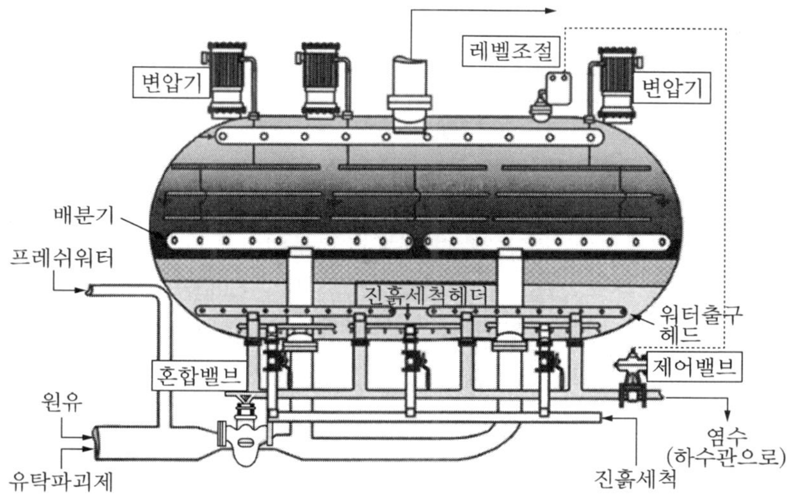

그림 6.5 탈염기 구조

참고 | 부식 메커니즘 (Corrosion Mechanism)

원유에 포함된 염은 대표적으로 $MgCl_2$, $CaCl_2$, NaCl 등이 있다. 이들 염은 고온에서 아래와 같이 가수분해반응을 일으킨다.

$$MgCl_2 + 2H_2O \rightarrow Mg(OH)_2 + 2HCl \text{ (120℃ 이상)}$$

$$CaCl_2 + 2H_2O \rightarrow Ca(OH)_2 + 2HCl \text{ (230℃ 이상)}$$

$$NaCl + H_2O \rightarrow NaOH + HCl \text{ (538℃ 이상)}$$

원유는 원유증류 공정의 가열로에서 약 350℃로 가열되므로, 상기 염을 제거하지 않으면 $MgCl_2$ 및 $CaCl_2$의 가수분해에 의해 생성된 HCl로 인하여 원유증류 탑의 상부 오버 헤드에 부식이 일어난다. 따라서 부식 방지를 위해 탈염기에서 염을 최대한 제거해야 한다. 일부 제거되지 않은 염의 가수분해를 막기 위해 가열로 전단에서 가성소다 (Caustic, NaOH)를 주입하여 아래와 같이 $MgCl_2$ 및 $CaCl_2$를 NaCl로 전환시킨다.

$$MgCl_2 + NaOH \rightarrow Mg(OH)_2 + NaCl$$

$$CaCl_2 + NaOH \rightarrow Ca(OH)_2 + NaCl$$

6.3 가열로 (Fired Heater)

원유를 상압증류에 필요한 온도 (330－350℃)까지 가열해 주는 역할을 한다. 크게 복사부 (Radiant Section), 대류부 (Convection Section), 버너 (Burner), 연돌 (Stack) 등으로 이루어져 있다. 주로 버너에는 연료가스 (Fuel Gas)와 연료오일 (Fuel Oil)을 단독 (Single Firing) 혹은 혼소 (Combination Firing)하기도 한다.

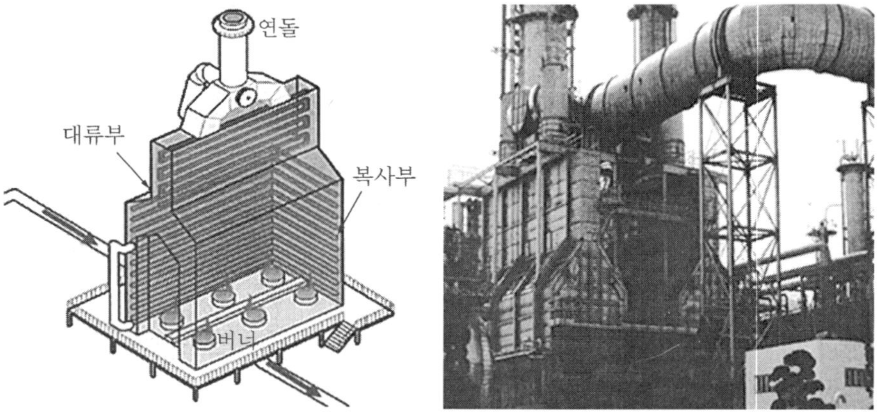

그림 6.6 가열로 구조

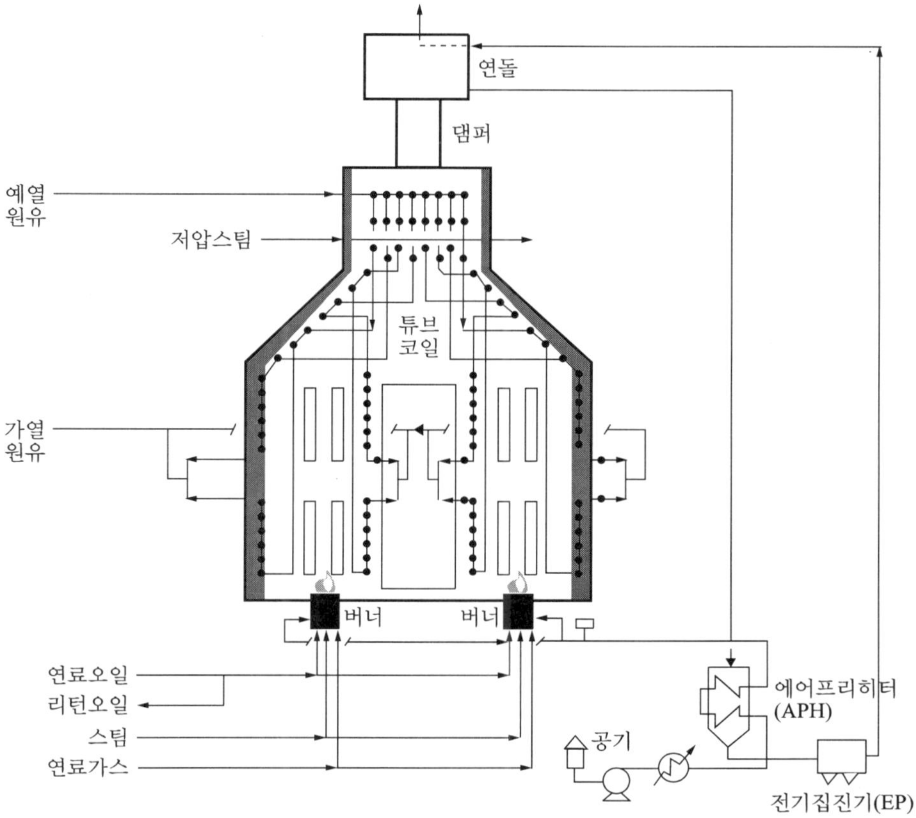

그림 6.7 가열로 흐름도

6.4 상압증류탑 (Atmospheric Distillation Column)

원유정제 공정의 주요 칼럼으로 내부는 40 - 50단의 트레이 (Tray)로 구성되어 있고 각 트레이 마다 기체와 액체의 평형 (Vapor-Liquid Equilibrium)이 형성된다. 트레이에서 기화된 기체는 홀 (Hole)이나 캡 (Cap)을 통해 상부 트레이로 올라가고 액화된 액체는 다운코머 (Downcomer)를 통해 하부 트레이로 내려간다. 온도와 압력 조건이 다른 각 트레이마다 평형이 이루어지면서 기체/액체가 상/하부로 각각 이동한다. 다시 말해 기화와 액화의 반복으로 재증류 효과를 나타내는 것이다.

1. 예열된 원유는 플래시존 (Flash Zone)으로 도입되고 압력강하로 인해 플래시 증류가 발생한다.
2. 증류탑 상부로는 오프가스 (Off Gas)/엘피지 (LPG)/납사 (Naphtha)가 증기 (Vapor) 형태로 분리되고, 응축기 (Condenser)에서 응축된 후 리시버 (Receiver)에 모여서 일부는 증류탑 상부온도 조절을 위해 환류 (Reflux)되고 나머지는 제품생산을 위해 후단공정으로 보내진다.
3. 증류탑 중간부에서는 트레이의 일정 부분에서 액체 (등유와 경유)를 밖으로 뽑아내어 일부는 열교환기에서 원유에 열을 공급하고 트레이의 온도와 정류도를 조절하기 위해 다시 증류탑으로 되돌아 보내는 환류 (Pump Around)와 나머지는 사이드 스트리퍼 (Side Stripper)에서 스팀에 의해 가벼운 성분을 분리하여 플래시포인트 (Flash Point)를 조절하고 열교환기에서 원유에 열을 공급한 후 수분제거 및 온도조절을 통하여 제품탱크로 보내진다.

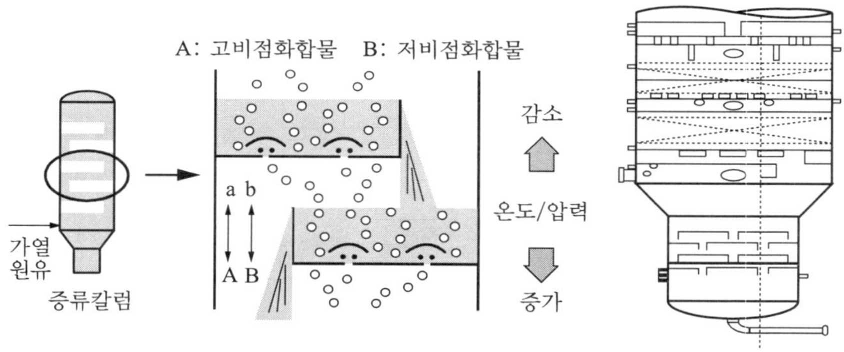

그림 6.8 상압증류탑

4. 플래시존 하단으로 내려간 잔사유는 증류탑 하부에서 주입되는 바텀 스트리핑 스팀 (Bottom Stripping Steam)에 의해 가벼운 성분이 제거되며 열교환기에서 원유에 열을 공급한 후 온도 조절을 거쳐 제품탱크로 보내진다.

주요 운전조절 규격은 아래와 같다.

(1) 납사 증류 (Whole Straight Run Naphtha Distillation) 95%

상압증류탑의 상부온도를 조절하고 증기 형태로 제거되는 양을 좌우한다.

(2) 혼합등유 플래시포인트 (Combined Kerosene Flash Point)

상압증류탑의 상부온도를 조절하고 등유 스트리핑스팀 (Kerosene Stripping Steam)을 조절한다.

(3) 혼합경유 증류 (Combined Diesel Distillation) 90%

가열로의 온도 조절을 좌우하고 경유 (Diesel)의 제품 생산량 (Draw Off)을 조절한다.

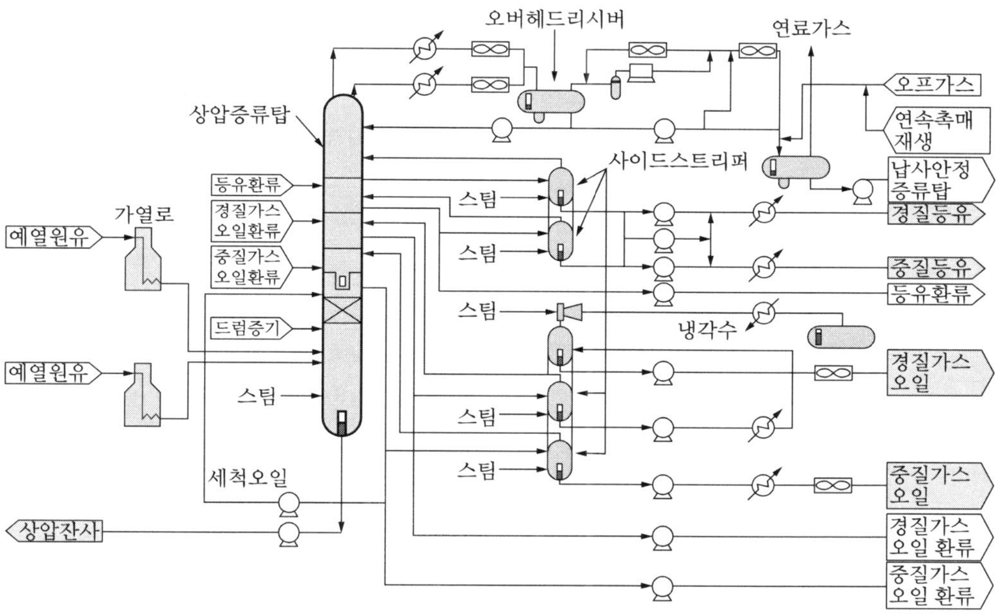

그림 6.9 상압증류탑 공정 흐름도

6.5 상압증류 공정의 주요 운전변수

상압증류 공정의 주요 운전변수에는 ① 온도 [상부, 사이드 드로우오프 (Side Draw-off), 플래시존 (Flash Zone)] ② 압력 (상부, 플래시존) ③ 오버플래시

(Overflash)와 와쉬오일 (Wash Oil) ④ 스트리핑스팀 (Stripping Steam) ⑤ 외부환류 (Pump Around) ⑥ 내부환류 (Internal Reflux)가 있다.

1. 온도 (Temperature)

(1) **상부온도** 납사의 엔드포인트 (End Point)와 경질등유의 플래시포인트에 영향을 준다. 온도를 상승시킬 경우 납사의 엔드포인트와 등유의 플래시포인트가 상승한다. 따라서 응축에 필요한 동력비가 증가하고 더 많은 상부제품이 생산되므로 상대적으로 경유의 드로우오프 양 (생산량)이 감소하고, 경유는 더 헤비 (Heavy)해진다.

(2) **사이드 드로우오프 온도** 사이드컷 (Side Cut) 제품의 엔드포인트를 결정하고 사이드컷의 생산량을 조절한다.

(3) **플래시존 온도** 전체 증류량과 플래시존 압력에 의해 결정된다. 플래시존의 압력이 증가할 경우 가열로의 연소열 (흡수열)이 증가해야 한다. 가열로 코일 출구온도 (COT, Coil Outlet Temperature)가 370℃ 이상일 경우, 탄화수소의 열분해가 발생하므로 가열로는 365℃ 이하로 운전해야 한다. 통상 플래시존의 온도는 가열로 출구온도보다 3－5℃ 낮다. 플래시존 온도 증가 시 플래시존의 증기가 증가하고 환류와 오버헤드 응축기의 용량이 증가한다. 온도가 과도하게 높을 경우 오버플래시가 증가하고 칼럼부하가 높아져 제품품질 규격을 맞추기가 어렵게 된다. 반대로 플래시존 온도가 과도하게 낮을 경우 플래시존의 증기가 감소하고 중간부 제품의 생산량이 감소하게 된다.

2. 압력 (Pressure)

증류탑에서 가장 중요한 운전변수이다. 플래시존 압력은 리시버 압력에 응축기와 플래시존 상부에 있는 트레이에서의 압력강하를 더한 값이다. 만일 압력이 안정되지 않으면 상부 또는 플래시존 압력 변동에 따라 각 트레이에서의 압력 변동이 일어나고, 새로운 평형상태에 도달하므로써 이전과 다른 제품 특성을 가지게 된다. 그리고 증기와 액체 부하 (Load) 변동에 따른 분리도 저하가 발생한다.

3. 오버플래시 (Overflash)

필요한 증류 (Distillate)량 이상으로 기화되는 양을 말하며 플래시존과 중질가스오일 (HGO) 드로우 트레이 (Draw Tray) 사이의 와쉬 섹션 (Wash Section)에서 내부환류 (Internal Reflux) 역할을 한다. 이는 공급 원유 대비하여 부피 비율로 측정되며 보통 2－5% 유지한다. 최적의 오버플래시 양이란 중질가스오일 생산량 감소를 최소화하고 트레이 혹은 패킹 (Packing)의 젖음 (Wetting) 상태 지속 가능 및 가열로 코일 출구온도 최소화 그리고 중질가스오일 색상 유지가 가능해야 한다.

4. 와쉬오일 (Wash Oil)

중질가스 드로우오프를 일부 순환하여 패킹 혹은 트레이를 마르지 않고 젖게 하여 코크생성 방지와 플래시존에서 비말 동반된 블랙오일 (Black Oil)을 씻어내는 역할을 한다. 이것은 증기를 응축 (Condensing)시키므로 추가적인 에너지를 필요로 하며 오버플래시 유량에 추가한다.

5. 스트리핑스팀 (Stripping Steam)

유분의 분압 (Partial Pressure) 개념으로 가벼운 성분을 스팀으로 스트리핑 (Stripping)하므로 결국 분류 (Fractionation)를 돕는 역할을 한다. 입출구온도 차이가 스트리퍼 (Stripper)의 성능 지표이고 스팀 주입으로 인해 추가적으로 오버헤드 응축기의 용량을 필요로 한다. 스팀 주입량이 변동하면 사이드 제품의 초기비등점 (IBP, Initial Boiling Point)과 플래시포인트 (Flash Point) 온도가 변동한다. 과도한 스팀을 주입할 경우 내부장치 손상이 우려되므로, 통상 4단 스트리퍼를 기준으로 압력차 (ΔP)는 0.03 kg_f/cm^2 (1 ft H_2O)로 한다.

6. 외부환류 (Pump Around)

증류칼럼에서 열을 제거하여 열 균형 (Heat Balance)을 유지하는 것 외에 상부로 올라오는 증기 (Vapor)를 냉각시켜 부분적으로 응축시키는 역할을 한다. 환류량을 증가시키면 오버헤드 응축기의 부하가 감소한다. 만약 환류에 변동이 있다면 해당 환류부 상부의 내부환류가 변동한다. 환류가 증가할 경우 내부환류는 감소하여 증류효율 저하 가능성이 있어 플래시존 온도 증가가 필요하며 환류 상단 제품은 보다 가벼워진다.

7. 내부환류 (Internal Reflux, Internal Traffic)

트레이와 트레이 사이를 흐르는 액체로 증기의 응축을 유도하여 사이드컷 (Side Cut) 제품의 분리도를 향상시킨다. 사이드 드로우오프 (Side Draw-off) 양이 변동하면 내부환류와 제품 끓는점도 동반 변동한다.

6.6 엘피지 공정 (LPG Unit)

상압증류 공정의 부속공정으로 납사안정증류탑이나 리포머 (개질) 공정에서 생산되는 엘피지를 처리하여 경질성분 (황화수소, 메탄, 에탄 등)을 제거 후 순수한 프로판과 부탄을 생산한다.

주요 장치로는 에탄분리탑 (Deethanizer), 엘피지메록스 (LPG Merox), 엘피지분리기 (C_3/C_4 Splitter)로 구성된다. (1) **에탄분리탑**은 엘피지 중에 포함된 황화수소 (H_2S), 메탄, 에탄을 증류를 통해 제거하여 프로판/부탄 혼합물로 분리한다. 제거된 경질성분들은 아민으로 황화수소를 제거한 후 연료가스로 사용한다. (2) **엘피지메록스**는 아민 (Amine)으로 황화수소를 제거한 후 독성과 부식성이 있고 악취를 풍기는 머캡탄 (Mercaptan, RSH)을 가성소다 (NaOH)를 이용하여 이를 추출해서 제거하는 공정을 말한다. (3) **엘피지분리기**는 엘피지메록스를 거친 스위트 (Sweet) 엘피지를 프로판과 부탄으로 분리하는 증류탑이다. C_3/C_4 제품은 C_3 드라이어 (Dryer)와 샌드필터 (Sand Filter)에서 각각 수분을 제거한 후 제품탱크에 저장된다.

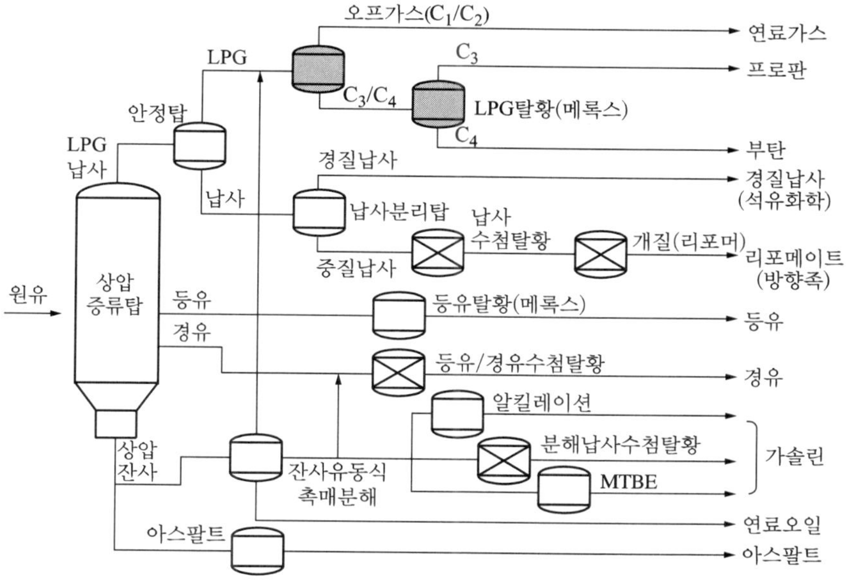

그림 6.10 엘피지 공정 개요도

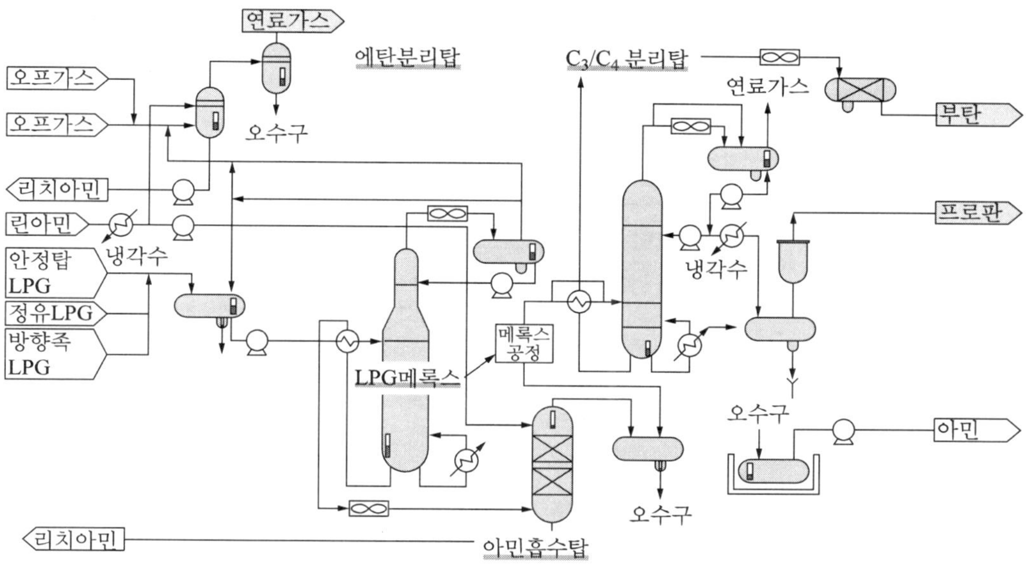

그림 6.11 엘피지 공정 흐름도

6.7 메록스 공정 (Merox Unit)

엘피지 (LPG), 경질납사 (Light Straight Run), 항공유 (Jet A-1, JP-5) 등에 포함되어 있는 머캡탄 (Mercaptan, RSH)을 제거 또는 전환하는 공정을 말한다. 머캡탄산화 (MERcaptan OXidation, MEROX)에서 유래한 미국 유오피 (UOP)사의 특허공정이다. 공정 분류는 엘피지와 경질납사 메록스의 추출 (Extraction) 공정과 케로 메록스의 스위트닝 (Sweetening) 전환 공정이 있다.

전자는 엘피지나 경질납사에 섞여 있는 분자량이 작은 머캡탄 (RSH)은 가성소다 (NaOH) 용액에 잘 녹으므로 이들 공정에서는 가성소다 용액을 이용하여 제품에서 머캡탄을 제거한다. 반응식은 다음과 같다.

$$RSH + NaOH \rightarrow NaSR + H_2O$$

후자는 등유나 항공유에 섞인 머캡탄 (RSH)은 분자량이 커서 가성소다 용액에 잘 녹지 않으므로 촉매를 이용하여 머캡탄을 디설파이드 (RSSR, Disulfide) 형태로 전환시키는 공정이다. 반응식은 아래와 같다.

$$2RSH + 2R'SH + O_2 + 2H_2O \rightarrow 2RSSR' + 4NaOH$$

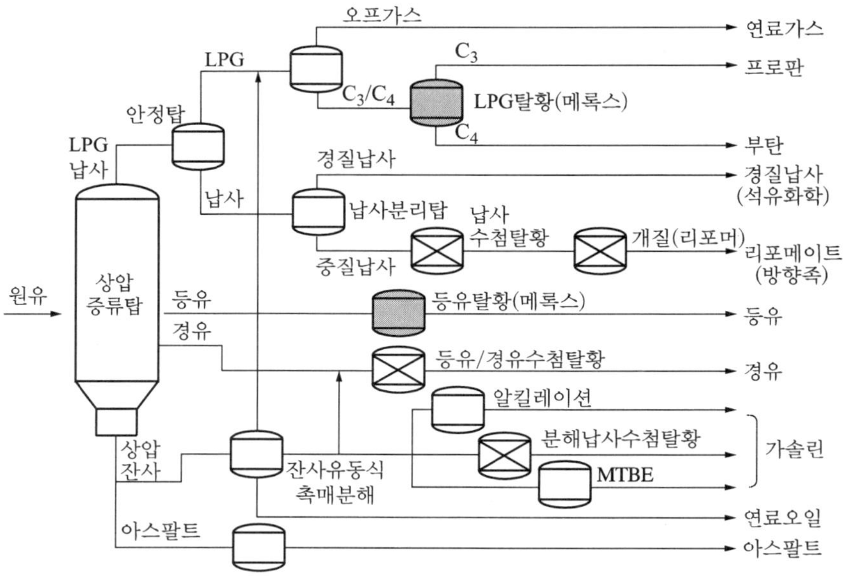

그림 6.12 메록스 공정 개요도

1. 엘피지/경질납사 메록스추출 공정

엘피지는 에탄추출탑을 거치면서 메탄, 에탄이 제거된 후 아민흡수탑 (Amine Absorber)에서 황화수소 (H_2S)를 1차로 제거하고 나서 엘피지메록스 공정에 공급된다. 이후 가성소다 세척조 (Caustic Prewash)에서 가성소다를 이용하여 H_2S를 완전 제거하고, H_2S가 제거된 엘피지와 경질납사는 추출탑 (Extractor)에서 가성소다와 접촉하면서 머캡탄이 추출되어 아래와 같이 제거된다.

$$RSH + NaOH \rightarrow NaSR + H_2O$$

추출탑에서 엘피지와 경질납사에 딸려 나온 가성소다는 가성소다 분리조 (Caustic Settler)에서 비중차에 의해 분리되고, 모래 여과기 (Sand Filter)에서 수분과 불순물을 분리하여 C_3/C_4 분리탑으로 가는 메록스의 마지막 단계가 된다. 그리고 추출탑에서 머캡탄을 함유한 가성소다 (Spent NaOH)는 촉매를 이용하여 프레쉬 가성소다 (Fresh NaOH)로 재생되어 추출탑으로 순환된다.

$$4NaSR + O_2 + 2H_2O \rightarrow 2RSSR + 4NaOH$$

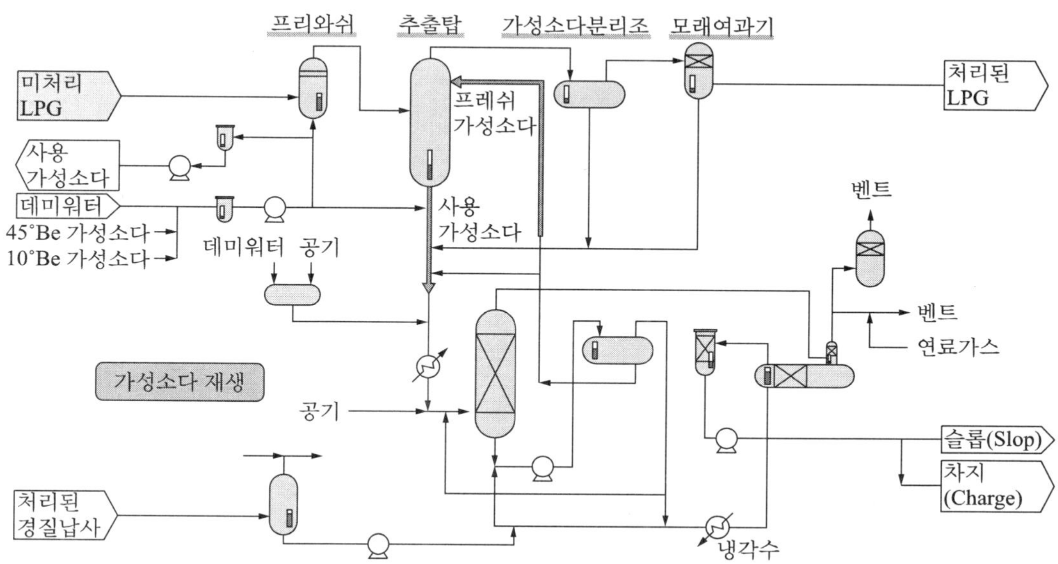

그림 6.13 LPG 메록스 공정 흐름도

2. 케로 메록스전환 공정

등유와 항공유 등에 포함된 머캡탄 (RSH)을 디설파이드 (RSSR)로 전환시켜 제품탱크에 저장하며 이때 총 황의 함량은 변하지 않는다. 가성소다 세척조에서 가성소다를 이용하여 황화수소와 유기산 (Naphthenic Acid)을 제거하고 반응기 (Reactor)에서 촉매가 흡착된 활성탄을 통과하면서 머캡탄이 디설파이드로 전환된다.

$$2RSH + 2R'SH + O_2 + 2H_2O \rightarrow 2RSSR' + 4NaOH$$

반응기에서 등유에 딸려 나온 가성소다는 가성소다 분리조에서 비중차에 의해 분리되고 물세척탑 (Water Wash Column)에서 등유에 잔존하는 미량의 가성소다는 제거된다. 물세척탑에서 등유에 섞인 미립자의 물은 소금 여과기 (Salt Filter)에서 제거하고 등유에 녹은 계면활성제 (Surfactant)와 금속화합물 등의 불순물은 백토 여과기 (Clay Filter)에서 제거한다.

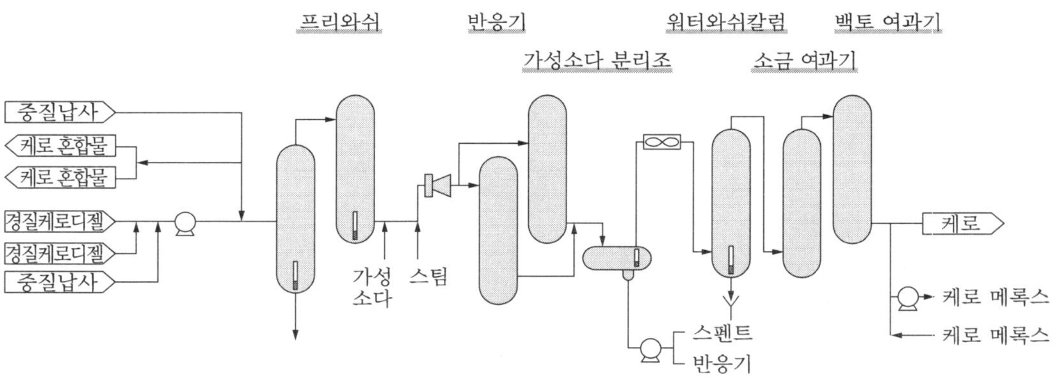

그림 6.14 케로 메록스 공정 흐름도

3. 메록스 공정의 주요 운전변수

메록스 공정의 주요 운전변수에는 ① 촉매 (Catalyst) ② 산소 (Oxygen) ③ 알칼리도 (Alkalinity) ④ 접촉 (Contact) ⑤ 온도 (Temperature) 등이 있다.

(1) **촉매** 추출메록스 촉매는 가성소다 재생을 촉진시킨다. 추출메록스의 경우 촉매농도는 공정 운전에 직접적인 영향을 미치므로 프레쉬 가성소다의 200 ppm으로 하고 초기 권장 촉매 주입량은 5,000 kL 처리당 1 kg이다. 스위트닝 메록스 공정에서는 촉매농도가 공정 운전에 직접적인 영향을 미치지 않는다. 목탄 (Charcoal)은 목탄 ft^3당 UOP 메록스 FB 시약 0.087파운드 (1.4 kg/m^3)로 주입 (Impregnating)되어 있다. 오랜 운전 후에는 촉매의 농도가 떨어져 효율이 저하될 경우에는 촉매를 주입한다.

(2) **산소** 추출메록스 공정에서는 공기가 옥시다이저 (Oxidizer)에 들어가는 가성소다에 섞여 가성소다 재생 반응을 일으킨다. 공기 주입의 증가는 가성소다 재생을 좀 더 빨리 그리고 완벽하게 진행시키고, 추출기로 들어가는 재생된 가성소다는 좀 더 낮은 소듐 머캡타이드 (Sodium Mercaptide)를 포함하고 머캡탄을 추출하는 능력을 증가시킨다. 그리고 공기 주입 증가는 옥시다이저에서의 체류시간을 감소시키고 머캡탄 황 1파운드를 산화시키기 위해서는 공기 14.2 ft^3가 필요하다 (황 1 kg당 0.83 Nm^3). 필요한 공기 주입량은 원료에 따라 다르지만 대개 이론상의 요구량보다 1.2 − 2.0배의 범위에 있다. 스위트 메록스 공정에서는 공기가 반응기에서의 스위트닝 반응을 일으킨다. 공기 주입 증가는 머캡탄 제거율을 높일 수 있으나 과도한 공기 주입은 제품의 색상을 악화시킨다.

(3) **알칼리도** 알칼리도는 가성소다 용액에 의해서 제공된다. 추출과 스위트닝 공정에서 가성소다는 머캡탄 추출을 위해서 제공되는 용제이고 또한 촉매를 퍼지게 하는 중간 매체이다. 가성소다는 머캡탄산화가 모든 메록스 공정에서 일어나는데 필요한 염기성 환경을 제공한다. 최적의 가성소다 농도는 머캡탄 추출 공정에서는 20 − 25 °Be (14.4 − 19 wt%)이고, 스위트닝 메록스 공정에서는 10 °Be (6.6 wt%)이다.

(4) **접촉** 접촉은 반응물의 혼합 정도로 정의된다. 추출 공정에서 접촉과 관련한 변수는 탄화수소 트레이 홀에서의 속도와 탄화수소의 부피에 대한 순환 가성소다의 부피비가 된다 [가성소다의 탄화수소에 대한 비 (C/H)]. 그리고 스위트닝 공정에서 접촉과 관련한 변수는 액체시간공간속도 (LHSV, Liquid Hourly Space Velocity)이다.

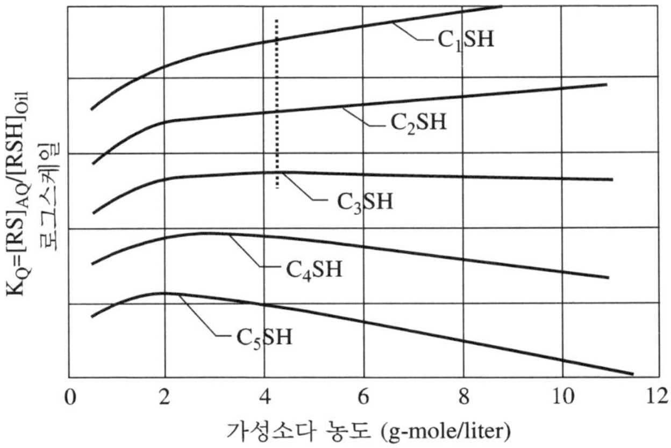

그림 6.15 **평형 분포**

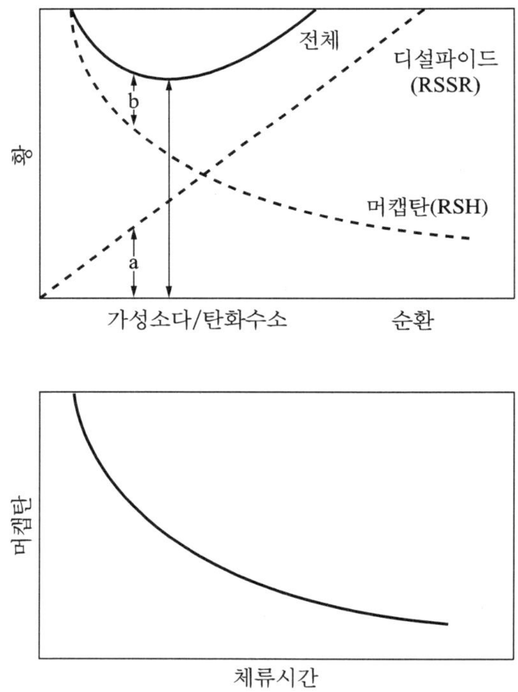

그림 6.16 **추출 (상) / 스위트닝 (하)**

(5) **온도** 머캡탄 추출공정에서 일반적으로 가성소다 추출은 온도가 낮을수록 잘 일어나며 적합한 온도는 38℃이다. 20℃ 미만에서는 가성소다 흐림 (Hazy) 문제, 50℃ 이상에서는 추출 저하가 발생하고, 가성소다 재생 반응은 38-50℃에서 일어난다. 머캡탄 스위트닝 공정에서 일반적으로 스위트닝은 온도가 높을수록 잘 일어나지만 온도가 너무 증가하면 색상이 나빠지고 껌 형성 (Gum Formation) 등이 발생한다. 원료 온도는 머캡탄 전환이 일어나는 범위에서 가능한 낮게 유지되어야 하며 일반적으로 38-50℃ 범위가 최적이다. 금속 보호 측면에서 온도는 60℃를 넘지 않아야 한다.

6.8 수첨탈황공정 (Hydrodesulfurization)

석유제품에 수소를 첨가하여 촉매 하에서 유기황을 제거하고 이외에 유기질소, 유기산소, 유기금속 화합물을 제거하며 올레핀을 포화시킨다. 이는 환경보호를 위한 황 함량 규제 강화로 청정연료 생산능력이 기업의 사활을 결정할 만큼 정유 및 석유화학에서 가장 중요하면서도 기본적인 공정이다. 이것에는 납사, 등유, 경유, 잔사유 수첨탈황이 있으며 원료 (Feed)가 중질 (Heavy) 쪽으로 갈수록 반응속도는 물론 반응압력, 촉매 소요량, 수소 소모량 등이 증가하게 된다.

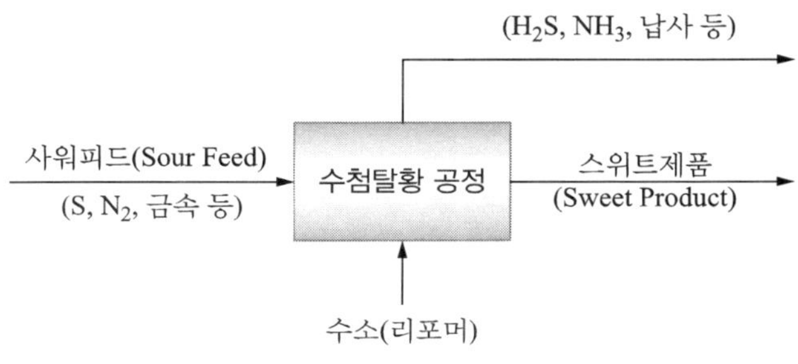

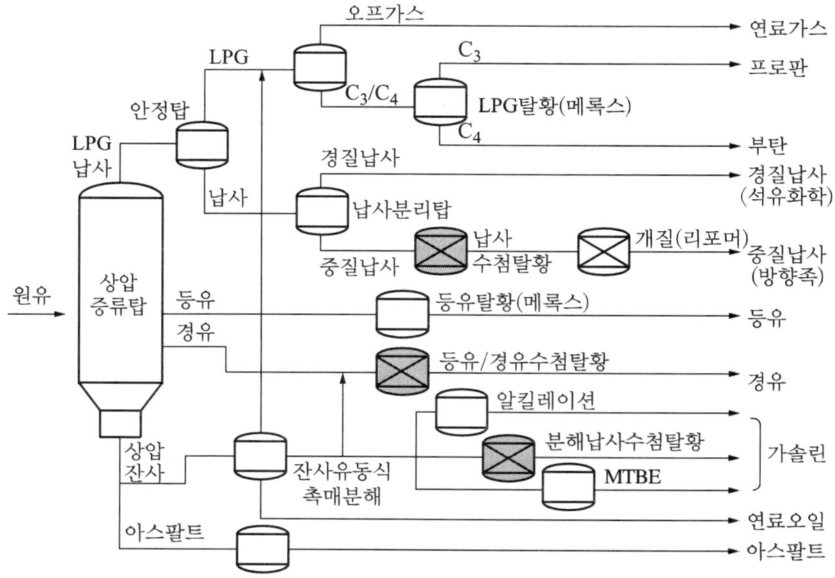

그림 6.17 수첨탈황공정 개요도

1. 수첨탈황의 주요 반응

수첨탈황의 주요 반응에는 ① 탈황반응 (Desufurization) ② 탈질소반응 (Denitro-genation) ③ 올레핀/방향족 포화반응 (Olefin/Aromatics Saturation) ④ 탈할로겐반응 ⑤ 탈금속반응이 있다.

(1) **탈황반응** 탄화수소 중의 황을 H_2S 형태로 제거하는 발열반응이다. 탄화수소의 끓는점이 증가할수록 황 함량도 증가하며 제거하기 어려운 황화합물의 양도 증가하여 탈황이 어려워진다.

디설파이드 (RSSR) > 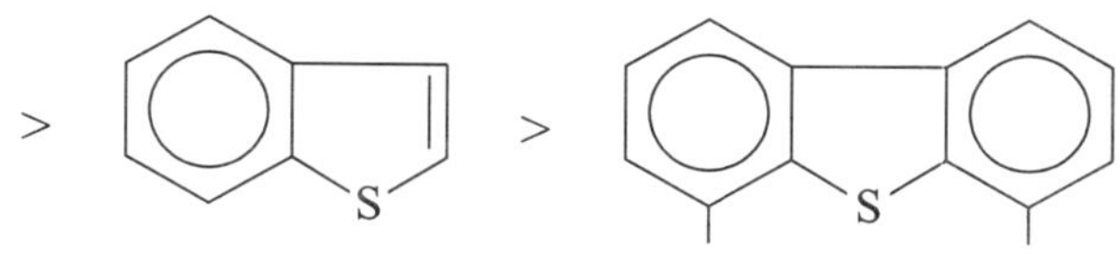

탈황반응의 예는 아래와 같다.

$$CH_3\text{-}CH_2\text{-}CH_2\text{-}CH_2\text{-}S\text{-}H + H_2 \rightarrow CH_3\text{-}CH_2\text{-}CH_2\text{-}CH_3 + H_2S$$

$$CH_3\text{-}CH_2\text{-}S\text{-}S\text{-}CH_2\text{-}CH_3 + 2H_2 \rightarrow 2(CH_3\text{-}CH_3) + 2H_2S$$

(2) **탈질소반응** 탄화수소 중의 질소를 NH_3 형태로 제거하는 발열반응이다. 질소는 탈황반응의 방해 역할을 하기 때문에 탈황을 위해서는 먼저 제거되어야 하며, 특히 심도탈황의 경우 탈질 기능이 중요하다. 탈질반응 예는 아래와 같다.

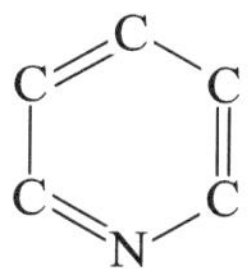

$$+ 5H_2 \rightarrow CH_3\text{-}CH_2\text{-}CH_2\text{-}CH_2\text{-}CH_3 + NH_3$$

(3) **올레핀/방향족 포화반응** 탈황반응과 같이 급속히 일어나며 고농도의 올레핀이 포화반응 시 높은 발열이 발생하므로 주의해야 한다.

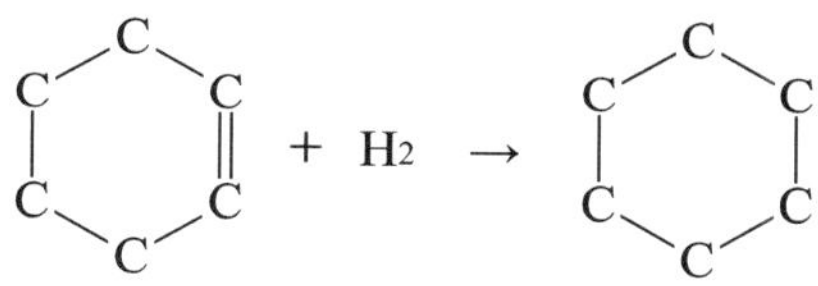

(4) **탈할로겐반응** 반응 예는 다음과 같다.

$$CH_3\text{-}CH_2\text{-}CH_2\text{-}CH_2\text{-}Cl + H_2 \rightarrow CH_3\text{-}CH_2\text{-}CH_2\text{-}CH_3 + HCl$$

(5) **탈금속반응** 촉매 표면에 금속 성분이 쌓이면 촉매는 활성을 잃게 되므로 제거해 주어야 한다.

2. 수첨탈황공정의 주요 장치

주요 장치에는 ① 가열로 (Heater) ② 반응기 (Reactor) ③ 압축기 (Compressor) ④ 분리기 (Separator) ⑤ 스트리퍼 (Stripper)가 있다. 가열로는 탈황반응에 필요한 온도를 조절하는 장치이고 반응기는 내부에 촉매가 충진되어 있으며 탈황과 탈질소반응이 일어나는 장치이며 필요시 2개 이상의 반응기가 직렬로 연결되어 있다. 압축기는 반응에 필요한 수소를 공급 (Make-up)하거나 반응하고 남은 수소를 재순환 (Recycle)하는 역할을 하고 분리기는 반응 후의 탄화수소와 수소 등의 혼합물에서 수소/기체와 탄화수소/액체를 분리하는 장치이다. 마지막으로 스트리퍼는 탄화수소 액체 중의 H_2S나 가벼운 성분들을 제거한다.

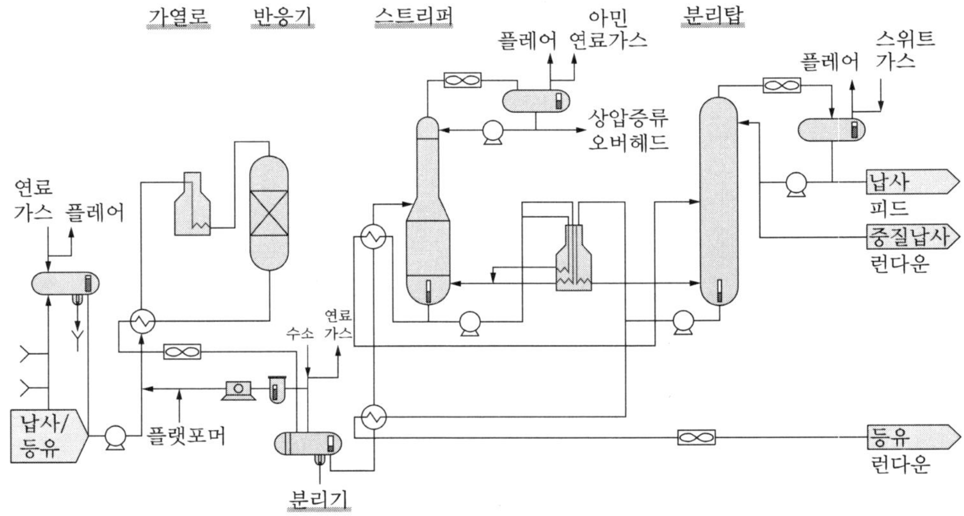

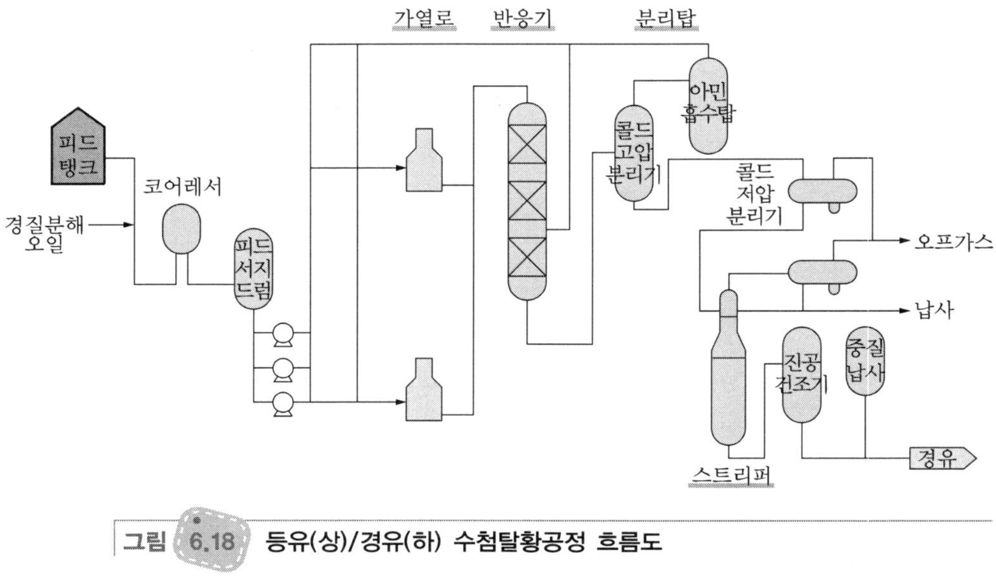

그림 6.18 등유(상)/경유(하) 수첨탈황공정 흐름도

3. 수첨탈황공정의 주요 운전변수

수첨탈황공정의 주요 운전변수에는 ① 수소분압 (Hydrogen Partial Pressure) ② 공간속도 (LHSV, Liquid Hourly Space Velocity) ③ 운전온도 (Operating Temperature) ④ 수소순환 (Hydrogen Circulation) ⑤ 촉매활성도 (Catalyst Activity) ⑥ 수소순도 (Hydrogen Purity) ⑦ 촉매사이클수명 (Catalyst Cycle Life) ⑧ 가동말기온도 (End-Of-Run Temperature) 등이 있다.

(1) **수소분압** 시스템압력은 수첨탈황반응에 필요한 수소분압이 결정한다. 반응압력이 높으면 촉매 수명이 증가하고 반응의 전환율도 높아진다. 피드 (Feed)의 황 함량이 증가하고 헤비 (Heavy)해질수록 효과적인 탈황을 위해서는 공정압력이 높아야 하며 피드 종류별 반응압력은 아래 표 6.1과 같다.

표 6.1 피드와 수소분압

피드	납사	등유	경유	중유
압력 (kg_f/cm^2)	20	30 − 40	60	80 − 100

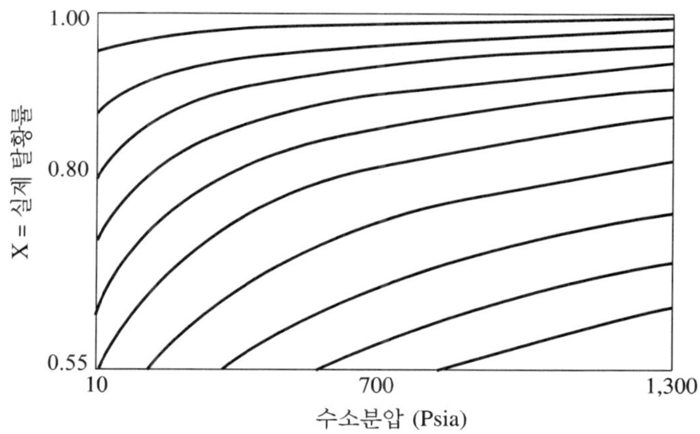

그림 6.19 수소분압과 실제 탈황률 관계

(2) **공간속도** 공간속도는 촉매 부피당 피드속도 (Feed Rate)를 말한다. 이는 촉매가 사용되는 모든 반응 공정에서 변수이며 공간속도가 작을수록 즉 피드속도가 낮을수록 반응기에 머무르는 시간이 늘어나, 촉매와의 접촉시간이 길어지

므로 반응에 유리해진다. 결국 촉매 부피는 이미 반응기 사이즈에 의해 결정되므로 피드속도의 함수이고 독립적인 변수가 된다. 그리고 공간속도는 탈황효율에 반비례하며 공간속도가 높을수록 가혹도가 증가하여 촉매 수명은 짧아지고 탈황률도 감소한다. 피드 종류별 공간속도는 표 6.2와 같다.

표 6.2 피드와 공간속도 (LHSV)

피드	납사	등유	경유	중유
LHSV (hr^{-1})	6－8	4	2－3	1－2

(3) **운전온도** 탈황반응은 230℃ 정도에서부터 시작하여 온도가 상승할수록 잘 일어난다. 운전초기 (SOR, Start Of Run)에서 운전말기 (EOR, End Of Run)로 진행하면서 촉매 활성이 떨어져 온도를 올려야 한다. 또한 점차 강화되고 있는 환경 규제는 반응기 온도 상승을 요구하고 있으며 이에 따라 촉매의 수명 사이클도 감소하는 추세에 있다. 피드 종류별 반응기 온도는 아래 표 6.3과 같다.

표 6.3 피드와 반응기 온도

피드	납사	등유	경유	중유
반응기 온도 (℃)	270	290	330－370	385－

(4) **수소순환 (수소/탄화수소)** 수첨탈황공정에 필요한 수소분압을 기준으로 설계한다. 제품의 규격과 수소 소모량이 결정되면 반응기 입구에서 필요한 수소분압을 충족시키기 위하여 수첨탈황반응이 진행되면서 소모되는 수소를 보충하고 남은 부분을 재순환가스 (Recycle Gas)로 한다. 여기서 수소와 탄화수소의 몰 (Mole) 비율이 높을수록 촉매에 코크 (Coke)가 쌓이는 속도가 낮아져서 촉매 수명을 유지할 수 있게 된다.

(5) **촉매활성도** 탈황공정의 유연성을 제공하는 중요한 요소이다. 촉매 활성이 좋을수록 반응기 온도가 낮은 상태에서 운전이 가능하고 촉매의 수명 사이클이 증가한다. 동일 피드스톡 (Feedstock)의 경우에는 처리량이 증가하며 탈황반응이 일어나기 어려운 피드스톡도 처리할 수가 있어 가혹도를 높여 운전할 수가 있다.

(6) **수소순도** 일반적으로 수소순도는 공정 설계 시 결정된다. 피드와 혼합되어 반응기로 공급되는 수소는 반응이 진행되면서 소모되기 때문에 반응기 출구에서의 수소순도는 변하게 된다. 재순환가스 (Recycle Gas)의 순환량과 함께 수소순도가 반응기 입구에서의 수소분압을 결정하며 주어진 수소분압에서 시스템 압력과 반응에 필요한 수소가스 흐름에 영향을 준다. 디자인에서 요구하는 재순환가스가 형성된다면 수소순도가 높을수록 반응기 입구에서의 수소분압이 증가하기 때문에 탈황반응이 촉진하게 된다.

(7) **촉매사이클수명** 수첨탈황 촉매는 운전 진행에 따라 활성이 저하되고 활성 저하는 피드스톡 성상, 피드 처리량, 운전 가혹도 등의 요소에 영향을 받는다. 촉매 교체 및 재생 시기는 반응기 입구온도가 가동말기온도에 도달했거나 피드처리량 감소 혹은 제품 오프 스펙 (Product Off Spec)이 발생했을 경우이다. 촉매사이클수명은 수첨탈황공정의 경제성을 결정짓는 중요 요인이다.

(8) **가동말기온도** 일반적으로 가동말기온도는 장치 설계에 의해 결정되지만 기타 분해에 의한 제품 수율 감소, 과도한 오프가스 생산, 제품의 안정성 감소, 공정의 경제성 등이 가동말기온도를 결정하는 요인으로 작용한다.

6.9 개질공정 (Reformer)

스위트 중질납사 (탈황 중질납사)를 원료로 피드 (Feed) 중의 납센 (Naphthene)과 파라핀 (Paraffin)을 촉매를 이용하여 방향족공정의 기초 원료를 생산할 뿐 아니라 반응 과정에서 수소를 발생시켜 수소를 필요로 하는 다른 공정에 이를 공급하는 역할을 한다. 피드를 반응기에 주입하기 전에 촉매에 독이 되는 황 (Sulfur), 질소 (Nitrogen), 금속 (Metal) 등을 제거하는 수첨탈황공정 (Hydrotreating)을 거치게 된다. 그리고 반응이 진행됨에 따라 촉매층에 코크 (Coke)가 침적되면 촉매재생을 실시해야 하며 촉매재생 방법에는 주기적으로 실시하는 반재생 (Semi-Regeneration)과 연속재생 (Continuous Regeneration)이 있다. 촉매재생에 의하여 코크연소, 촉매층에 소결에 의한 금속 뭉침 해결, 촉매 환원 등으로 촉매에 활성을 부여하게 된다.

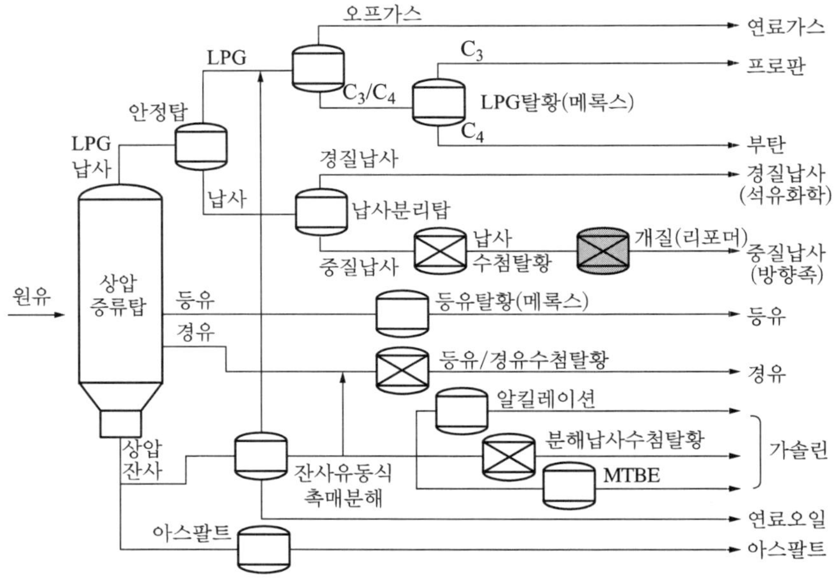

그림 6.20 개질공정 개요도

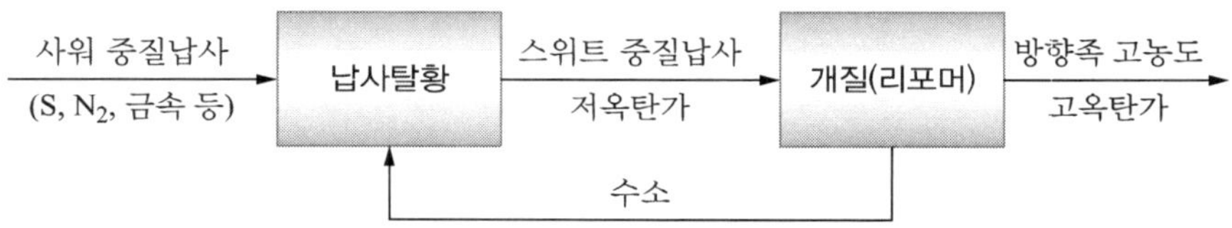

참고 | 개질 (Reforming)

개질 (Reforming)은 가솔린 (Gasoline) 및 석유화학의 원료인 벤젠/톨루엔/자일렌 (BTX) 생산을 위한 중요한 공정이다. 가솔린 생성을 목적으로 하는 경우는 옥탄가 (RON)를 높여 연료의 질을 증가시키는데 그 의의가 있다. 최대의 옥탄가를 얻기 위해서는 탈수소고리화 (Dehydrocyclization)와 수소분해 (Hydrocracking)가 필수적이다. 따라서 효과적으로 리포머 (Reformer)를 디자인하고 운전하는데 관심이 주어지게 된다.

가솔린을 제조할 때 피드 (Feed)로 사용되는 나프타 (Naphtha)는 끓는점 (Boiling Point) 범위가 77－177℃ 정도이며 C_6-C_{11} 탄화수소를 함유한다.

개질반응에 의하여 피드스톡 (Feedstock) 중의 방향족 (Aromatics)은 거의 변화되지 않지만 나프텐 (Naphthene)은 빠른 속도로 방향족으로 전환된다. 파라핀 (Paraffin)은 일부가 방향족으로 전환되고 대부분은 분해 (Cracking)에 의하여 C_1-C_4 가스로 된다. 나프텐의 경우에는 메틸사이클로펜탄 (Methylcyclopentane)과 같은 것도 모두 벤젠 (Benzene)으로 전환되지 않고 반응 가혹도 (Severity)에 따라 대부분이 분해에 의하여 가스로 전환될 수 있다. 개질에서 요구되는 최적 반응은 파라핀의 방향족으로의 전환이며 촉매 (Catalyst) 및 운전 조건 (Operating Condition)에 따라서 좌우된다.

1. 개질공정의 주요 반응

주요 개질 (Reforming) 반응에는 ① 탈수소화반응 (Dehydrogenation) ② 이성화반응 (Isomerization) ③ 탈수소고리화반응 (Dehydrocyclization) ④ 수소분해반응 (Hydrocracking)이 있다. 각 반응의 특성은 아래와 같다.

(1) **탈수소화반응** 납센 (Naphthene)이 수소를 잃고 방향족 (Aromatics)으로 전환되는 반응을 말한다. 반응속도가 매우 빨라서 첫 번째 반응기에서 격렬하게 일어나며 수소 발생의 가장 중요한 반응이다.

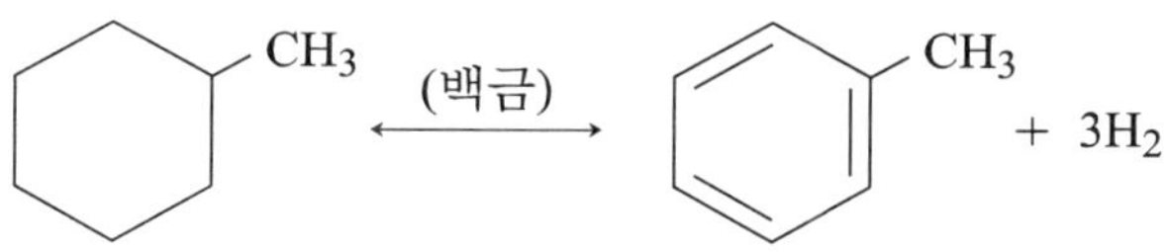

(2) **이성화반응** 아래와 같이 파라핀의 이성화와 나프텐의 이성화가 있다. 파라핀의 경우는 같은 탄소수에서 노르말 파라핀 (Normal Paraffin)보다 이소파라핀 (Isoparaffin)의 옥탄가가 더 높으므로 옥탄가 향상에 도움이 된다. 나프텐은 아래 마지막 예처럼 링 (Ring)에 탄소수가 6개 이하일 때 잘 일어난다.

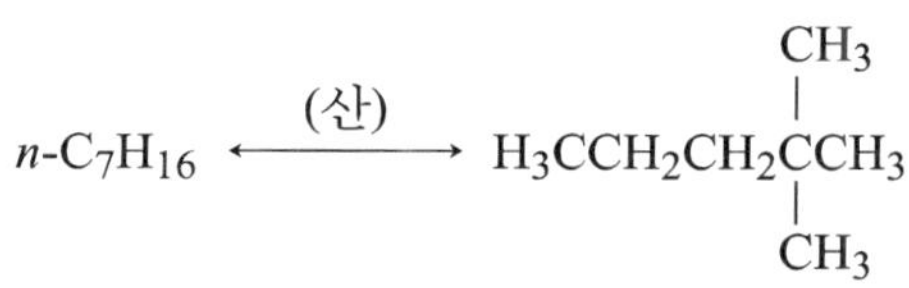

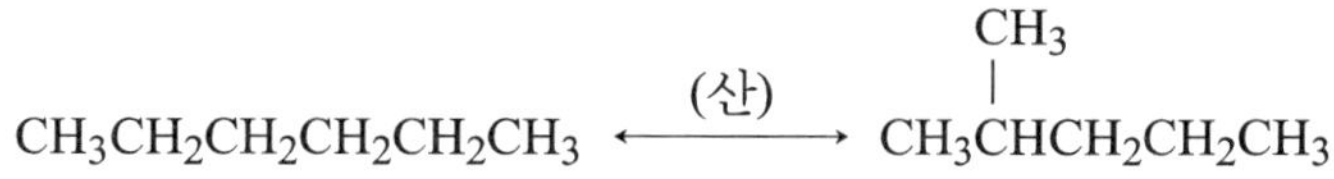

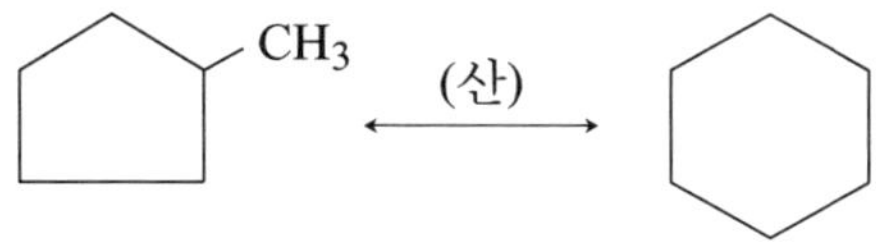

(3) **탈수소고리화반응** 파라핀이 탈수소고리화 하여 나프텐 혹은 방향족이 되는 반응으로 반응속도가 가장 느려 발생하기가 어려우며 주로 마지막 반응기에서 일어난다. 이 반응은 방향족 수율을 높이는데 가장 중요한 반응이다.

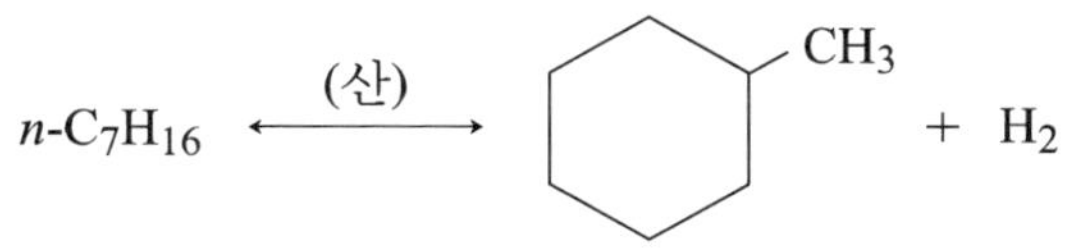

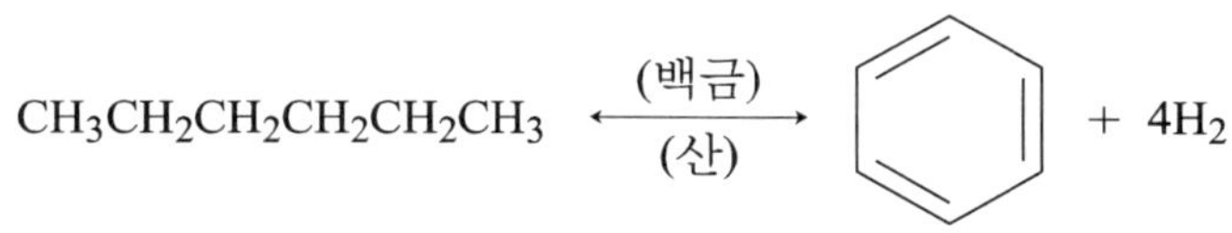

(4) **수소분해반응** 긴 사슬 파라핀을 깨는 반응으로 수소를 필요로 하는 유일하게 발열반응이다. 이 반응은 리포메이트 (Reformate) 수율 (Yield)을 떨어뜨리고 엘피지 (LPG) 수율을 증가시킨다.

$$n\text{-}C_9H_{20} + H_2 \longrightarrow n\text{-}C_5H_{12} + n\text{-}C_4H_{10}$$

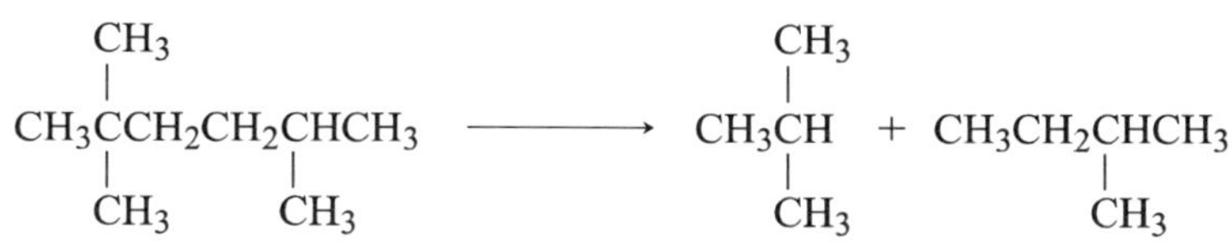

참고 | 개질반응 (Reforming Reaction)

개질반응에서 몇 가지 강조할 사항은 다음과 같다.

(1) 나프텐의 탈수소화반응은 수소가 생성되는 반응이기 때문에 반응기 압력 (또는 수소분압)을 낮추면 반응은 우측 (정방향)으로 진행하므로 방향족의 수율 (Yield)이 증가한다. 이 반응의 반응열은 16.9 kcal/mole H_2인 흡열반응이다. 나프텐이 방향족으로 전환되면 부피 수축 (Volume Shrinkage) 현상이 일어나는 것은 밀도차 때문이다. 수소의 분압이 낮으면 파라핀의 수소

분해도 감소하기 때문에 결국 반응기 압력이 낮을 때 높은 액상 수율을 얻게 된다.

(2) 나프텐의 이성화 (Isomerization)는 사이클로펜탄 (Cyclopentane)이 사이클로헥산 (Cyclohexane)으로 되는 반응인데 실제는 사이클로펜탄의 일부가 분해 (Cracking)에 의하여 파라핀으로 전환되기도 한다. 이 현상은 분자 크기가 작을수록 심화된다. 운전 조건이 사이클로헥산의 전환량을 결정한다. 나프텐의 이성화 반응열은 무시할 수 있다.

(3) 파라핀의 탈수소고리화는 노말파라핀 (*n*-Paraffin)에서만 일어난다. 반응열은 10.5 kcal/mole H_2이고 흡열반응이다. 노말파라핀의 경우 분해, 이성화, 탈수소고리화 3가지 반응이 동시에 일어날 수 있기 때문에 나프텐으로의 전환율은 상대적으로 낮다. 그러나 파라핀의 분자량이 증가하면 사이클화 (Cyclization)가 될 수 있는 확률도 증가한다. 이 반응은 낮은 수소분압을 필요로 한다.

(4) 수소분해의 반응열은 −13.5 kcal/mole H_2로서 발열반응이고 주로 납사 (Naphtha)의 경우는 경질 탄화수소 (Light Hydrocarbon)의 생성을 유도한다. 디메틸레이션 (Demethylation)이나 방향족의 디알킬레이션 (Dealkylation)은 고온, 고압에서만 일어나고 정상개질조건 (Normal Reforming Condition)에서는 확률이 낮은 반응이다.

이 모든 반응들은 탄소 (Carbon)수에 따라 반응속도가 다르기 때문에 어떤 반응이 C_7 물질에 잘 일어난다고 해서 같은 반응이 C_6 물질에도 동일한 속도로 일어나는 것은 아니다. 이와 같이 개질반응은 매우 복합적이기 때문에 실험에 의한 결과들은 보통 경험적 상관관계 (Empirical Correlation)로 나타낸다.

2. 개질공정의 주요 장치

개질공정 (리포머)은 ① 3−4개의 연속 반응기 (Reactor) ② 분리기 (Separator) ③ 스트리퍼 (Stripper)/ 린오일 흡수탑 (Lean Oil Absorber) ④ 안정탑 (Stabilizer) 등으로 구성되며, 플랫포머 (Platformer)/ 레니포머 (Rheniformer) 그리고 유오피 (UOP) 공정이 있다. 전자는 주기적으로 촉매재생 (Semi Catalyst Regeneration)을 실시하고 공정 흐름은 그림 6.21/6.22와 같다. 그리고 후자는 연속촉매재생 (Continuous Catalyst Regeneration) 형태이다.

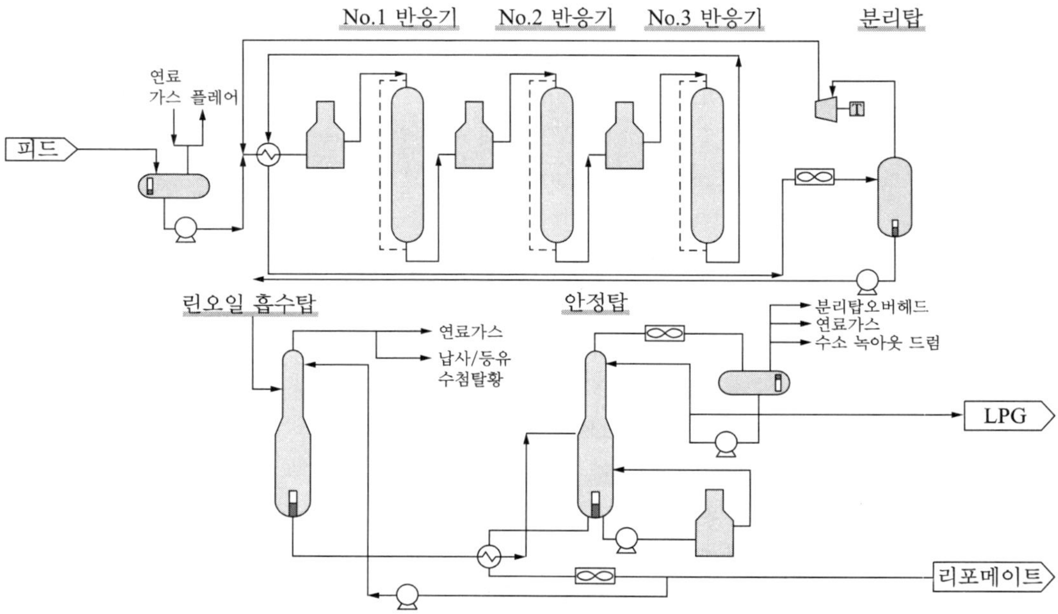

그림 6.21 개질공정 흐름도

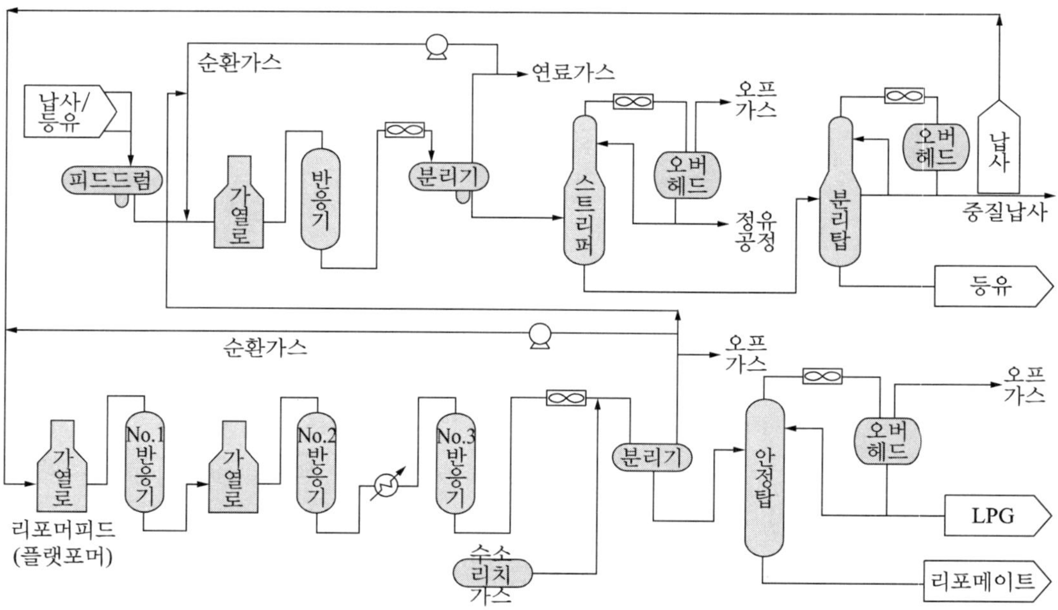

그림 6.22 수첨탈황+개질공정 흐름도

3. 개질공정의 주요 운전변수

개질공정의 주요 운전변수에는 ① 촉매 형태 (Catalyst Type) ② 반응기 온도 (Reactor Temperature) ③ 공간속도 (LHSV) ④ 반응기 압력 (Reactor Pressure) ⑤ 수소/탄화수소비 (H_2/HC) ⑥ 물 (Water) - 염소 (Chloride) 함량 균형 (Balance) ⑦ 촉매활성도 (Catalyst Activity) ⑧ 촉매 선택도 (Catalyst Selectivity) ⑨ 촉매 안정도 (Catalyst Stability) 등이 있다.

(1) **촉매 형태** 촉매를 선택할 때 기준은 수율, 촉매의 활성, 촉매의 안정성을 함께 고려한다. 촉매의 성능에 영향을 주는 인자는 촉매의 담체제조, 염소 함량, 백금 함량, 활성금속의 종류와 함량 등이다. 그리고 촉매 형태에 따라 제품별 운전 온도가 다르다.

(2) **반응기 온도** 가장 우선시 되는 조절변수로 반응의 가혹도 (Severity)와 직접적인 관계가 있고 가열로에서 반응기 입구온도를 조절하여 방향족 (Aromatics) 전환 반응을 조절하며 온도가 높아질수록 분해 (Cracking)의 경향이 커진다. 촉매의 초기 가동 (SOR)에서 말기 가동 (EOR)으로 갈수록 동일 품질 제품 생산을 위한 반응 온도는 상승한다. 온도 선택 기준은 제품 수율, 촉매 활성, 촉매의 안정성을 함께 고려한 반응기 온도가 바람직하다. 제품 (Reformate)의 규격을 맞추기 위한 가장 기본적이고 실질적인 조절변수로써 개질 (Reforming) 반응기 온도는 주로 무게평균입구온도 (WAIT, Weighted Average Inlet Temperature)를 사용한다. 여기서 WAIT는 반응기 입구온도에 촉매 분율 (Fraction)을 곱한 것의 합 (∑ 반응기 입구온도 × 촉매 분율)으로 나타낸다. 참고로 무게평균베드온도 (WABT, Weighted Average Bed Temperature)가 있는데, 이 WABT는 반응기 평균 입구온도에 촉매 분율 (Fraction)을 곱한 것의 합 (∑ 반응기 평균 입구온도 × 촉매 분율)으로 나타낸다. 주기적으로 촉매 재생을 실시하는 리포머 (Reformer)의 일반적인 WAIT는 495 – 525℃ 정도이다. 그리고 촉매상의 코크 침적으로 인한 촉매 활성 유지를 위하여 반응기 운전 온도는 점차 증가시켜야 한다.

(3) **공간속도** 일정한 시간에 주어진 촉매량을 통과하는 피드의 유량을 나타내는 수치를 액체시간공간속도 (LHSV, Liquid Hourly Space Velocity, hr^{-1})로 나타내며 LHSV = 시간당 피드속도 (kL/hr) / 장치별 촉매량 (kL)이다. 촉매가

사용되는 모든 반응 공정에서 변수이며 공간속도가 작을수록 (피드속도가 낮을수록) 반응기에 머무르는 시간이 늘어나 촉매와의 접촉시간이 길어지므로 반응에 유리해진다. 그러나 너무 낮을 경우는 열적 반응 (Thermal Reaction)에 의해 개질 수율 (Reforming Yield)이 감소하게 된다. 반대로 공간속도가 높아질수록 리포메이트 품질 (Reformate Quality, 옥탄가)이 감소하고 상대적으로 반응기의 온도 상승이 필요하게 된다.

표 6.4 공정 및 반응기별 촉매량과 공간속도

촉 매	플랫포머 (Platformer)		레니포머 (Rheniformer)	
	촉매량(m^3)	공간속도(hr^{-1})	촉매량(m^3)	공간속도(hr^{-1})
No.1 반응기	6.1	7.5	3.2	17.5
No.2 반응기	11.7	3.9	10.3	5.4
No.3 반응기	11.7	3.9	18.9	3.0

(4) **반응기 압력** 조절 가능한 범위가 좁은 변수로 일반적으로 시스템 압력이 낮아지면 리포메이트 수율 (Reformate Yield)이 증가하고 방향족 생산도 늘어나지만 코크 축적 속도가 높아져 촉매 수명이 단축된다. 수소분압이 기본 변수이나 운전상에서는 반응기 압력을 변수로 사용한다. 반응기 압력은 정확하게 반응기의 평균 압력을 지칭하고 촉매의 50% 이상이 충진되는 마지막 반응기의 입구 압력을 사용한다. 이론적 반응기 압력의 상한은 없으나 통상 8.8 − 49 kg_f/cm^2이고, 반응기 압력은 제품 수율, 반응 온도 및 촉매의 안정성에 영향을 준다. 반응기 압력이 감소할 경우 리포메이트 수율 및 수소 발생량이 증가하고 제품의 품질을 맞추기 위해 필요한 WAIT가 감소하며, 촉매의 코크 생성 속도 증가로 촉매의 사이클이 단축된다. 일반적으로 주기적 촉매재생 리포머가 연속촉매재생 리포머보다 반응기 압력이 높다.

(5) **수소/탄화수소비** H_2/HC비는 피드 몰수에 대한 순환수소가스의 몰수의 비를 말한다. 순환가스의 목적은 촉매의 안정성 (Stability)을 유지하고 반응기 생성물 및 부반응 물질들을 씻어주는 역할을 한다. 수소순환량의 증가는 촉매 안정성 증가에 기여하고 제품 수율이나 품질에는 거의 영향을 주지 않는다. 현재의 몰비 (Mole Ratio)에서 피드 몰수는 피드 증류 (Feed Distillation)로부터 추정하고 있다. H_2/HC비는 수소몰/탄화수소몰의 비에서 수소몰은 순환가스 × 수소순도/22.4이고, 탄화수소몰은 피드속도 × 피드 비중/피드 분자량 × 1000

이다. 이 비율이 높을수록 촉매에 코크 (Coke)가 쌓이는 속도가 낮아져서 촉매 수명을 유지할 수 있게 된다.

(6) **물 – 염소 함량 균형** 개질공정의 성능을 최적으로 유지함에 있어서 매우 중요한 조절변수이다. 염소 (Chloride) 화합물의 주입 이유는 촉매 산점 (Acid Site)의 산성 기능을 적절히 유지하는데 있다. 촉매의 산성 기능과 관련된 반응은 탈수소 고리화 (Dehydrocyclization), 이성화 (Isomerization), 수소분해 (Hydrocracking)반응이 있으며 이들은 촉매의 활성에 매우 큰 영향을 받는다. 촉매의 산점에 염소 함량 축적이 많은 염소 과다 효과 (Over-chloride Effect)는 분해 (Cracking) 및 탈수소고리화 (Dehydrocyclization) 반응은 증가하고 촉매의 활성도도 상대적으로 증가한다. 그리고 원하는 옥탄가 (RON)를 유지하는데 필요한 반응기 온도 (WAIT)를 감소시키는 긍정적인 면이 있으나, 분해 (Cracking) 반응에 의한 촉매의 안정성 감소를 초래한다. 반면에 피드 중의 소량의 수분에 의해 염소가 씻겨 나가 염소량이 부족한 경우의 효과 (Under-chloride Effect)도 있을 수 있으며, 최적의 균형된 염소 수준은 C_5^+ 수율의 감소 없이 최대의 촉매활성도를 유지하기 위한 적절한 염소 함량의 유지가 필수적이고 이는 촉매의 종류에 따라 적정치가 다르며 촉매의 표면적과 매우 밀접한 관계가 있다. 적절한 염소 함량은 주기적 촉매재생 리포머의 경우는 0.9 – 1.2 wt%, 연속적 촉매재생 리포머는 1.0 – 1.3 wt% 유지가 요구된다. 물 (Water) 주입은 염소 함량이 각 반응기에 균일하게 유지되도록 주입되는 염소 화합물을 운반하는 역할을 한다. 물 주입량 조절은 통상적으로 순환가스 중의 수분 함량 5 – 25 wtppm 정도를 유지한다. 플랫포머 공정의 분해 (Cracking) 촉매 산점은 수분의 함량이 25 ppm 수준일 때 극대화 된다. 또한 수분 함량이 25 ppm 보다 크게 증가할 경우 코크 (Coke) 형성으로 인한 촉매 수명 단축 등 역효과를 초래한다.

(7) **촉매활성도** 촉매활성도는 원하는 제품품질을 맞추기 위해 필요한 촉매의 온도로 정의한다. 일반적으로 촉매 온도는 반응기 온도 (WAIT)를 사용하고 제품품질은 옥탄가 (RON)를 사용한다. 촉매 활성이 좋음은 상대적으로 원하는 옥탄가를 맞추기가 용이함을 의미한다. 촉매 활성과 WAIT/ 옥탄가의 상관관계에서는 촉매 활성이 높은 촉매일수록 필요한 WAIT는 감소한다. 옥탄가 요구 수준이 높아지면 같은 촉매일 경우 WAIT가 높아야 한다. 그리고 같은 조건일 경우는 피드의 납센/방향족 함량이 높을수록 WAIT는 감소하고, 공간속

도가 클수록 WAIT는 증가한다.

(8) **촉매 선택도** 촉매 선택도는 원하는 제품을 생산하는 선택도를 말하며 개질공정에서 주로 관심되는 선택도는 C_5^+ 리포메이트 (Reformate)이고, 경우에 따라 벤젠 (Benzene)/자일렌 (Xylene)도 선택도로 볼 수 있다. 선택도에 영향을 주는 요소로는 피드 중의 불순물, 공정 고장 (Upsets), 물-염소 균형, 촉매 형태를 들 수 있다. 일반적으로 C_5^+ 리포메이트 수율은 반응기 압력이 감소할수록 증가하고 일정 압력과 동일 피드에서는 옥탄가가 높으면 C_5^+ 수율은 감소한다. 그리고 일정 압력과 동일 옥탄가에서는 나프텐+2방향족 (N+2A)이 높으면 C_5^+ 수율이 증가한다.

(9) **촉매 안정도** 촉매의 코크 (Coke) 형성 경향으로 파악하며 코크 형성에 따라 반응의 활성이 감소하여 상대적으로 WAIT의 상향 조정이 요구된다.

참고 | 개질반응과 운전변수

개질반응에 영향을 주고 있는 중요한 인자는 반응기 온도, 압력, 피드속도, 수소/탄화수소비 (H_2/HC Ratio), 분리기 (Separator) 온도 및 압력이다. 개질반응기만 독립적으로 보면 수소 (H_2), 오일 (Oil), 경질탄화수소 (Light Hydrocarbon)의 분압이 중요한 변수이지만 반응기의 압력과 순환가스 (Recycle Gas)의 조성을 알면 수소, 오일, 경질탄화수소들의 분압이 주어지는 것과 마찬가지이다.
개질 촉매는 보통 고순도 (High Purity), 높은 표면적 감마 알루미나 (High Surface Area γ-Al_2O_3) 위에 백금 (Pt) 혹은 백금-레늄 (Pt-Re)을 담지한 것이며 원통형 또는 구형의 형태로 사용한다. 촉매 표면적은 약 200 m^3/g이다. 프레쉬촉매 (Fresh Catalyst)는 염소 (Chloride)를 포함하고 있고 그 포함 정도는 촉매에 따라 다르지만 대략 1 wt% 정도이다. 촉매에 염소 (Cl)가 포함되어 있는 이유를 이해하려면 개질 촉매의 산기능 (Acidic Function)/금속기능 (Metal Function)에 대한 이해가 필요하다.

(1) 수소분해와 탈수소화 반응은 주로 금속기능에 의한 것이고 이성화와 (열)분해는 주로 산기능에 의한 것이다. 산기능은 알루미나 담체 (Alumina Support)에서 기인한다. 예를 들면 노말 파라핀이 사이클로펜탄이나 사이클로헥산이 되는 경우 먼저 금속에 의하여 노말파라핀이 올레핀 (Olefin)으로 변하고 변화된 올레핀은 산기능에 의하여 고리화 (Cyclization)가 일

어나서 나프텐이 된다. 이때 고리화가 일어나는 과정은 카르베늄이온 메커니즘 (Carbenium Ion Mechanism)으로 설명될 수 있다. 결국 반응물질은 금속/산 센터 (Metal/Acidic Center) 위를 빠르게 이동하며 반응이 완료된다고 생각된다.

(2) 개질에서 가장 요구되는 노말파라핀의 고리화는 이중 기능 (Duel Function) 촉매에 의하여 반응이 이루어지고 사이클로펜탄에서 사이클로헥산으로의 전환반응은 금속 (Metal)에 의하여 일어난다. 따라서 금속/산 균형 (Metal/Acidic Balance)은 개질 촉매의 필수 조건이 된다.

(3) 개질반응의 촉매 비활성화는 코크 (Coke) 형성에 의한 것이며 주로 알루미나에서 일어난다. 코킹 (Coking)은 올레핀과 방향족 화합물의 중합 (Polymerization)에 의한다. 이 코킹도 카르베늄이온 메커니즘에 의하여 촉진되기 때문에 개질에서 피할 수 없는 부반응 (Side Reaction)이다. 코킹은 반응 초기에 급격히 증가하고 어느 정도 시간이 지나면 일정한 속도로 진행한다. 촉매의 금속/산 균형이 깨지는 경우에 비활성화가 촉진된다. 이와 같이 개질에서는 수율 (Yield)과 수율 안정성 (Yield Stability)의 상반적인 현상을 조절하는 것이 공정 최적화의 방법이 되고 이것이 노하우 (Know-how)가 되는 것이다.

(4) 이와 같이 개질반응은 아주 복잡하고 공정변수에 많은 영향을 받는다. 따라서 수율과 변수 사이의 관계를 사람의 손으로 예측한다는 것은 불가능하다. 그러므로 반응속도 모델링 (Kinetic Modelling)을 세워서 컴퓨터에 의하여 수율을 예측하고 속도론적 분석 (Kinetic Analysis)을 행해야 한다.

6.10 메틸터셔리부틸에테르 (MTBE) 공정

메틸터셔리부틸에테르 (MTBE, Methyl Tertiary Butyl Ether)는 휘발유와 비슷한 끓는점 (55℃)을 가지는 에테르 (Ether) 화합물로 산소 함량이 18.2 wt%이다. 그리고 MTBE 공정 반응에는 ① MTBE 생성반응 ② 씨디하이드로 (CD Hydro) 반응이 있다. MTBE 생성반응은 강산성 촉매 하에서 이소부텐 (Isobutene)과 메탄올 (Methanol)이 반응하여 생성된다. 이는 가역반응이고 발열반응이기 때문에 반응온도가 낮을수록 MTBE 제조에 유리하다.

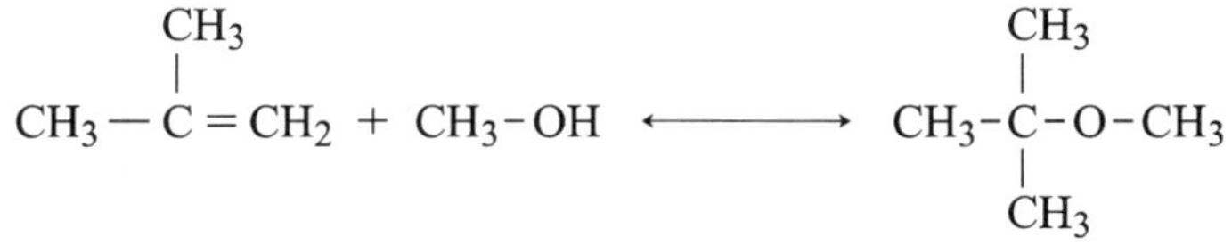

이소부텐 메탄올 메틸터셔리부틸에테르

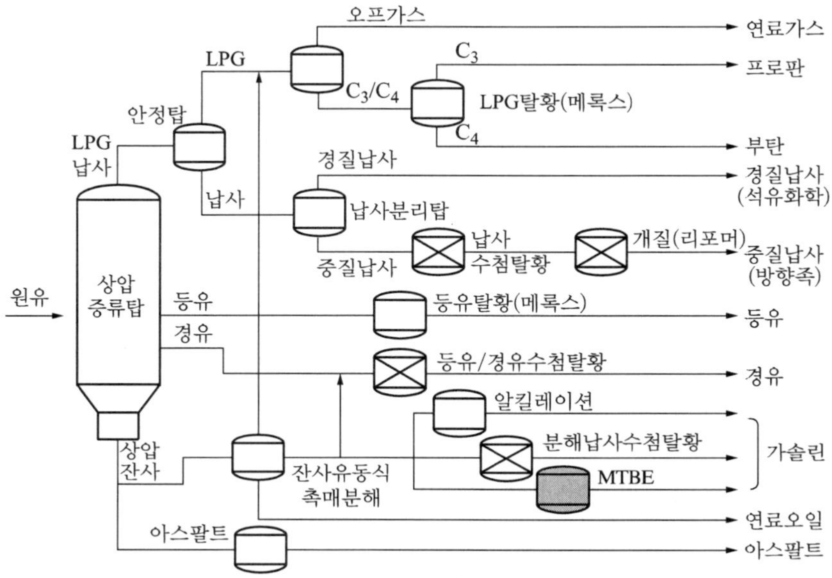

그림 6.23 MTBE 공정 개요도

씨디하이드로 (CD Hydro) 반응은 수소와 C_4 올레핀 (C_4 Olefin)이 반응하여 올레핀 포화 (Olefin Saturation)와 이성화 (Isomerization) 반응이 일어난다.

$$H_2 + CH_2=CH\text{-}CH=CH_2 \rightarrow CH_2=CH\text{-}CH_2\text{-}CH_3$$

수소 1,3-부타디엔 부텐-1

$$CH_2=CH\text{-}CH_2\text{-}CH_3 \rightarrow CH_3\text{-}CH=CH\text{-}CH_3$$

부텐-1 시스/트랜스부텐-2

$$\left.\begin{matrix} CH_2=CH\text{-}CH_2\text{-}CH_3 \\ \text{부텐-1} \\ CH_3\text{-}CH=CH\text{-}CH_3 \\ \text{시스/트랜스부텐-2} \end{matrix}\right\} + H_2 \rightarrow CH_3\text{-}CH_2\text{-}CH_2\text{-}CH_3$$

노말부탄

1. MTBE 조성과 물성

MTBE 조성과 물성은 표 6.5와 같다.

표 6.5 MTBE 조성과 물성

전형적인 조성, wt%	
MTBE	97.5
Diisobutylene, Triisobutylene and *t*-Butyl Alcohol	0.6
Methanol	0.2
C_4/C_5 Hydrocarbons	1.0/0.4
Other/Water	0.3/0.05
전형적인 물성	
Reid Vapor Pressure, lb_f/in^2	7.8
Specific Gravity @16℃	0.743
Flash Point, ℃	−30
Auto Ignition Temperature, ℃	425
Distillation, ℃, ASTM D-86	
BP/10	50.6/53.9
50/90	55.0/57.8
95/EP	60.0/74.4
Solubility, H_2O in MTBE in H_2O at 20℃, wt%	1.4
Solubility, MTBE in H_2O at 20℃	4.3
Flammability Range in Air (LFL. vol%/UFL. vol%)	2.1/10.5
Vapor Density, Calculated (Air = 1)	3.1
Viscosity, $NSm^2 \times 10^3$ at 20℃	0.350
Boiling Point at 1 atm, ℃	55
Freezing Point, ℃	73
Lower Heating Value, BTU/lb	15,100
Heat of Vaporization, BTU/lb	138
Specific Heat, BTU/lb °F	0.51

2. MTBE 용도

MTBE는 휘발유 (Mogas) 블렌딩스톡 (Blending Stock)으로 사용하고 내수용에는 약 11% 블렌딩을 한다. 참고로 휘발유 블렌딩스톡에는 C_5 + 경질분해납사, 라피네이트 (Raffinate), 알킬레이트 (Alkylate), MTBE, 중질 방향족 (Heavy Aromatics) 등이 있다. 그리고 휘발유 (Mogas) 블렌딩과 물성의 일례를 아래 표 6.6에 나타내었다.

표 6.6 휘발유 블렌딩과 물성

제품	양 (kL)	vol %	품질						
			옥탄가 (RON)	Reid 증기압 (lb_f/in^2)	Reid 증기압 (kPa)	방향족 (%)	벤젠 (%)	산소 (%)	황 (ppm)
Regular Mogas	1,859		92.00	11.27	58.90	18.10	0.26	1.43	15
Heavy Aromatics	950	9.13	110	3	111.5	100	0.1	0.25	1
C_5+LCN	5,180	49.81	88.5	8.3	60	18	0.7		38
MTBE	850	8.17	125	7.99	54.5	0.7	0.01	18.2	5
Raffinate	1,560	15.00	73	8.3	56.5	1	0.1		1
C_6			94	10		2.1	1		130
BTX C_5	400	3.85	65	19		1	1.5		4
H/HSR			68	2	83.8	14	2	2	1
Alkylate			96	3.5		0.2		0.01	5
Slop Oil			92.2	8		17	0.4	1	50
Batch(kL)	10,400	100.00	92	10.37	55.7	18.4	0.43	1.51	21
Total(kL)	12,259		92	10.51	54.9	18.3	0.41	1.5	20.1

3. MTBE 역할

MTBE에 포함된 산소에 의해 휘발유를 완전연소 시키는 효과가 있고 휘발유의 옥탄가를 증진하는 역할을 한다. 그리고 휘발유의 산소 함량 규격은 하절기는 0.5－2.3 wt%이고 동절기는 1.0－2.3 wt%이다.

표 6.7 MTBE와 리포메이트

물성	MTBE	리포메이트
옥탄가 (RON)	117	95
산소 함량, wt%	18.2	0
증류, ℃	55	40－180
Reid 증기압, psig	7.8	7
방향족 함량, wt%	0	60
벤젠 함량, wt%	0	6

4. MTBE 공정의 주요 장치

MTBE 공정은 ① 물세척칼럼 (Water Wash Column) ② 믹서기 (Mixer) ③ 제1 반응기 (Primary Reactor) ④ CD반응칼럼 (CD Reaction Column) ⑤ 메탄올 추출 (Methanol Extraction) ⑥ 메탄올 회수 (Methanol Recovery) 장치로 구성된다. 각 장치의 목적과 특징은 다음과 같다.

(1) **물세척칼럼** 촉매독 (아세트로니트릴, 금속이온, 질소화합물 등)을 제거하기 위함이다. 향류 (Counter Current) 접촉 형식을 취하고 물의 양은 피드의 20% 이상을 주입하고, 온도가 40℃ 이상이면 아세트로니트릴 제거효율이 감소한다.

(2) **믹서기** C_4 피드와 메탄올을 혼합하며 이소부텐 대비하여 과량의 메탄올 (1.26 몰비)을 주입한다.

(3) **제1 반응기** 90% 이상 MTBE 제품을 생성하고 촉매 활성 저하에 따라 반응기 입구온도를 증가 (40－80℃)시킨다.

(4) **CD반응칼럼** 반응과 분리의 역할을 한다. 반응은 MTBE 생성/수첨 반응이고 분리는 MTBE/ C_4 라피네이트 그리고 메탄올을 분리한다. C_4와 메탄올은 공비 증류를 형성하고 탑상 메탄올 농도를 4% 이상 증가시키면 MTBE에 메탄올 슬립 (Slip)이 발생한다.

(5) **메탄올 추출** C_4 라피네이트 스트림에서 메탄올을 분리하기 위함이다. 즉 물을 이용하여 메탄올을 추출한다.

(6) **메탄올 회수** 물과 메탄올을 분리하여 회수한다.

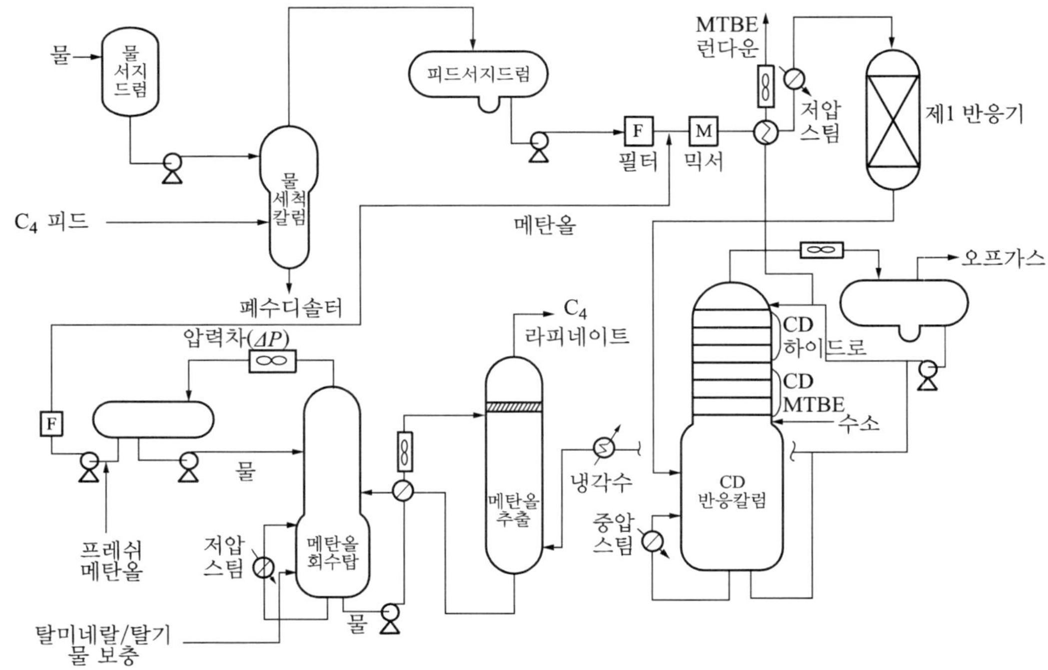

그림 6.24 MTBE 공정 흐름도

5. C_4 피드/C_4 라피네이트 제품 조성 변화

MTBE 공정의 2가지 반응인 MTBE 생성반응과 수소를 주입하는 CD하이드로 반응에서는 피드와 조성의 변화가 일어난다. 즉 MTBE 생성반응에서는 피드 중에 이소부텐이 감소하고 CD하이드로 반응에서는 올레핀 포화와 이성화에 의한 C_4 조성의 변화가 발생하게 된다.

표 6.8 C_4 피드와 C_4 라피네이트 조성

항 목	C_4 피드 (잔사유동식 촉매분해로부터)	C_4 라피네이트 (MTBE로부터)	비 고
C_3 Total, wt%	0.63	0.75	
C_3, Olefin, wt%	0.18	0.19	
C_4 Total, wt%	99.14	99.12	
iso-Butane, wt%	33.44	38.03	특이사항 없음 (Saturated C_4)
n-Butane, wt%	9.93	11.97	CD하이드로 반응 (Saturation)
t-2-Butene(*t*-2-C_4=), wt%	16.19	26.56	CD하이드로 반응 (Isomerization)
1-Butene(1-C_4=), wt%	13.48	7.83	CD하이드로 반응 (Isomerization)
iso-Butene(*i*C_4=), wt%	14.57	0.57	MTBE 생성반응
c-2-Butene(*c*-2-C_4=), wt%	11.3	14.16	CD하이드로 반응 (Isomerization)
Butadiene, wtppm	2285.6	0	CD하이드로 반응 (Saturation)
C_5 Total, wt%	0.23	0.03	

6.11 알킬레이션 공정 (Alkylation Unit)

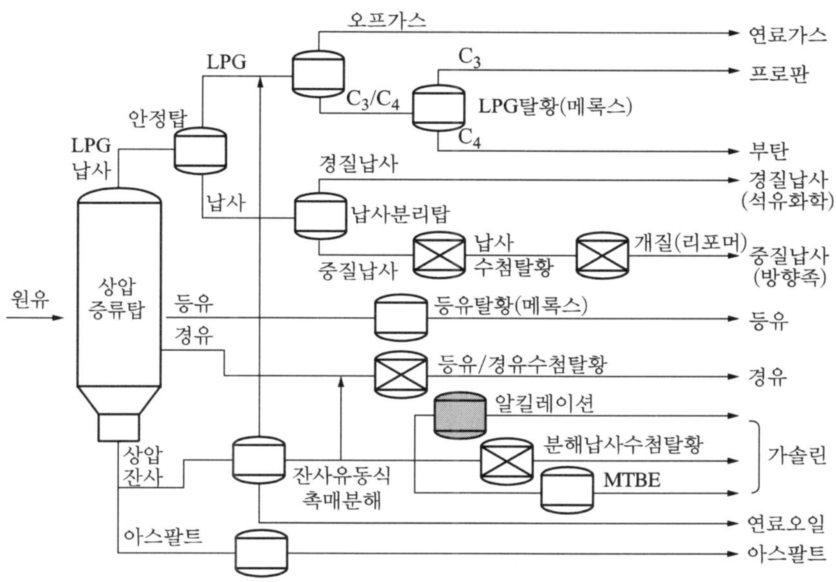

그림 6.25 알킬레이션 공정 개요도

알킬레이션 공정의 업스트림 (Upstream)인 잔사 유동식 촉매분해 공정에서 생성된 C_4 올레핀 중 일부 (Isobutene)를 엠티비이 (MTBE) 공정에서 사용하고 나머지 C_4 올레핀 (1-Butene, *cis*-2 Butene, *trans*-2 Butene)을 알킬레이션 공정에 공급하여 알킬레이트 (Alkylate)를 생산하는 공정이다. 그리고 잔사 유동식 촉매분해 공정에서 생성된 C_5 올레핀을 추가 처리할 수도 있다.

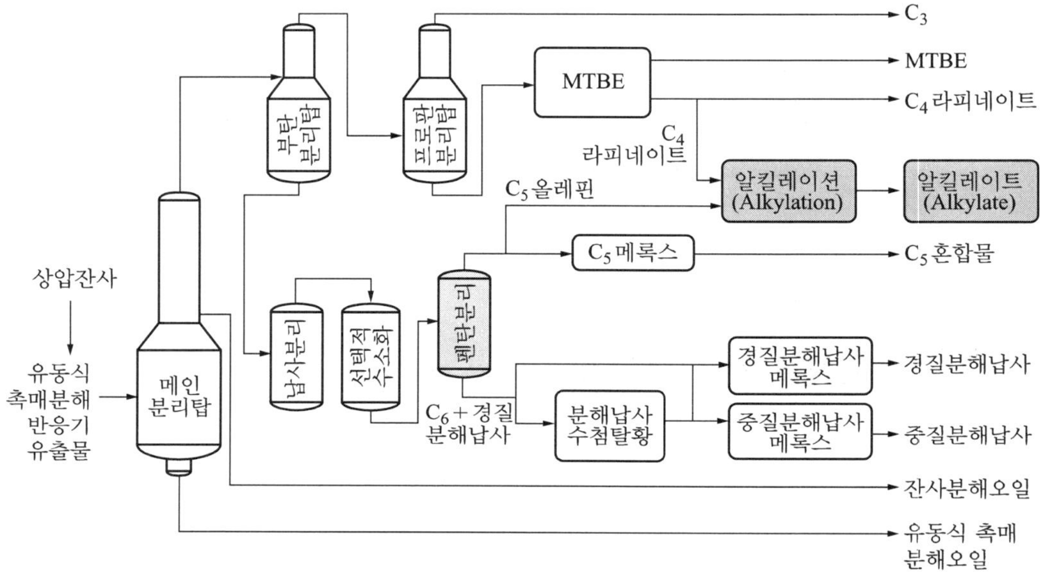

그림 6.26 알킬레이션 공정 업스트림 흐름도

올레핀과 이소부탄 (Isobutane)을 촉매를 이용하여 1 : 1로 반응시켜 알킬레이트 (Alkylate)를 생산하고, 올레핀 (Olefin)과 올레핀 (Olefin)을 반응시켜 알킬레이트를 생산하는 공정 (In-Alk 공정)도 있다. 이들 공정은 항공기용 고옥탄가의 휘발유 생산을 위해 개발되었으며 사용 촉매의 종류에 따라 황산 (H_2SO_4)을 이용하는 공정과 불화수소 (HF)를 이용하는 공정으로 분류할 수 있다. DuPont STRACO사는 H_2SO_4를 이용하는 공법이다. 그림 6.27은 DuPont STRACO사의 알킬레이션 공정 흐름을 나타내고 있다.

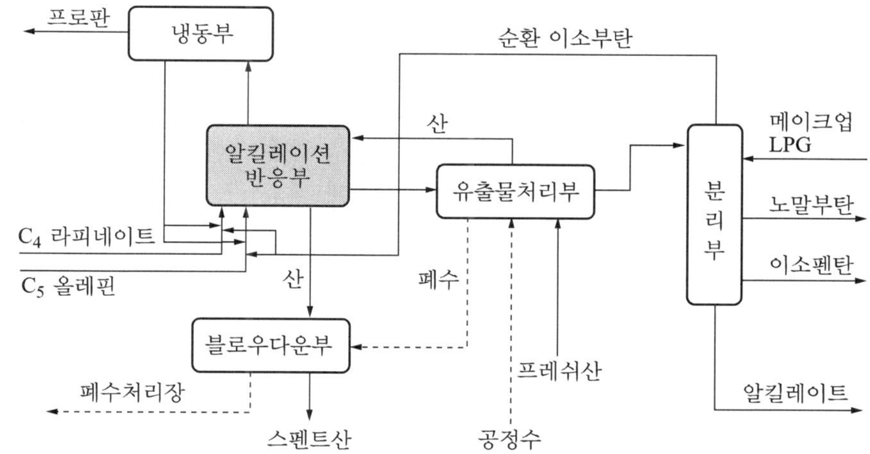

그림 6.27 알킬레이션 공정 흐름도

알킬레이션 반응부에서 탄화수소 (Hydrocarbon)는 개별 반응기로 독립적으로 공급되고 황산은 99%가 첫째 반응기로 들어가서 2단, 3단으로 순차적으로 통과한다.

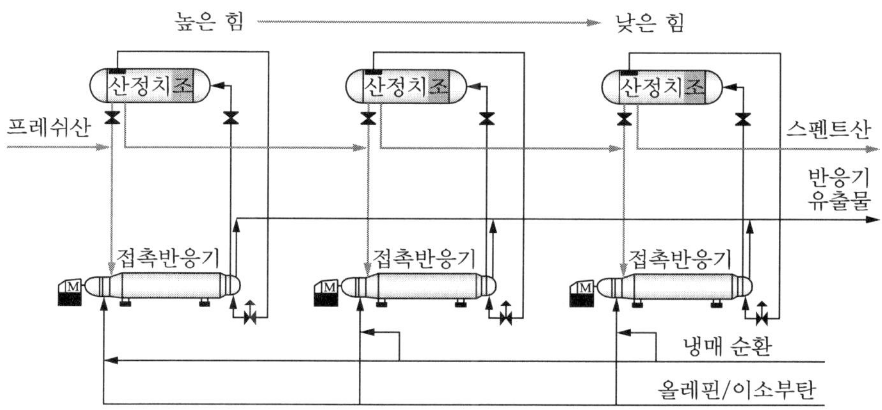

그림 6.28 알킬레이트 반응기 흐름도

제품인 알킬레이트는 파라핀계 가솔린 블렌딩스톡 (Paraffinic Gasoline Blending Stock)으로 옥탄가가 높고 올레핀/방향족이 없으며 낮은 Reid 증기압 (RVP) 및 저유황을 갖는 고품질의 합성 휘발유이다. 알킬레이트 품질은 옥탄가 최소 94.3, RVP 최대 2.5 psi, 황 최대 20 ppm으로 디자인되며 실제 운전에서는 이보다 양호한 옥탄가 96.4, RVP 2.7 psi, 황 3 ppm이다.

(1) 알킬레이션 공정 구성

올레핀 피드와 이소부탄 그리고 메이크업 엘피지가 공급되어 알킬레이트가 생산되고 부수적으로 프로판 (Propane), 노말부탄 (*n*-Butane), 이소펜탄 (Iso-pentane) 등이 생산된다. SAR (Spent Acid Regeneration) 공정은 알킬레이션 (Alkylation) 공정의 반응기 (Reactor)에 사용되는 황산 촉매를 재생하여 공급하는 역할을 한다.

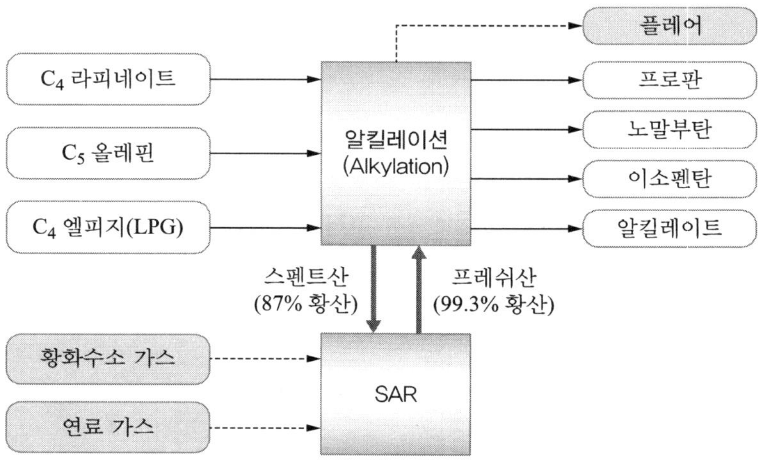

그림 6.29 알킬레이션 공정 피드와 생성물

(2) 알킬레이션 공정의 반응

C_4 올레핀과 이소부탄이 반응하여 C_8 알킬레이트 (C_8 Alkylate)를 만들고 열을 낸다. 마찬가지로 C_5 올레핀은 이소부탄과 반응하여 C_9 알킬레이트 (C_9 Alkylate)를 만들고 열을 방출한다.

$$C_4{=} \; + \; iC_4 \; \rightarrow \; C_8 \text{ Alkylate} \; + \; \text{Heat}$$

$$C_5{=} \; + \; iC_4 \; \rightarrow \; C_9 \text{ Alkylate} \; + \; \text{Heat}$$

① C_4 올레핀에는 아래와 같이 여러 가지 형태의 분자구조가 있다.

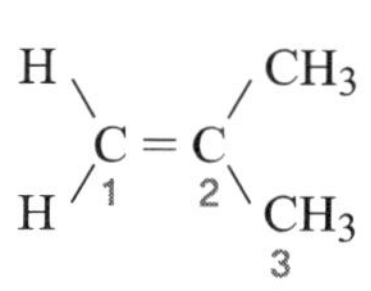

Isobutene (Isobutylene)

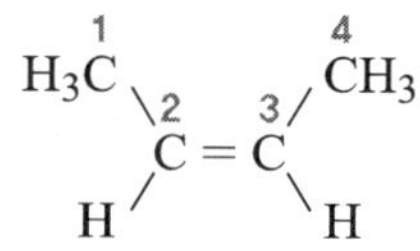

cis-2-Butene

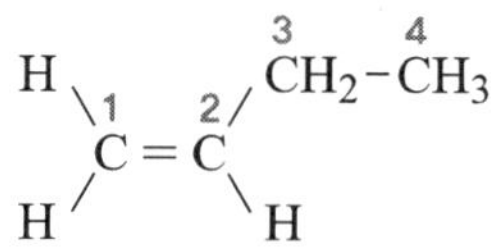

1-Butene

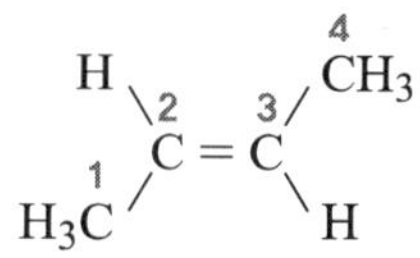

trans-2-Butene

② C_5 올레핀 또한 아래와 같이 많은 형태의 분자구조가 있다.

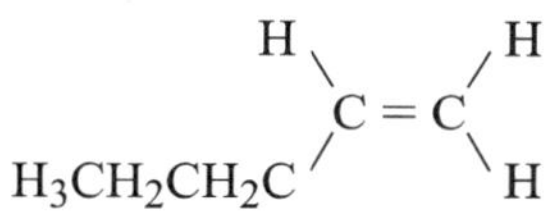

1-Pentene

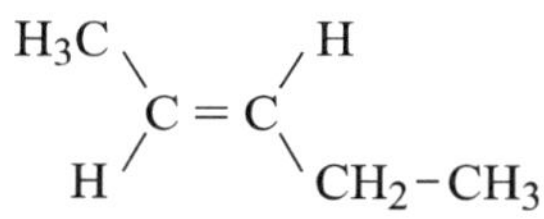

trans-2-Pentene

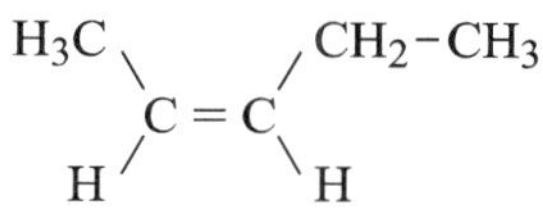

cis-2-Pentene

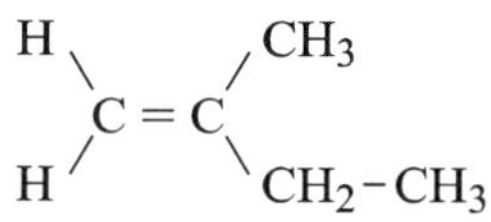

2-Methyl-1-Butene

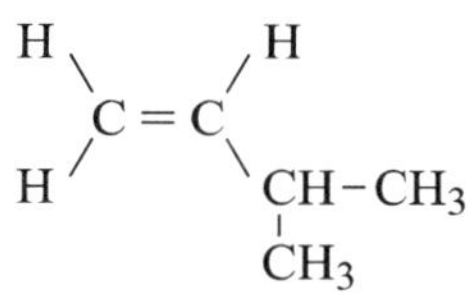

3-Methyl-1-Butene

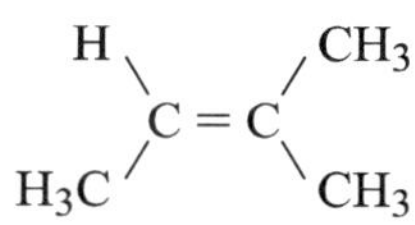

2-Methyl-2-Butene

황산 촉매와 이소부탄 피드는 알킬레이션 반응기에서 아래와 같은 종류의 에멀젼 (Emulsion) 형태를 가진다. 그림에서 좌측은 산의 연속적인 에멀젼 (Acid Continuous Emulsion) 상이고 우측은 이소부탄 (탄화수소)의 연속적인 에멀젼 (Hydrocarbon Continuous Emulsion) 상을 나타내고 있다.

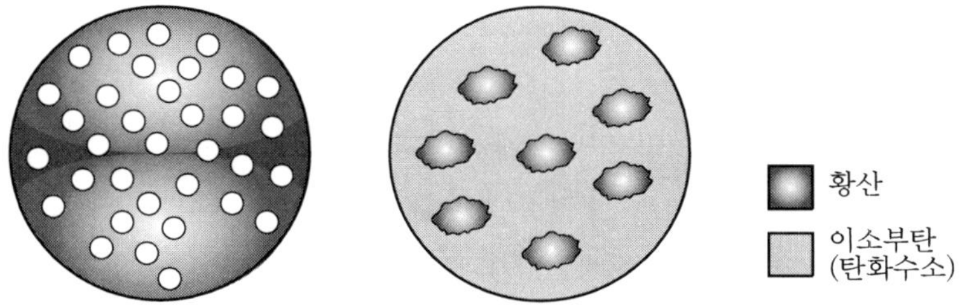

그림 6.30 황산과 이소부탄 에멀전상

(3) SAR (Spent Acid Regeneration) 공정

대기 공기를 예열기 (Preheater)에서 649℃로 가열하여 분해퍼니스 (Decomposition Furnace)에서 다시 스펜트산 (Spent Acid), 황화수소 가스 (H_2S), 연료가스와 함께 연소를 시킨다. 연소에서 나온 고온 (1,066℃)의 배출가스는 폐열 보일러 (Wasted Heat Boiler)를 이용하여 고압 스팀 (37 kg_f/cm^2, 385℃)을 생산하므로써 폐열을 회수한 후 연돌 (Stack)을 통해 대기로 방출한다. 따라서 알킬레이션 공정에서 SAR은 스펜트산 피드를 재생시키고 퍼니스의 연료 사용량 및 배출가스량을 저감하며, 배출가스에서 열을 회수하여 스팀을 생산하는 역할을 한다.

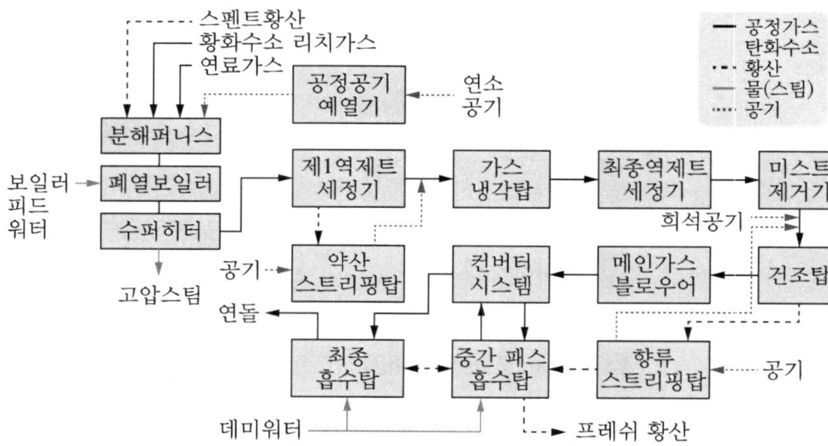

그림 6.31 SAR 공정 흐름도

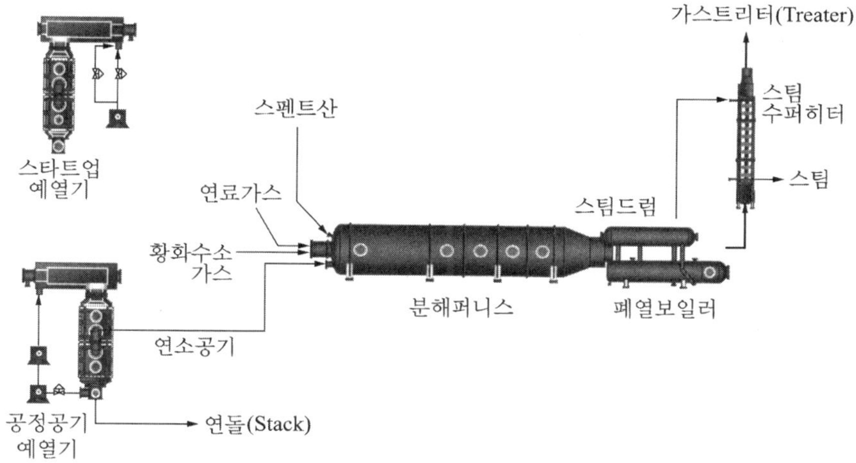

그림 6.32 스펜트산 분해 퍼니스 공정도

(4) SAR 공정의 반응

분해 퍼니스에서 스펜트산과 황화수소의 연소에 의해서 SO_2가 생성된다.

$$2H_2SO_4 \xrightarrow{1{,}066℃} 2SO_2 + H_2O + 2O_2$$

$$H_2S + 3/2\ O_2 \rightarrow SO_2 + H_2O + \text{열 (Heat)}$$

생성된 SO_2는 아래와 같이 SO_3로 전환된다.

$$SO_2 + 1/2\ O_2 \rightarrow SO_3 + \text{열 (Heat)}$$

전환된 SO_3와 물 (H_2O)을 반응시켜 황산 (H_2SO_4)을 생성한다.

$$SO_3 + H_2O \rightarrow H_2SO_4 + \text{열 } (H_2O)$$

6.12 분해납사 수첨탈황공정 (Cracked Naphtha Hydrodesulfurization)

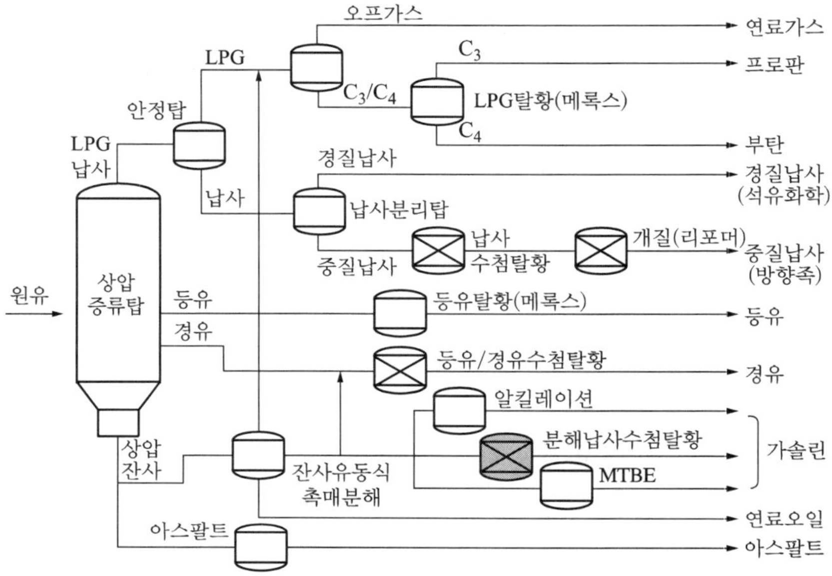

그림 6.33 분해납사 수첨탈황공정 개요도

1. 분해납사 수첨탈황공정의 구성

상압잔사 유동식 촉매분해 공정에서 나온 C_6+경질분해납사를 분리탑 (Prefractio-nator)에서 C_5를 분리한 후 탑저 유분 (Distillate)은 피드 드럼을 통해 가열로에서 가열이 되고 반응기에서 탈황 등의 반응이 일어난다. 반응기를 나온 유출물은 고압 분리기에서 일부는 순환가스 아민흡수탑으로, 나머지는 스트리퍼 (Stripper)로 들어간다. 스트리퍼에서는 탑상의 오프가스 (Off Gas)와 탑저 제품인 경질분해납사가 각각 아민흡수탑 (Amine Absorber)과 메록스 (Merox) 공정으로 들어가 다시 후처리 과정을 거치게 된다.

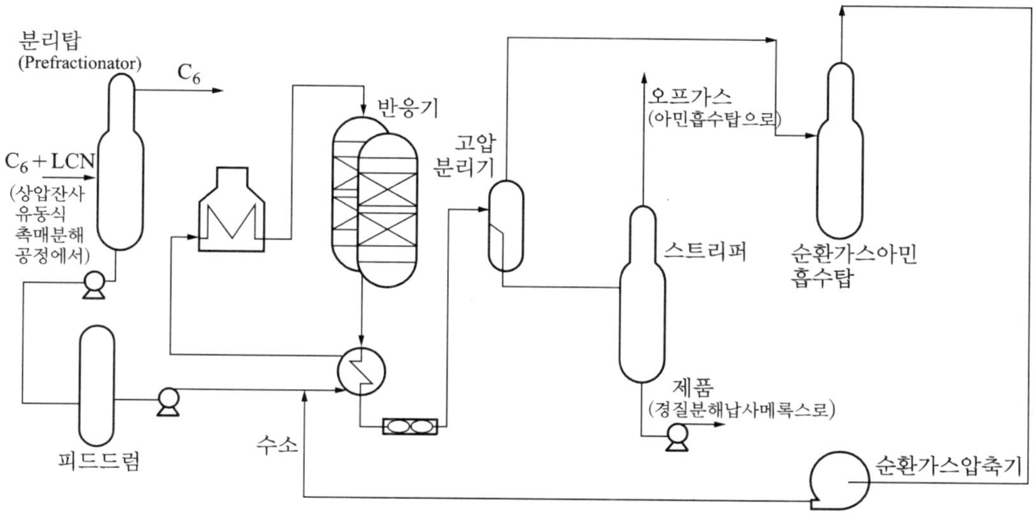

그림 6.34 분해납사 수첨탈황공정 흐름도

2. 분해납사 수첨탈황공정의 목적과 역할

상압잔사 유동식 촉매분해에서 생산된 경질분해납사 (LCN, Light Cracked Naphtha)는 탈황하여 휘발유 (Mogas, 가솔린) 스톡 (Stock)으로 사용한다. 실제로 일반 휘발유 블렌딩 (Blending)의 일례는 표 6.9와 같다.

표 6.9 휘발유 블렌딩 예

	혼합비, %	옥탄가	Reid 증기압, kPa	올레핀, vol%	유황, ppm
목표치		92.2	60.0	19.0	25.0
C_5	2.4	88.0	172.4	30.0	1.0
납사	20.8	74.5	57.2	1.0	1.0
알킬레이트	9.4	97.0	48.3	0.0	1.0
MTBE	10.8	125.0	55.2	0.0	1.0
C_5 + 경질분해납사	53.5	91.0	58.6	33.0	45.0
톨루엔	0.0	110.0	13.8	0.0	1.0
중질방향족	3.0	110.0	13.8	0.0	1.0
합계	100.0	92.3	59.0	18.6	24.5

상압잔사 유동식 촉매분해의 경질분해납사는 유황 함량을 700－900 ppm 가지므로 분해납사 수첨탈황공정에서 탈황하지 않으면 가솔린의 유황 규격을 맞출 수가 없다. 그러므로 분해납사 수첨탈황은 상압잔사 유동식 촉매분해 공정의 수익성 및 휘발유 품질 경쟁력 향상에 큰 비중을 차지하고 있다.

3. 분해납사 수첨탈황공정 운전 사례

촉매 교체를 수차례 실시하고 환경 규제에 따라 황 함량을 지속적으로 낮추어 휘발유 제품의 품질을 향상시키는데 기여하였다.

표 6.10 분해납사 수첨탈황공정 개조

구 분	날짜	비 고		
사업 허가	1996년 9월	Licensor: Texaco		
		Basic Design: Fluor Daniel		
		Detail Engineering: 대림 Engineering		
M.C.	1997년 9월		30,000 B/D Capacity	20,000 B/D 운전
시운전	1997년 10월	경제성 문제로 시운전 후 약 2년간 Mothballing	Sulfur Spec.이 430 wppm인데 Untreated LCN의 Sulfur가 Blending에 의해 Spec. 이하로 희석될 수 있었음.	
재가동	1999년 10월	촉매: Criterion		Product Sulfur 175 wppm
촉매 교체	2001년 5월	Exxonmobil의 Scanfining 촉매로 교체	RT-225	Product Sulfur 130 wppm
촉매 교체	2002년 6월	Scanfining RT225＋RT227A	2002년 4월 품질공 개제	Product Sulfur 85 wppm
1st Revamp 1st Phase	2003년 10월	New Reactor 가동	Licensor: Exxonmobil	Product Sulfur 85 wppm
		메탄에이터 (Methanator) 가동	C13-LT (Ruthenium 촉매) Chloride에 의해 피독 (3개월만에)	C46-RS(Nickel 촉매)로 교체
1st Revamp 2nd Phase	2005년 5월	선택적 수소화 공정 가동 (@잔사 유동식 촉매분해 공정) Axens의 HR-806S 촉매로 교체	Exxonmobil과 Licensor 계약 Termination	Product Sulfur 85→45 wppm
촉매 교체	2007년 5월	Axens의 HR-806S 2nd Cycle 시작		Product Sulfur 25－45 wppm

4. 분해납사의 수첨탈황반응

아래와 같이 등유와 경유 제품에서의 수첨탈황과 동일한 탈황, 탈질, 탈산소, 포화반응 등이 일어난다.

(1) 탈황 (Desulfurization)

반응식	수소 소모량 (ft^3/배럴/1 wt% 황)
머캡탄(Mercaptan): $RSH + H_2 \rightarrow RH + H_2S$	30
설파이드(Sulfide): $R_2S + 2H_2 \rightarrow 2RH + H_2S$	60
디설파이드(Disulfide): $(RS)_2 + 3H_2 \rightarrow 2RH + 2H_2S$	45
티오펜(Thiophene): $C_4H_4S + 4H_2 \rightarrow C_4H_{10} + 2H_2S$	120

(2) 탈질 (Denitrogenation)

반응식	수소 소모량 (ft^3/배럴/1 wt% 질소)
피리딘(Pyridine): $C_5H_5N + 5H_2 \rightarrow C_5H_{12} + NH_3$	345
피롤(Pyrrole): $C_4H_4NH + 4H_2 \rightarrow C_4H_{10} + NH_3$	276

(3) 탈산소 (Deoxygenation)

반응식	수소 소모량 (ft^3/배럴/1 wt% 산소)
페놀(Phenol): $C_6H_5OH + H_2 \rightarrow C_6H_6 + H_2O$	60
헵탄하이드로퍼록사이드(Heptane Hydroperoxide): $C_7H_{13}OOH + 3H_2 \rightarrow C_7H_{16} + 2H_2O$	60

(4) 포화 (Saturation)

반응식	수소 소모량 (ft^3/배럴/1 vol%)
올레핀(Olefin): $CH_2=CR + H_2 \rightarrow CH_3CHR$	7.5
디올레핀(Diolefin): $RCH=CH\text{-}CH=CHR' + 2H_2 \rightarrow R\text{-}(CH_2)_4\text{-}R'$	15.0

그림 6.35에서는 피드 (Feed)가 촉매 상을 흐를 경우 반응물인 탄화수소와 수소가 다공성의 촉매 기공 (Pore)으로 유입되어 촉매 활성점 (Active Site)에서 반응들이 일어나고 생성물인 가스와 탄화수소는 다시 촉매 기공을 빠져나오는 반응의 경로를 나타내고 있다.

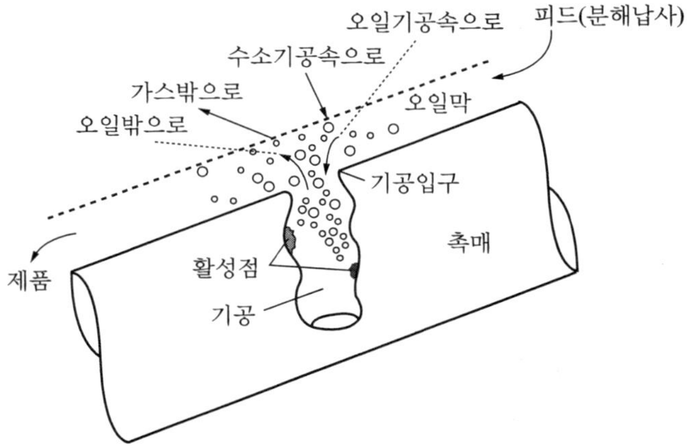

그림 6.35 수첨탈황공정의 촉매 반응

수첨탈황에 사용하는 촉매의 주성분은 코발트 - 몰리브덴 (Co-Mo)과 니켈 - 몰리브덴 (Ni-Mo)이 대표적이고 이들은 반응에서 수소화 (Hydrogenation)의 기능을 가지고 있다. 그리고 이들 촉매 주성분의 담체 (Support)는 알루미나 (Alumina), 실리카 (Silica), 제올라이트 (Zeolite) 등이고 이것들은 분해 (Cracking) 반응의 기능을 지니고 있다. 아래 표 6.11은 촉매 기능과 성분을 나타내고 있다.

표 6.11 분해납사 수첨탈황공정의 촉매

기 능	성 분	활성도
수소화 (Hydrogenation)	코발트 - 몰리브덴 설파이드	중간
	니켈 - 몰리브덴 설파이드	중간
	니켈 - 텅스텐 설파이드	중간
	팔라듐	매우 강함
분해 (Cracking)	알루미나	매우 약함
	무정형 실리카 - 알루미나	중간
	제올라이트 (결정형 실리카 - 알루미나)	매우 강함

5. 분해납사의 올레핀 및 황의 분포

C_5는 올레핀이 50% 이상이어서 탈황처리 시 H_2에 의한 포화 (Saturation)로 옥탄가가 급격히 떨어지므로 휘발유 (Mogas)에 직접 블렌딩 할 수 있는 황 함량인 8 – 10 ppm으로 생산하고 있다. 그리고 중질분해납사 (HCN, Heavy Cracked Naphtha) 유분 (Distillate)은 황 함량이 높아 분해납사 (WCN, Whole Cracked Naphtha)의 수첨탈황의 운전 가혹도를 높이고 제품 가격도 디젤 (Diesel)로 분류함이 경제적이므로 가능한 중질분해납사의 플래시포인트 (Flash Point)를 낮게 운전한다. C_5와 중질분해납사를 분리하고 남은 C_6 + 경질분해납사 (LCN, Light Cracked Naphtha)를 분해납사 (WCN) 수첨탈황에서 처리 시, 운전조건을 마일드하게 하여 운전 시 옥탄가 손실을 낮출 수 있다.

그림 6.36에서 영역 (1)은 올레핀 함량이 높고 황 함량이 비교적 낮은 C_5는 휘발유에 바로 블렌딩함이 경제적이고 영역 (2)는 전체 분해납사 수첨탈황 (WCN HDS)에서 탈황을 해야 한다. 마지막으로 영역 (3)은 플래시포인트 범위에서 최대한 디젤 유분으로 분리하는 것이 옥탄가 손실 및 제품 가격 측면에서 경제적이다. 참고로 상압잔사 유동식 촉매분해에서 경질분해납사의 엔드포인트는 175 – 185℃이다.

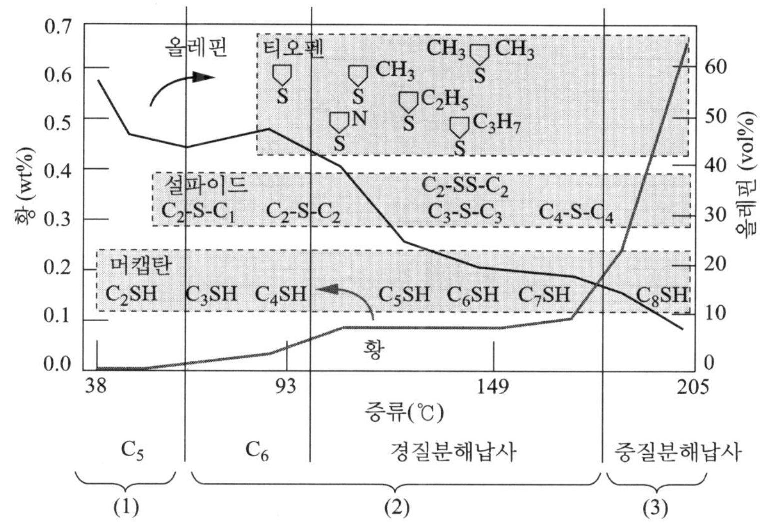

그림 6.36 C_5 + LCN의 황과 올레핀 함량 분포

6. 경질분해납사와 C_5 생산시 황 함량 최적화 사례

하이드로 경질분해납사 (LCN, Light Cracked Naphtha)의 황 함량 목표치를 13±1에서 11±1 ppm으로 하향 조정하였다. 추가 공정 (TAME 공정) 도입으로 인한 황 함량 상승 (현 12 ppm에서 15 ppm 상승 예상)을 고려하여, C_5 황 함량 목표치는 8 ppm에서 10 ppm으로 상향 조정하고 C_5 + 경질분해납사의 전체 황 함량은 유지한 채, C_5/C_6 중 올레핀이 포화 (Saturation) 되는 것을 경감시켜 그림 6.37과 같이 옥탄가 손실을 개선할 수 있다.

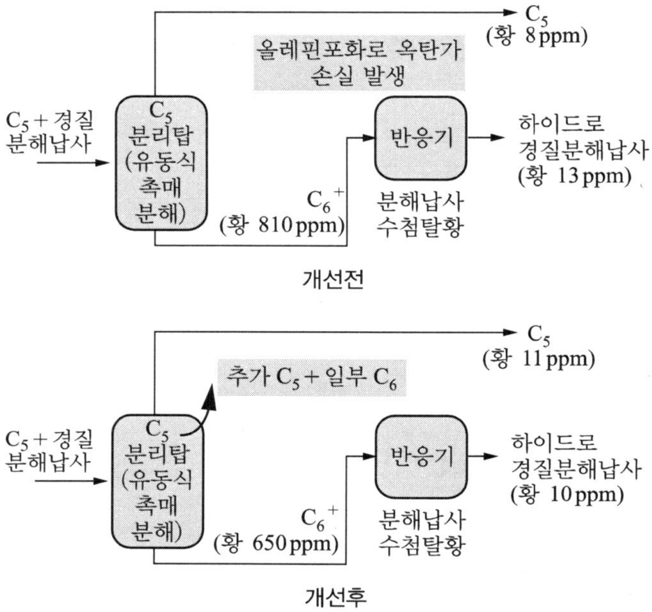

그림 6.37 황 함량 최적화

하이드로 경질분해납사의 황 함량을 기준인 14 ppm에 가깝도록 가능한 반응기 온도를 낮게 유지하면 옥탄가 손실이 감소한다. 이를 위해 차지 (Charge) 가열로의 입구온도 (HIT, Heater Inlet Temperature)를 낮추어야 하나, 제1/제2 가열로의 입구온도가 각각 220/210℃ 이하가 되면 2상 (Phase)에 의한 반응기 입구온도 (RIT, Reactor Inlet Temperature) 변동 (Hunting) 및 코일 코크 (Coil Coke) 발생 가능성이 높아진다. 즉 피드 중 황 함량이 낮더라도 옥탄 손실 저감을 위해 운전 가혹도를 낮추어서 운전하지 못하는 한계에 있다.

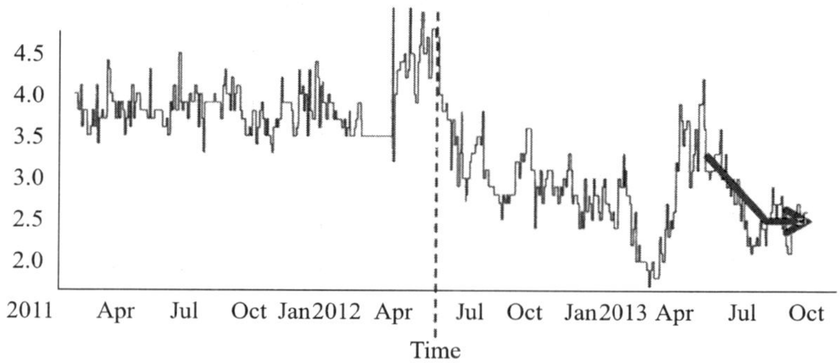

그림 6.38 경질분해납사 옥탄가 손실

7. 경질분해납사와 황 함량 변화 및 탈황률 감소

(1) 분해납사 수첨탈황 피드 황 함량

감압가스오일 유동식 촉매분해 가동 전 2년간 평균 황 함량은 810 ppm이며 처리 원유종에 따라 그 변동이 빈번히 일어난다. 예를 들어 Forties 원유 도입 시기에 황 함량이 1,000 ppm이고 나머지 기간에는 평균 650 ppm으로 낮아졌다.

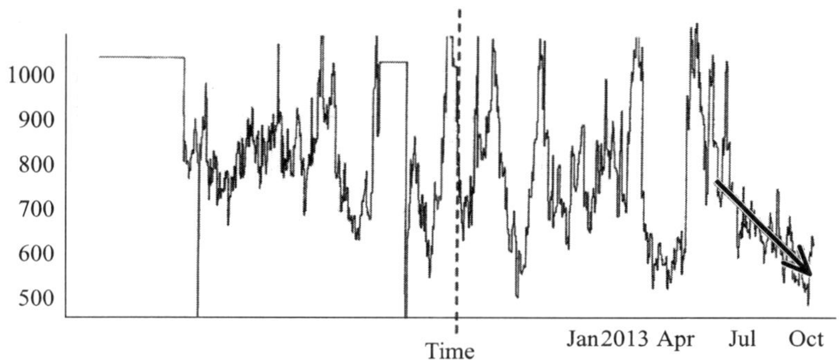

그림 6.39 분해납사 수첨탈황공정 피드 황 함량 (ppm)

(2) 분해납사 수첨탈황공정의 탈황률

피드 중 황 함량이 낮아질수록 반응기 온도를 최대한 낮추어 하이드로 경질 분해납사의 황 함량을 13±1 ppm으로 운전하고자 한다. 그러나 공정 제약으로 탈황률을 98.7%에서 98.0%로 낮추어도 하이드로 경질분해납사의 황 함량이 11±1 ppm으로 낮아졌다. 공정 제약은 반응기 온도를 낮출 경우 가열로 입구 온도도 동시에 낮아져서 가열로로 2상 (Phase)이 피드 되어 코크 형성 및 반응기 온도가 헌팅하였다. (참고: 제1 반응기 최소 입구온도 215℃, 제2 반응기 최소 입구온도 210℃)

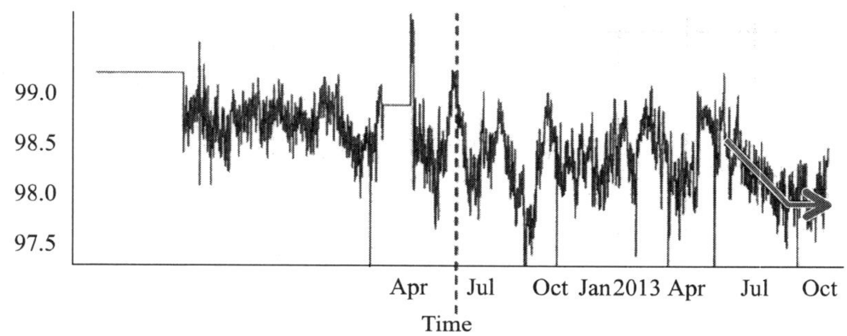

그림 6.40 분해납사 탈황률 (%)

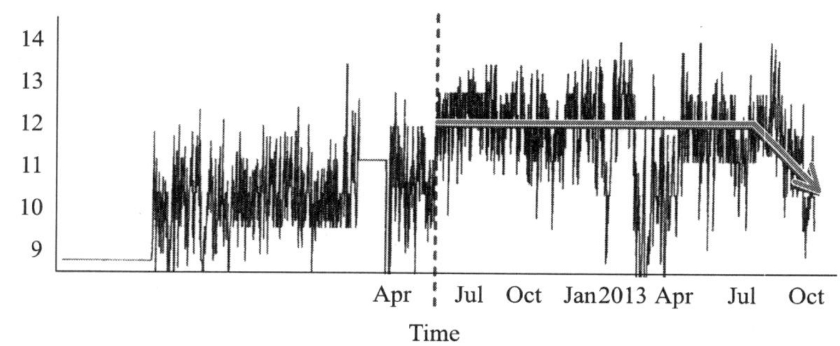

그림 6.41 하이드로 경질분해납사 황 함량 (ppm)

(3) 분해납사 수첨탈황공정의 옥탄가 손실

유사한 피드 중 황 함량이 유사한 특정 시기에 대비 옥탄가 손실이 더 커진

사례가 있어 원인을 분석한 결과, 경질납사 (LSR, Light Straight Run)의 스파이킹 (Spiking) 물량 차이에 따른 피드 중 올레핀 함량 차이로 밝혀졌다. 따라서 피드 중 올레핀 함량을 낮추어 C_5 및 경질분해납사 (LCN) 모드의 옥탄가 손실을 개선하였다.

8. 분해납사 공정의 운전변수

옥탄가가 높은 올레핀 및 방향족의 포화 (Saturation)를 최소화하고 제품의 황 규격을 맞추기 위한 탈황반응을 선택적 수첨탈황 (Selective Hydrogen Desulfurization)과 같은 최적 운전 조건이 필요하다. 주요 반응변수 (온도, 압력, 반응시간 (LHSV), 반응차수) = f (피드 특성: 황 함량, PONA, 촉매 활성)이다. 촉매 반응속도 및 반응차수가 실험적으로 결정되면 반응기 사이즈, 즉 LHSV를 결정할 수 있다.
경질분해납사처럼 올레핀이 많은 경우 반응기에서 탈황반응으로 제거된 황화수소 (H_2S)와 올레핀이 서로 결합하여 머캡탄 재결합 (Recombination)반응이 일어난다. 주어진 제품의 황 규격을 맞추기 위해서는 반응기 온도 상승이 필요하고 결국 포화 (Saturation)도 증가하여 옥탄가 손실도 증가한다. 그러므로 반응기 온도 증가는 최소화하면서 반응평형상수 K를 높여 선택적 수첨탈황 영역으로 운전조건을 이동시켜야 한다.
다음은 여러 가지 조건에서 운전변수에 따른 분해납사의 탈황 영향을 나타내고 있다.

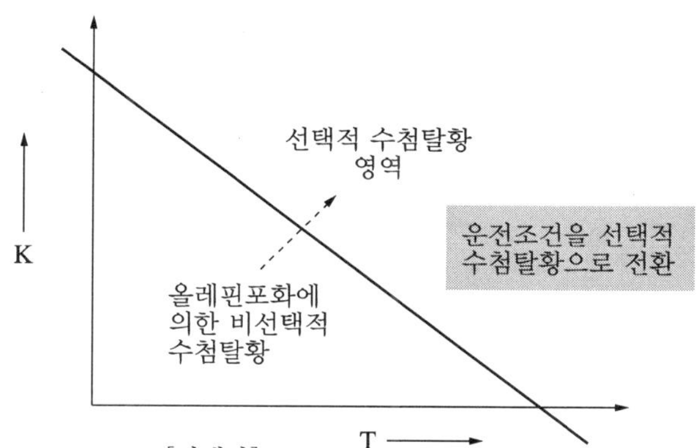

$$K = \frac{pp[\text{머캡탄}]}{pp[\text{황화수소}]\ pp[\text{올레핀}]}$$

㈜ pp (분압, Partial Pressure)/K (평형상수)

그림 6.42 선택적 수첨탈황 영역

(1) 반응기 온도 (WABT, Weighted Average Bed Temperature)

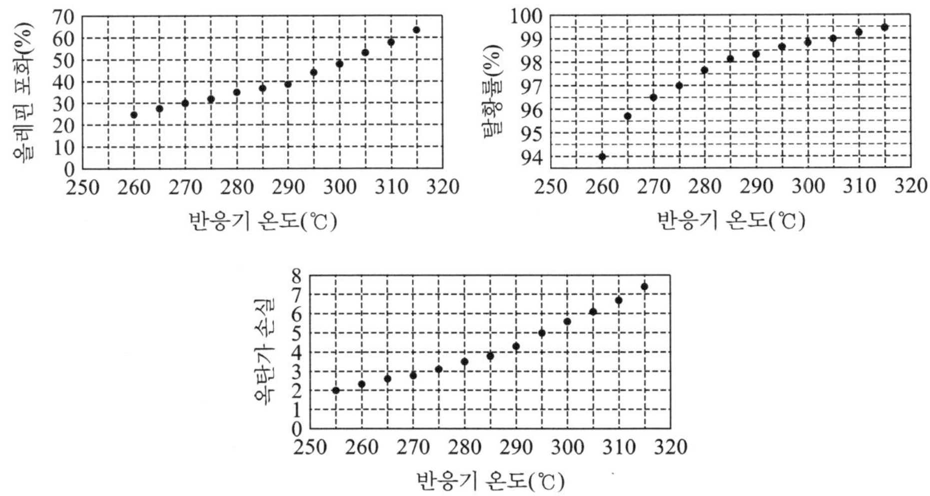

(조건) 동일 피드 속도/동일 피드와 제품 특성

(2) 수소/오일비 (H_2/Oil Ratio)

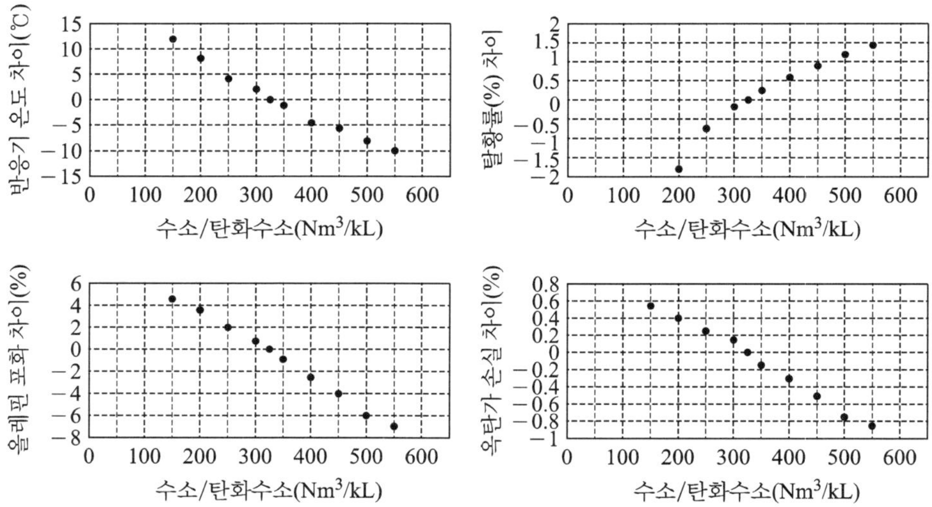

(조건) 제품 황 함량 동일

(3) 피드속도 (LHSV, Liquid Hourly Space Velocity)

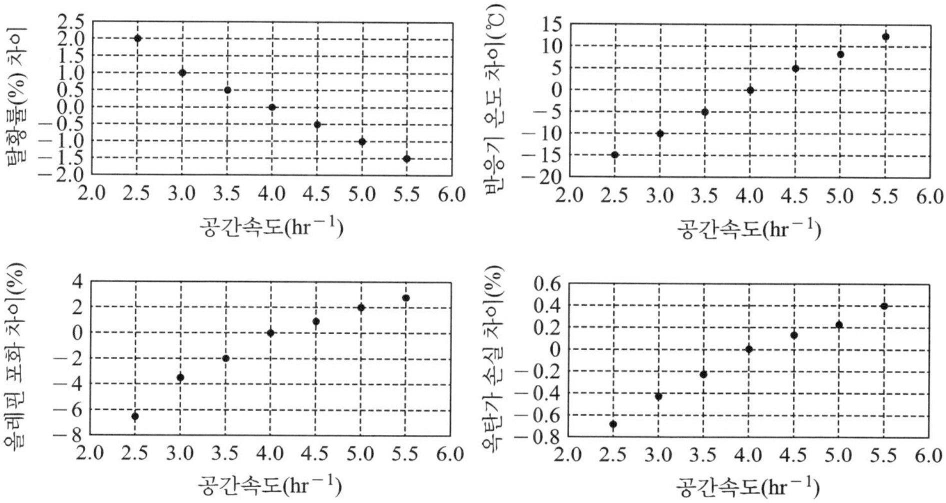

(조건) 제품 황 함량 일정

(4) 운전 압력 (Operating Pressure)

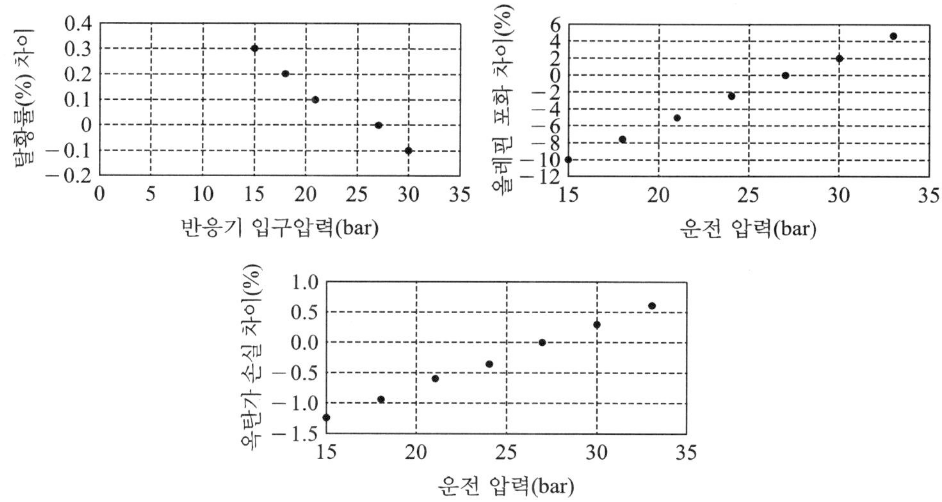

(조건) 반응 온도 일정/마이너스는 개선 의미

9. 분해납사 수첨탈황공정의 개조 배경 사례

2009년 1월 1일부로 자동차 연료유 규격 강화 및 추가 중질유분해 공정 가동으로 처리해야 할 경질분해납사 스톡 (LCN Stock)에 따른 황 함량이 증가하여 분해납사 수첨탈황 (WCN-HDS) 용량 증대가 필요하며 이에 수반되는 옥탄가 손실의 증가를 최소화해야 한다.
휘발유 규격 (Specification) 강화 내용은 다음과 같다. 2009년 이후 황 규격은 10 wtppm으로 유지되고 올레핀 규격은 2009년 19%에서 2012년 16%, 2015년12%로 강화될 예정이다.

표 6.12 휘발유 규격 강화

구 분	현 재	2009년	2012년	2015년
황 (wtppm)	50	10	10	10
올레핀 (vol%)	21	19	16	12

상압잔사 유동식 촉매분해 공정에서 감압가스오일 (VGO) 처리에 따른 분해납사 수첨탈황공정의 피드 황 함량이 증가 (1,000 → 1,700 wtppm)와 동 유동식 촉매분해 공정의 전환율 (Conversion) 상승 기대에 따른 경질분해납사 (LCN) 생산량 증대 및 기존 필요한 분해납사 수첨탈황 (WCN-HDS) 용량에 C_6+경질분해납사 용량이 대폭 늘어나게 된다.
상압잔사 유동식 촉매분해 공정의 선택적 수소화공정 (SHU, Selective Hydrogenation Unit) / 분해납사 수첨탈황공정 (WCN-HDS)에서 C_5+경질분해납사 (LCN)의 규격은 아래와 같다.

표 6.13 C_5+경질분해납사 (LCN) 규격

구 분	현 재	계 획	비 고
C_5 드로우오프 속도, BPSD	13,000	11,000	C_5 드로우오프 속도 조절로 황제어
황, wppm	30	<10	
올레핀, vol%	53	47.2	C_5-C_6 구간 올레핀 함량 감소
분해납사 탈황 피드속도, BPSD	29,600	35,000	감압가스오일 경우 적용
피드황, wppm	930	<2,000	감압가스오일 경우 적용
피드올레핀, vol%	34 (C_6 포함)	39.3	C_6 포함 및 감압가스오일 경우 적용
제품 황, wppm	45 (C_6 제외)	<14 (C_6 포함)	C_5+LCN 블렌딩 이후 <14 wppm

향후 휘발유 규격은 아래와 같다.

표 6.14 휘발유 규격 상세

구 분	-2005	2006	2009	2012	2015
옥탄가 최소	91	91	91	91	91
납 최대, g/L	0.013	0.013	0.013	0.013	0.013
황 최대, ppm	130	50	10	10	10
인 최대, g/L	0.0013	0.0013	0.0013	0.0013	0.0013
벤젠 최대, vol%	1.5	1	0.7	0.5	0.5
방향족 최대, vol%	35	30	24	20	20
올레핀 최대, vol%	18	18	16	12	10
산소 함량, wt%	1.0-2.3	1.0-2.3	1.0-2.3	1.0-2.3	1.0<
Reid 증기압 최대, kPa	70	65	65	50	50
T90 최대, ℃	175	175	170	160	160

6.13 정유공정 석유제품 경로 및 용도

정유공정에서 나오는 석유제품의 경로와 최종 용도는 아래와 같다.

(1) 오프가스 (Off Gas)

상압증류탑 상부 (A-Column O/H), 안정탑 상부 (Stabilizer O/H), 엘피지 에탄분리탑 (LPG Deethanizer), 스플리터 (Splitter), 등유/경유 스트리퍼 (K/D Stripper) 등에서 생산되는 경질 가스 (Light Gas)를 통칭한다. C_1, C_2가 주성분인 제품으로 판매하기가 어렵고 황화수소 (H_2S) 성분이 높아 대부분의 경우 아민흡수탑 (Amine Absorber)을 거쳐 스위트 가스 (Sweet Gas)로 전환되어 연료가스 (Fuel Gas)로 사용한다. 상압증류탑 상부의 오프가스는 오프가스 압축기 (Compressor)를 통해 일정량 납사 (Naphtha)로 회수한다.

(2) 엘피지 (LPG, Liquified Petroleum Gas)

프로판 (Propane, C_3)과 부탄 (Butane, C_4)을 총칭하는 것으로서, 사워 엘피지

(Sour LPG)는 스트레이트런 납사 안정탑 상부 (WSR Stabilizer O/H)를 나와 엘피지메록스 (LPG Merox) 공정을 거쳐 가성소다 (Caustic, NaOH)로 황을 제거한 후 분리탑 (Splitter)을 통해 C_3/C_4로 분리된다.

그리고 스위트 엘피지 (Sweet LPG)는 리포머 (Reformer) / 수소분해공정 (Hydrocracking Unit)에서 나와 런다운 (Run Down)되며 엘피지메록스 필요 없이 분리탑 (Splitter)만을 거쳐 C_3/C_4 제품 생산이 가능하다. 연료가스 헤더 압력 (Fuel Gas Header Pressure) 3.2 kg_f/cm^2 미만 시 증발기 (Vaporizer)가 가동되며 C_3가 피드된다. C_3는 주로 취사용/난방용으로 C_4는 주로 난방용/차량용으로 사용되며 무색, 무취로 제품 출하 단계에서 취기제를 주입한다.

(3) 경질납사 (LSR, Light Straight Run)

탄소수가 $C_4 - C_7$의 탄화수소로 리런 칼럼 오버헤드 (R/R Column Over Head, 납사분리탑 상부)에서 런다운되는 제품으로 증류 범위는 32 - 105℃이다. 제품은 탈황을 거치지 않고 주로 석유화학 피드로 (NCC, Naphtha Cracker, 납사분해) 사용한다. 일부는 분해납사 수첨탈황 (WCN-HDS)에 피드하여 휘발유 블렌딩스톡 (Mogas Blending Stock)으로 사용한다.

(4) 중질납사 (HSR, Heavy Straight Run)

탄소수가 $C_6 - C_9$의 탄화수소로 리런 칼럼 바텀 (R/R Column Bottom, 납사분리탑 하부)에서 런다운되는 제품으로 증류 범위는 92 - 155℃이다. 중질납사는 수첨탈황공정 (정유공정: Hydrotreating/Naphtha Kero Hydrotreating, 방향족공정: Naphtha Hydrotreating Unit)을 거쳐 리포머 (Reformer)의 피드가 된다. BTX 제품 가격 및 수율에 따라 납사분리탑 (Rerun)의 중질납사 (HSR) 5% 컷 (Cut)이 결정된다 (정상 컷 92℃, 하트 컷 98℃).

(5) 등유 (Kerosene)

탄소수가 $C_9 - C_{13}$ 정도의 탄화수소로 상압증류탑 사이드로 런다운되며 증류 범위는 150 - 270℃이다. 주로 취사용, 난방용으로 사용되기 때문에 탈황 (Hydrotreating)을 거쳐야 하며 황 규격이 매우 낮다 (최대 30 ppm). 제품은 대부분의 경우 등유/경유 수첨탈황공정을 거쳐 생산되고 초저유황디젤 (ULSD, Ultra Low Sulfur Diesel)의 밀도 및 저온 물성 (Cold Property) 개선을 위해 케로 스파이킹 (Kero Spiking)을 하기도 한다.

(6) 항공유 (Aviation Fuel)

등유 (케로)에 케미컬을 첨가하여 항공기 연료용으로 특화시킨 제품이다. 항공유 제품은 황 규격이 높으나 (최대 0.3%) 머캡탄 규격이 엄격하기 때문에 (최대 30 ppm) 주로 케로 메록스 (Kero Merox)의 스위트닝 (Sweetening) 공정을 거쳐 제품을 생산한다. 제품에는 Jet A-1 (민항기용), JP-5 (항공모함 탑재 전투기), JP-8 (군용)이 있으며 Jet A-1/JP-5는 주로 케로 메록스 공정에서, JP-8은 수분 문제로 등유/경유 수첨탈황공정에서 생산하고 있다.

(7) 초저유황디젤 (ULSD, Ultra Low Sulfur Diesel)

상압증류탑 사이드로 런다운되는 혼합디젤 증류범위 (Combined Diesel Distillation Range)는 180－400℃이다. 최대 10 ppm의 황 규격을 만족시키기 위해 제품은 케로/디젤 수첨탈황 (K/D-HDS) 공정을 거쳐 다시 심도탈황을 거치며, 밀도/저온물성을 만족시키기 위해 등유 (Kerosene)를 일정량 스파이킹 (Spiking) 한다. 초저유황디젤 제품의 증류범위는 하절기 148－375℃, 동절기 143－370℃이다.

(8) 벙커씨 (B/C, Bunker-C)

상압증류탑 하부 잔사 (A-Column Bottom Residue) 자체 또는 컷터 스톡 (Cutter Stock)을 스파이킹한 제품을 말한다. 황 규격에 따라 저유황연료유 (LSFO, Low Sulfur Fuel Oil), 중간유황연료유 (MSFO, Middle Sulfur Fuel Oil), 고유황연료유 (HSFO, High Sulfur Fuel Oil)로 나누며 점도 규격을 만족시키기 위해 컷터 스톡 (Cutter Stock)으로 중질분해납사 (HCN, Heavy Cracked Naphtha) / 경질사이클오일 (LCO, Light Cycle Oil)을 주입한다. 추가 중질유분해 공정 가동이후 상압증류 공정에서 저유황연료오일 (LSFO)을 주로 생산하며 고유황연료오일 (HSFO)은 감압증류 공정 (VDU, Vacuum Distillation Unit)의 잔사 (VR, Vacuum Residue)에 컷터 스톡을 스파이킹하여 생산하고 있다.

(9) 아스팔트 (Asphalt)

감압증류탑의 잔사 (VR, Vacuum Residue)를 통칭한다. 추가 중질유분해 공정 가동이후 기존 아스팔트 공정은 정비하여 보관상태를 유지 (Mothballing)

하고 감압증류 공정 (Vacuum Distillation Unit)에서 전량 생산한다.

⑽ 석유제품 첨가제 (Additive)

석유제품에도 물성/품질 향상을 위해 다양한 용도로 첨가제가 들어가고 있으며 주요 첨가제는 아래 표 6.15와 같다.

표 6.15 석유제품 주요 첨가제

제 품	첨가제	용 도
LPG	취기제 (Odorant)	가스 누출 감지
가솔린	안티노킹제	연소를 용이하게 함
	산화방지제	산화방지
	금속비활성화제	금속활성화 억제
	세정제 (Detergent)	세척
	염료 (Dye)	색상 부여 구별
	부식방지제	금속 부식방지
항공유	결빙방지제	고공에서 결빙방지
	부식방지제	부식방지제
	금속비활성화제	금속활성화 억제
	산화방지제	산화방지
	정전기방지제	정전기방지
경유	흐름 향상제 (WAFI)	유동성 향상
	바이오디젤	친환경

⑾ 경유 저온유동성 향상제 (WAFI)

디젤은 저온에서 왁스 (Wax)를 석출하여 차량 연료 필터를 막는 특성 때문에 겨울철 디젤에는 저온필터 막힘점 (CFPP, Cold Filter Plugging Point) 등의 시험항목을 제품 규격에 적용하고 있다. 이에 맞는 동절기 디젤을 생산하기 위해 왁스의 생성을 억제하여 저온유동성을 향상시키는 첨가제가 주입되고 있는데 이러한 디젤 저온유동성 향상제를 와피 (WAFI)라고 부르고 있다.

① **디젤 저온 물성** 디젤연료는 낮은 온도에서 노말파라핀 (*n*-Paraffin, C_{16}^{+}) 성분들이 왁스 결정 (Wax Crystal)으로 석출되는 현상이 있다. 이러한 왁스 결정은 겨울철 연료 필터를 막아 엔진을 멈추게 할 수 있기 때문에 디젤연료는 운점 (Cloud Point), 저온필터 막힘점 (CFPP) 등의 시험 항목으로 저온유동성을 관리하고 있다. 이론적으로는 디젤의 왁스 결정 생성을 막기 위해서는 디젤의 노말파라핀 성분을 제거하면 된다. 하지만 이는 비

용도 비용이지만 노말파라핀이 연료의 스모킹 (Smoking)을 줄이고 점화 (Ignition)를 좋게 하는 유용한 성분이기 때문에 제거할 수가 없다. 디젤의 저온유동성 문제 때문에 아주 과거에는 디젤 차량의 운전자들이 엔진 손상이나 유해가스 배출이라는 위험 부담에도 불구하고 디젤연료에 가솔린을 약 30% 가량 섞어 사용하기도 했다.

② **저온 흐름 향상제** 디젤의 이러한 문제를 해결하기 위하여 1972년부터 흐름 향상 첨가제 (Flow Improver Additives)가 개발되기 시작하였다. 이 흐름 개선제로 저온유동성 문제를 해결하는 한편, 높은 품질의 파라핀 디젤 (Paraffinic Diesel), 즉 세탄 (Cetane) 값이 높은 디젤도 생산 가능하게 되었다. 이러한 디젤 저온 흐름 향상제는 기본적인 2가지 메커니즘을 가지고 있다. 첫째는 운점에서 흐름 향상제가 결정핵을 형성하여 다른 디젤 왁스 결정을 흡수시켜 버리는 것이다. 두 번째는 크게 성장하고 있는 왁스 결정의 표면에 흐름 개선제가 흡착하여 왁스 결정의 성장 속도를 늦추어 주는 것이다. 즉 왁스 결정의 크기를 작게 만들고 성장 속도를 늦추어 주는 것이다.
작은 왁스 결정은 연료 필터를 통과할 수 있고 엔진이 가열되기 시작하면 금방 다시 녹을 수 있다. 흐름 향상제는 왁스 결정 자체를 제거하는 것이 아니라 성장을 늦추는 것이기 때문에 이미 왁스 결정이 크게 형성 (Cloud Point)된 후에는 효과를 발휘할 수가 없다. 흐름 향상제는 주로 에틸렌 비닐 아세테이트 (Ethylene Vinyl Acetate, EVA) 코폴리머 (Copolymer)를 이용하여 만들어지며 대표적인 제조사에는 바스프 (BASF), 옥텔 (Octel), 인피니엄 (Infinium), 클라리언트 Clariant) 등이 있다.

③ **MDFI (Middle Distillate Flow Improver) / WASA (Wax AntiSettling Additives) / WAFI (Wax Antisettling Flow Improver)** 흐름 개선제는 MDFI (Middle Distillate Flow Improver)라고 보통 부른다. 그 후 MDFI 외에 WASA (Wax AntiSettling Additives)라는 것이 개발되어 함께 쓰이기도 하는데, 이 WASA는 작은 왁스 결정들이 디젤연료에 현탁 (Suspension) 되어 있도록 도와주는 역할을 한다. 장시간 추운 곳에 주차된 차량의 경우는 석출된 왁스들이 바닥에 가라 앉아 있을 수 있다. 이러한 경우 MDFI를 사용하여 왁스 결정이 아주 작은 결정이라 할지라도 한꺼번에 연료 필터로 주입되면 필터를 막을 수 있다. 이 WASA는 MDFI보다 훨씬 더 강력하게

왁스의 성장 속도를 늦추어 왁스가 가라앉는 것을 방지한다 (작은 입자일수록 침전 속도가 느림). 보통 WAFI는 WASA/MDFI를 용제 (Solvent)와 함께 블렌딩하여 제조하게 된다. 주입량은 동절기 초저유황디젤 (ULSD, Ultra Low Sulfur Diesel)을 기준으로 700 ppm 정도 주입하게 된다.

7
CHAPTER

상압잔사 유동식 촉매분해 공정

(Atmospheric Residue Fluid Catalytic Cracking Unit)

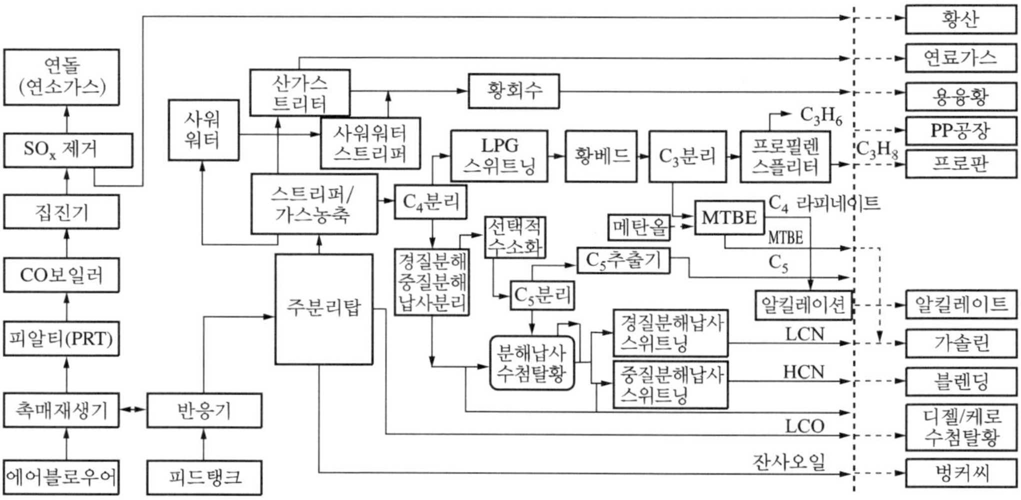

그림 7.1 잔사 유동식 촉매분해 공정 흐름도

유동식 촉매분해 (FCC, Fluid Catalytic Cracking)는 촉매를 유동화시켜서 연속 순환하면서 반응과 재생을 반복적으로 하는 분해 (Cracking)를 말하며 피드에 따라 잔사 유동식 촉매분해 (RFCC, Residue Fluid Catalytic Cracking)와 감압가스오일 유동식 촉매분해 (VGOFCC, Vacuum Gas Oil Fluid Catalytic Cracking)로 나누어진다.

이 유동식 촉매분해 공정 (FCC)은 벙커씨 (Bunker-C) 또는 감압가스오일 (VGO)을 유동 촉매층으로 이루어진 반응기 내에서 수소를 사용하지 않고 분해하여 고옥탄가의 휘발유 생산을 주목적으로 하는 시설이다.

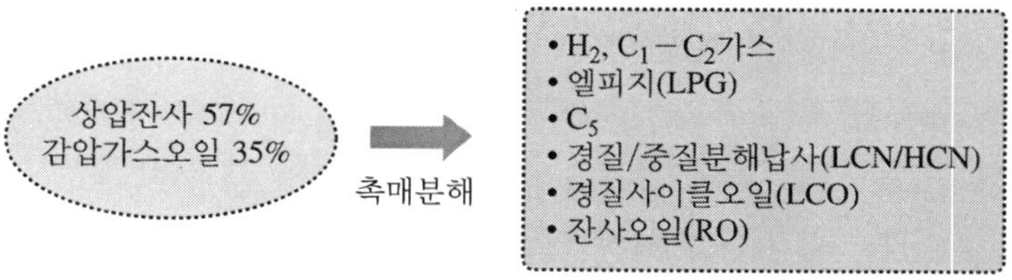

그림 7.2 잔사 유동식 촉매분해 피드와 제품

참고 감압잔사 수소분해 공정의 감압가스오일

잔사 유동식 촉매분해 공정의 피드로 감압잔사 수소분해 (VRHCR, Vacuum Residue HydroCracker) 공정의 감압가스오일 (VGO)을 10% 블렌딩할 때마다 1,000－1,400배럴/일 처리량 감소가 있으며 이는 동 피드 내의 극성 링 (Polar Ring)의 영향으로 추정하고 있다. 현재 20－30% 정도 포함되어 처리 중이나 피드 물성상 API가 낮고 질소 (N_2) 함량이 높아 공정 전환율이 감소한다.

일반적으로 상압잔사를 촉매분해 했을 경우의 제품 수율 분포의 일례를 아래 그림에 나타내었다. 그리고 생성 제품들의 용도는 ① C_3보다 가벼운 가스인 배출가스 (Flue Gas)는 정유 연료가스 헤더로 서비스한다. ② C_3는 폴리프로필렌 (Poly Propylene) 공정의 피드로 사용한다. ③ C_4는 MTBE (Methyl Tertiary Butyl Ether) 및 알킬레이션 (Alkylation) 공정의 피드로 사용한다. ④ C_5＋경질분해납사 (LCN)는 휘발유 블렌딩스톡으로 사용한다. ⑤ 중질분해납사 (HCN)는 연료오일의 블렌딩스톡으로 사용한다. ⑥ 경질사이클오일 (LCO)은 디젤 (Diesel)로 사용한다. ⑦ 슬러리오일 (Slurry Oil)은 연료오일 블렌딩스톡으로 사용한다.

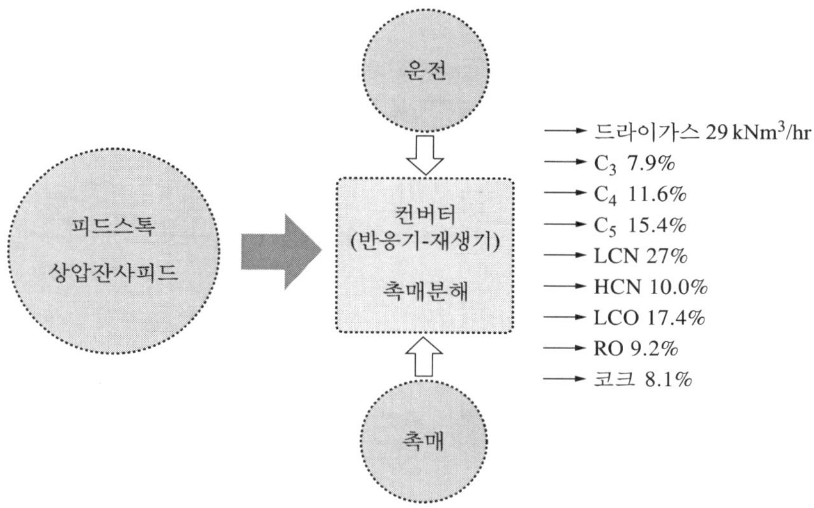

그림 7.3 상압잔사 유동식 촉매분해의 수율 분포 일례

7.1 유동식 촉매분해 공정의 겉보기 속도 (Superficial Velocity)

유동식 촉매분해 공정의 사용 촉매는 20 − 100 μm 크기의 가는 파우더 (Fine Powder) 형태이고, 이것의 유동화 (Fluidization)는 공정내 베셀 (Vessel)과 베셀 (Vessel) 사이의 촉매 이송을 가능하게 한다. 아래 그림은 동 공정에서의 촉매의 유동화 과정을 보여주고 있다.

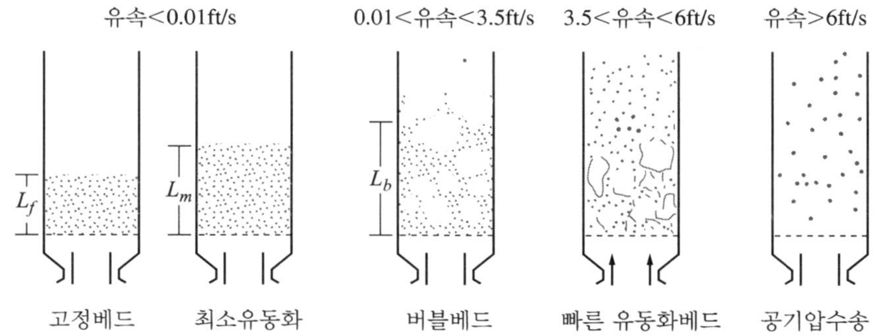

그림 7.4 유동식 촉매분해 공정의 촉매 유동화

표 7.1 유동식 촉매분해 공정의 전형적인 촉매 유속

	최소유동 속도	버블링 속도	정상 유동베드	반응기/ 스트리퍼	재생기	빠른 유동베드	공기압 수송
유속 (ft/s)	0.007 − 0.02	0.015 − 0.1	0.3 − 5.0	0.5 − 1	1.5 − 4	6 − 12	12 이상

7.2 유동식 촉매분해 공정의 장치 구성

잔사 유동식 촉매분해 공정은 감압가스오일 (VGO)이 투입되는 유동식 촉매분해에서 발전된 모델로 피드로 중질잔사 (Heavy Residue) 즉 벙커씨 (Bunker-C)가 직접 투입된다. 그리고 공정은 피드를 분해하는 반응기부, 반응물을 분리 및 후처리하는 주분류탑을 포함하는 다운스트림부 (Main Fractionator Downstream

Section), 촉매재생기 (Regenerator)에서 발생하는 배출가스 (Flue Gas)를 처리하는 배출가스 처리부로 크게 구분할 수 있다.

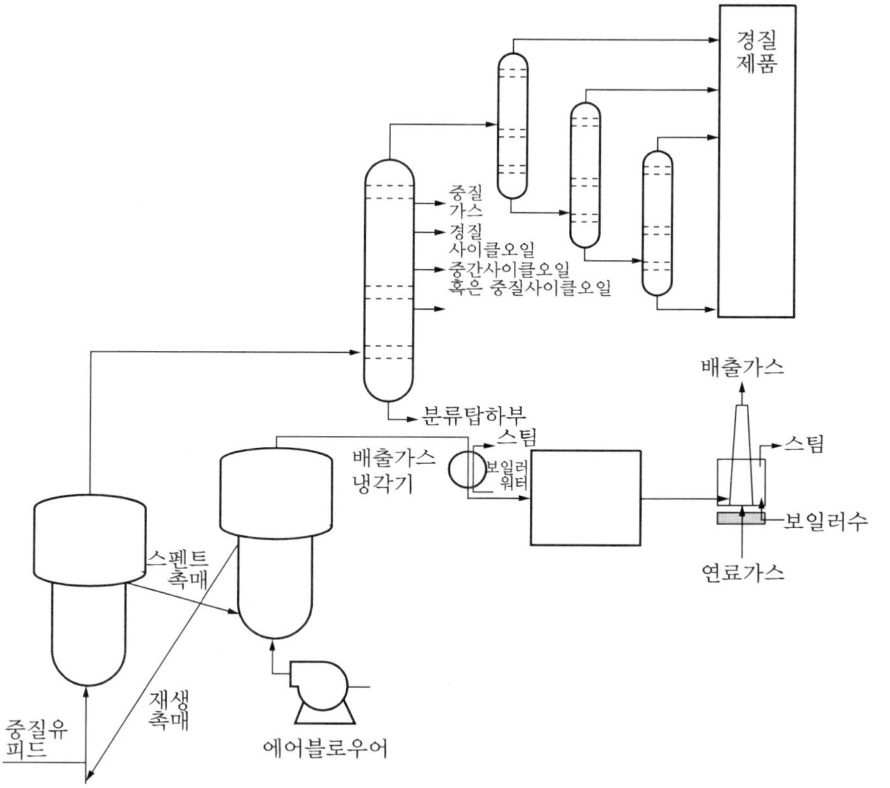

그림 7.5 **유동식 촉매분해 공정의 장치**

공정 라이센서에는 Stone & Webster와 UOP가 있으며, 본 장에서는 Stone & Webster의 공정을 예로서 기술하였다. 이 공정의 특징은 잔사 분해 반응기 1기와 2단계의 촉매재생기 (2 Stage Regenerator) 및 2개의 배출가스 시스템 (CO rich, CO lean)으로 구성되어 있다.

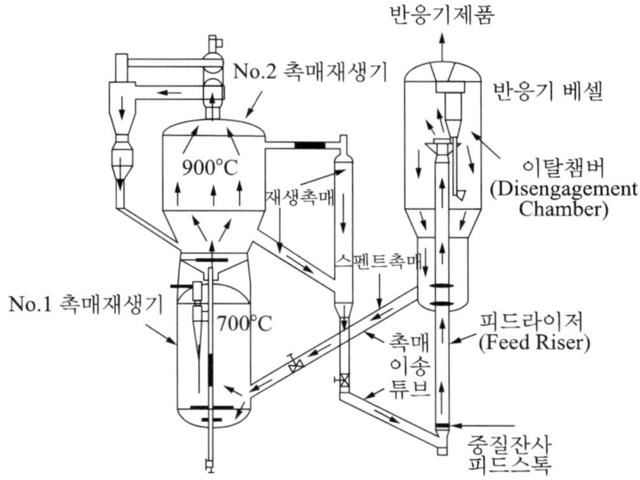

그림 7.6 반응기와 재생기 (Reactor and Regenerator)

7.3 유동식 촉매분해 공정의 사용 피드

피드로 감압가스오일 (Vacuum Gas Oil)과 상압잔사유 (Atmospheric Residue)를 사용한다. 그러나 상압잔사유는 탄소 함량이 감압가스오일 (VGO)에 비해 높기 때문에 이를 원료로 사용하는 공정은 촉매재생기의 연소 용량을 늘려야 하며 이를 위해 수증기의 발생을 위한 수관을 설치하거나 반응 후 촉매의 온도를 하강시키기 위한 냉각 장치 (Catalyst Cooler)를 사용하기도 한다. 상압잔사유의 경우, 연소를 2단계에 걸쳐 일어나도록 하여 첫 단계 연소에서는 CO가 주로 생성되도록 하고 다음 단계에서 CO의 완전연소를 꾀한다. 그리고 일반적으로 피드 (Feed) 중의 파라핀 (Paraffin) 함량은 60－70%이며, 나프텐 (Naphthene)은 약 10－20%, 방향족 (Aromatics)은 20－30%이다. 상압증류탑 (CDU)에서 생산되는 벙커씨 (Bunker-C)에는 일반적으로 올레핀 (Olefin)이 포함되어 있지 않다. 피드의 반응을 통해 올레핀이 인공적인 열 (Heat) 혹은 촉매분해 (Catalytic Cracking) 반응으로 만들어진다.

1. 피드 분자 크기

아래 그림은 "Tissot & Welte, 석유 형성과 발생 (Petroleum Formation and Occurrence), Springer-Verlag, 1978"에 기초한 것이다.

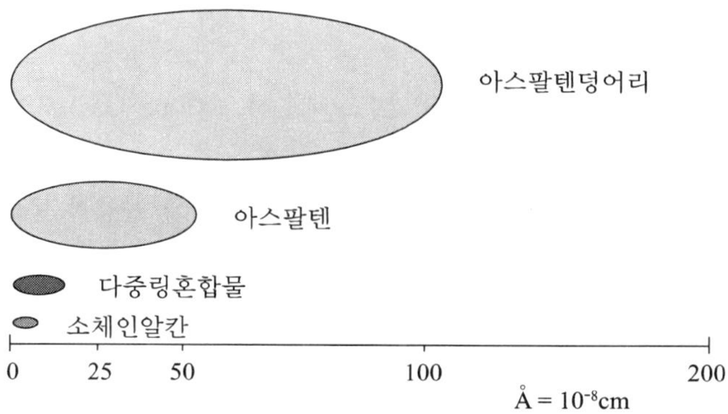

그림 7.7 피드의 분자 크기

2. 피드의 물리적 성질

(1) 피드 API 비중은 19−22 (API＝141.5/밀도−131.5)이고 이 값이 클수록 경질의 피드로서 분해 (Cracking)에 유리하다.
(2) 증류 (Distillation) 온도는 ASTM D-1160 50% 온도가 480−520℃로 이 온도가 낮을수록 경질의 피드에 속한다.
(3) 아닐린 포인트 (Aniline Point)는 85−105℃이고 이는 아닐린 ($C_6H_5NH_2$)과 섞이는 최저 온도를 뜻하며 이것이 높을수록 파라피닉 (Paraffinic) 하다는 의미이다.
(4) 점도 (Viscosity)는 100−400 cSt (@50℃)이고 200 cSt보다 크면 피드 증발 (Feed Vaporization)이 좋지 않다.

3. 피드 중 불순물

불순물에는 미세카본잔사 (MCR, Micro Carbon Residue), 황 (Sulfur), 질소

(Nitrogen), 금속 (Metals) 그리고 아스팔텐 (Asphaltene) 등이 있으며 이들의 상세 내용은 다음과 같다.

(1) 미세카본잔사 (MCR)는 4.5 − 6.5 wt%이고 열로 가열한 후에도 증발하거나 연소하지 않고 남는 잔존물이다. 이외 콘래드슨 카본잔사 (CCR, Conradson Carbon Residue)와 램즈바텀 카본잔사 (RBCR, Rams Bottom Carbon Residue)가 있다.
(2) 황은 1.5 − 2.0 wt%이고 배출가스 (Flue Gas)로 17%, 드라이가스로 40%, 제품으로 약 43% 각각 분배된다.
(3) 질소는 1,300 − 2,000 ppm으로 촉매에 일시적 독으로 작용하고 1,600 ppm 이상이면 전환율이 급격히 떨어진다.
(4) 금속 경우는 7 − 10 ppm 니켈 (Ni)은 탈수소 반응을 촉진하여 드라이가스 생산량을 증가시키고, 14 − 18 ppm의 바나듐 (V)은 제올라이트 (Zeolite)를 파괴하여 전환율을 감소시키며, 1 ppm 제한의 나트륨 (Na)은 촉매의 산점 (Acid Site)을 중화시키는 치명적인 촉매독으로 촉매활성도 (Catalyst Activity)를 감소시킨다. 또한 5 − 8 ppm 철 (Fe)은 촉매 표면에 돌기 (Nodule)를 형성하여 표면적 (Surface Area)을 감소시킨다.
(5) 헵탄 불용성 (Heptane Insoluble)으로 아스팔텐 양을 측정한다.

표 7.2 잔사 유동식 촉매분해 공정의 피드 혼합비와 물성

피드 혼합		혼합피드 물성	추정값	실제값
Oman	44	API	20.0	19.7
Murban	16	MCRT, wt%	5.68	5.82
Umm Shaif	17	Viscosity @50, cSt	192.7	192.2
L-Zakum	11	Nitrogen, ppm	1,351	1,361
AXL	6	K-Factor	11.91	11.88
HVGO	4	D10%, ℃	375	376
HGO	2	Sulfur, wt%	2.00	2.05
		Aniline Point, ℃	93.0	93.5
		Ni, ppm	6.9	8.8
		V, ppm	14.9	16.5
		Na, ppm		0.8
	100	Fe, ppm		2.8

7.4 유동식 촉매분해 공정의 사용 촉매

유동식 촉매분해 공정의 촉매 발전 현황은 아래와 같다.

표 7.3 유동식 촉매분해 공정의 촉매 발전 역사

연도	촉매 및 첨가제 개발/발전 내용
1942	Natural Clay, Synthetic Low Alumina Catalyst
1948	Microspheroidal Catalyst (Low Alumina)
1955	High Alumina Synthetic Catalyst
1961	D5 Zeolite TCC Bead Catalyst
1964	Spray-dried Fluid X and Y Zeolite
1974	Pt CO Combustion Promoter
1975	Ni Passivation Additive
1980	Coke Selective Re-H-Y, USY Catalysts
1984	ZSM-5 Octane Additive
1985	SO_x Transfer Additives
1986	Low Coke Selectivity, Higher Octane을 위하여 Y Zeolite 촉매가 개발됨. (Low Non-framework Alumina, Small and "Perfect" Crystals, Chemical Dealumination, etc)

1. 제올라이트 (Zeolite) 구조

선택적 촉매분해 반응의 활성 성분이며 촉매의 활성 및 선택도를 결정하는 가장 중요한 부분이다. 파우자사이트 (Faujasite) 구조이다. 규산알루미늄 (Alumino Silicate)의 비금속 성분이 추가된 3차원의 결정 구도를 가진다. 파우자사이트를 단위셀 (Unit Cell)이라고 하며 그 비표면적이 500－800 m^2/g이다. 소다라이트 (Sodalite, $3NaAlSiO_4 \cdot NaCl$)들의 반복으로 인해 크고 작은 기공이 형성되어 있다. 12개 링 (Ring) 구조를 수퍼케이지 (Super Cage)라 하고 기본 파우자사이트 구조에 4개가 존재하며 기공의 지름은 8－9Å이고, $C_{18}-C_{25}$ 정도의 방향족 화합물들이 들어갈 수 있다. 한편 작은 기공은 6개 링의 소다라이트케이지 (Sodalite Cage)로 지름이 약 2.5Å이므로 물 분자 혹은 암모니아 분자 정도의 크기를 가진 분자만 통과할 수 있다.

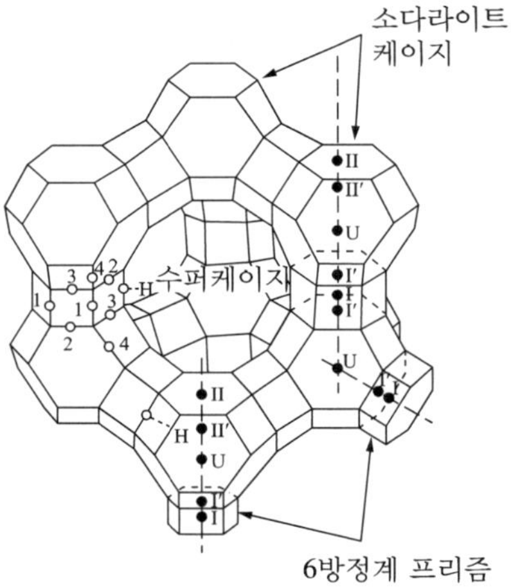

그림 7.8 제올라이트 구조

2. 유동식 촉매분해 공정의 촉매 구조

피드의 종류와 원하는 제품의 수율 구조에 따라 촉매의 기공크기 (Pore Size), 기공크기 분포 (Pore Size Distribution) 등이 크게 달라진다.

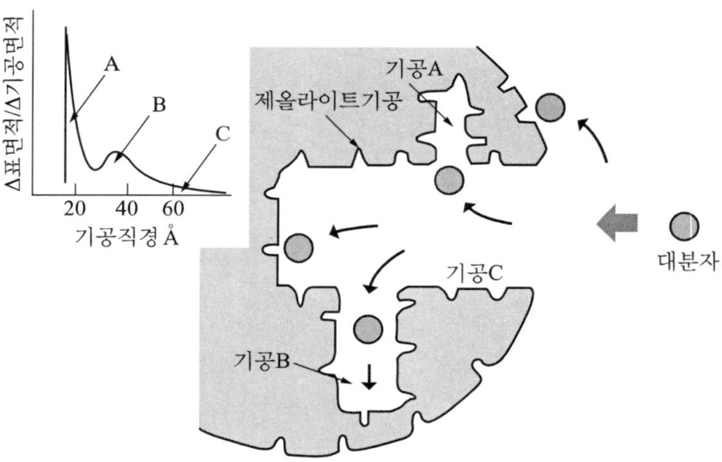

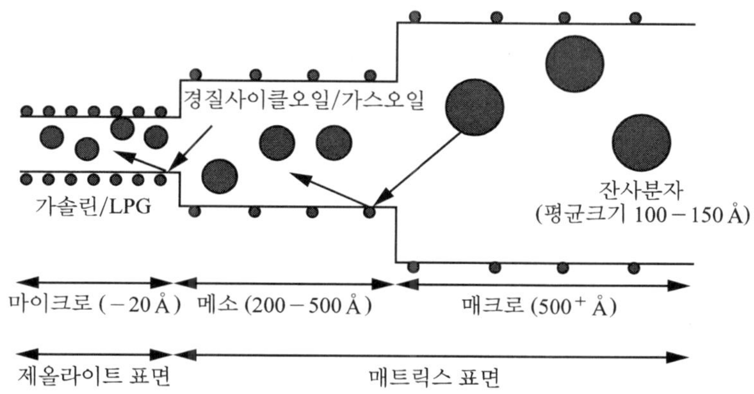

그림 7.9 유동식 촉매분해 공정의 촉매 구조

3. 유동식 촉매분해 공정의 촉매 기본 물성

실리카 (SiO_2)와 알루미나 (Al_2O_3) 베이스의 제올라이트 촉매는 제올라이트 (Zeolite), 매트릭스 (Matrix), 바인더 (Binder), 필러 (Filler)로 구성되어 있다. 마이크로 활성 테스트 (MAT, Micro Activity Test) 결과는 68 – 70%로 이것은 촉매의 활성을 총체적으로 나타내는 지수이다. 그 외 코크인자 (Coke Factor), 가스인자 (Gas Factor)가 있다. 물리적 특성으로 ① 표면적 (Surface Area) 140 m^2/g이고 제올라이트 표면적/매트릭스 표면적 (ZSA/MSA)으로 나눔 ② 평균 입자 크기 (APS, Average Particle Size) 80 μm ③ 겉보기 부피 밀도 (APS, Apparent Bulk Density) 0.8 – 0.9 g/cc ④ 단위셀크기 (UCS, Unit Cell Size)는 알루미나와 산화레늄 (ReO) 함량이 높으면 커짐 ⑤ 기공부피 (PV, Pore Volume) 0.3 cc/g이다. 화학적 특성은 니켈 4,500 ppm, 바나듐 6,000 ppm, 철 3,400 ppm이고 프레쉬촉매의 메이크업 양은 평형촉매 (E-Cat)의 금속 수준에 따라 조정한다. 그리고 카본 0.04 – 0.06 wt%는 촉매재생 정도의 척도가 된다.

4. 유동식 촉매분해 공정의 촉매독 영향

촉매독에는 나트륨 (Na), 바나듐 (V), 니켈 (Ni), 구리 (Cu), 티탄 (Ti), 질소 (N), 철 (Fe)이 있고 이들의 영향은 다음과 같다.

(1) 나트륨은 브론스테드 산점 (Bronsted Acid Site)을 비활성화시키고 촉매재생기에서 열에 의해 녹아서 제올라이트 구조를 뭉개지게 한다.

(2) 스팀에 존재하는 바나듐은 제올라이트의 결정성을 잃게 만들며 니켈보다 심하지는 않지만 원하지 않은 탈수소화 (Dehydrogenation) 반응을 촉진시킨다.

(3) 니켈은 탈수소화 반응의 촉매 역할을 하며 서로 뭉쳐서 촉매의 기공 (Pore)을 막게 된다.

(4) 구리는 니켈 영향과 거의 비슷하나 덜 심하다.

(5) 질소는 일시적으로 촉매의 산점 (Acid Site)을 중화하지만 촉매재생기에서 연소된다. 분자 크기에 큰 영향을 받으며 알칼리도에 따라 영향이 다르다.

(6) 철은 니켈의 영향과 거의 비슷하나 덜 심하며 CO 연소의 촉매 역할을 한다. 서로 뭉쳐서 촉매 표면에 돌기 (Nodule)를 형성하며 이 돌기는 촉매 기공을 막게 되어 드라이 가스가 증가하고, 슬러리 (Slurry) 수율이 증가하고, 코크 (Coke)가 증가하고, C_4 중 디올레핀 (Diolefin)이 증가하고, No.1 재생기의 배출가스 중 CO/CO_2비가 감소하며, 전환율이 감소하는 영향을 미친다.

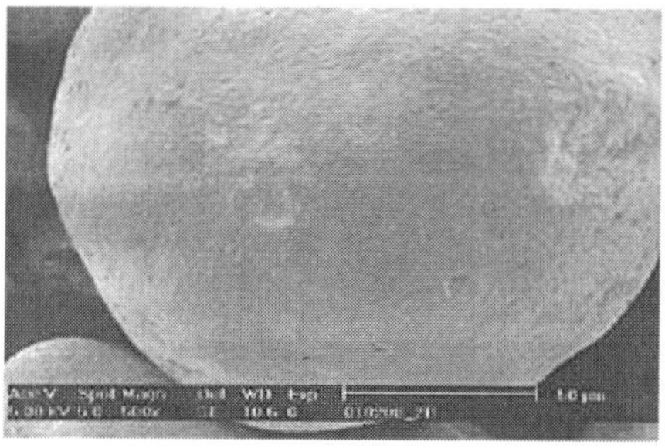

정상 촉매

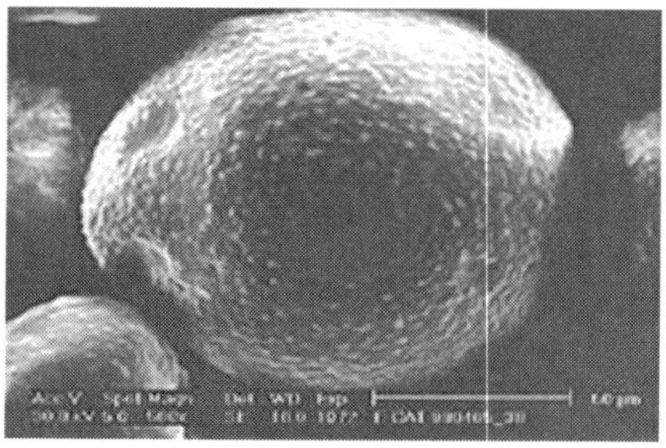

돌기 형성 촉매

그림 7.10 사용 촉매의 전자 현미경 (SEM) 사진

5. 유동식 촉매분해 특성

원유는 산지에 따라 물성 및 조성이 다르며 다양한 양의 파라핀 (Paraffin), 나프텐 (Naphthene), 방향족 (Aromatics) 화합물로 구성된다. 열분해 (Thermal Cracking)에서는 메탄 (Methane)과 같은 가벼운 가스 화합물이 많이 생성되며 휘발유에는 올레핀 (Olefin)이 많이 포함되고 가지 달린 탄화수소류가 적게 분포하여 옥탄가가 떨어지게 된다. 촉매분해 (Catalytic Cracking)에 의한 공정은 더 많은 수율의 휘발유를 얻을 수 있으며 다량의 방향족, 가지달린 파라핀과 올레핀을 포함한다. 이들 두 공정의 생성물이 다른 것은 열분해와 촉매분해 과정이 서로 다른 반응을 통하여 일어나기 때문인데 열분해는 자유 라디칼 (Free Radical) 중간체를 통하여 일어나는데 반하여 촉매분해는 촉매의 표면에 카르베늄 이온 (Carbenium Ion)의 형성을 통해 일어나기 때문이다.

표 7.4 열분해와 촉매분해의 주요 특징 비교

	열분해	촉매분해
반응형태	자유 라디칼 반응	카르베늄 이온에 의한 반응
노말파라핀	C_2가 주로 생성되며 C_1과 C_3, C_4-C_{16}의 올레핀이 다량 생성됨. 가지는 거의 없음.	C_3-C_6가 주로 생성되며 소량의 C_4 이상의 노말올레핀이 생성됨. 가지가 많이 형성됨.
올레핀	늦은 이중결합 전환이 일어나며 소량의 이성화가 일어남. 3차 올레핀 생성을 위한 선택적인 수소전이 (H-transfer) 반응이 거의 없음. 500℃ 정도에서 지방성 화합물로부터 아주 약간의 방향족이 생성됨.	빠른 이중결합 전환이 일어나며 대규모의 이성화가 일어남. 대규모의 선택적인 수소전이 반응으로 3차 올레핀이 생성됨. 500℃ 정도에서 지방성 화합물로부터 다량의 방향족이 생성됨.
나프텐	파라핀에 비해 늦은 속도로 분해됨.	구조적 그룹이 거의 비슷하다면 파라핀과 거의 비슷한 속도로 분해됨.
알킬방향족	사이드체인 (Side Chain) 내에서 분해됨.	링 (Ring)이 떨어져 나간 후 분해됨.

그리고 유동식 촉매분해 반응은 매우 복잡하고 주요 반응에는 분해 (Cracking), 수소전이 (Hydrogen Transfer), 탈알킬레이션 (Dealkylation), 이성화 (Isomerization)가 있으며 기상반응 (Vapor Phase Reaction)이다.

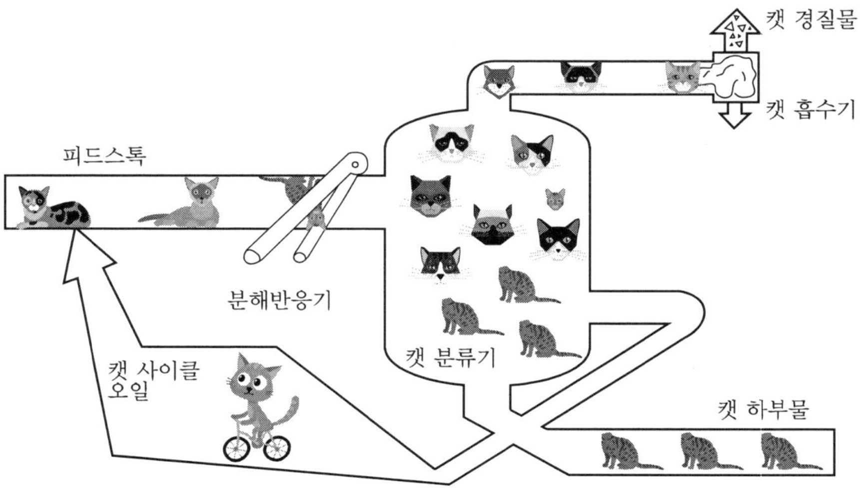

그림 7.11 유동식 촉매분해 공정 반응도

6. 유동식 촉매분해 반응 메커니즘

카르베늄 이온은 반응성이 높아서 다른 탄화수소와 반응하여 카르베늄 이온을 전이시키면서 여러 가지 전파반응을 일으키고 반응물 중에 불순물로 존재하는 소량의 음이온과 결합하여 반응이 종결된다. 카르베늄 이온에는 제1 (Primary), 제2 (Secondary), 제3 (Tertiary)의 카르베늄이 있으며 그중 제3 카르베늄이 가장 안정하기 때문에 이것의 분해에 의해 이소부탄 (*i*-Butane)과 같은 가지 달린 화합물이 생성된다.

(1) 초기단계 (카르베늄 이온 생성)

$$R_1\text{-}CH=CH\text{-}R_2 + HZ \leftrightarrow R_1\text{-}CH_2\text{-}CH^+\text{-}R_2 + Z^-$$

올레핀　　브론스테드점　　카르베늄 이온

$$R_1\text{-}CH\text{-}CH_2\text{-}R_2 + L^+ \leftrightarrow R_1\text{-}CH_2\text{-}CH^+\text{-}R_2 + HL$$

파라핀　　루이스점　　카르베늄 이온

(2) 전파단계 (수소화물 전이)

$$R_1\text{-}CH_2\text{-}CH^+\text{-}R_2 + R_3\text{-}CH_2\text{-}CH_2\text{-}R_4$$

카르베늄 이온 파라핀

$$\leftrightarrow R_1\text{-}CH_2\text{-}CH_2\text{-}R_2 + R_3\text{-}CH_2\text{-}CH^+\text{-}R_4$$

파라핀 카르베늄 이온

(3) 분해단계 (β 절단)

$$R_3\text{-}CH_2\text{-}CH^+\text{-}R_4 \rightarrow R_3^+ + CH_2=CH\text{-}R_4$$

카르베늄 이온 올레핀

주) 브론스테드점 (Bronsted Site): 전자 (H^+)를 내놓는 곳
루이스점 (Lewis Site): 비공유 전자쌍을 받아들이는 곳

7. PONA (파라핀/올레핀/납센/방향족)에 따른 반응

표 7.5와 같이 촉매분해 공정의 반응은 탄화수소의 매우 복잡한 반응이다.

표 7.5 탄화수소의 촉매분해 반응

탄화수소	반응형태	생성물
파라핀	분해	파라핀＋올레핀
올레핀	분해	LPG올레핀 (C_3/C_4올레핀)
	고리화	납센
	수소화물 전이	가지올레핀 → 파라핀
	수소화물 전이	파라핀
	고리화, 응축/탈수소화	코크 (Coke)
나프텐 (납센)	분해	올레핀
	탈수소화	사이클올레핀 (고리올레핀)
	탈수소화	방향족
	고리화	다른 링을 가진 납센
방향족	사이드체인분해	비치환방향족＋올레핀
	트랜스알킬레이션	다른 알킬방향족
	탈수소화/응축	폴리방향족
	알킬레이션/탈수소화/응축	코크 (Coke)

8. 코크 생성과 억제

코크는 수소가 거의 없는 물질로 산 촉매상에서 탄화수소가 반응할 때 얻어지는 것으로 일반적으로 질소나 스팀으로 불어낸 (Strip) 뒤에도 촉매로부터 탈착되지 않는 물질이다. 촉매분해 공정에서 촉매 표면의 코크생성은 촉매의 비활성화와 생성물의 감소를 초래 (나쁜 역할)하고 재생기에서 코크의 연소는 흡열 분해반응에 필요한 열을 공급 (좋은 역할)한다. 적은 코크가 생성될수록 공정의 생성물이 늘고 중질유의 처리에 유리하므로 결국 코크생성을 최소화 하는 것은 분해 촉매 설계의 최종적인 목표이다. 코크생성을 줄이기 위해서는 ① 코크의 발생 원인과 코크생성 반응 메커니즘 ② 코크생성에 대한 촉매 특성과 반응조건 ③ 원료유 성상의 영향을 아는 것이 필요하다.

코크 형성에는 여러 가지가 있는데 ① 제올라이트와 매트릭스의 산점에서 일어나는 촉매 반응에 의하여 생성되는 것 ② 스트리핑 (Stripping) 후에 기공에 남아 있는 탄화수소류 ③ 촉매의 표면에 침적된 금속 성분의 탈수소 반응에 의한 것 ④ 원료유의 기화되지 않은 탄소 찌꺼기에 의한 것으로 볼 수 있다. 그리고 코크생성을 줄이기 위한 촉매의 조건으로는 아래와 같은 것들이 있다.

(1) 중질유분해시의 콘래드슨 카본잔사 (CCR)와 금속 함량이 높을수록 비활성화 코크와 원유로부터의 코크가 촉매 반응에서 생성되는 것이 코크의 주생성물이 된다.
(2) 금속 보호막 (Metal Passivation)이나 적당한 매트릭스 표면적과 촉매의 기공 구조의 개선들을 통하여 감소시킨다.
(3) 오일에 의한 촉매적 코크는 스트리핑을 개선하고, 평균 기공지름을 넓히고, 매트릭스의 표면적을 조절하므로써 감소한다.
(4) 일반적으로 가스오일 분해에 있어 촉매분해 시 필연적으로 생성되는 촉매적 코크는 전체 코크 생산의 70%까지 차지하는 것으로 알려져 있다.

따라서 촉매적 코크를 감소시키는 것은 유동식 촉매분해 공정의 코크생성을 줄이는데 큰 영향을 준다.

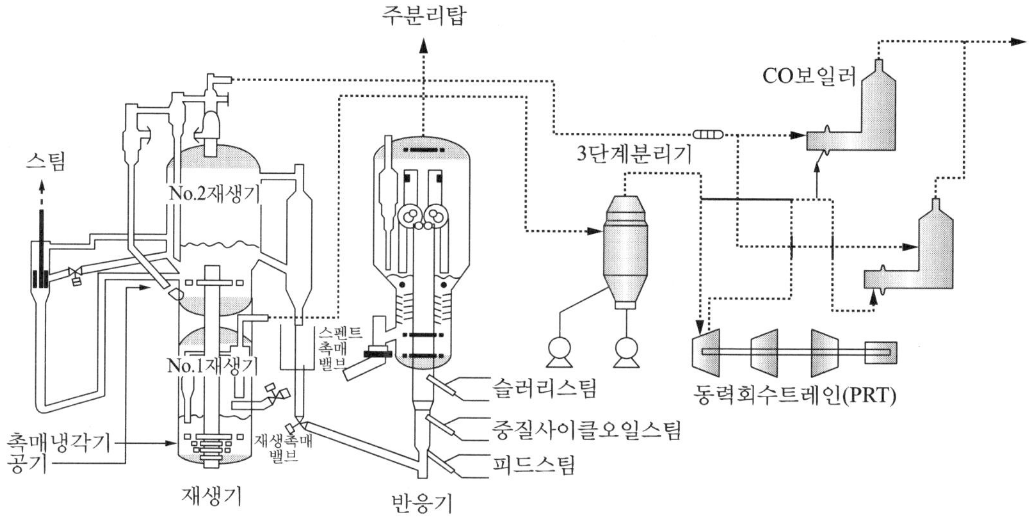

그림 7.12 컨버터 (Converter) 흐름도

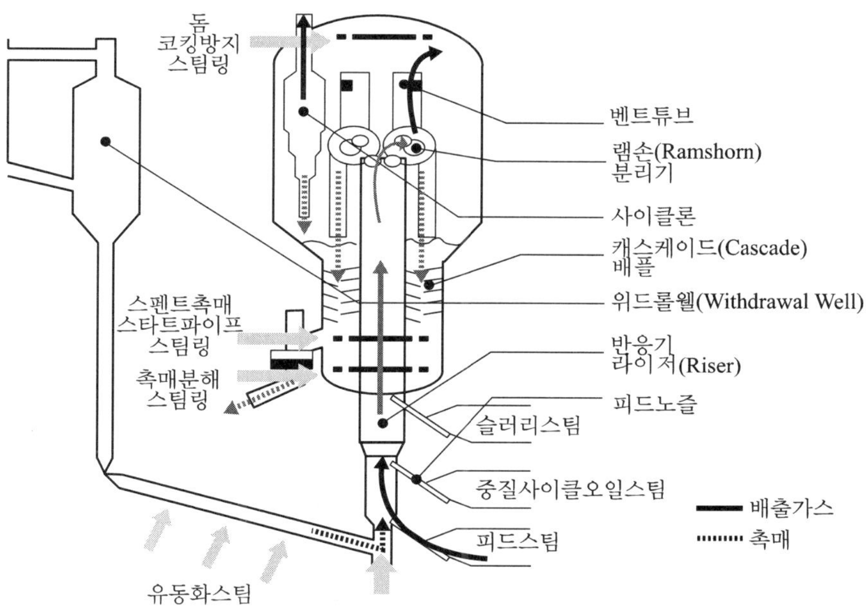

그림 7.13 반응기 (Reactor) 개요도

7.5 반응기 관련 장치와 역할

반응기 관련 장치에는 반응기 라이저 (Riser), 라이저 터미네이션, 반응기 베셀, 언배플 스트리퍼 등이 있으며 각각의 역할과 기능은 다음과 같다.

(1) 반응기 라이저 (Riser)

촉매를 반응기로 끌어 올리는 큰 지름의 파이프이고 연속된 4개의 부분으로 구성되며 요구되는 특징으로는 ① 다중 노즐 (Multiple Nozzle) ② 라이저 둘레 주위로부터 치솟아 (Elevated) 있음 ③ 촉매입자와 같은 크기의 분사화 (Atomization) ④ 9.1 m/sec 이하의 출구 속도로 노즐 침식 (Erosion)과 촉매 소모 (Attrition) 방지 ⑤ 코크는 노즐과 슬리브 (Sleeve) 사이의 공간에 발생할 수 있으나 퍼지 (Purge)는 침식의 발생 위험으로 사용해서는 안 되며, 대신에 노즐과 슬리브는 코킹이 발생할 수 있는 공간을 최소화하도록 사이징 되어야 한다.

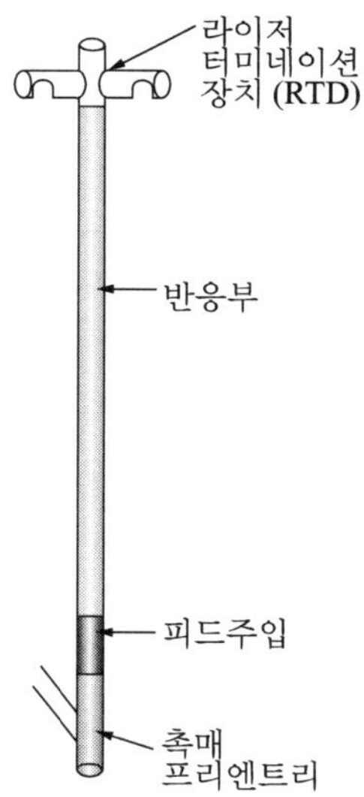

그림 7.14 반응기 라이저

(2) 라이저 터미네이션 (Riser Termination)

최근에 유동식 촉매분해 공정의 목표는 라이저 분해를 최대화하고 후라이저 분해 (Post Riser Cracking)를 최소화하는 데에 있다. 램손분리기 (Ramshorn Separator)는 라이저 터미네이션 장치 (RTD)에서 나온 가스가 빨리 반응기 사이클론에 흘러 들어가 가스가 반응기에 머무르는 시간을 최소화 하는 점이 요구된다. 잘 디자인된 램손분리기는 실제로 상당히 높은 분리 효능을 가지는데 가스상으로부터 70－75% 촉매를 분리 제거한다. 가스 출구는 반응기 사이클론과 같은 높이에 배관되어 있고 분리된 촉매는 스트리퍼 베드 속의 딥레그 (Dip Leg)로 떨어진다. 분리기는 양압으로 운전되므로 딥레그는 반드시 씰링 (Sealing)이 되어야 한다.

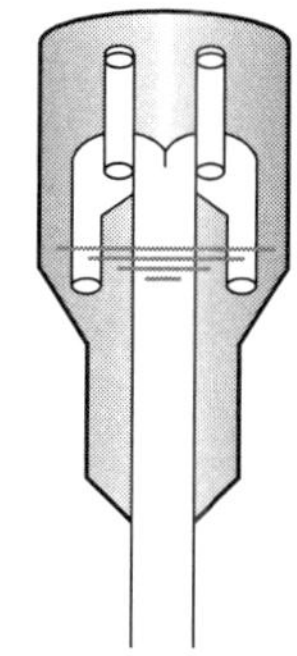

그림 7.15 라이저 터미네이션

(3) 반응기 베셀 (Reactor Vessel)

반응기는 본질적으로 라이저 터미네이션 장치 (RTD)와 반응기 사이클론 (Reactor Cyclone)을 보관하는 베셀 (Vessel)로의 역할을 하고, 반응기 디자인의 우선적인 관심사는 베셀에서 코크의 형성을 최소화 하는 것이다. 가스 (Vapor)의 체류시간이 길어지는 것이 반응기에서 코크가 쌓이는데 중요한 요소로 일반적으로 받아들여지고 있으며, 코크는 반응기 사이클론의 상부에 형성되는 경향을 보이기도 한다. 코크 방지책으로 ① 돔코킹 (Dome Coking)은 사이클론 입구 위의 공간이 상대적으로 정체된 (흐름이 없는) 상황에서 발생함 ② 반구형 헤드 (Hemispherical Head) 대신에 밋밋한 헤드 (Elliptical Head)를 사용할 수 있음 ③ 외부 플레넘 (External Plenum)을 사용할 수 있음 ④ 스팀 퍼징 (Steam Purging)은 논란의 여지가 있음 ⑤ 반응기 베셀과 보다 위쪽 헤드 (Upper Head)를 구분 짓는 구멍이 난 플레이트 (Plate)인 안티코킹배플 (Anti-coking Baffle) 설치 등을 예로 들 수 있다. 반응기 설치는 내부 단열 (Internal Insulation)이 된 카본스틸 (Carbon Steel)의 콜드월 반응기 (Cold Wall Reactor)를 선호한다.

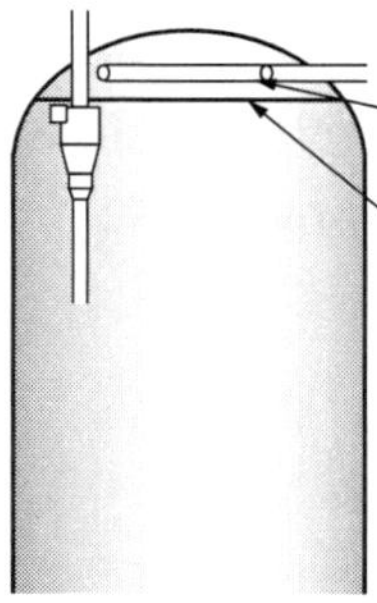

그림 7.16 반응기 베셀

(4) 언배플스트리퍼 (Unbaffle Stripper)

라이저와 반응기를 빠져나온 스펜트촉매는 제품가스 (Product Vapor)를 포함하고 있으며 스트리퍼 목적은 같이 딸려 나온 탄화수소를 스팀으로 분리하는 것이다. 배플 (Baffle)이 없는 스트리퍼는 가급적 피해야 한다. 왜냐하면 스트리핑스팀은 스트리퍼 베셀의 중앙으로 움직이는 경향이 있기 때문이다.

스팀 분배기는 가장 낮은 배플에 설치되어 있고 스팀 배분기의 목적은 스트리핑스팀과 촉매 사이의 접촉을 잘 되게 한다. 스트리핑 하부로 주입되는 플라핑 스팀 (Fluffing Steam)은 스펜트촉매 (Spent Catalyst)가 스펜트촉매 스탠드 파이프 (Stand Pipe)로 흐르는 것을 원활하게 한다.

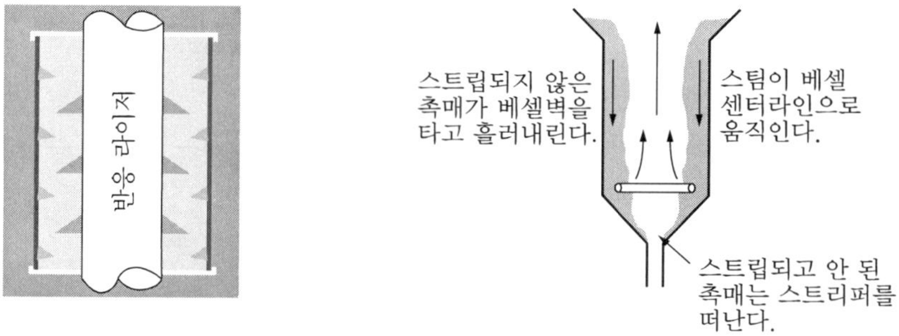

그림 7.17 언배플스트리퍼

(5) 반응기 온도 (Reactor Temperature)

라이저 출구온도 (ROT, Riser Outlet Temperature)는 가장 중요한 운전변수로서 제품 수율에 직접적인 영향을 미친다. ROT의 설정치에 따라 순환 촉매 밸브 열림 (RCSV Opening)이 변화하면서 촉매 순환 속도가 결정되며 보통 493－552℃ 사이에서 운전한다. ROT가 너무 낮으면 피드가 기화되지 못하고 촉매에 묻어 스트리퍼를 거쳐 촉매재생기로 들어가고 이 피드는 재생기에서 증기가 되어 배출가스의 다운스트림으로 들어가 위험한 상황을 초래할 수 있다.

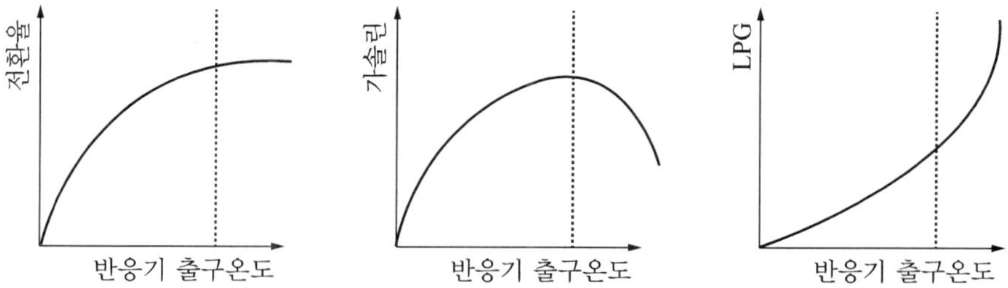

그림 7.18 일반적인 수율 분포도

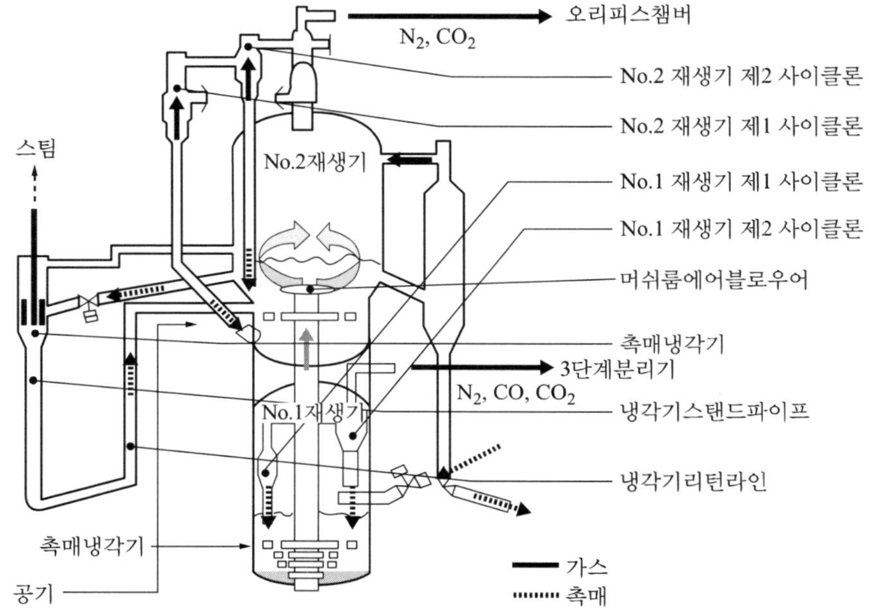

그림 7.19 재생기 개요도

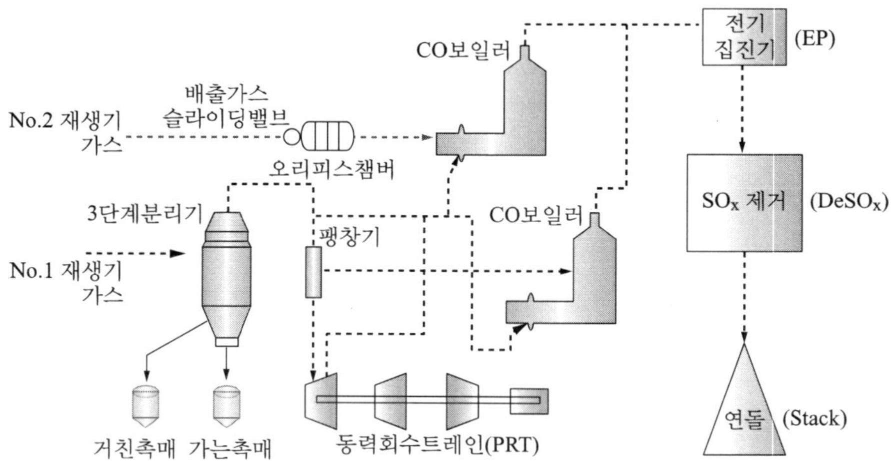

그림 7.20 배출가스 흐름도

7.6 촉매재생기/배출가스시스템

1단계는 아래쪽 베셀에 해당하고 1단계에서의 촉매는 공기에 의해 위쪽 2단계 베셀로 리프트 된다. 2단계 사이클론은 외부 형태 (External Type)이고 콜드월시설 (Cold Wall Construction)이다. 각 각의 단계 (Stage)는 분리된 배출가스시스템을 가지고 있다.

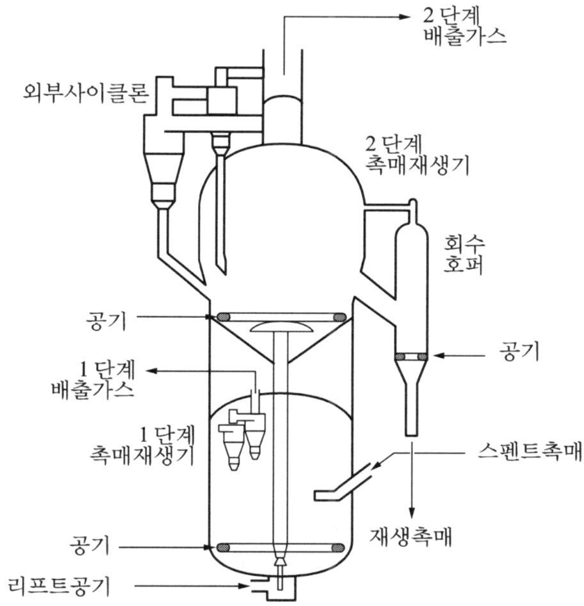

그림 7.21 촉매재생기와 배출가스시스템

(1) 촉매재생기 (Catalyst Regenerator)

공기분배기 (Air Distributor)는 일반적으로 3가지 형태가 있는데 ① 구멍과 노즐이 부착된 금속 플레이트의 그리드 (Grid) ② 둥근 파이프 분배기인 링 (Ring) ③ 스파이더 형의 파이프 그리드가 있다. 링 분배기는 유동식 촉매분해의 모든 영역에서 널리 사용되고 있고, 링은 기계적으로 단순하고 제작하기 쉬우며 매우 신뢰성이 있다. 그리고 링은 자기 지지 (Self Supporting)가 안 되며, 지지는 반드시 재생기의 히트 업 (Heat Up)에서 발생하는 팽창을 흡수할 수 있도록 디자인 되어야 한다.
큰 규모의 재생기는 다중링을 필요로 한다 (제1 재생기 3개 / 제2 재생기 2개). 노즐 (Nozzle)은 반드시 2가지의 조건을 만족해야 한다. 노즐 압력은 균일한 공기 분배를 위해 충분히 높아야 하고, 노즐 출구 속도는 노즐의 침식을 막고 촉매 소모를 최소화 할 수 있도록 가능한 낮게 유지되어야 한다. 이중 다이어미터 노즐은 오리피스 튜브로 구성되어 있고. 오리피스는 요구 압력차를 제공하도록 사이징되며 튜브 다이어미터는 바람직한 노즐 출구 속도를 줄 수 있도록 지정된다.

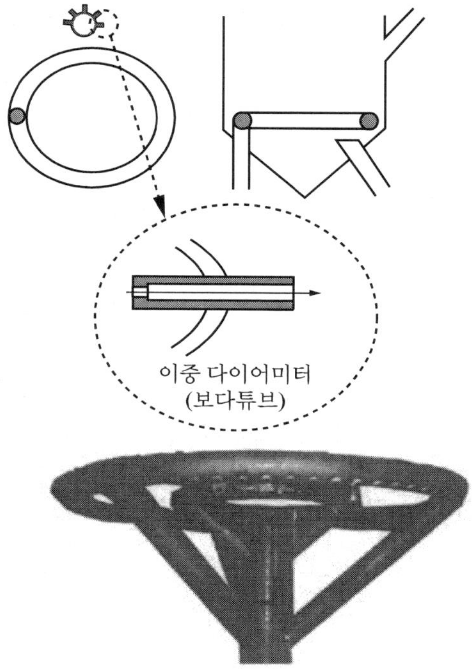

그림 7.22 촉매재생기

(2) 촉매분배기 (Catalyst Distributor)

촉매분배기는 두 가지 형태로 구분할 수 있다. 첫째는 스펜트촉매의 모멘텀을 이용하는 스키점프 (Ski-Jump) 형태는 제2 재생기의 사이클론 딥레그 (Dip

Leg)에서 제2 쉘 (Shell)로 배분한다. 둘째는 베드에 걸쳐 촉매를 물리적으로 펼치는 하키스틱 (Hockey Stick) 형태로 제1 재생기 촉매배분기를 말한다. 하키스틱 분배기는 유동 촉매를 파이프나 토우 (Tough)를 이용하여 운반하고 스키점프 분배기는 그것이 베드 위에 있을 때만 효과적이다.

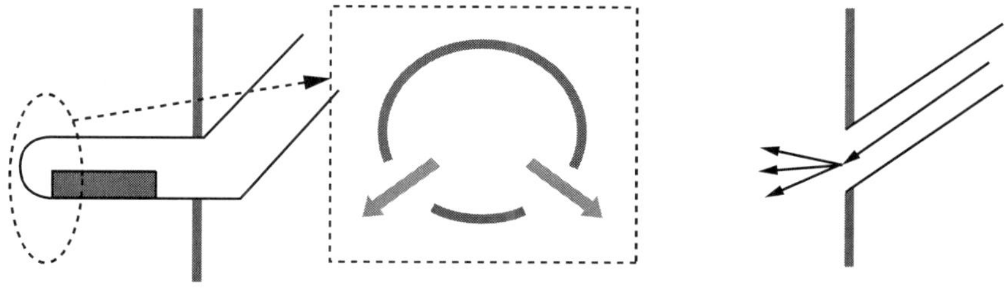

그림 7.23 촉매분배기

(3) **촉매냉각기 (Catalyst Cooler)**

코크 발생이 많은 피드를 처리하거나 가혹한 운전을 하게 되면 코크 수율이 늘어나 촉매재생기의 운전 온도가 상승하고 너무 높으면 제품 수율이 오히려 나빠지고 촉매활성도가 감소한다. 재생기의 열 제거에 있어 현대식 냉각기 (Modern Cooler) 디자인은 코일 (Coil) 형태의 냉각기보다 베이어닛 튜브 (Bayonet Tube)를 사용한다. 스톤 앤 웹스터 (Stone & Webster)에서 사용하는 베이징 디자인 연구소 (Beijing Design Institute) 냉각기는 단순 베이어닛 튜브 대신 독점적인 모듈을 사용한다. 이 모듈은 냉각기가 개별 모듈이 누출 (Leak)된다 하더라도 서비스가 유지 된다. 펌프에서 배출된 보일러수는 촉매 냉각기 1기당 32개의 튜브로 나누어져 촉매 냉각기에 들어가 뜨거운 촉매와 열교환을 하게 되며 각 튜브 입구에는 튜브가 누출되면 알 수 있도록 현장에 압력 지시계가 설치되어 있다. 촉매냉각기와 제2 촉매재생기 연결 통로는 제이 밴드 (J-bend)로 되어 있으며 이는 그림 7.24와 같이 측면 부분은 진한 상 (Dense Phase)과 묽은 상 (Dilute Phase)으로 작용한다. 따라서 재분배를 할 수 있는 제이 밴드 측면과 수직 유동화 공기를 주입한다.

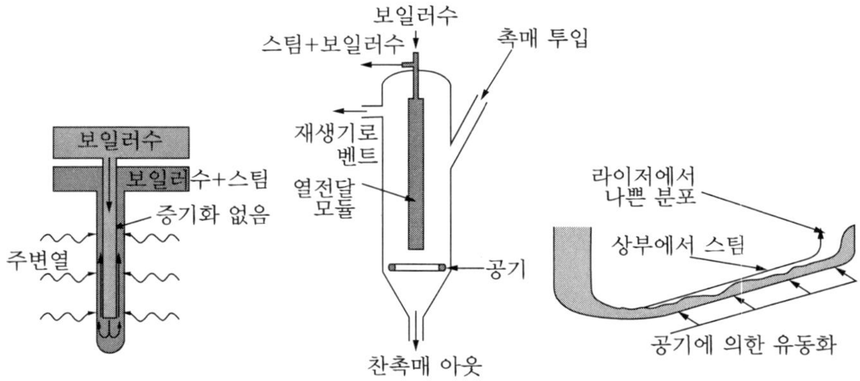

그림 7.24 촉매냉각기

(4) 촉매 호퍼 시스템 (Catalyst Hopper System)

프레쉬촉매 호퍼 (Fresh Catalyst Hopper)는 정상운전 시 공정으로 보충해 주어야 하는 새 촉매를 저장한 곳이고 평형 촉매 호퍼 (Equilibrium Catalyst Hopper)는 다양한 용도로 사용 가능하다. 즉 초기 스타트업 (Start Up) 시 필요한 평형 촉매를 저장할 뿐 아니라 정상운전 시 스펜트촉매를 받아 저장할 수 있도록 고온 디자인 (High Temperature Design) 되어 있다. 그리고 스펜트촉매 호퍼 (Spent Catalyst Hopper)는 정상운전 시 발생하는 폐촉매를 받아 저장하는 장소로서 고온 디자인 되어 있다.

- 컨테이너 → 프레쉬촉매 호퍼 (정상운전 시)
- 호퍼 → 제1 재생기 (스타트업 시)
- 제1/제2 재생기 → 호퍼 (셧다운 시)
- 프레쉬촉매 호퍼 → 제1 재생기 (정상운전 시)
- 제2 재생기 → 스펜트촉매 호퍼 (정상운전 시)
- 스펜트촉매 호퍼 → 트럭 (정상운전 시)
- 호퍼간 촉매 이송

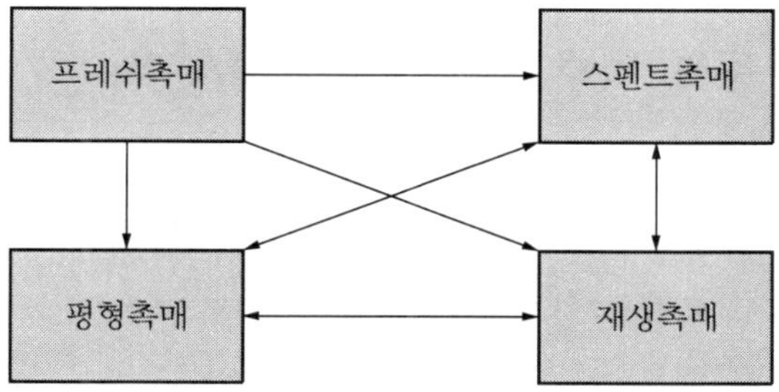

그림 7.25 촉매 호퍼 시스템

(5) 3단계 분리기 (Third Stage Separator)

제1 재생기 사이클론을 나온 배출가스는 동력 회수 트레인 (PRT, Power Recovery Train)의 팽창기 (Expander)로 들어가기 전에 미세촉매들에 의한 팽창기날 침식 (Expander Blade Erosion)을 방지하기 위하여 3단계 분리기를 통과시켜 미세촉매를 제거한다. 3단계 분리기는 내부에 여러 개의 작은 사이클론을 포함하고 있으며 거친 입자를 먼저 분리하여 거친 입자 수집 호퍼로 보내고 미세입자들은 미세입자 수집 호퍼로 각각 보낸다.

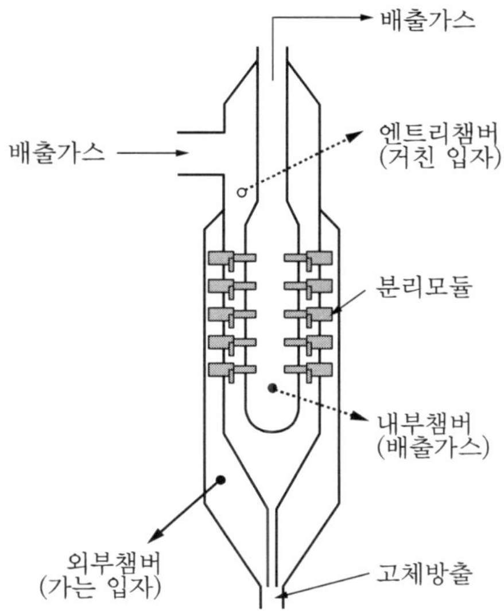

그림 7.26 3단계 분리기

7.7 동력 회수 트레인/CO 보일러/전기집진기

잔사 유동식 촉매분해 공정의 제1/제2 재생기에는 분해반응 중 촉매 표면에 축적된 코크를 연소시키기 위한 공기와 촉매를 유동화하기 위한 다량의 유동화 공기가 필요하며 이를 공급하기 위해서는 많은 동력이 필요하다.

(1) 동력 회수 트레인 (PRT, Power Recovery Train)

CO 보일러에서 발생된 스팀은 잔사 유동식 촉매분해 공정의 리보일러, 터빈들에 사용하고도 상당히 남는다. 2단계 발전기 (Two Stage Generator)에서는 촉매를 이송하기 위해 제1 재생기의 압력이 제2 재생기보다 상대적으로 높게 설계되어 이를 이용 동력 회수에 대한 경제성이 확보 된다. 1기의 CO 보일러가 트립 (Trip)되어 스팀 공급중단 (Steam Fail)이 발생되거나 팽창기 바이패스 (Bypass) 운전 시 스팀터빈에서 생산되는 전기로 에어블로우어에 필요한 동력을 충당하기 힘들므로 모터/발전기로 전기를 그리드 (Grid)에서 받는다. 동력 회수 트레인 (PRT)에서 가장 흔한 문제는 블레이드 침식이고 다른 또 하나는 케이싱과 팽창기 블레이드 상의 촉매 축적을 들 수 있다. 이들의 문제점은 3단계 분리기의 성능 나쁨에 기인하고 있다.

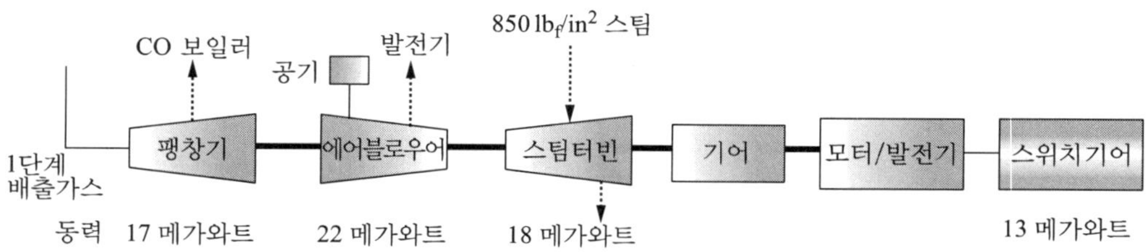

그림 7.27 동력 회수 트레인

여러 공정 및 발전기에서 연돌 (Stack)로의 압력손실 (Pressure Drop)은 배출가스 슬라이드 밸브에서의 배출가스의 높은 속도를 초래하고 이는 엄청난 소음을 유발한다. 게다가 이 속도는 밸브 침식을 증가시키고 밸브 수명을 줄이곤 한다. 이러한 문제를 막기 위하여 공정은 수개의 구멍이 난 플레이트 (Plate)로 이루어진 오리피스 챔버 (Orifice Chamber)와 연결되어 있다.

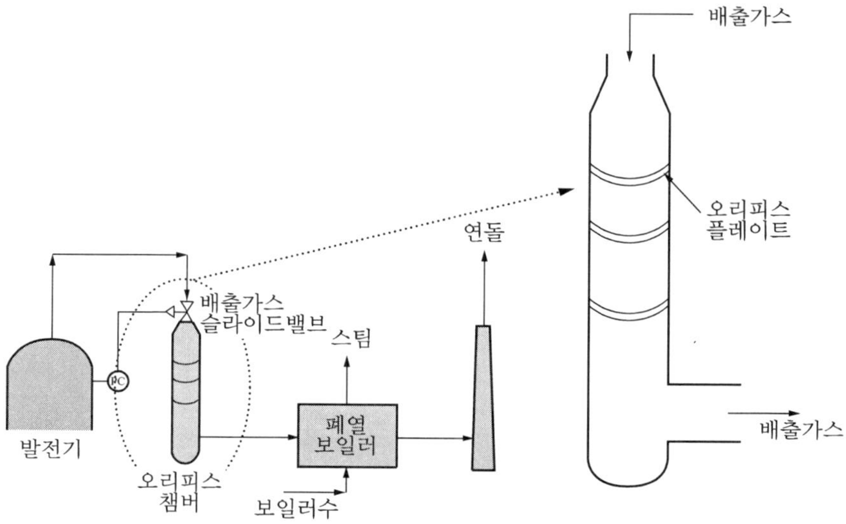

그림 7.28 오리피스 챔버

(2) CO 보일러 (제1/제2 촉매재생기 배출가스 이용)

CO 보일러는 CO (Carbon Monoxide)를 CO_2 (Carbon Dioxide)로 산화시킨다. 즉 CO를 연소한 후에 배출가스를 식혀 주는 역할을 한다. 연소실은 보통 약간 음압으로 운전되고 이는 CO가스가 대기로 새어 나가는 것을 방지하기 위함이다. CO 보일러 운전은 배출가스 (Flue Gas)의 질소산화물 (NO_x) 생성에 상당한 영향을 끼치며 과도한 보조 연소 (Firing)는 NO_x 생성량을 증가 시킨다. 보일러 제작사는 미쯔비쉬 중공업 (Mitsubishi Heavy Industry)이고 주 연료로는 동 공정의 배출가스를 그리고 보조 연료는 연료가스/연료오일을 사용한다. 또한 연소실은 4곳의 코너에서 연소를 하도록 설계되어 있다.

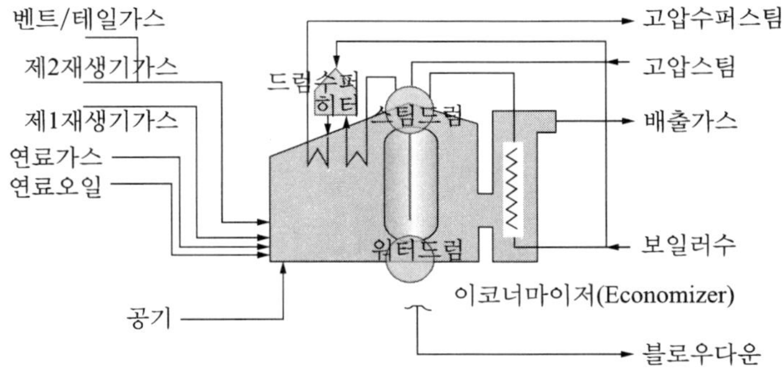

그림 7.29 CO 보일러

(3) **전기집진기 (Electric Precipitator)**

집진기는 입자에 충전을 유도하여 입자를 모으는 장치이다. 입자가 일단 차지(Charging)되면 반대로 차지된 플레이트로 끌어지게 되고 모여진 입자는 적절한 주기로 처리된다. 집진 효율을 유지하기 위하여 촉매는 주기적으로 적절한 추타 (Rapping)로 제거되어야 한다. 촉매 집진과 처리에 있어서 촉매 집진 호퍼는 단열 및 히팅이 되어야 한다. 왜냐하면 촉매에 포함된 수분과 황산화물이 응축되어 부식을 유발할 수 있기 때문이다.

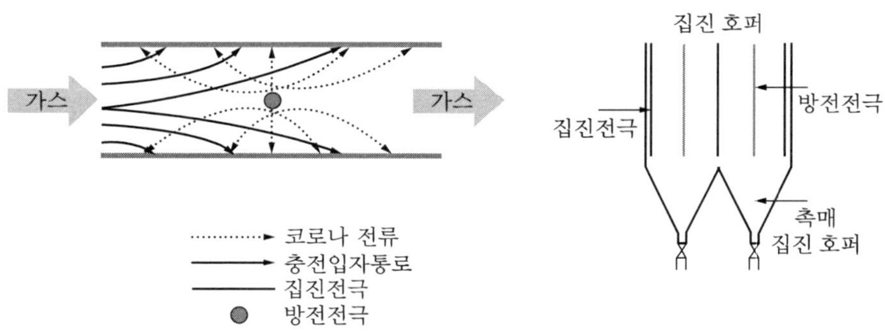

그림 7.30 전기집진기 원리

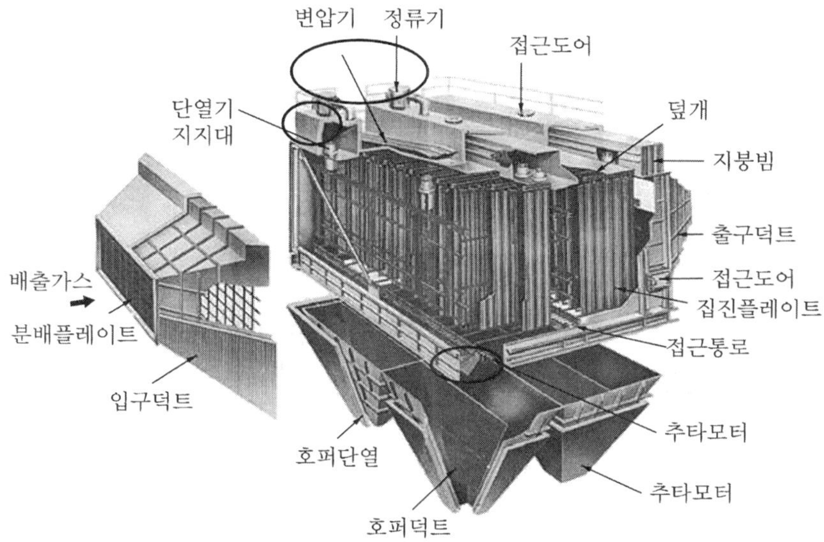

그림 7.31 전기집진기 부품 명칭

7.8 DeSOx (SOx제거) 공정

DeSOx 공정은 잔사 유동식 촉매분해 공정의 촉매재생기에서 발생되는 SO_2 가스를 황산 (H_2SO_4)으로 전환시켜, 대기로 배출되는 연돌가스 중 SOx 농도를 환경규제치 (500 ppm) 이하로 유지시키는 역할을 한다.

제1/제2 촉매재생기에서 발생한 배출가스의 SOx 함량은 약 1,680－3,500 ppm (드라이 기준)이고 분진 (Dust) 함량은 약 400 mg/m^{3}이다. 이들의 환경규제 허용치는 12% O_2 기준으로 각각 400 ppm과 50 mg/m^{3}이다. 유동식 촉매분해 피드 중에 포함된 황은 반응기를 통과하면서 대부분이 제품들 속에 딸려가지만 이중 7－10%는 촉매 속에 코크 형태로 제1/제2 촉매재생기에서 연소한다.

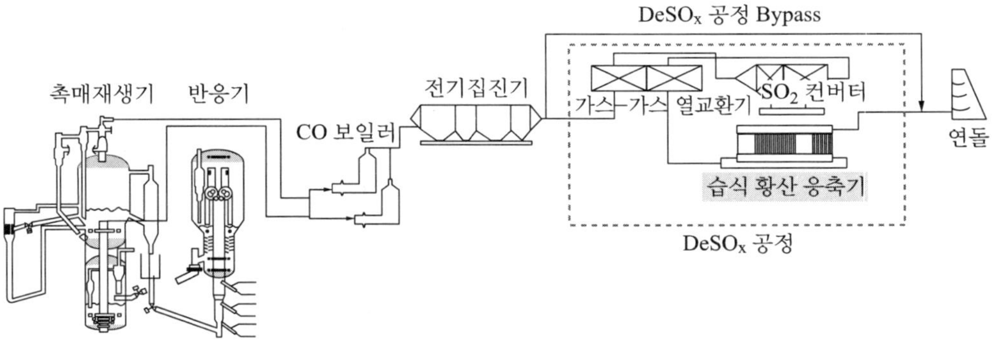

그림 7.32 $DeSO_x$ 공정 개요도

일반적인 배출가스의 주요 조성은 다음과 같다.

표 7.6 배출가스 (Flue Gas) 조성

조 성	실측치
SO_2	최고 3,200 ppmv
SO_3	최고 350 ppmv
H_2O	13.5 vol% (정상), 최고 22 vol% (문제)
분진	최고 422 mg/Nm^3, 최고 1,600 mg/Nm^3 (문제)

물 함량은 불필요한 황산의 응축을 가져올 정도로 많지 않을 경우는 문제가 되지 않는다. 그러나 배출가스 내에 물이 많으면 황산의 이슬점 (Dew Point)은 높아지고 생산되는 황산의 농도는 낮아진다.

표 7.7 제품속 황의 함량

제품	피드 황의 %	
	실측치	디자인
드라이가스 (Dry Gas)	28	47
엘피지 (LPG)	5	0.1
C_5+중질분해납사	4	5
경질사이클오일 (LCO)	25	20
잔사 유동식 촉매분해오일	22	13
코크 (Coke)	16	15
전체 합	100	100
C_5^+ 코크 (Coke)	66	53

그림 7.32와 같이 $DeSO_x$ 공정은 가스 - 가스 열교환기 (Gas-Gas Heat Exchanger), SO_2 컨버터 (Converter), 습식 황산 (WSA, Wet Sulfuric Acid) 응축기 (Condenser)로 구성되어 있다.

(1) 가스 – 가스 열교환기 (Gas–Gas Heat Exchanger)

미전환 SO_2 가스를 예열하므로써 SO_2 컨버터에서 SO_3로 전환하기 위한 적정 온도까지 올려주며, 전환 SO_3 가스를 냉각하여 다운스트림인 습식 황산 응축기에서의 냉각공기 소모량을 줄이는 기능을 한다. SO_3 가스가 가지고 있는 열을 가열표면에 저장하여 SO_2 가스로 옮기는 방식으로 열교환한다.

(2) SO_2 컨버터 (SO_2 Converter)

SO_2 컨버터는 SO_2 가스를 산소와 반응시켜 SO_3 가스로 전환시키는 역할을 하고 사용 촉매의 주성분은 실리카 (Silica)와 산화바나듐 (V_2O_5)이며 정상운전 온도는 405℃ 정도이다. 승온 단계 구간 (320 – 380℃)에서 촉매에 흡착되어 있던 SO_3가 떨어져 나와 황산으로 제거되지 않고 대기로 배출되면서 백연 (Plume) 현상을 보인다.

① 반응식은 SO_2 가스가 촉매 존재 하에 O_2와 반응하여 SO_3를 형성한다.

$$SO_2 + 0.5O_2 \rightarrow SO_3 \qquad \Delta H°_{25℃} = -23.6 \text{ kcal/g-mole } SO_2$$

위와 같이 반응은 발열반응이기 때문에 설계 조건에서 반응기 출구온도가 입구온도보다 8℃ 높고 정상운전 중에는 4℃ 정도 높다. 그리고 SO_3는 H_2O와 반응하여 H_2SO_4를 생성한다.

$$SO_{3(기상)} + H_2O_{(기상)} \rightarrow H_2SO_{4(기상)} \quad \Delta H°_{25℃} = -24.1 \text{ kcal/g-mole } SO_3$$

위 반응들은 모두 가역반응이며 발열반응이기 때문에 온도 증가에 따라 전환율은 낮아진다. 활성 성분들의 반응 및 화학적 구조는 분명하지 않으나 용융상태에서 반응은 다음과 같은 단계의 반응에 의해 일어난다.

$$SO_2 + 2V^{5+} + O_2^{2-} \rightarrow 2V^{4+} + SO_3$$

$$0.5O_2 + 2V^{4+} \rightarrow 2V^{5+} + O^{2-}$$

위와 같은 반응은 촉매의 활성도에 의해 영향을 받을 뿐 아니라 가스 속도, 가스 분포, 촉매 베드의 정체 시간 (Retention Time)에 의해 영향을 받는다.

② 촉매 서비스 수명은 활성 감소보다는 스크리닝 (Screening) 작업 동안에 일어나는 촉매손실에 의해 좌우된다. 컨버터에 유입된 가스에 먼지 (Dust)가 많을 경우 촉매 베드의 압력손실 증가로 인해 처리량뿐만 아니라 SO_2 전환율이 낮아지게 된다. 이에 따라 스크리닝 작업을 하는 동안에 분진 및 촉매 가루들의 손실량은 반드시 새 촉매로 보충해 주어야 한다. 컨버터에서 전환율은 95.8% (공정 전체: 93.9%)를 이루기 위해서는 입구온도는 균일하게 415℃ (400－420℃) 정도를 유지해야 하고 배출가스 중의 O_2 농도는 입구에서 3.1 vol% 이상, 출구에서는 3.0 vol% 이상으로 높여야 한다. 그리고 사용 촉매 조성은 아래 표 7.8과 같다.

표 7.8 촉매 조성

조 성	함량 (wt%)
V_2O_5	5－10
K_2SO_4	10－30
Na_2SO_4	1－5
SiO_2	55－70

컨버터에서 320－380℃ 이상의 운전온도에서는 SiO_2 기공 속에 V_2O_5나 K_2SO_4 등의 활성입자들이 용융상태로 있기 때문에 배출가스 속의 분진을 효과적으로 제거시킬 수 있다. 촉매 속의 K_2SO_4는 SO_2 가스와 반응하여 $K_2S_2O_7$을 생성한다.

$$K_2SO_4 + SO_3 \rightarrow K_2S_2O_7 + \text{Heat}$$

③ 배출가스 중에 함유된 SO_3는 차가운 표면에 접촉할 경우 수분과 반응하여 황산으로 응축된다. 금속 표면에서 황산의 응축은 부식에 치명적이다. $DeSO_x$ 공정에 유입되는 배출가스 중의 황산 이슬점 (Dew Point)은 보통 172－179℃이고 최대 184℃이다. 배출가스와 접촉하는 차가운 부분 (컨버터 하부 배관)은 단열 (Insulation)을 하고 많은 양의 배출가스가 정체될 가능성이 있는 곳 (전기집진기 및 댐퍼 등)에는 핫 씰링 에어 (Hot Sealing Air)로 퍼지 (Purge)하고 적은 양이 정체될 수 있는 곳 (계기 라

인)에는 계기 에어 (Instrument Air)로 퍼지를 한다. 특히 컨버터 바닥의 배출가스 입구 플랜지 부분은 전기 트레이싱 (Electric Tracing)으로 황산 응축을 방지 한다. 예상되는 최고 이슬점은 SO_2 컨버터 전단이 184℃이고 후단은 209℃ 정도가 된다. 따라서 최저 운전 온도는 이보다 20℃ 정도 높게 각각 운전하는 것이 바람직하다. 즉 SO_2 컨버터 전단 210℃/후단 230℃ 정도이다.

(3) 습식 황산 응축기 (Wet Sulfuric Acid Condenser)

습식 황산 응축기는 들어오는 가스를 냉각 (280℃ → 105℃)시키는 역할을 한다. 즉 SO_2 컨버터에서 만들어진 SO_3 가스를 응축된 물과 반응시켜 황산 용액을 만들게 된다.

SO_3 가스는 SO_2 컨버터 (Converter)에서 약 80% 정도가 가스 속에 포함된 수분 증기와 함께 반응하여 황산 증기 (Vapor)로 형성된다.

$$SO_3 + H_2O \rightarrow H_2SO_4(\text{기상}) + 24.1\ \text{kcal/g-mole}\ SO_3$$

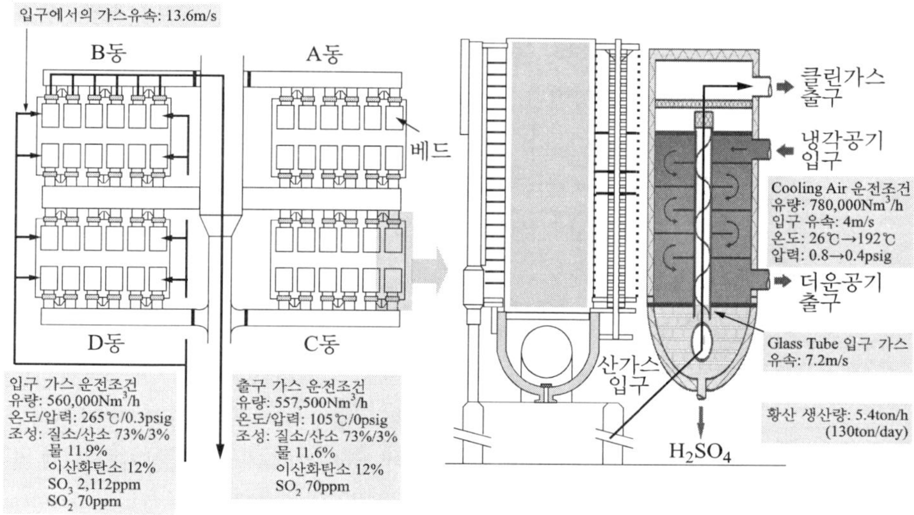

그림 7.33 습식 황산 응축기 (WSA Condenser)

습식 황산 응축기 (WSA Condenser)는 4개의 응축기로 구성되어 있고 각 응축기는 12 (2 × 6)개의 모듈로 구성되고 각 모듈에는 720개의 글라스 튜브 (Glass Tube)가 설치되어 있다. 즉 그림 7.33과 같이 4개 동, 48개 베드 (Bed), 34,560개의 글라스 튜브 (1개 베드에 720개의 글라스 튜브가 있음)가 설치되어 있다.

튜브 내부에는 나선형의 코일이 설치되어 있어 가스와 황산액의 접촉 면적을 크게 해준다. 튜브 상부에는 데미스터 (Demister)가 설치되어 있어 이곳에서 황산 액화가 60 – 70% 정도 생성된다. 각 모듈에는 2개의 튜브들이 데미스터 (Demister) 없이 설치되어 있는데 상부 튜브 플레이트에서 데미스터 (Demister)에 액체 황산이 오버플로우 (Over Flow)될 경우 드레인 (Drain) 시킬 수 있도록 만들어져 있다. SO_3 가스는 튜브 플레이트의 부싱 (Bushing)을 통해 공기 쪽으로 누출되지 않도록 항상 공기쪽 압력이 높아야 한다 (정상운전 중 공기 입/출구 압력 41/72 mbarg, SO_3 가스 입/출구 압력 19/0 mbarg). 황산 농도를 조절하기 위해 미스트 제어 공정 (Mist Control Unit)에서 발생하는 작은 입자들을 SO_2 컨버터 출구 덕트에 주입해 준다. 이 입자들은 황산 증기를 액체 방울로 형성되도록 하기 위해 응축시키는 핵 (Nuclei) 역할 (Aerosol 상태)을 한다. 황산 응축에 필요한 핵의 양은 황산 생산량에 따라 결정되는데 SO_3 가스 유량과 SO_3 농도에 의존한다. SO_3 가스 속에 있는 입자들 또한 SO_3 가스 응축에 기여한다. 미스트 제어 공정은 조그만 실리콘 오일 증발기 (Silicon Oil Evaporator), C_3 버너 (Burner) 그리고 연소/냉각 에어블로우어 (Air Blower)로 구성되어 있다. 생성된 핵과 함께 버너 배출가스는 SO_2 컨버터 출구에 연결되어 분배기 랜스 (Distributor Lance)에 의해 SO_3 가스와 혼합된다.

(4) 스타트업과 셧다운 (Start Up & Shut Down)

프레쉬촉매는 SO_2 가스와 처음 접촉하는 동안 촉매 m^2당 10 Nm^3의 SO_3를 흡수한다. 따라서 초기 스타트업 동안 5 – 7시간 (491 Nm^3/hr SO_2 가스, 1,600 ppm SO_3)이 지난 후에 SO_3 가스가 SO_2 컨버터를 빠져 나오게 된다. 초기 시운전 시 촉매에 SO_3 가스가 평형 상태에 도달된 후에 SO_2 컨버터 온도가 320℃ 이상에서는 SO_2 함량이 포함되지 않은 가스이지만 공기와 접촉할 때 SO_3 가스를 배출하게 된다 (→ 온도 유지에 주의를 요한다.).

SO_2 컨버터에서는 배출된 SO_3 양만큼 평형 상태를 유지하기 위해 촉매가 SO_2가 포함된 가스와 접촉할 때 다시 촉매에 재 흡수되는 과정을 반복하게

된다. 배출가스에 질소산화물 (NO)이 포함되어 있을 경우 NO는 SO_2 컨버터에서 부분적으로 NO_2로 산화되어 붉은 갈색을 띠게 된다. SO_2 컨버터에서 NO_2 전환율은 배출가스 중 전체 NO의 30－40% 정도이다.

배출가스 도입 조건	장치 승온속도 가이드
SO_2 컨버터 입구온도 320℃ 이상 전기집진기 출구 배출가스 온도 200℃ 이상 스타트업 버너 출구온도 200℃ 이상 폐황산응축기 입구온도 220℃ 이상	SO_2 컨버터 210℃까지 20℃/hr SO_2 컨버터 210－410℃까지 50℃/hr 폐황산응축기 0℃ 이상에서 20℃/hr

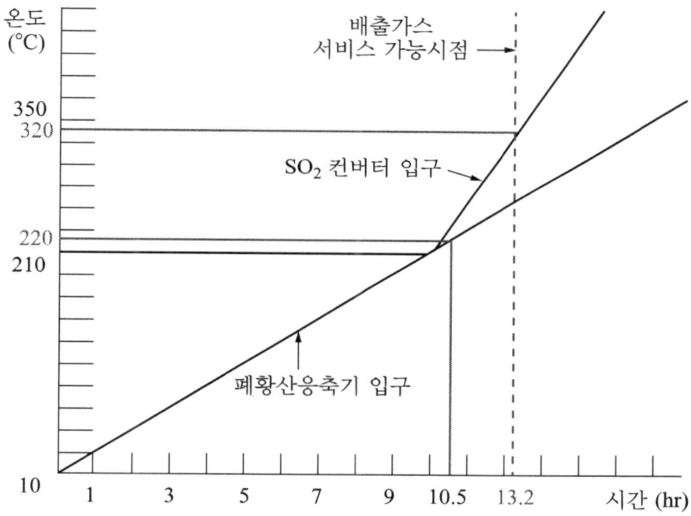

그림 7.34 스타트업과 셧다운 (Start Up & Shut Down)

8 CHAPTER

감압가스오일 유동식 촉매분해 공정 디자인 (사례)

일반적으로 유동식 촉매분해 (FCC, Fluid Catalytic Cracking)라고 하면 감압가스오일 유동식 촉매분해 (VGOFCC, Vacuum Gas Oil Fluid Catalytic Cracking)를 말한다. 즉 중질유 (Heavy Oil)인 감압가스오일 (VGO)을 촉매분해 반응을 통하여 고부가 가치의 엘피지 (LPG), 가솔린 (Gasoline), 경질유 (Light Oil)를 생산한다.

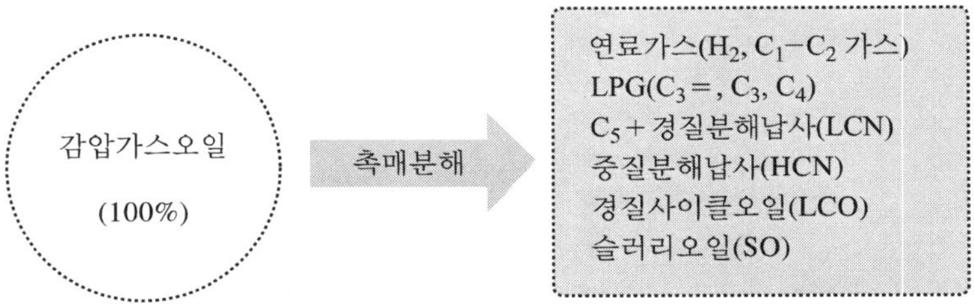

그림 8.1 감압가스오일 유동식 촉매분해 피드와 제품

다시 말해 촉매가 유동화된 반응기내에서 감압가스오일 (VGO)을 분해반응시켜 고옥탄가의 휘발유 혹은 프로필렌 (Propylene)과 같이 LPG 올레핀 (Olefin) 생산을 목적으로 하는 공정이다. 고온과 낮은 압력 분위기에서 제올라이트 (Zeolite) 촉매 상에서 반응이 일어난다. 연속촉매재생 공정으로 고정층 반응기 대비 촉매 활성 유지가 좋으며 가동률이 높다.

8.1 공정 흐름도와 수율

일반적인 공정 흐름도는 아래 그림 8.2와 같으며 엘피지 (LPG) 생산 최대 모드로 운전했을 경우 반응기 유출물 기준의 수율 (Yield)을 함께 나타내었다. 수율을 보면 전체 전환율은 약 74%이고 그 중에서 C_5+경질분해납사 (LCN)가 약 36%, 디젤에 해당하는 경질사이클오일 (LCO) 18%, C_4 올레핀 ($C_4=$) 17%, C_3 올레핀 ($C_3=$) 16% 순서로 나타난다.

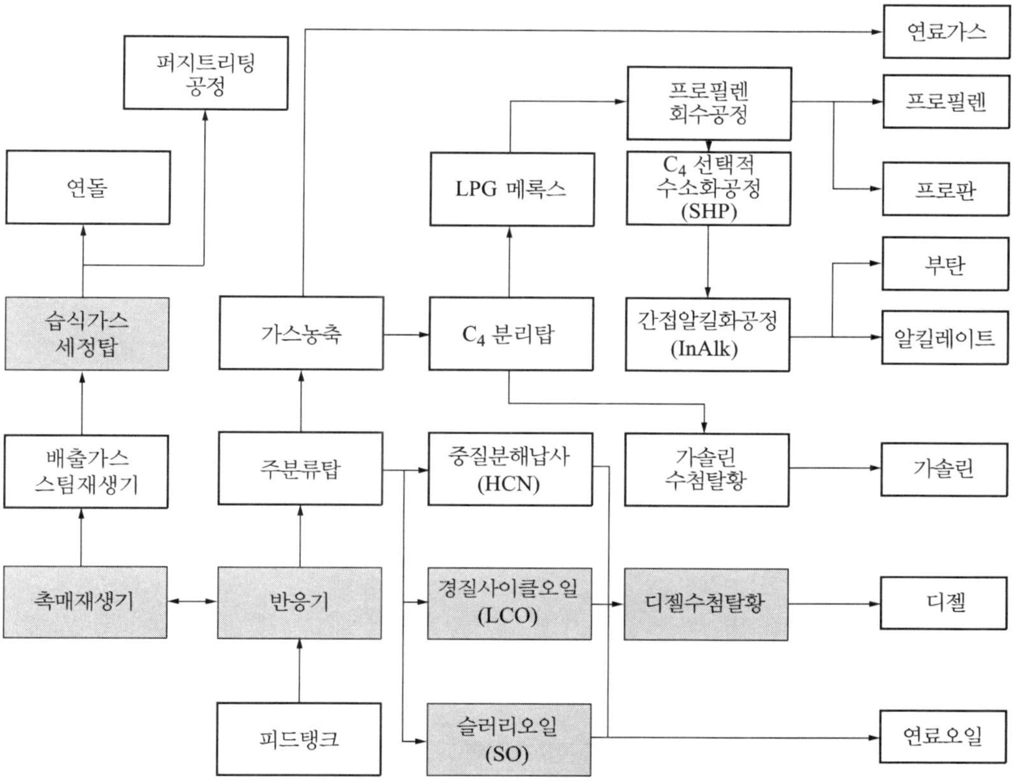

수 율	
Fuel Gas, wt%	3.98
$C_3=$, vol%	16.05
C_3, vol%	5.18
C_4 Olefin, vol%	16.57
iC_4, vol%	6.54
nC_4, vol%	1.96
C_5+LCN, vol%	35.54
HCN, vol%	4.71
LCO, vol%	18.03
Slurry Oil, vol%	7.65
Coke Yield, wt%	5.91
Conversion, vol%	74.32
Liq. Recovery, vol%	112.2

그림 8.2 감압가스오일 유동식 촉매분해 공정 흐름도와 수율

8.2 공정 구성과 라이선서 (Licenser)

공정 구성과 용량 그리고 단위공정의 라이센서 및 상세 설계사를 결정한다.

표 8.1 공정 라이센서

공 정	라이센서
반응기/촉매재생기	UOP
주분리탑	UOP
가스 농축 공정	UOP
습식가스 세정탑	Belco
LPG 메록스	UOP
프로필렌 회수공정	UOP
C_4 선택적 수소화공정	UOP
가솔린 수첨탈황	Axens
간접 알킬레이션 (InAlk)	UOP
플레어 스택	Zeeco
오프사이트	
유틸리티	

8.3 피드 변화에 따른 물성 및 디자인 변경사항

공정 설계 당시 (과거)의 피드 물성을 현실에 맞게 변경하고 이에 따른 설계에 미치는 영향을 알아보기 위하여 새로운 피드 경우 (현재)를 검토한다. 아래 표 8.2에서 보는 바와 같이 새로운 피드 경우가 비중 (Sp.Gr.), UOP K, 황 (Sulfur), 잔류탄소 (CCR)는 낮아졌으나 질소 (Nitrogen)와 염소 (Chloride) 함량이 높아졌다.

표 8.2 피드 변화에 따른 물성

피드 소스	과거	현재	
		비탈황피드	탈황피드
피드 유속, BPSD	53,000	53,000	53,000
상압잔사, MBD		8.0	
초저감압가스오일, MBD			8.0
저감압가스오일, MBD		14.0	14.0
고감압가스오일/초고감압가스오일, MBD	34.3	9.0	9.0
감압잔사 수소분해 감압가스오일, MBD	18.8	22.0	22.0
피드 물성			
비중	0.9458	0.9410	0.9343
API	18.1	18.9	20.0
질소, wtppm	1,272	1,832	1,686
UOP K	11.73	11.62	11.53
염소, vppm	Nil	0.8	2.3

8.4 공정 설계 경우의 수

가솔린 최대 생산모드, 프로필렌 최대 생산모드 그리고 첨가제 (ZSM-5) 주입 여부에 따라 5개의 공정 운전모드로 구분한다. 그리고 피드는 탈황처리 (Hydrotreat-ing) 여부에 따라 탈황하지 않은 기준 (Base)과 탈황을 한 선택 (Alternative) 경우로 아래와 같이 나누었다.

표 8.3 공정 설계 경우의 수

경우	운전모드	피드
1	가솔린 최대	비탈황
2	가솔린 최대	탈황
3	가솔린 + 프로필렌 최대 (ZSM-5 비첨가)	비탈황
4	가솔린 + 프로필렌 최대 (ZSM-5 비첨가)	탈황
5	프로필렌 최대 (ZSM-5 첨가)	비탈황

8.5 피드 소스별 물성 추정

과거 공정 설계 당시 피드 물성은 아래 표 8.4와 같다.

표 8.4 피드 소스별 물성 시뮬레이션 결과

경우	단위	비탈황피드				탈황피드
성분		고감압 가스오일	초고감압 가스오일	감압잔사 수소분해 감압가스오일	혼합	탈황 감압가스오일
블렌드 %		56	8.6	35.4	100	100
원유		AL 75%+AM 25%				Ditto
비중		0.942	0.966	0.948	0.946	0.927
증류 (D1160)						
초기 비점	℃	372	406	366	381	352
10%	℃	439	513	419	428	406
30%	℃	478	543	451	469	424
50%	℃	506	557	472	497	446
70%	℃	532	567	495	524	475
90%	℃	559	584	527	561	516
종료 비점	℃	586	616	579	581	557
UOP K		11.7	11.6	11.5	11.7	12.2
황	wt%	3.1	3.7	1.76	2.68	0.02
질소	wtppm	1,046	1,495	1,571	1,270	200
콘래드슨 카본	wt%	1.1	5.1	1.6	1.6	1
금속						
니켈	wtppm	0	0.3	0.1	0.1	0.1
바나듐	wtppm	0.1	1.1	0.1	0.2	0.1
나트륨	wtppm	Nil	Nil	Nil	Nil	Nil
철	wtppm	1	2	0.1	0.8	0.1
점도	50℃, cSt	104.2	422.4	76		6.6

현재 새로운 피드 경우의 예상 피드블렌딩 비율 및 물성은 아래 표 8.5와 같다.

표 8.5 예상 피드블렌딩 비율 및 물성

블렌딩 경우	과거			비탈황피드				탈황피드			
경우				참비점	실제 피드스톡 품질			실제 피드스톡 품질			
성분	고감압 가스 오일	초고 감압 가스 오일	감압잔사 수소분해 감압가스 오일	상압 잔사	저감압 가스 오일	고감압 가스 오일	감압잔사 수소분해 감압가스 오일	초저 감압 가스 오일	저감압 가스 오일	고감압 가스 오일	감압잔사 수소분해 감압가스 오일
피드 유속, BPSD	30	5	19	8	9	2	34.0	8	9	2	34.0
블렌드 %	56.0	8.6	35.4	15.1	17.0	3.8	64.2	15.1	17.0	3.8	64.2
원유	AL 75%+AM 25%			참비점	대표적인 실제 원유			대표적인 실제 원유			
피드 형태	감압 가스 오일	감압 가스 오일	감압 가스 오일	상압 잔사	감압 가스 오일	감압 가스 오일	혼합 감압가스오일	감압 가스 오일	감압 가스 오일	감압 가스 오일	혼합 감압가스오일
비중	0.942	0.966	0.948	0.940	0.917	0.946	0.947	0.895	0.917	0.946	0.947
API	18.7	15.0	17.8	19.1	22.8	18.2	17.8	26.6	22.8	18.2	17.8
ASTM 증류 (참비점) (℃)				SIM-DIST	SIM-DIST	SIM-DIST	SIM-DIST	D86	SIM-DIST	SIM-DIST	SIM-DIST
초기 비점	372	406	366	352	315	349	256	258	315	349	256
5%	421	491	404	389	353	400	325	285	353	400	325
10%	439	513	419	408	365	417	354	295	365	417	354
30%	478	543	451	474	388	454	412	313	388	454	412
50%	506	557	472	546	405	482	457	325	405	482	457
70%	532	567	495	617	425	510	498	336	425	510	498
90%	559	584	527	703	456	542	543	349	456	542	543
95%	567	593	540	725	474	556	560	355	474	556	560
종료 비점	586	616	579	747	526	593	598	356	526	593	598
UOP K	11.70	11.60	11.50	12.06	11.66	11.69	11.50	11.44	11.66	11.69	11.50
황, wt%	3.10	3.70	1.76	2.20	2.72	3.26	1.41	2.47	2.72	3.26	1.41
질소, wtppm	1,046	1,495	1,571	1,356	825	1,403	2,226	323	825	1,403	2,226
콘래드슨 카본, wt%	1.1	5.1	1.6	6.4	0.06	1.23	1.16	0.01	0.06	1.23	1.16
염소 (ppm)				0.4	0.30	0.40	1.042	10.09	0.30	0.40	1.042
금속											
니켈, wtppm	0.0	0.3	0.1	2.16	0.02	0.05	0.07	0.01	0.02	0.05	0.07
바나듐, wtppm	0.1	1.1	0.1	7.33	0.00	0.17	0.22	0.02	0.00	0.17	0.22
나트륨, wtppm	Nil	Nil	Nil	1.74	0.00	0.00	0.01	0.04	0.00	0.00	0.01
철, wtppm	1	2	0.1	1.92	0.34	0.24	0.04	0.28	0.34	0.24	0.04
점도@50℃, cSt	104.2	422.4	76.0	157	19.2	104.9	65.9	4.6	19.2	104.9	65.9

8.6 피드 변경에 따른 수율 변동 추정

새로운 피드 경우에 대한 라이선서의 수율 예측은 LPG 최대 생산 모드에서 과거 설계 당시 대비 전환율은 피드에 따라 −0.6∼−1.4 vol% 감소했으나 액상 회수(Liquid Recovery)는 −0.3∼+0.3 vol% 증가하였다. 가솔린 최대 생산 모드에서는 과거 설계 당시 대비하여 전환율은 0.1 vol% 증가하나 액상 회수는 0.7 vol% 감소한다.

표 8.6 피드 변경에 따른 수율 예측

제품	LPG 최대 생산 (@ 프로필렌 8.9 wt%)						가솔린 최대 생산 (ZSM-5 첨가)			
	과거 설계 당시		현재 새로운 피드 경우				과거 설계 당시		현재 새로운 피드 경우 (Base)	
			비탈황피드		탈황피드					
	BPSD	vol%	BPSD	vol%	BPSD	vol%	BPSD	vol%	BPSD	vol%
C_3	11,321 (Base)	21.4 (Base)	11,252 −69	21.2 −0.1	11,178 −143	21.1 −0.3	5,830 (Base)	11.0 (Base)	5,745 −85	10.8 −0.2
C_4	11,496 (Base)	21.7 (Base)	13,287 1,791	25.1 3.4	13,139 1,643	24.8 3.1	9,010 (Base)	17.0 (Base)	8,697 −313	16.4 −0.6
C_5+LCN	18,910 (Base)	35.7 (Base)	18,836 −82	35.5 −0.2	18,264 −646	34.5 −1.2	23,479 (Base)	44.3 (Base)	23,256 −223	43.9 −0.4
HCN	4,293 (Base)	8.1 (Base)	2,496 −1,797	4.7 −3.4	2,465 −1,828	4.7 −3.4	5,300 (Base)	10.0 (Base)	5,613 313	10.6 0.6
LCO	9,264 (Base)	17.5 (Base)	9,556 292	18 0.6	10,510 1,246	19.8 2.4	9,805 (Base)	18.5 (Base)	9,938 133	18.8 0.3
바텀오일	4,007 (Base)	7.6 (Base)	4,055 48	7.7 0.1	3,572 −435	6.7 −0.8	4,399 (Base)	8.3 (Base)	4,187 −212	7.9 −0.4
전환율	74.9 (Base)		74.3 −0.6		73.5 −1.4		73.2 (Base)		73.3 0.1	
액상 회수	59,307 (Base)	111.9 (Base)	59,466 160	112.2 0.3	59,148 −159	111.6 −0.3	57,823 (Base)	109.1 (Base)	57,436 −387	108.4 −0.7

(※) 컷포인트 기준 (C_5+LCN 90 vol%: 196℃, LCO 90 vol%: 360℃)

8.7 제품 규격 (Product Specification)

각 제품들의 규격은 아래와 같다.

(1) 프로필렌/프로판

프로필렌과 프로판의 제품 규격은 아래와 같다.

표 8.7 프로필렌/프로판 제품 규격

프로필렌 제품 (각 성분 모두 최대 값임)	
Propylene, mol%	99.6
Hydrogen, mol ppm	20 (최소측정단위)
Propane, mol%	0.4
Ethane, mol ppm	200
Ethylene, mol ppm	100
Butenes & Butane, mol ppm	10
Pentens, mol ppm	5
Acetylene*, mol ppm	5
Methylacetylene*, mol ppm	5
Propadiene*, mol ppm	5
Butadiene*, mol ppm	5
Oxygen, mol ppm	5
CO, mol ppm	1
CO_2, mol ppm	4
Total Sulfur, wtppm	1 (COS 포함)
Methanol, mol ppm	5
Isopropanol, mol ppm	10
Water, mol ppm	2
Arsine, wtppm	0.03
Phosphine, vol ppm	0.03
Ammonia, wtppm	5
Cyclopentadiene, vol ppm	0.05
Diisopentadiene, vol ppm	0.03
Acetylene + Methylacetylene + Propadiene + Butadiene 최대: 10 mol ppm	

프로판 제품 (각 성분 모두 최대 값임)	
C_4, mol%	2.5
Propylene, mol%	3.0
Butadiene, mol%	0.5
Copper Strip Corrosion	1 A
Moisture Content	통과
Residue on Evaporation, mL/100 mL	0.05
Total Sulfur, wppm	5
Vapor Pressure @40℃ MPa	1.53

(2) C_5 + 경질분해납사(LCN)~슬러리오일

표 8.8 C_5+경질분해납사 및 기타 제품 규격

탈부탄 가솔린 (C_5+LCN) 제품	
ASTM 90% (℃), max	155
Reid 증기압 (psi, kPa), max	50
옥탄가	92.0－93.8
C_4, mole% max	1.0
중질분해납사 제품	
ASTM 90% (℃), max	221
인화점 (℃), min	58－65
(C_5+LCN)/HCN: 95%/5% 차이	10℃ min
경질사이클오일 제품	
ASTM 90% (℃), max	360
인화점 (℃), min	80 to 90
HCN/LCO: 95%/5% 차이	0℃ min
주분리탑 탑바텀 (여과 슬러리오일)	
고상, wtppm max	50
인화점 (℃)	By UOP

가솔린 수첨탈황 후		
	경우 1	경우 2
황 (wtppm)	10 max	10 max
올레핀 (vol%)	18	
옥탄가 (Δ)	6.2	4.8
Reid 증기압 (Δ)	Nil	Nil

8.8 가솔린 수첨탈황 디자인 규격

가솔린 최대 생산 피드 유속 (Feed Rate) 기준에서 첨가제 (ZSM-5)를 투입한 프로필렌 최대 생산시의 물성은 아래와 같다.

표 8.9 가솔린 수첨탈황 설계 규격

	경우 1	경우 2	단위
황	10 max	10 max	wtppm
올레핀	18	>18 (open)	vol%
옥탄가 (Δ)	6.2	4.8	
Reid 증기압 (Δ)	Nil	Nil	

피드 유속	24,000	BPSD	황	2,690	wtppm
밀도	756.8	kg/m^3	머캡탄	800	wtppm
옥탄가	93.8		티오펜	1,800	wtppm
Reid 증기압	47.6	kPa	질소	37	wtppm
PONA			증 류		
파라핀	28.3	wt%	초기 비점	46	℃
올레핀	32.5	wt%	50%	93	℃
납센	13.7	wt%	90%	155	℃
방향족	25.5	wt%	종료 비점	174	℃

8.9 C_4 선택적 수소화공정 제품 규격

C_4 선택적 수소화공정 제품의 규격은 표 8.10과 같다.

표 8.10 C_4 선택적 수소화공정 제품 규격

C_4	피드	제품
C_3, mole% max	1.0	1.0
C_5, mole% max	1.5	1.5
Total Sulfur, wppm max	10	10
RSH Sulfur, wppm max	3	3
H_2S Sulfur, wppm max	1	1
Copper Strip Corrosion	1 A	1 A
95% Evaporated, ℃ max	2.2	2.2
Water, mol% max	N/A	N/A
C_4 Recovery, mole%	99%	99%
Nitrogen, wppm max	1.0	1.0
Heavy Metals, wppm max	20.0	20.0
ACN, wppm max	50.0	50.0
Alkali Metals, wppm max	Nil	Nil
Halides, wppm max	30.0	30.0
Residue on Evaporation mL/100 mL, max	0.05	0.05
Vapor Pressure @40℃ MPa, max	0.52	0.52
1,3-Butadiene vol ppm, max	-	200
Pentadiene vol ppm, max	-	20

8.10 간접 알킬레이션 공정 제품 규격

간접 알킬레이션 (InAlk) 공정의 제품 규격은 아래 표 8.11과 같다.

표 8.11 간접 알킬레이션 공정 제품 규격

<table>
<tr><td rowspan="11">전체 알킬레이트</td><td>Total Alkylate Production Rate, BPD</td><td>4969</td></tr>
<tr><td>C_4 + Octane</td><td>옥탄가 97.1</td></tr>
<tr><td>RVP, psi</td><td>4.1</td></tr>
<tr><td>Total Olefin, wt%</td><td>0.41</td></tr>
<tr><td>Specific Gravity</td><td>0.695</td></tr>
<tr><td>Total Sulfur, wtppm</td><td>1</td></tr>
<tr><td>Estimate Product Distillation, ℃</td><td>Initial (Lined Out)</td></tr>
<tr><td>T-10</td><td>76</td></tr>
<tr><td>T-50</td><td>111</td></tr>
<tr><td>T-90</td><td>180</td></tr>
<tr><td>EP</td><td>255</td></tr>
<tr><td rowspan="10">포화 LPG</td><td>Density @15℃</td><td>0.5 − 0.62 g/cc</td></tr>
<tr><td>Corrosion, Copper Strip</td><td>1 max</td></tr>
<tr><td>Distillation 95% Evaporated</td><td>2.2℃ max</td></tr>
<tr><td>Butadiene</td><td>0.5 mol% max</td></tr>
<tr><td>Olefin Content</td><td>1 mol% max</td></tr>
<tr><td>C_4 Content</td><td>85 mol% min</td></tr>
<tr><td>C_5^+</td><td>2.0 mol% max</td></tr>
<tr><td>Total Sulfur</td><td>1 ppmw max</td></tr>
<tr><td>Vapor Pressure, @40℃</td><td>0.52 MPa max</td></tr>
<tr><td>Residue</td><td>0.05 mL/100 mL max</td></tr>
<tr><td rowspan="3">경질 알킬레이트</td><td>RVP, psi</td><td>To be reported</td></tr>
<tr><td>ASTM D-86 T-90, ℃</td><td>120</td></tr>
<tr><td>ASTM D-86 EP, ℃</td><td>185</td></tr>
</table>

8.11 감압가스오일 유동식 촉매분해 단위 공정도

감압가스오일 유동식 촉매분해 공정은 반응기/촉매재생기, 연소가스 후처리 공정, 제품 분리공정 (주분리탑, 가스 농축, 프로필렌 회수), 제품 후처리 공정 (LPG 메록스, 가솔린 수첨탈황, C_4 선택적 수소화공정), 간접 알킬레이션 공정으로 구성되어 있다.

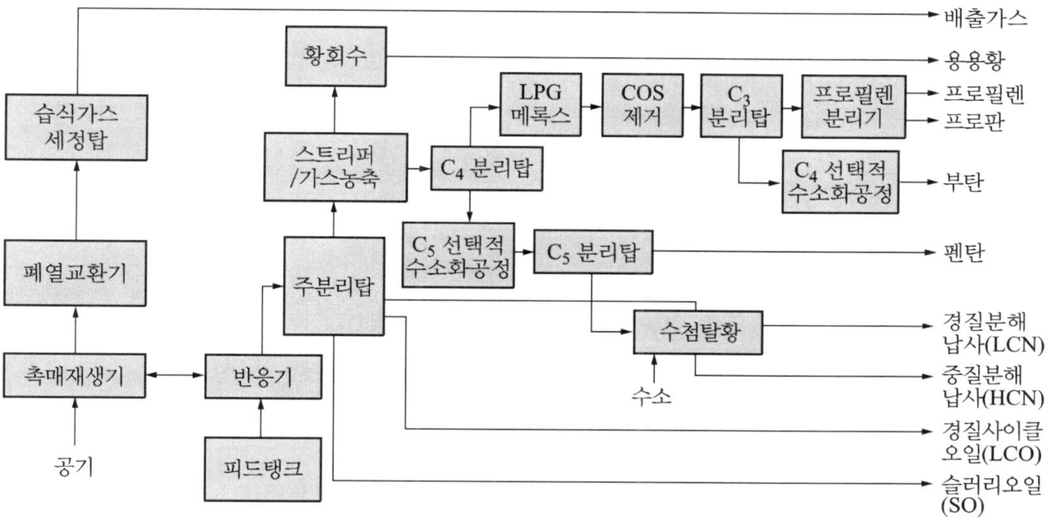

그림 8.3 감압가스오일 유동식 촉매분해 공정 개요도

1. 반응기/촉매재생기 (Reactor/Catalyst Regenerator)

반응기에서 고온/저압의 조건에서 촉매를 통해 중질유를 경질유로 분해반응을 하고 분해반응에서 촉매에 축적되는 코크를 재생기에서 연속재생하여 촉매 활성을 회복시키는 역할을 한다. 반응기, 촉매재생기, 촉매처리시스템, 주공기블로우어, 배출가스 스팀 생성기 장치로 구성되어 있다.
각 장치의 특징은 다음과 같다.

(1) **반응기** 콜드월 (Cold Wall) 디자인, 볼텍스 (Vortex) 분리 시스템, Y형 라이

저 (Riser), 1단계 사이클론 (8개), 피드노즐 (6개), 슬러리 백와쉬 노즐 (2개), AF 스트리퍼, 스트리핑스팀링, 핫월 반응기 증기 라인으로 되어 있다.

(2) **촉매재생기** 콜드월 디자인, 빠른 연소기, 파이프 그리드 공기분배기, 재순환 라인, 2단계 사이클론 (10개), 플라핑 공기링, 직접 점화 공기 가열로로 구성된다.

(3) **촉매처리시스템** 연속 평형촉매 (ECAT) 회수 시스템, 촉매로더 (1개), 프레쉬 촉매 호퍼 (2개), 평형촉매 호퍼 (2개), 첨가제 (ZSM-5) 투입 시스템으로 이루어져 있다.

(4) **주공기블로우어** 디자인 용량 223 kNm^3/hr, 표면 응축기를 가진 응축 터빈 드라이버로 구성된다.

(5) **배출가스 스팀 생성기** 배출가스의 현열을 회수, 525 lb_f/in^2 스팀 106톤/hr 생산, 수퍼히터, 디 수퍼히터, 스팀발생기, 이코너마이저 등으로 이루어진다.

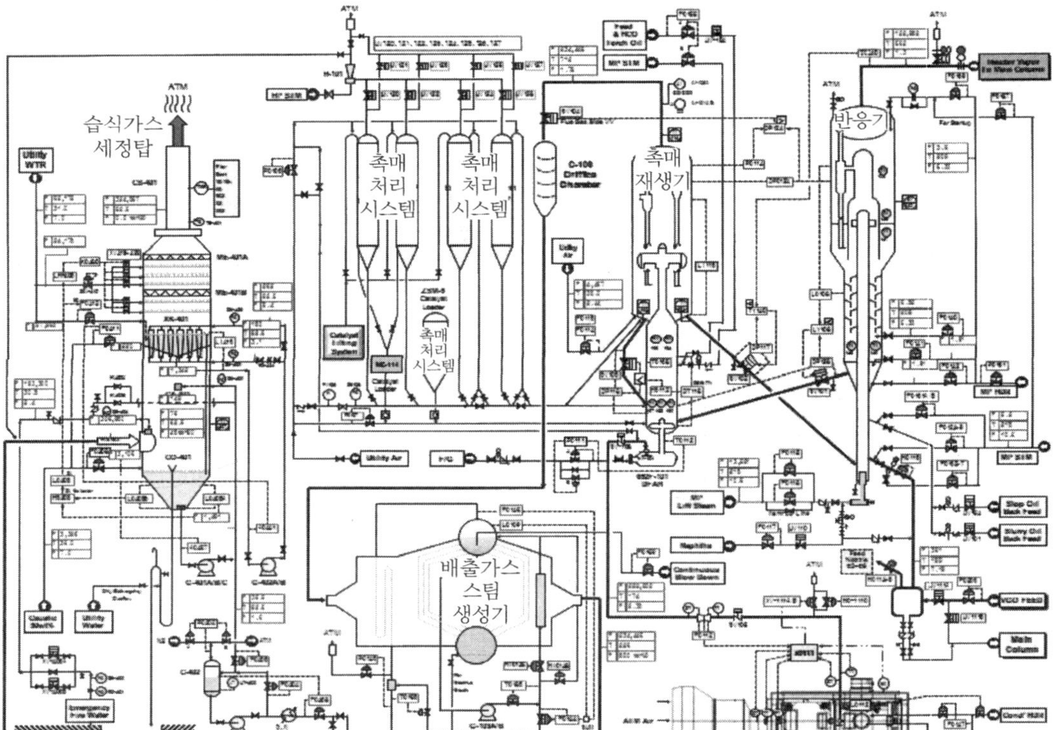

그림 8.4 반응기/촉매재생기 공정도

2. 습식가스 세정탑 (Wet Gas Scrubber)

배출가스 스팀 발생기를 거친 배출가스의 SO_x 및 촉매 분진 (Dust)을 제거하는 역할을 하고 $SO_x < 120$ vppm / 분진 입자 < 10 mg/Nm^3 규격으로 디자인 된다. 퀜치/스프레이 타워 (퀜치흡수탑), 응집 필터링 모듈, 쉐브론 미스트 분리기, 연돌, 비상 오버플로우 웅덩이 (Sump)로 되어 있다.
장치별 주요 특징은 다음과 같다.

(1) **퀜치 섹션** 배출가스 포화, 스프레이 노즐 (1개)로 구성된다.
(2) **흡수탑 섹션** 1차로 SO_x와 입자 제거, 3단 스프레이 노즐 (9개), 가성소다 중화를 통해 순환수의 pH을 조절 (pH 7)한다.
(3) **응집 필터링 모듈** 최종적으로 SO_x 및 입자를 제거한다. (AFM 모듈이 16개)
(4) **쉐브론 미스트 분리기** 딸려 오는 물방울을 제거한다.
(5) **비상 오버플로우 웅덩이** 공정 트러블에 의해 촉매가 과량 흐르는 경우를 대비하여 폐수 저장 용도 (30분 동안 촉매 60톤 캐리오버 처리 용량, 최소 456 m^3)이다.

3. 주분리탑 (Main Column)

반응물을 냉각/응축하여 슬러리오일 (SO, Slurry Oil), 경질사이클오일 (LCO, Light Cycle Oil), 중질분해납사 (HCN, Heavy Cracked Naphtha), 주분리탑 오버헤드 스트림인 경질분해납사 (LCN, Light Cracked Naphtha)로 분리한다. 피드드럼, 예열 트레인, 주분리탑, 중질분해납사/경질사이클오일 스트리퍼, 슬러리 필터 등으로 이루어져 있다.
각 장치들의 특징은 아래와 같다.

(1) **피드드럼/모터구동형의 피드펌프**가 있다.
(2) **예열 트레인** 주분리탑의 열을 피드 예열 트레인을 통해 전달하는 역할을 한다. 피드 예열 트레인은 경질사이클오일, 중질사이클오일, 슬러리, 슬러리 펌프어라운드 (PA, Pump Around)와 피드의 열교환을 위한 일련의 열교환기들을 말한다.
(3) **주분리탑** 주분리탑 하부 (코크 포획), 반응기 혼합물 분리존, 디 수퍼히팅존 (디스크/도넛 트레이), 와쉬오일 트레이 (3밸브 트레이), 유분존 (밸브 트레이)으로 되어 있다.

(4) **중질분해납사 스트리퍼** 리보일러 형태이다.

(5) **경질사이클오일 스트리퍼** 직접 스팀 주입형이다.

(6) **슬러리 필터** 백와쉬 (Back Wash) 형태이고 슬러리오일 내에 미세 촉매 가루를 제거하기 위함이다. (규격 < 50 wtppm)

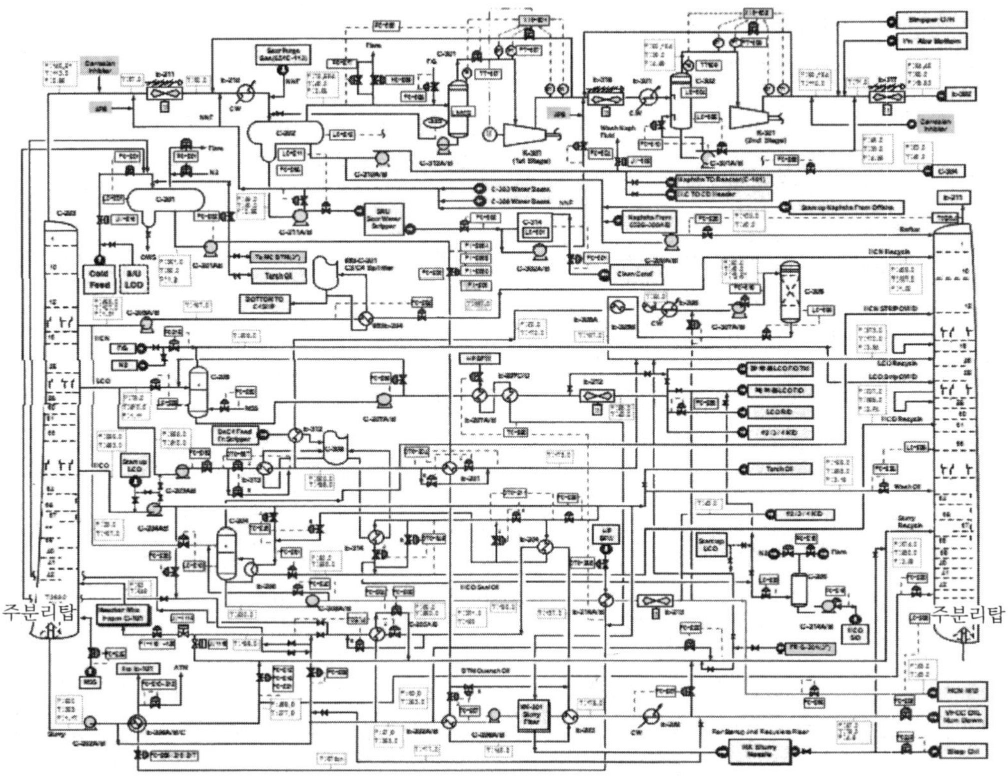

그림 8.5 주분리탑 공정도

4. 가스 농축 (Gas Concentration)

주분리탑의 오버헤드 스트림인 보다 가벼운 경질분해납사 (LCN, Light Cracked Naphtha)를 연료가스, LPG, C_4 분리기 바텀 (Bottom)으로 분리한다. 특히 연료가스로의 LPG 손실을 최소화하기 위하여 2단 흡수탑 시스템 (2 Stage Absorber System)을 갖추고 있다. 2단 습식가스 압축기, 고압 리시버, 제1 흡수탑, 스트리퍼, 스펀지 흡수탑, C_4 분리탑, 린 (Lean)가스/LPG 아민흡수탑 등으로 구성된다.

각 장치 특징은 다음과 같다.

(1) **2단 습식가스 압축기** 2단의 모터 구동형이고 CCC 안티서지 제어기, 흡입 스로틀 제어방식이다.

(2) **제1 흡수탑** 주분리탑 오버헤드 액상인 비안정납사 (Unstabilized Naphtha)와 C_4 분리탑 바텀의 안정납사 (Stabilized Naphtha)를 이용한 2단 흡수탑 시스템으로 연료가스 중 C_3, C_4를 주로 흡수한다.

(3) **스펀지 흡수탑** 경질사이클오일 (LCO)을 이용하여 가스성분 중의 C_5^+를 주로 흡수한다.

(4) **스트리퍼** LPG 및 가솔린으로부터 연료가스를 불어내는 분리탑이다.

(5) **C_4 분리탑** 스트리핑된 LPG와 가솔린 흐름에서 LPG와 가솔린을 분리한다.

(6) **린 (Lean)가스/LPG 아민흡수탑** 사워 린가스 (Sour Lean Gas)/LPG로부터 H_2S를 제거하는 공정이다. H_2S를 제거하기 위하여 아민 (MDEA)을 사용한다.

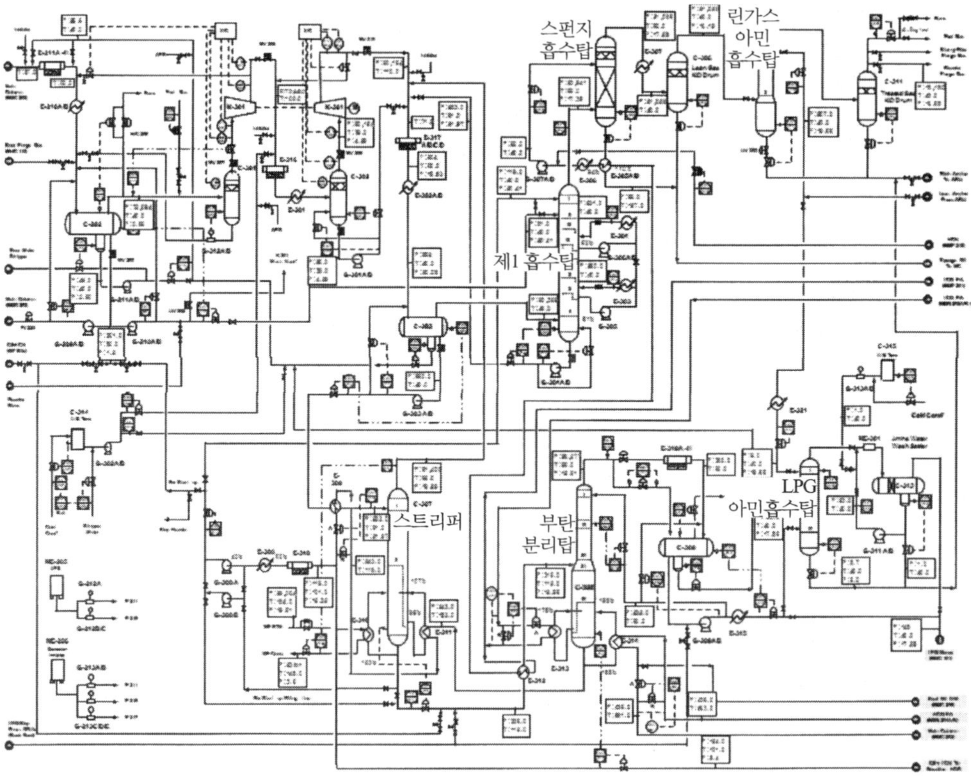

그림 8.6 가스 농축 공정도

5. LPG 메록스

가성소다 (Caustic, NaOH)를 사용하여 아민처리 (Amine Treating)된 LPG에서 머캡탄 (Mercaptan) 및 COS를 제거한다. 머캡탄추출, COS세정 (COS Scrubbing), 가성소다재생 섹션으로 구성된다.
각 장치의 특징은 다음과 같다.

(1) **추출 플러스** 10°Be 가성소다를 이용하여 H_2S 테일 (Tail)을 제거하는 가성소다 프리와쉬 (Caustic Prewash)와 20°Be 가성소다를 이용하여 LPG 중의 머캡탄을 제거하는 추출기 (Extractor)로 구성된다.

(2) **COS 솔벤트 세틀러 (COS Solvent Settler)** 아민 (MEA) 20 wt%, 가성소다 (Caustic) 8 wt%, 물 72 wt%의 COS 용제 (Solvent)를 사용하여 LPG 쿠퍼 스트립 오프 (LPG Cupper Strip Off)를 유발하는 COS를 제거한다.

(3) **옥시다이저 (Oxidizer)** 추출된 머캡타이드 (NaSR)를 산소와 반응하여 디설파이드 (Disulfide)로 변환하는 장치이다.

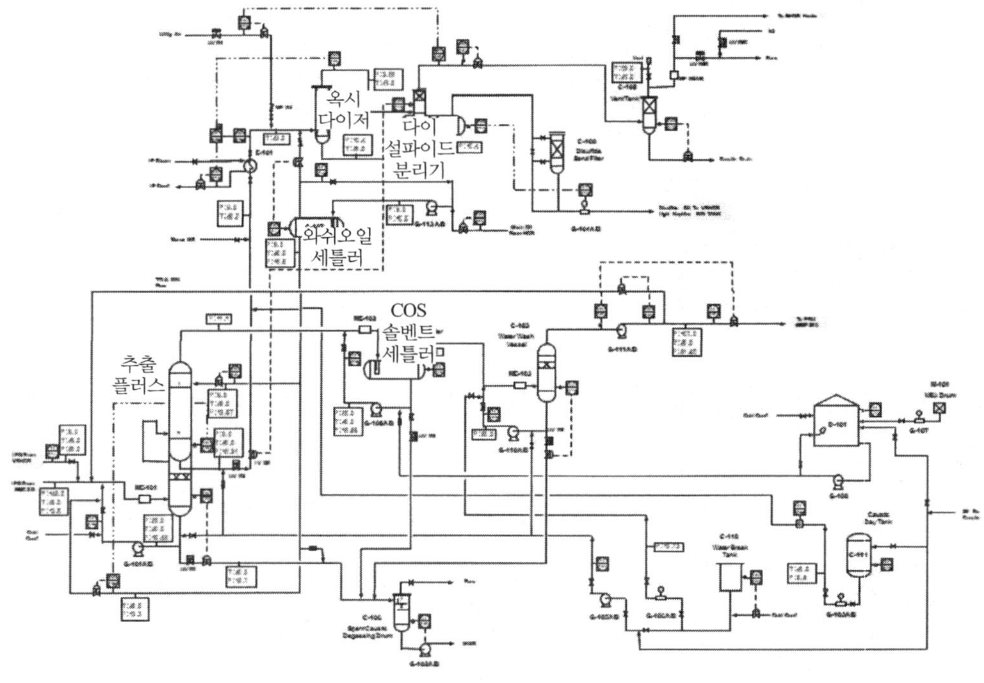

그림 8.7 LPG 메록스 공정도

$$NaSR + 1/4\,O_2 + 1/2\,H_2O \rightarrow 1/2\,RSSR + NaOH$$

(4) **디설파이드 분리기** 변환된 디설파이드 오일을 가성소다와의 비중 차이를 이용하여 분리하며 스펜트 가스 (Spent Gas)를 배출한다.

(5) **와쉬오일 세틀러 (Wash Oil Settler)** 재생된 가성소다에 딸려온 일부 디설파이드를 와쉬 납사 (Wash Naphtha)를 사용하여 씻어 내는 장치이다.

6. 프로필렌 회수 (Propylene Recovery)

LPG를 C_4, 프로판, 프로필렌으로부터 분리한다. C_3/C_4 분리탑, 프로필렌 분리탑, 열펌프 압축기 (Heat Pump Compressor), 프로필렌 건조기, 프로필렌 처리기 (Treater)로 구성되어 있다.

각 장치의 특징은 다음과 같다.

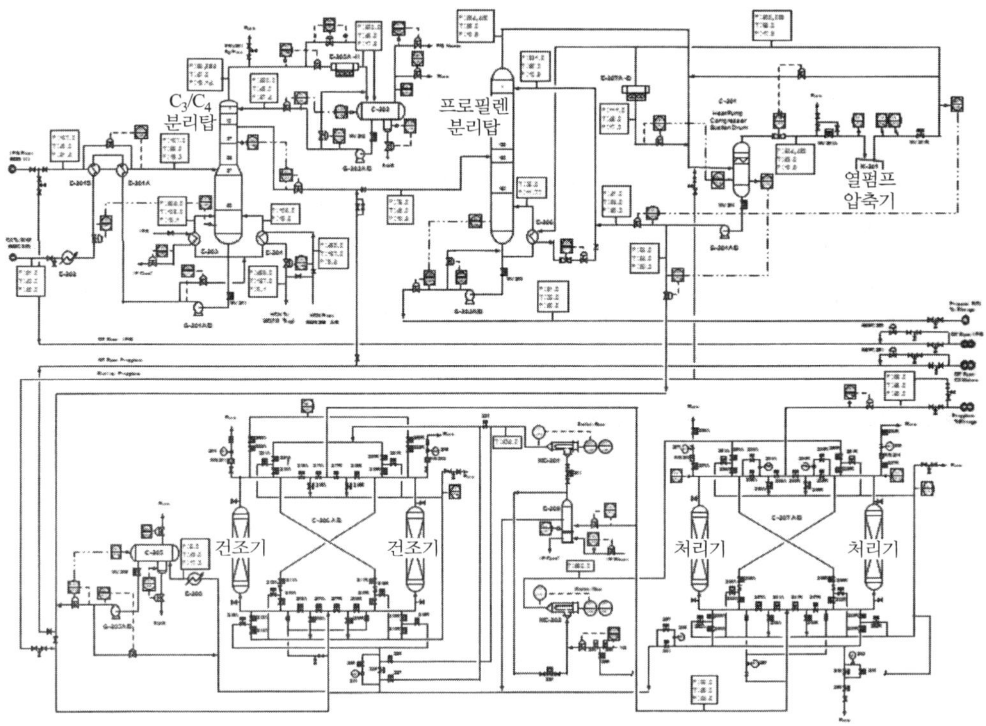

그림 8.8 프로필렌 회수 공정도

(1) C_3/C_4 **분리탑** 전체 환류 모드 (Total Reflux Mode)로 운전되며 11단 사이드 드로우를 통해 C_3를 분리하고 타워 하부로 C_4를 분리한다.
(2) **프로필렌 분리탑** UOP MD 트레이와 열펌프 압축기를 적용한다.
(3) **열펌프 압축기** 모터 구동형이고 입구 가이드밴 제어방식이다.
(4) **프로필렌 건조기 (Drier)/처리기 (Treater)** 습기와 금속을 제거한다. 활성알루미나 흡착제 (Activated Alumina Adsorbent)를 사용하고 리드-래그 시스템 (Lead-Lag System)이다. 드라이어는 C_3=로 재생하며 트리터는 N_2로 재생한다.

7. C_4 선택적 수소화공정 (C_4 Selective Hydrogenation Processing)

C_4에 포함된 디올레핀 (Di-Olefin)을 모노올레핀 (Mono-Olefin)으로 선택적으로 포화반응하여 간접 알킬레이션 (InAlk) 공정에 적합한 피드로 변환한다. 반응기와 스트리퍼로 이루어져 있다. 반응기는 액상반응이고 출구 디올레핀 함량이 20 wtppm 미만이다. 스트리퍼는 반응 부생가스를 제거한다.

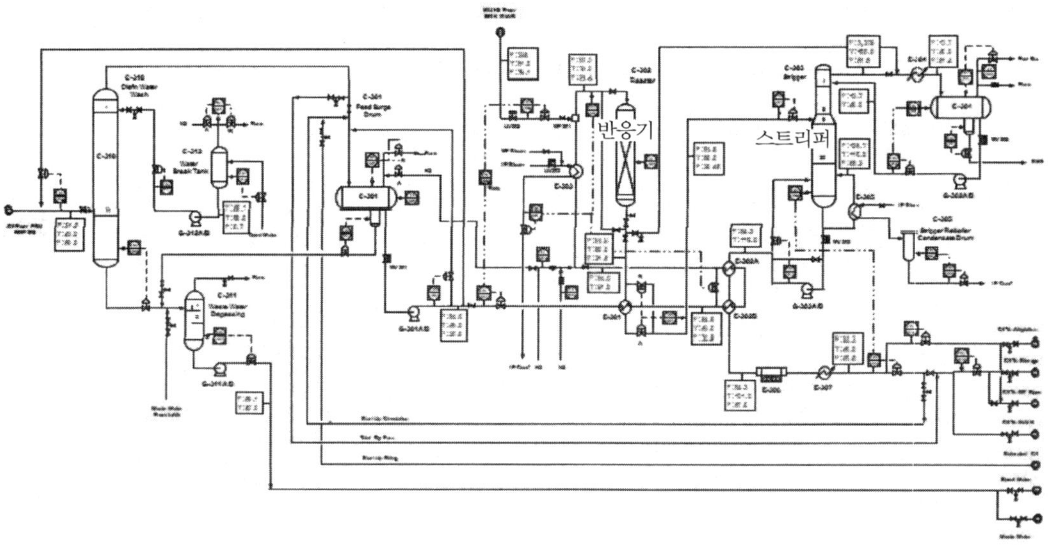

그림 8.9 C_4 선택적 수소화공정도

8. 가솔린 수첨탈황 (Gasoline Hydrodesulfurization)

C_4 분리탑 바텀의 납사 [C_5+경질분해납사 (LCN)]을 탈황하여 가솔린 블렌딩스톡을 생산한다. 선택적 수소화공정 (SHU) 섹션과 수첨탈황공정 (HDS) 섹션으로 구성된다. 장치들로는 선택적 수소화공정 반응기 (SHU Reactor), 분리탑 (Splitter), 수첨탈황 제1 반응기, 수첨탈황 피니싱 반응기 가열로, 수첨탈황 피니싱 반응기, 아민 세정기 (Amine Scrubber), 안정탑 (Stabilizer), 수소 M/U 압축기, 순환가스 압축기(Recycle Gas Compressor) 등이다.

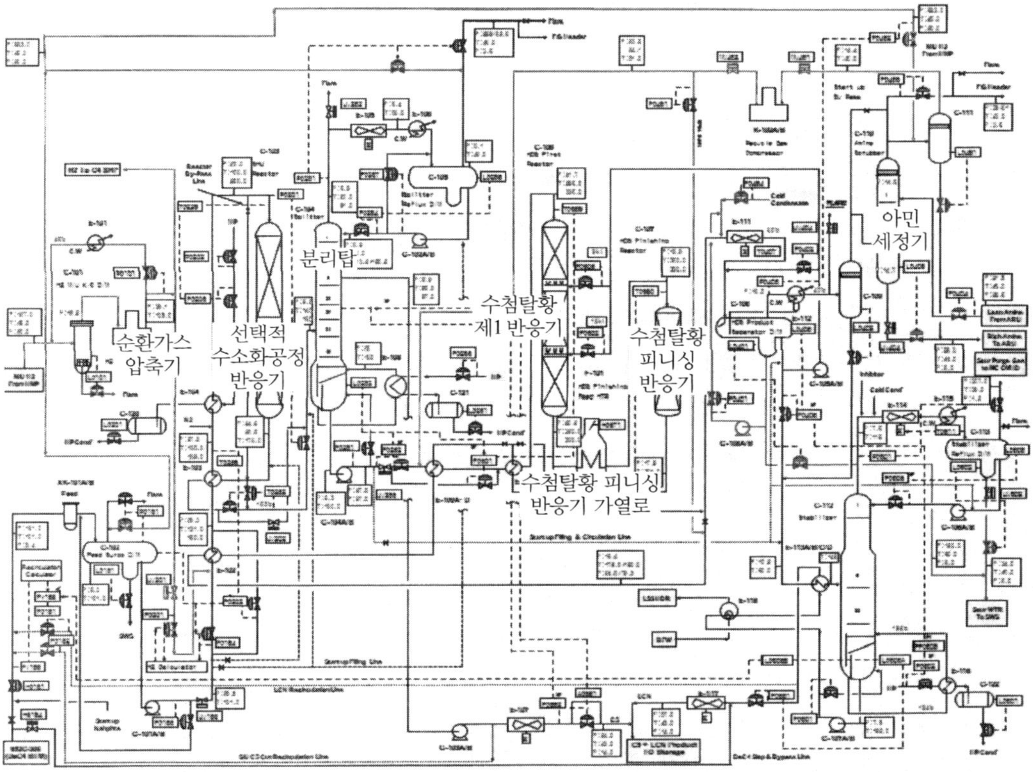

그림 8.10 가솔린 수첨탈황공정도

이들 장치들의 주요 특징은 다음과 같다.

(1) **선택적 수소화공정 반응기** 액상반응으로 다운플로우 (Downflow) 2단 반응기이며 주로 피드 내의 디올레핀을 선택적으로 올레핀으로 포화반응하여 후단 수첨탈황 반응기의 껌 (Gum) 형성을 방지 한다. 이외에 머캡탄/ 황화수소 (H_2S)의 황 전환 (Sulfur Shift) 반응 및 올레핀 이성화 (Olefin Isomerization) 반응이 일어난다.

(2) **분리탑** 사이드 드로우 (Side Draw)의 C_5 성분과 바텀 (Bottom)의 경질분해납사 (LCN)을 분리한다. C_5 제품의 황조절을 통하여 수첨탈황 반응기에서의 올레핀 포화반응 정도를 조절한다.

(3) **수첨탈황 제1 반응기** 기상반응으로 다운플로우 3단 반응기이며 주로 피드 내의 황을 제거하며 이외에 올레핀 포화반응 및 질소 (N_2) 제거반응이 일어난다.

(4) **수첨탈황 피니싱 반응기** 기상반응으로 다운플로우 1단 반응기이며 추가의 올레핀 제거반응은 최소화 한다.

(5) **수첨탈황 피니싱 반응기 가열로** 피니싱 반응기의 반응기 입구온도를 조절한다. 연료가스 (Fuel Gas)를 사용하는 가열로이다.

(6) **수소 M/U 압축기와 순환가스 압축기** 왕복형 (Reciprocating Type)이다.

(7) **아민 세정기** 아민 (MEDA)을 사용하여 순환가스 중의 황화수소를 제거하므로써 수첨탈황반응을 활성화한다. 그리고 머캡탄 제거를 위해 스위트닝 (Sweetening) 공정 (UOP MinAlk)을 추가한다.

9. 간접 알킬레이션 공정 (InAlk Processing)

감압가스오일 유동식 촉매분해 (VGOFCC)에서 생산된 C_4 올레핀을 이용하여 휘발유 블렌딩스톡인 알킬레이트를 생산하는 공정이다. 생산된 C_4 중에는 약 66%의 올레핀을 함유하고 있어 직접 판매하기는 어렵기 때문에 휘발유 (모가스) 품질 향상을 위해 증기압 (RVP)이 낮고 옥탄가 (RON)가 높은 고급 블렌딩스톡을 필요로 한다. 알킬레이션 공정 중 황산 알킬레이션 공정에 비하여 상대적으로 투자비가 적은 장점을 가지고 있다.
주요 반응식은 아래와 같다.

$$iC_4{=} + \begin{cases} C_3{=} \\ C_4{=} \\ C_5{=} \end{cases} + H_2 \xrightarrow[\text{Acid Catalyst}]{} \text{Alkylate}$$

Poly : $iC_4{=}$ + $iC_4{=}$ → 2,2,4-Trimethylpentene
Hydrotreater : 2,2,4-Trimethylpentene + H_2 → 2,2,4-Trimethylpentane (RON = 100)
Poly : n-2-$C_4{=}$ + $iC_4{=}$ → 2,2,3-Trimethylpentene
Hydrotreater : 2,2,3-Trimethylpentene + H_2 → 2,2,3-Trimethylpentane (RON = 109.6)
Poly : n-2-$C_4{=}$ + n-2-$C_4{=}$ → 3,4-Dimethylhexene
Hydrotreater : 3,4-Dimethylhexene + H_2 → 3,4-Dimethylhexane (RON = 76.3)

공정은 아래와 같이 7개의 섹션으로 구성되어 있다.

(1) **건조기 (Drier)** 피드 중 수분을 제거하여 폴리 반응기의 촉매 활성 조절 및 촉매 수명을 연장한다.
(2) **폴리 반응기 (Poly Reactor)** C_4 올레핀 ($C_4{=}$)을 반응하여 C_8 올레핀 ($C_8{=}$)을 생산한다. (2기 운전 시 1기 대기)
(3) **포화반응기 (Saturation Reactor)** 수소를 첨가하여 폴리 반응기 생성물인 C_8 올레핀과 C_4 올레핀을 포화시킨다.
(4) **분리기 (Separator)** 탄화수소와 수소를 분리한다.
(5) **순환 압축기 (Recycle Compressor)** 스크류형으로 미반응 수소를 다시 포화반응기로 공급한다.
(6) **스트리퍼 (Stripper)** 탄화수소에 포함된 가벼운 가스 (Light Gas)를 제거한다.
(7) C_4 **분리탑 (DeC₄, Debutanizer)** 알킬레이트 (Alkylate)와 C_4를 분리한다.
(8) **리런 칼럼 (Rerun Column)** 알킬레이트 내에 포함된 중질 오일 (C_9^+)을 분리한다.

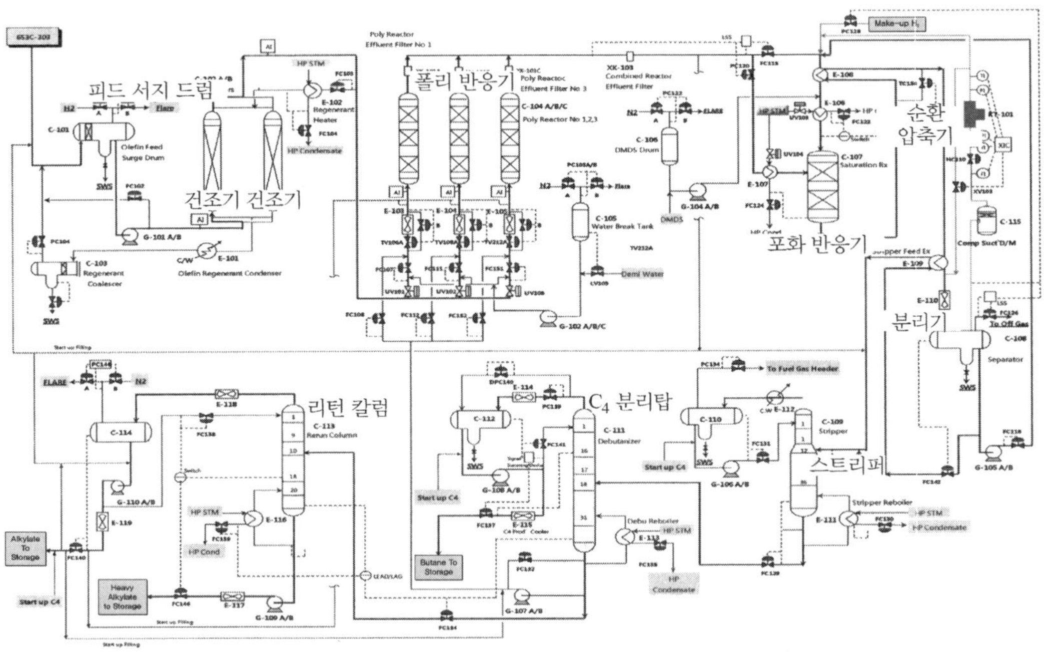

그림 8.11 간접 알킬레이션 공정도

CHAPTER 9

감압가스오일 수소분해 공정

(Vacuum Gas Oil Hydrocracking Unit)

감압증류탑에서 생산된 감압가스오일 (VGO, Vacuum Gas Oil)을 고정 촉매층으로 이루어진 반응기 내에서 수소를 이용하여 분해함으로써 중간유분 생산을 주목적으로 하는 공정이다. 다량의 수소가 사용되는 이 공정은 고온, 고압 하에서 일어나므로 건설비가 매우 높다. 투입된 감압가스오일의 약 95% 정도가 분해되며, 분해반응과 동시에 탈황이 이루어져 생산된 제품은 초저유황제품이 된다. 부산물로 생산되는 저급 감압잔사유를 처리하기위해 보통 감압잔사 수첨탈황 (또는 딜레이드 코커)이 함께 건설된다. 국내 정유사의 수소분해 시설 현황은 아래 표 9.1과 같다. 또 다른 경우로는 감압잔사 (VR, Vacuum Residue)를 분해하는 엘씨핀어 (LC Finer) 공정이 있는데 이것 또한 고온, 고압 하에서 수소를 이용하여 분해함으로써 중간유분 (Middle Distillate)을 생산한다.

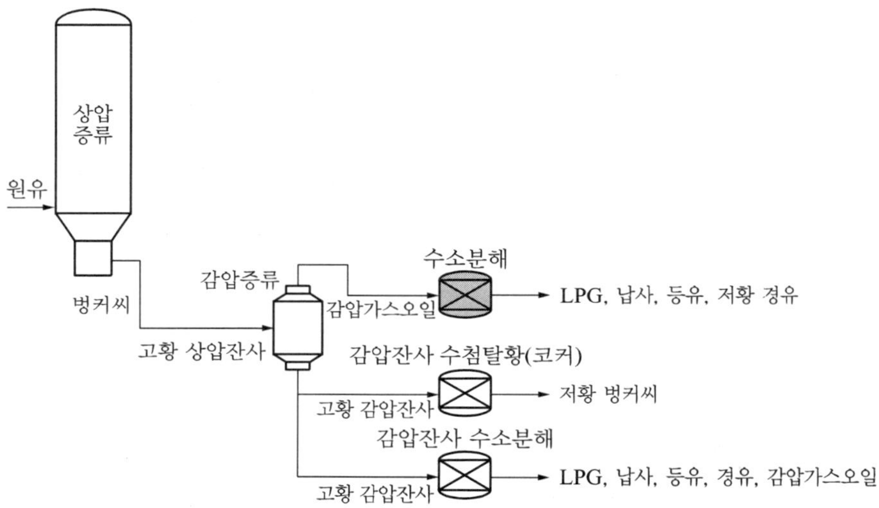

그림 9.1 수소분해 공정 (Hydrocracking Unit)

표 9.1 국내 수소분해 시설 현황 (BPSD)

	수소분해 공정	딜레이드 코커	감압잔사탈황공정
SK정유	30,000 BPSD	-	30,000 BPSD
GS칼텍스	80,000 BPSD	-	-
쌍용정유	30,000 BPSD	-	27,000 BPSD
현대정유	18,500 BPSD	19,000 BPSD	-

참고 상압잔사/감압잔사 수첨탈황

잔사 탈황은 고정 촉매층 (Fixed Bed)으로 이루어진 반응기 내에서 수소를 이용하여 이루어지며, 유분 속에 포함되어 있는 유황성분은 황화수소가스 (H_2S)로 빠져 나온다. 다량의 수소가 사용되는 이 공정은 고온, 고압 하에서 일어나므로 건설비가 매우 높다. 탈황률은 보통 80 – 90% 정도이며 부반응으로 원료의 일부 (약 20 – 30%)가 분해되어 액화석유가스 (LPG), 납사 (Naphtha), 등유 (Kerosene), 경유 (Diesel) 등 경질유가 생산된다.

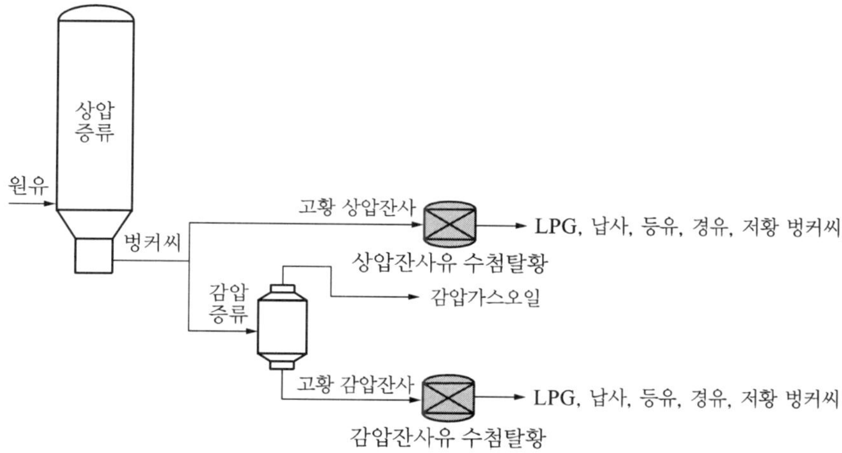

그림 9.2 잔사수첨탈황공정 (Residue Hydrodesulfurization Unit)

9.1 감압가스오일 수소분해 공정 구성

전체는 감압증류 공정 (VDU, Vacuum Distillation Unit), 수소분해 (HCR, Hydrocracker), 윤활유공장 (LOP, Lube Oil Plant), 수소공장 (Hydrogen Plant), 황회수 공정 (SRU, Sulfur Recovery Unit) 그리고 유틸리티/오프사이트 (Utility & Off-site)로 이루어져 있다. 또한 유틸리티/오프사이트에는 보일러 (Boiler), 수처리시스템 (Water Treating System), 전기, 탱크, 플레어 스택, 부두시설 등이 있다.

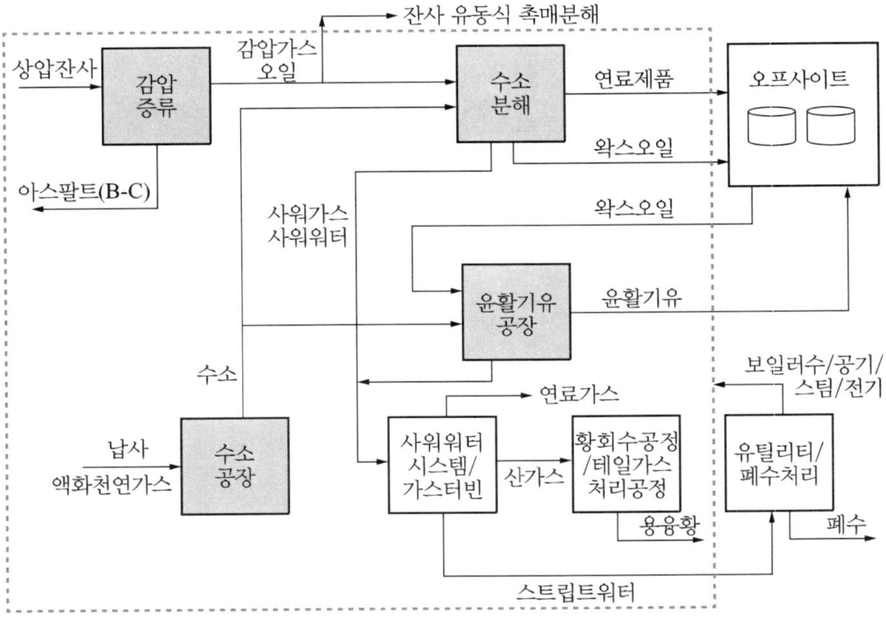

그림 9.3 수소분해 공정 흐름도

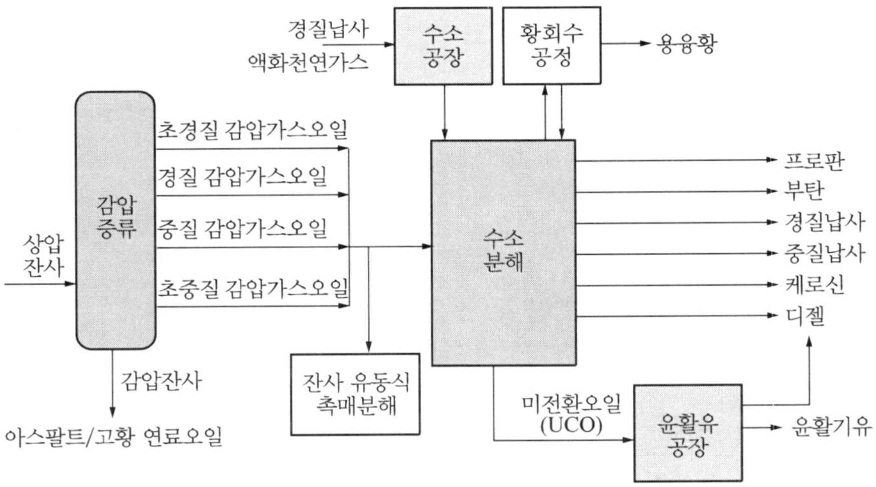

그림 9.4 수소분해 공정 개요도

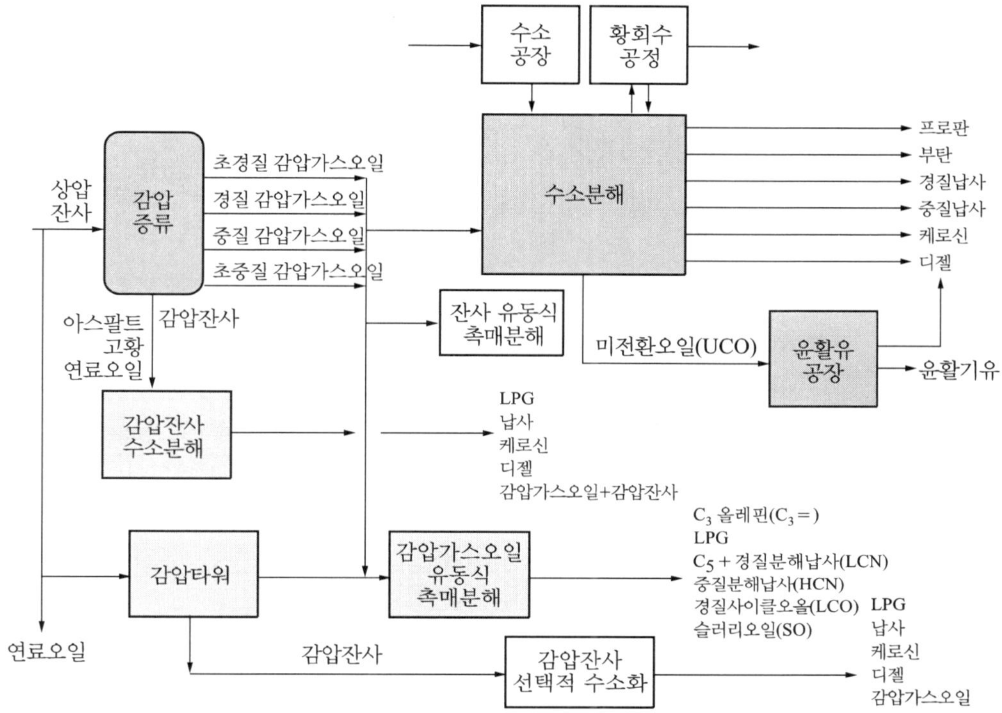

그림 9.5 수소분해 공정 연계도

1. 감압증류 공정

(1) **피드예열** 핫피드 (Hot Feed)와 콜드피드 (Cold Feed)는 피드서지 드럼 (Feed Surge Drum)에서 이송되어 예열 열교환기 (Preheating Heat Exchanger)와 가열로 (Fired Heater)를 통과한다. 예열 열교환기에서 가열소스는 감압증류탑의 사이드 드로우 (Side Draw) 스트림이며 가열로 열용량 (Fired Heater Duty)을 줄이는 효과가 있다. 가열로는 공정에 요구되는 온도를 최종 가열하는데 사용된다.

(2) **감압증류탑** 가열로 유출물은 감압증류탑의 플래시존 (Flash Zone)으로 이송된다. 플래시존에서 액체와 기체는 분리되고 분리된 증기 (Vapor)는 상부로 이동하면서 6개 충진층 (Packed Bed)에서 재분리, 냉각 (Cooling) 및 응축

(Condensing) 과정을 거친다. 여기서 증류 생산된 감압가스오일 (VGO, Vacuum Gas Oil)은 수소분해 (Hydrocracker)와 잔사 유동식 촉매분해 (RFCC, Residue Fluid Catalytic Cracking)의 피드로 사용된다. 감압증류 공정의 바닥에서 분리된 감압잔사 (VR, Vacuum Residue)는 열교환기들을 통과한 후 감압잔사 또는 아스팔트 저장탱크로 이송된다.

(3) **오버헤드 감압 시스템** 감압증류 공정의 오버헤드 시스템 (Overhead System)은 다단계 감압 시스템 (Multi-Stage Vacuum System)으로 구성된다. 응축할 수 있는 탄화수소 (Condensible Hydrocarbon)는 오일 (Oil)로 회수되어 슬롭탱크 (Slop Tank)로 이송된다. 그리고 스트리핑스팀 (Stripping Steam), 코일스팀 (Coil Steam), 이젝터스팀 (Ejector Steam)은 사워워터 (Sour Water)로 회수된다. 응축할 수 없는 가스 (Noncondensible Gas)는 감압증류 공정의 오프가스 아민흡수탑 (Off Gas Amine Absorber)으로 이송된다.

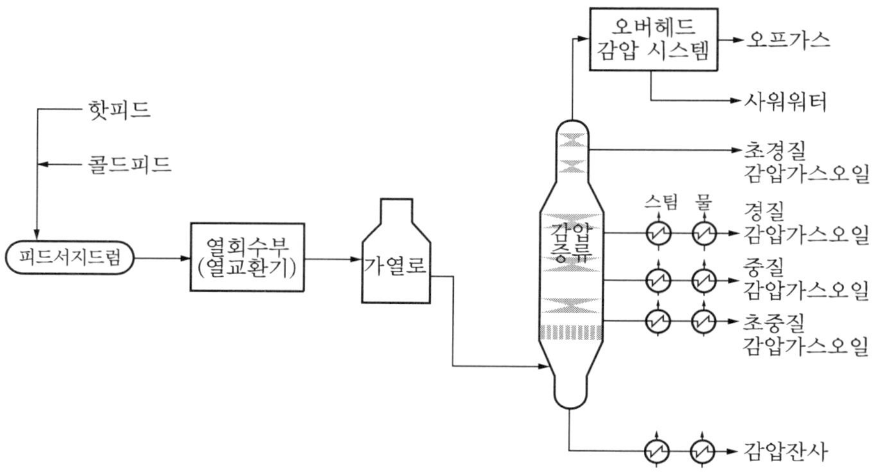

그림 9.6 감압증류 공정 흐름도

2. 감압가스오일 수율 관리

수율 (Yield)에 영향을 주는 인자는 플래시존 온도, 플래시존 압력, 잔사 스트리핑 효율 (Residue Stripping Efficiency)이다. 플래시존 온도에 영향을 주는 인자는 오일 안정도 (Oil Stability), 가열로 체류시간 (Heater Residence Time), 오일 필름온도 (Oil Film Temperature)이다. 그리고 플래시존 (Zone) 압력에 영향을 주는 인자는 1단계 이젝터 흡입압력 (1st Stage Ejector Suction Pressure)과 증류탑 압력강하 (Column Pressure Drop)가 된다.

감압증류 공정의 플래시존 압력은 제품 가치와 유틸리티 비용 (Utility Cost)사이에서 균형을 취해야 하며, 압력을 낮추면 수율은 증가하나 투자비 (Ejector)와 운전비가 증가한다. 플래시존의 온도는 가열로 코일 출구온도 (COT, Coil Outlet Temperature)와 이송라인 (Transfer Line)의 압력차 (ΔP)에 의해 영향을 받는다. 즉 이송라인의 ΔP가 줄면 ΔT가 적어 플래시존의 온도가 높아질 수 있다.

동일한 감압가스오일에서 감압가스오일의 수율 타깃을 만족시키기 위해 필요한 온도는 1%의 코일스팀만 있는 시스템은 1%의 코일스팀 + 스트리핑스팀 시스템보다 COT가 약 22℃ 높아야 한다. 가열로 출구 오일의 분압, 칼럼 플래시존의 압력, 스트리핑 섹션의 효율에 의해 결정된다. 따라서 감압가스오일의 수율을 증가시키려면 칼럼 압력을 감소시키고, 플래시존의 오일 분압을 감소 (코일스팀 주입), 스트리핑 섹션의 효율을 증가시킨다.

9.2 감압가스오일 수소분해 촉매의 특성

수소분해 촉매는 2가지 주요 기능을 가지고 있다. 첫째는 탈황, 탈질, 방향족 포화반응을 촉진하는 수소화 기능 (Hydrogenation Function)으로 촉매 성분은 코발트 - 몰리브덴 (Cobalt-Molybdenum), 니켈 - 몰리브덴 (Nickel-Molybdenum), 코발트 - 텅스텐 (Cobalt-Tungsten), 팔라듐 (Palladium)이다.

둘째는 분해반응과 이성화반응을 촉진시키는 산의 기능 (Acid Function)이다. 이것의 분해반응은 감압가스오일을 케로신과 디젤로 전환시키고 이성화반응은 디젤의 세탄가 (Cetane Number)와 케로신의 스모크포인트 (Smoke Point)를 개선시킨다. 분해 기능의 촉매성분으로는 알루미나 (Alumina), 무정형 실리카 (Amorphous Silica) - 알루미나, 제올라이트 [Zeolite, 즉 결정형 실리카 (Crystalline Silica) - 알루미나]가 여기에 속한다. 이들을 정리하면 표 9.2와 같다.

표 9.2 감압가스오일 수소분해 촉매의 기능 및 성분

기 능	성 분	활성도
수소화 (Hydrogenation)	코발트 - 몰리브덴 설파이드	중간
	니켈 - 몰리브덴 설파이드	중간
	코발트 - 텅스텐 설파이드	중간
	팔라듐	매우 강함
분해 (Cracking)	알루미나	매우 약함
	무정형 실리카 - 알루미나	중간
	제올라이트 (결정형 실리카 - 알루미나)	매우 강함

이와 같이 2가지 기능을 가진 촉매를 사용하는 수소분해 공정의 탈황 성능에 대비하여 동일 피드의 수첨탈황 (Hydrodesulfurization)을 아래 표 9.3에 비교하였다. 그 결과 수소분해 공정에서의 성능이 수첨탈황공정보다 우수한 것으로 나타난다.

표 9.3 수첨탈황 대비 수소분해 성능 비교

	수첨탈황	수소분해
금속 제거	100%	100%
올레핀 제거	100%	100%
탈황	20 – 100%	100%
탈질소	0 – 100%	100%
방향족 포화	10 – 95%	50 – 95%
비점범위 감소	없음	* 있음 (40 – 100%)

주) * 촉매의 2가지 기능 때문임

9.3 감압가스오일 수소분해 공정

수소분해 공정에는 1단계 한번 통과 공정, 1단계 순환 공정, 2단계 순환 공정이 있다. 이들 각각의 흐름도와 장단점은 아래에 기술하였다.

(1) 1단계 한번 통과 공정 (Single Stage Once Through)은 70% 이하의 전환율을 가지고 낮은 투자비와 낮은 수소소모 그리고 에틸렌 ($C_2=$) 공장 피드, 유동식 촉매분해 (FCC) 피드, 윤활유 (Lube)용 미전환유 및 양질의 제품을 얻는다.

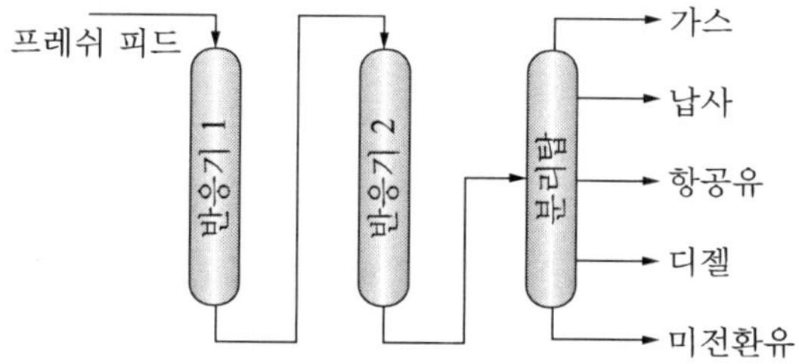

그림 9.7 1단계 한번 통과 공정

(2) 1단계 순환 공정 (Single Stage Recycle)은 1단계 한번 통과 공정에 비해 전환율이 높고 투자비와 수소소모가 많으며 높은 제품품질 및 운전유연성 (Operational Flexibility)이 더 크다.

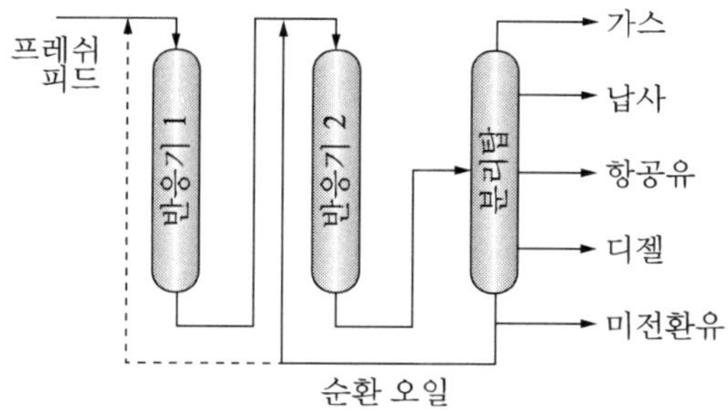

그림 9.8 1단계 순환 공정

(3) 2단계 순환 공정 (Two Stage Recycle)은 1단계 순환 공정에 비해 가장 나쁜 피드로 가장 높은 전환율로 갈수 있는 유연성을 가진다. 보다 낮은 가스 생성과 보다 높은 C_5^+ 제품을 얻을 수 있다. 그리고 제품품질이 높고, 수소 소모량이 낮으며, 투자비가 더 많이 든다.

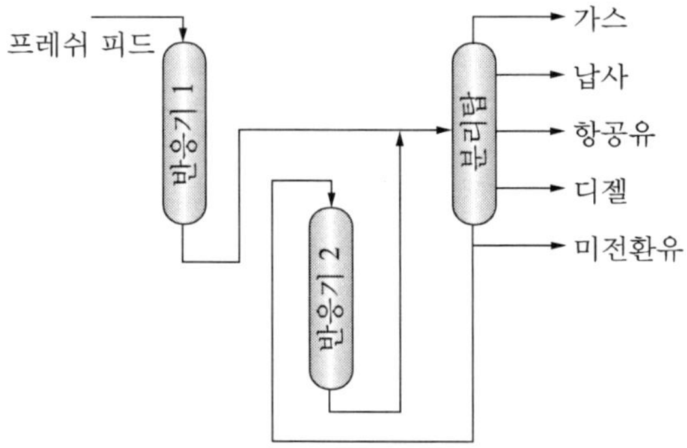

그림 9.9 2단계 순환 공정

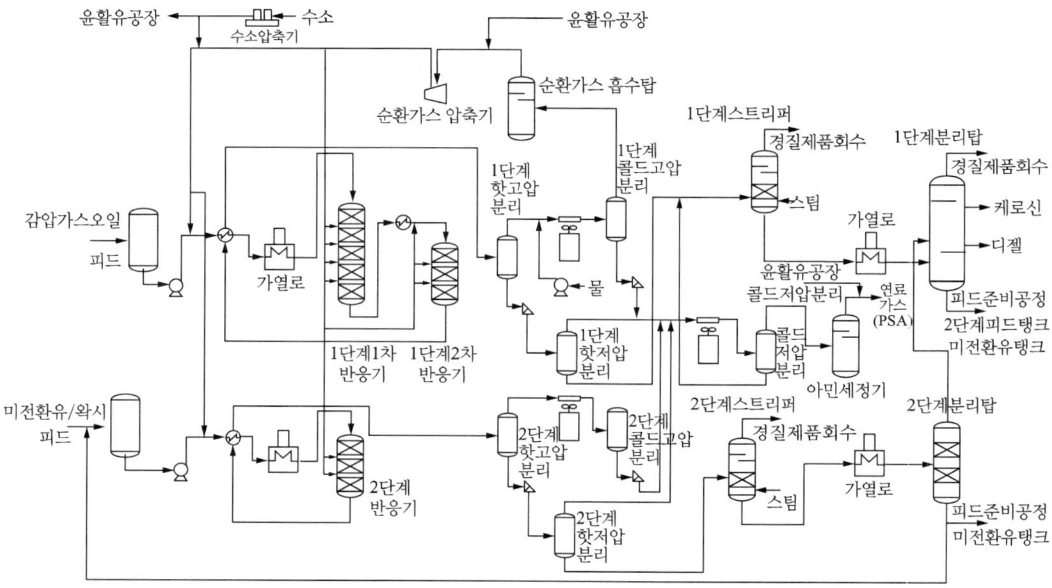

그림 9.10 수소분해 공정 전체 흐름도

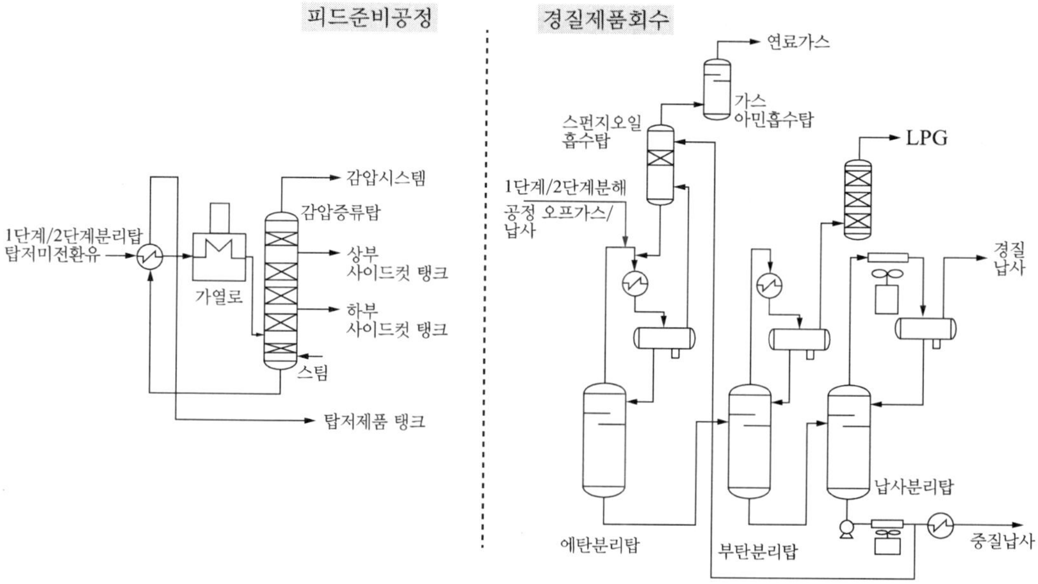

그림 9.11 피드준비와 경질제품 회수공정 흐름도

주요 제품품질에 대한 이들 3가지 공정의 효과는 아래 표 9.4와 같다.

표 9.4 공정별 제품물성 비교

물 성	감압가스오일 수첨탈황	1단계 한번 통과 공정	1단계 순환 공정	2단계 순환 공정
항공유스모크포인트 (mm)	10 − 15	15 − 20	20 − 25	25 − 30
디젤 세탄가	50	50 − 55	60 − 65	65 − 75

수소분해 공정의 특징은 고품질의 중간유분 (Middle Distillate)의 최대 생산이 가능할 뿐 아니라 그룹 II/그룹 III의 윤활기유 (Lube Base Oil)용 왁시피드 (Waxy Feed)의 생산도 가능하다. 이를 위해 1차/2차 분리탑을 사용하여 분리한다.

그룹 II: 왁시 150 N, 왁시 325 N, 왁시 600 N, 왁시 1000 N

그룹 III: 왁시 2 cSt, 왁시 4 cSt, 왁시 6 cSt, 왁시 8 cSt

9.4 윤활유 제조용 수소분해

윤활유공장 (Lube Oil Plant) 관점에서 수소분해 공정의 중요성은 오일의 파라핀, 납센, 방향족 (PNA, Paraffin/Naphthene/Aromatic) 구성 비율을 윤활기유 (Lubricant Base Oil)에 적합하도록 바꾼다. 아래 그림 9.12의 왼쪽은 전형적인 점도지수의 탄화수소 종을 나타내고 오른쪽은 수소분해에 의한 탄화수소의 점도 변화를 나타내고 있다. 전체적으로 수소분해가 탄화수소의 점도지수를 증가시키고 있다. 여기서 높은 점도지수는 온도에 따라 점도 변화가 적은 것을 의미한다.

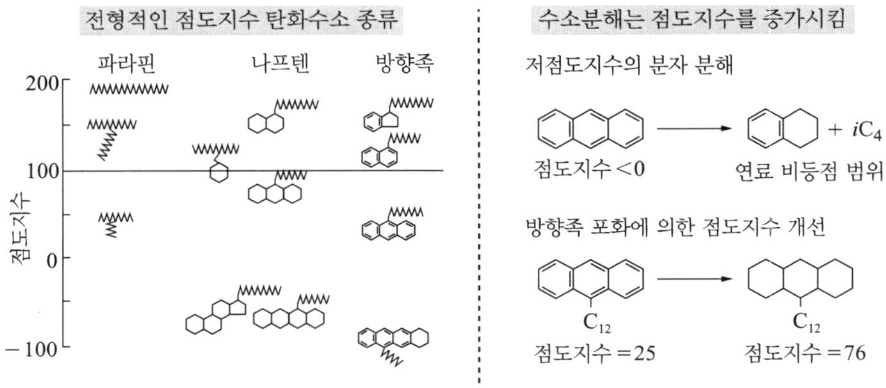

그림 9.12 윤활유용 점도와 수소분해

9.5 수소분해 윤활기유 생산 공정

윤활기유 생산 공정은 아래와 같다.

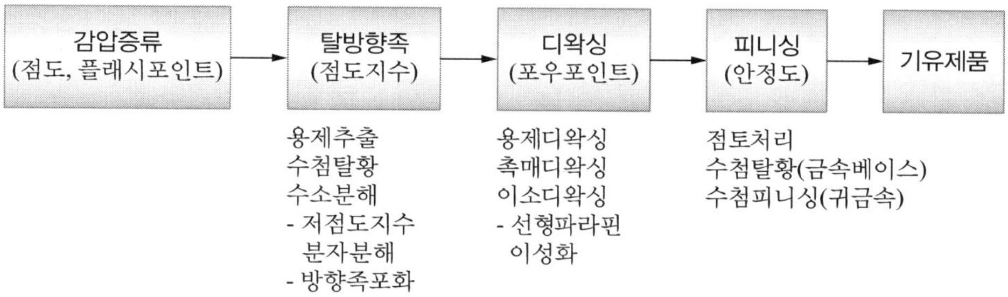

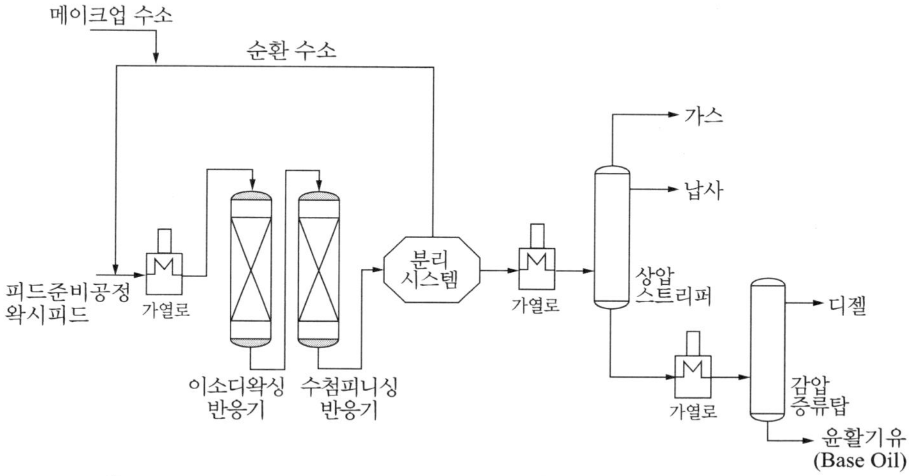

그림 9.13 윤활유 공정 흐름도 (Block Mode)

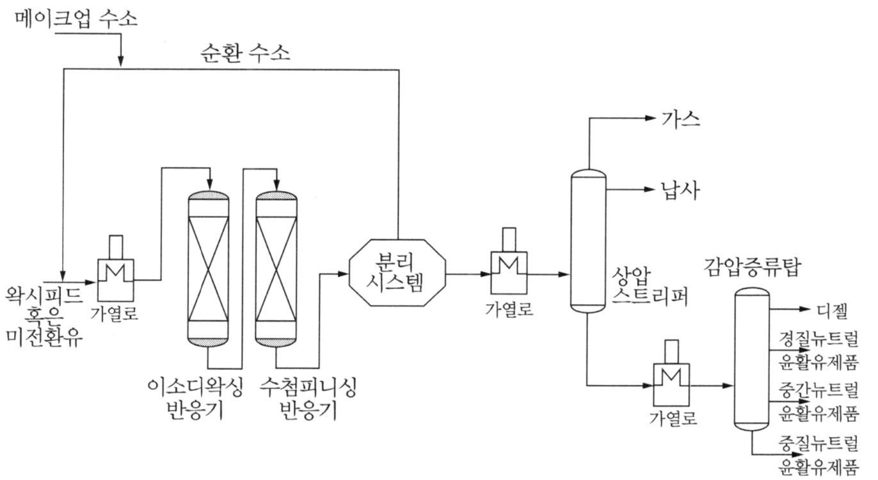

그림 9.14 윤활유 공정 흐름도 (Bulk Mode)

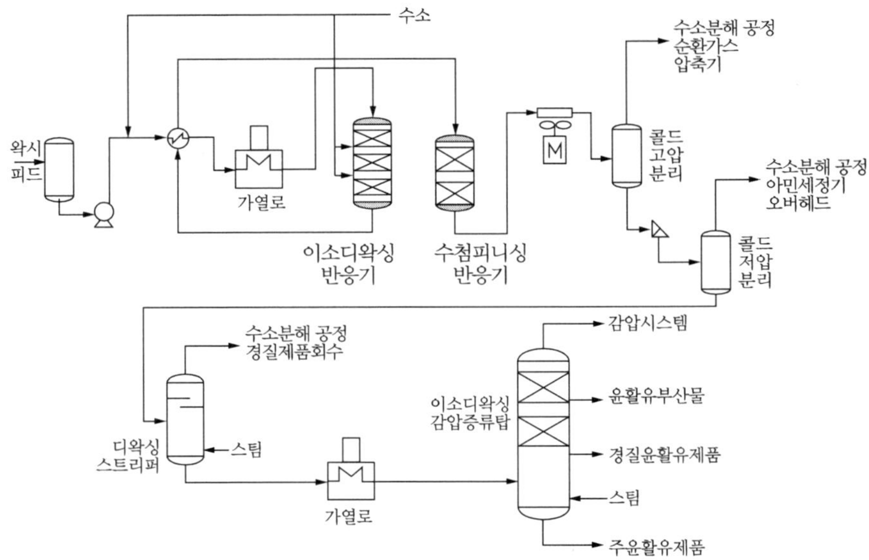

그림 9.15 **윤활유 공정 전체 흐름도**

9.6 수소분해 윤활기유 범주

API (American Petroleum Institute)에 의하면 윤활기유는 그룹 I－그룹 IV로 나눈다. 각 그룹이 요구하는 윤활기유의 포화도, 황 함량, 점도지수를 만족시켜야 한다.

표 9.5 윤활유 분류

	포화 (%)	황 (wt%)	점도지수 (VI)
그룹 I	<90	>0.03	$80 \leq VI < 120$
그룹 II	≥ 90	≤ 0.03	$80 \leq VI < 120$
그룹 III	≥ 90	≤ 0.03	$120 \leq VI$
그룹 IV	폴리 알파올레핀		

참고) 그룹 II 제품: 150 N, 325 N, 600 N, …
그룹 III 제품: 4 cSt, 6 cSt, 8 cSt, …

(1) 점도와 점도지수

점도 (Viscosity)는 흐름에 대한 유체저항의 측정값으로, 자주 사용하는 측정 단위는 100℃에서의 센티 스토크스 (cSt, Centistokes)와 100°F에서의 세이볼트 유니버설 세컨드 (SUS, Saybolt Universal Second)이다. 점도지수 (VI, Viscosity Index)는 경험치로서 온도에 대한 점도의 변화로 나타내는데 높은 점도지수는 온도에 따라 작은 변화를 나타낸다. 이 점도지수 값은 두 온도 (40℃, 100℃)의 점도에서 계산된다.

참고 | 윤활유제품 150N 의미

150은 100°F에서 세이볼트 유니버설 세컨드 점도를 나타내고, N은 중립 (Neutral)을 나타낸다.

(2) 윤활기유 주요 물성

윤활기유의 주요 물성에는 점도 (Viscosity), 점도지수 (Viscosity Index), 유동점 (Pour Point), 안정도 (Stability)가 있다. 아래 그림과 같이 윤활유 (Lubricant Oil)는 공정에서 생산된 윤활기유 (Lube Base Oil)에 첨가제 (Additive)를 블렌딩 (Blending)하여 제조된다.

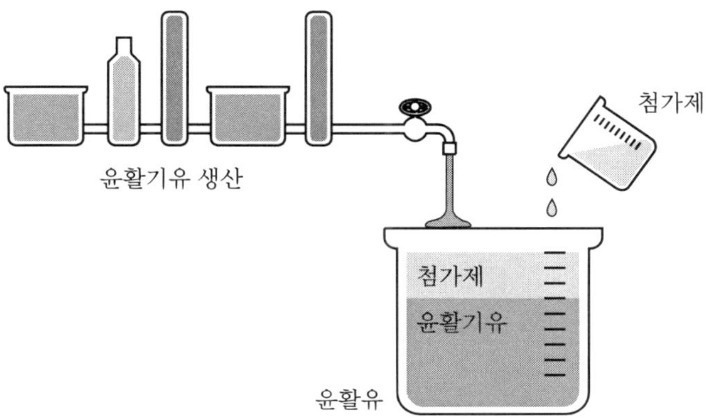

그림 9.16 윤활유 제조

(3) 윤활유제품 용도

윤활유제품의 용도는 아래 표 9.6과 같다.

표 9.6 윤활유제품과 용도

용 도	내 용	주 사용 기유	주요 업체
자동차용 (35%)	▪ 가솔린/디젤/2 Cycle/기어유/농기계용 ▪ 국제규격에 맞는 제품을 생산하며 고급/저급 시장으로 구분 ▪ 환경규제 및 차량의 기술발전에 따라 점차 고급 시장으로 전이	▪ Group I/II (150 N/500 N) ▪ Group III (4 cSt/6 cSt)	▪ 토탈 ▪ 미창석유
산업용 (23%)	▪ 유압유/기어유/터빈유 ▪ 국제규격 및 OEM 규격에 맞는 제품 생산 ▪ 유압유 시장이 가장 크며 점차 고급 시장으로 전이	▪ Group I/II (All Vis. Grade) ▪ Group III (8 cSt)	▪ 하우톤 ▪ 한국쉘 ▪ 토탈
선박용 (13%)	▪ 실린더 (Cross Head, TPEO)/시스템 오일 ▪ OEM 규격에 맞는 제품을 생산 ▪ 실린더오일 시장 (Cross Head)이 가장 크며 저급 기유 사용	▪ Group I (500 N/150 BS)	▪ 모빌 ▪ 한국쉘 ▪ BP
기타 (29%)	▪ 금속 가공유: 절삭유/압연유/방청유 등 ▪ 프로세스: 고무 배합유/화장품 및 의약용 White Oil/인쇄 잉크 오일 ▪ 그리스	▪ Group I (60 N) ▪ Group II (150 N/500 N) ▪ Naphthenic	▪ 미창석유 ▪ 범우화학 ▪ 극동유화

참고) 1. 실린더오일: 선박의 실린더에 윤활성을 제공해 주는 제품
2. 나프테닉 (Naphthenic): 유동점 (Pour Point)이 매우 낮고 주로 가벼운 (Light) 제품으로 전기 절연유에 사용됨.

CHAPTER 10

수소생산 공정

(Hydrogen Manufacturing Plant)

LNG, C_3, C_4, 납사, NP가스 [Non-Permeate Gas: 감압잔사 수소분해 공정의 멤브레인 (Membrane)을 통과하지 못한 오프가스 (Off Gas)를 말함] 등과 같은 경질 탄화수소 피드를 개질 (Reforming) 및 전환반응 (Shift Reaction)을 통하여 99.99 vol%의 고순도 수소를 생산하는 공정을 말한다. 전체 생산 공정은 ① 피드정제 (Feed Purification) ② 스팀/메탄 개질 (Steam/Methane Reforming) ③ 폐열회수 ④ 고온전환 (High Temperature Shift) 및 공정가스 냉각 ⑤ 공정가스 정제 과정을 거쳐 최종 고순도의 수소제품을 생산하게 된다. 이를 단순 다이어그램으로 나타내면 그림 10.1과 같고 여러 종류의 피드 조성은 표 10.1에 나타내었다.

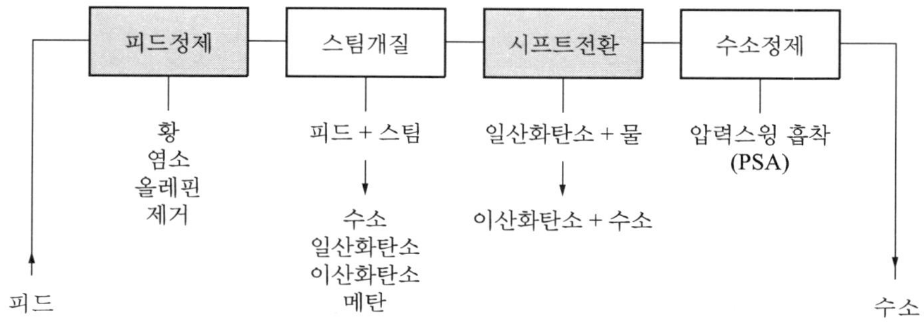

그림 10.1 수소생산 공정 개요도

표 10.1 각 피드 조성 및 품질

납사피드		
몰조성 (%):	파라핀	88.28
	올레핀	6.48
	납센	4.84
	방향족	0.40
	비중	0.67
	황	0.3 wtppm
	염소	1.0 wtppm
	압력	13.0 kg_f/cm^2

LNG피드		
몰조성 (%):	C_1	89.33
	C_2	6.50
	C_3	2.69
	C_4	1.25
	C_5	0.04
	황	1.7 wtppm
	질소	1.19 wtppm
	압력	34.0 kg_f/cm^2

C₃피드		
몰조성 (%):	C_2	0.50
	C_3	98.7 (전체)
	C_3	4.84 (올레핀)
	C_4	0.8
	황	0.67 wtppm
	압력	13.0 kg_f/cm^2

C₄피드		
몰조성 (%):	C_2	0.0
	C_3	0.80
	C_4	97.80 (전체)
	C_4	0.40 (올레핀)
	C_5	1.40
	황	7.50 wtppm
	압력	13.0 kg_f/cm^2

수소생산 공정 흐름도는 아래 그림과 같다.

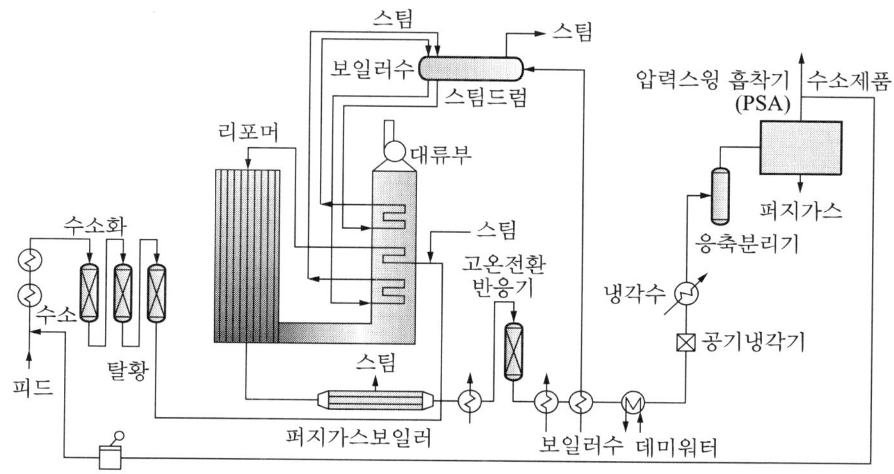

그림 10.2 수소생산 공정 흐름도

10.1 피드 정제 (Feed Purification)

피드는 피드드럼에서 열교환기를 거쳐 340℃로 가열된 후 수소화 베셀 (Vessel), 탈황 베셀 (Vessel)을 통과한다. 이 공정을 피드 정제공정 (Feed Purification)이라고 하며 그림 10.3/그림 10.4와 같다.

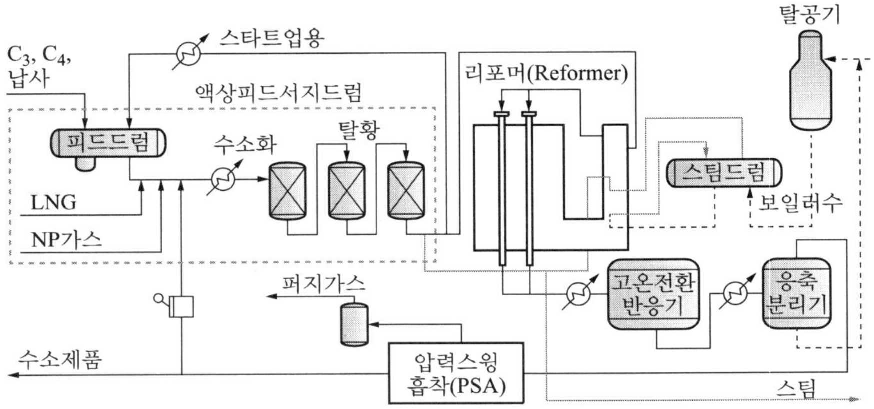

그림 10.3 액상 피드서지 드럼부

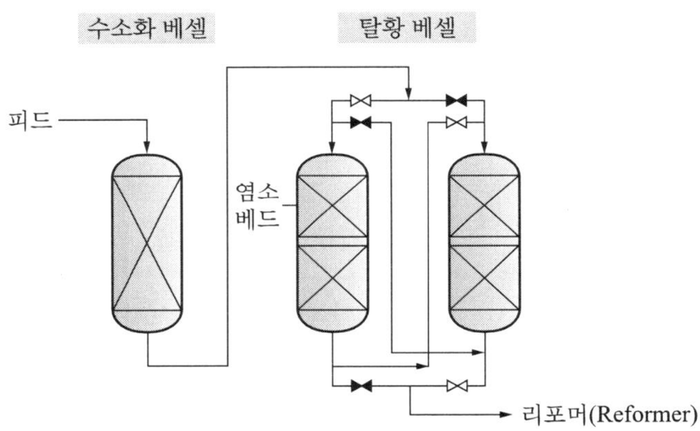

그림 10.4 수소화 베셀과 탈황 베셀

그림 10.5의 수소화 베셀은 340℃ 가열된 피드가스 중의 올레핀을 포화 및 탈황(납사피드 경우) 한다.

$$RHS + H_2 \rightarrow RH + H_2S \text{ (촉매: CoO 4.4\%, } MoO_3 \text{ 11.5\%, } Al_2O_3)$$

그림 10.6의 탈황 베셀은 수소화 베셀을 거친 피드가스 중의 황화수소 (H_2S)를 제거한다.

$$H_2S + ZnO \rightarrow ZnS + H_2O \text{ (촉매: ZnO 92\%)}$$

그리고 위쪽 염소베드는 염소가스를 제거한다.

$$NaO + 2HCl \rightarrow 2NaCl + H_2O \text{ (촉매: NaO 12\%, } Al_2O_3\text{)}$$

통상 셧다운 (Shut Down) 없이 촉매 교체를 위하여 2기로 구성되어진다.

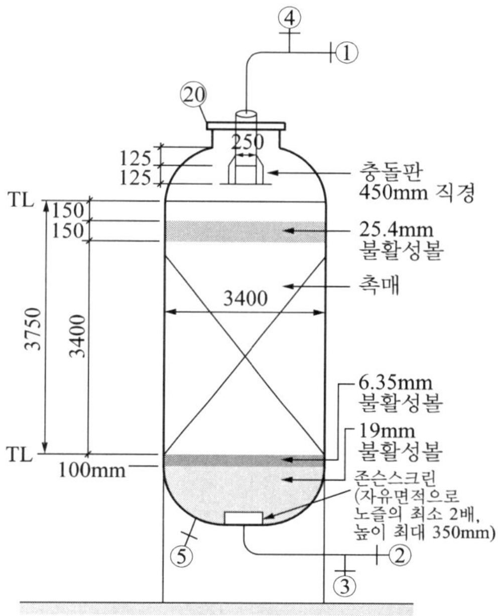

그림 10.5 수소화 베셀

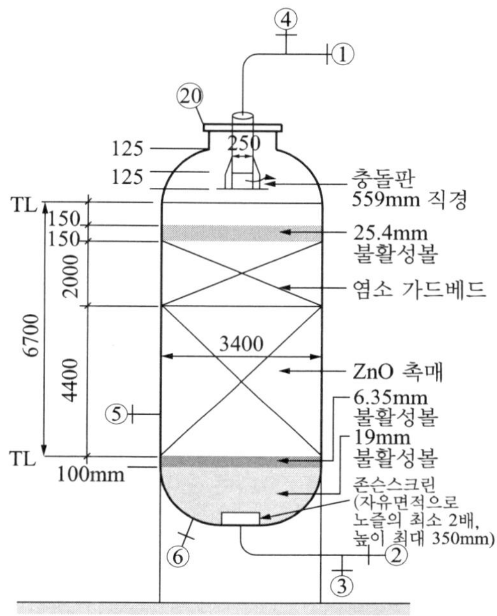

그림 10.6 탈황 베셀

10.2 리포머 (Reformer)

정제된 피드가스는 리포머 (Reformer)로 들어가서 540℃에서 스팀 (Steam)과 반응하여 수소 (H_2), 일산화탄소 (CO), 이산화탄소 (CO_2)로 전환한다. 리포머는 하나의 퍼니스 (Furnace)로서 촉매가 충진된 350개 이상의 튜브 (Tube)로 이루어진 개질반응기 (Reforming Reactor)에 해당한다. 각 튜브의 상부 (Top), 중간 (Middle), 하부 (Bottom)의 충진촉매 성분과 비율은 상이하며 이는 표 10.2와 같다.

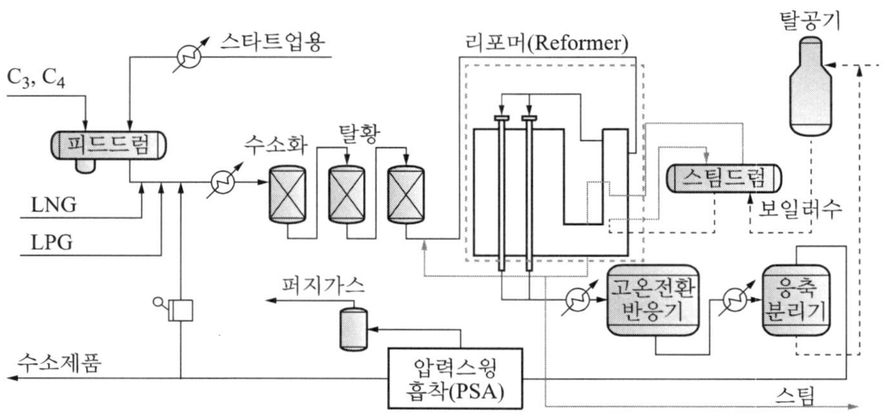

그림 10.7 리포머

(1) 리포머 반응

피드와 스팀의 비율은 피드 종류에 따라 다르지만 납사 피드의 경우는 3.5 : 1이고 다른 것은 3.0 : 1로 한다.

주반응인 개질반응은 탄화수소가 촉매분해하여 올레핀이 생성 (납사피드 경우)되고 스팀/메탄 개질에 의해 CO, $3H_2$가 만들어진다. 기타 탄화수소의 열분해반응 (발열반응)과 촉매분해에 의한 올레핀의 중합반응 (발열반응)이 일부 일어나며, 이는 카본 형성의 주원인이 된다. 전체 반응은 주반응인 스팀/메탄의 개질반응에 의해 흡열반응으로 불리어진다.

개질반응: $CH_4 + H_2O \leftrightarrow CO + 3H_2$

$$\Delta H^{\circ}_{25℃} = +49.3 \text{ mmkcal/mol (흡열반응)} \qquad (10\text{-}1)$$

표 10.2 튜브 촉매충진 및 반응

	촉매 성분	반 응
튜브 상부	NiO 23%, MgO 14%, SiO_2 15%, K_2O 7%, SO_3 <0.1%, Na_2O <0.5%, 담체 (균형)	스팀/메탄 개질반응 - 흡열반응 (주반응)
튜브 중간	NiO 20%, K_2O 1.8%, SiO_2 0.15%, SO_3 0.05%, 담체 (CaO/Al_2O_3)	물/가스 전환반응 - 발열반응
튜브 하부	NiO 16%, SiO_2 0.5%, SO_3 <0.05%, ZrO_2 미량, 담체 (균형)	열분해 - 발열반응 (기타 중합반응 - 발열반응)

(2) 리포머 구성

퍼니스 (Furnace)인 동시에 반응기 (Reactor)인 리포머 (Reformer)는 촉매 (Catalyst)가 충진된 많은 수의 수직 튜브 (재질: 니켈 합금)와 상부에서 하부로 연소 (Burning)하는 버너들로 구성되어 있다. 540℃의 피드와 스팀이 리포머로 들어오게 되면 전체가 흡열반응이기 때문에 버너로부터 열을 공급받아 반응을 한 후, 870℃의 반응가스로 리포머를 빠져나오게 된다.

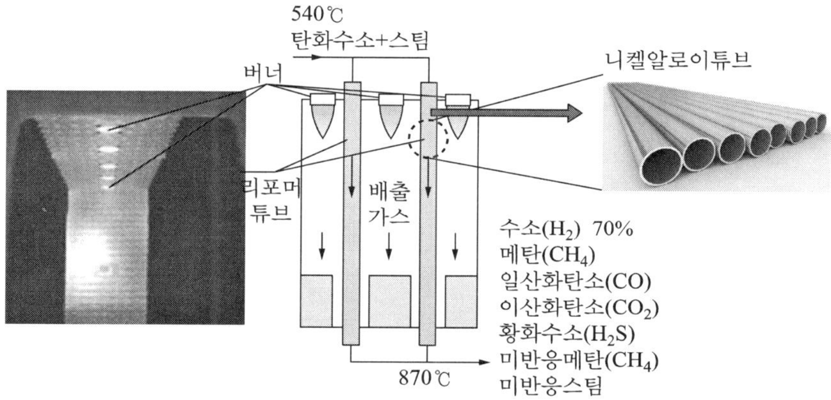

그림 10.8 리포머

(3) 리포머 입출구 조성

피드로 납사를 사용할 경우 반응에 의한 리포머의 입출구 조성은 아래 표와 같다.

표 10.3 리포머 입출구 조성

성 분	리포머 입구 (%)	리포머 출구 (%)
H_2	1.23	44.3
CH_4	-	2.34
H_2O	93.85	35.48
CO	-	10.78
CO_2	-	7.10
납사	4.92	-

10.3 고온전환부 (High Temperature Shift)

리포머를 나온 반응가스는 고온전환 반응기에서 CO의 전환반응을 거치고, 응축 분리기에서 응축 및 1차 분리된 후 최종적으로 압력스윙 흡착기 (PSA, Pressure Swing Adsorber)에서 정제되어 고순도의 수소제품을 얻게 된다.

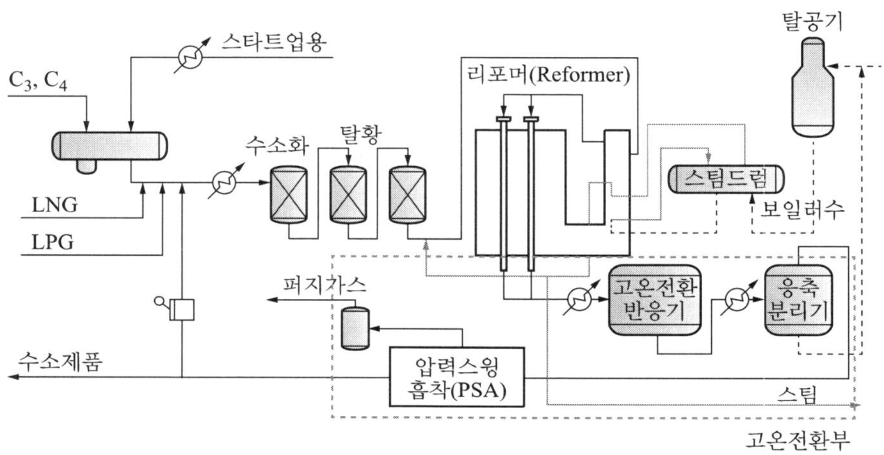

그림 10.9 고온전환부

(1) 고온전환반응

리포머를 나온 개질반응 가스 성분 중 CO를 CO_2로 전환시켜서 H_2 수율을 증대시키고 압력스윙 흡착기 (PSA)에서 흡착률이 낮은 CO 성분을 최소화하므로서 PSA 효율을 높이는 역할을 한다. 이 반응은 발열반응 (350℃ → 420℃)으로 온도가 낮을수록 평형이 오른쪽으로 이동하므로 촉매의 활성을 고려하여 최적의 반응 온도를 찾는 것이 중요하다. 반응식은 아래와 같다.

전환반응: $CO + H_2O \leftrightarrow CO_2 + H_2$

$$\Delta H^{\circ}_{25℃} = -9.8 \text{ mmkcal/mol (발열반응)} \quad (10\text{-}2)$$

반응에서 약 4.8 – 5.5% (건조기준)의 미반응 CO가 잔류하고 수소 수율은 65%에서 72%로 향상된다. 고온전환 반응기는 그림 10.10과 같다.

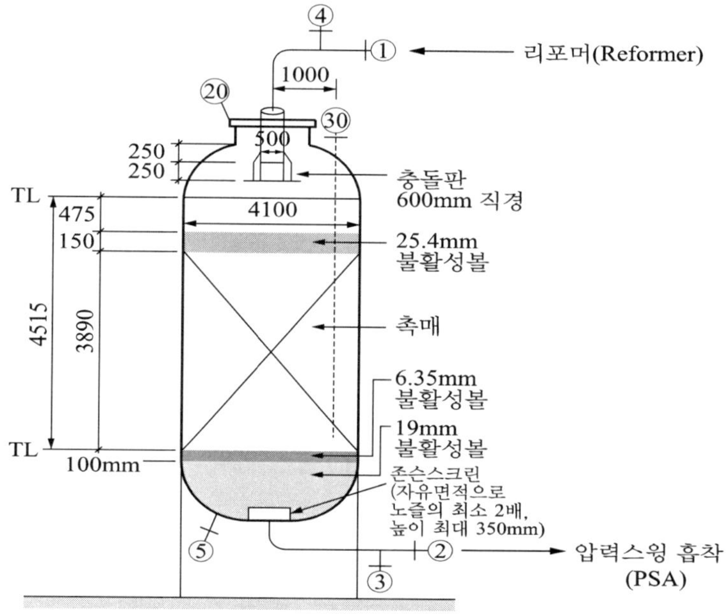

그림 10.10 고온전환 반응기

(2) 압력스윙 흡착기 (Pressure Swing Adsorber)

고온전환기를 나온 수소 약 72%를 포함하는 최종 반응가스는 고순도 수소제품을 만들기 위해서 압력스윙 흡착기 (PSA)로 들어가서 CO와 CO_2 함량이 5 ppmv 이하로 유지하면서 99.99%의 수소제품을 생산한다. 수소분자는 입자가 작아서 시브 (Sieve)를 통과하지만 불순물은 통과하지 못한다. 흡착기는 그림 10.11과 같으며 내부는 5층이고 각 층은 여러 가지 종류의 충진물로 채워져 있다.

1층은 실리카 (SiO_2)/알루미나 (Al_2O_3)로 충진되어 수분을 제거하고, 2층은 고밀도 알루미나로 C_3^+의 탄환수소를 분리한다. 3층/4층은 활성탄 (Activated Carbon)으로 채워 $C_1 - C_4$ 탄화수소를 분리하고, 가장 상층부 5층은 몰레큘러 시브 (Molecular Sieve)로 CO와 N_2를 제거하도록 디자인되어 있다.

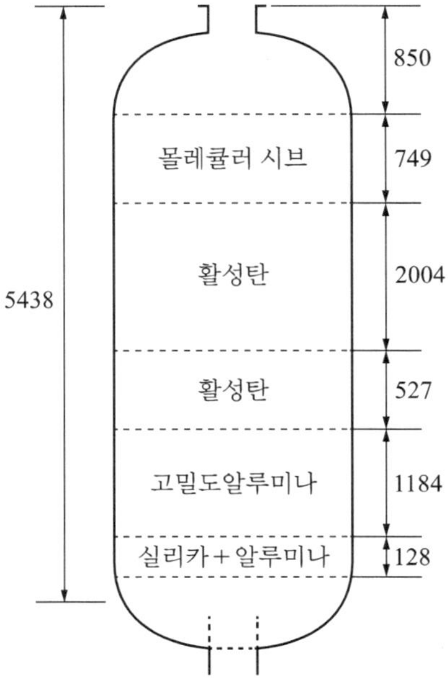

	충진물질	제거물질
5층	몰레큘러 시브	CO, N_2
4층	활성탄	C_1-C_4
3층	활성탄	C_1-C_4
2층	고밀도알루미나	C_3^+
1층	실리카+알루미나	H_2O

그림 10.11 압력스윙 흡착기

압력스윙 흡착기 (PSA)는 그림 10.12에서처럼 밸브스키드 (Valve Skid), 흡착기 10−12기, 테일가스 (Tail Gas) 혼합드럼 등으로 구성되어 있다. 오른쪽 표는 운전의 일례를 나타낸다.

피 드	방향족/수소분해오프가스
조성	H_2 85.5% CH_4 4.4% C_2^+ 10.9%
압력	가압 29.8 kg_f/cm^2 감압 0.4 kg_f/cm^2
제품	99.99% H_2 $CO/CO_2 < 5$ ppm
용도	연료헤더
설비	흡착기 10기 퍼지가스드럼 1기 코어레서 (Coalescer) 1개 압축기 스키드

그림 10.12 압력스윙 흡착기 시설

압력스윙 흡착기 (PSA)는 고압에서 불순물을 흡착했다가 저압에서 방출하는 원리로 모든 흡착기는 시차를 두고 같은 단계 (일정한 피드, 제품, 오프가스 흐름 가능)를 거치는 사이클로 작동한다. 즉 흡착 (수소생산) → 압력감압 단계 → 불순물 퍼지 단계 → 압력가압 단계 → 흡착 단계 순서로 작동하며 단계별 상세 내용은 다음과 같다.

① **흡착 (Adsorption)**
피드가스가 흡착기로 들어와서 불순물은 흡착되고 수소가스만 시브를 통과하여 고순도의 수소가 생성된다.

② **병류 감압 (Co-Current Depressurization)**
흡착기가 부분적으로 감압되고 공간 (Void)에 있던 수소가 다른 흡착기의 재가압과 퍼지에 사용된다.

③ **향류 감압 (Counter-Current Depressurization)**
흡착기 압력은 가장 낮아지고 흡착제가 부분적으로 재생되며 불순물이 걸러진다.

④ **퍼지 (Purge)**
흡착기로부터 나온 수소로 흡착기를 퍼지하므로써 흡착제의 재생이 완료되고 남은 불순물은 이 단계에서 탈착되고 오프가스 (Off Gas)로 방출된다.

⑤ **재가압 (Repressurization)**
흡착기 재생 후 흡착기에서 나온 수소와 피드 또는 제품의 슬립스트림 (Slip Stream)을 받아 재가압 된다.

이와 같은 일련의 작동은 그림 10.13과 같다.

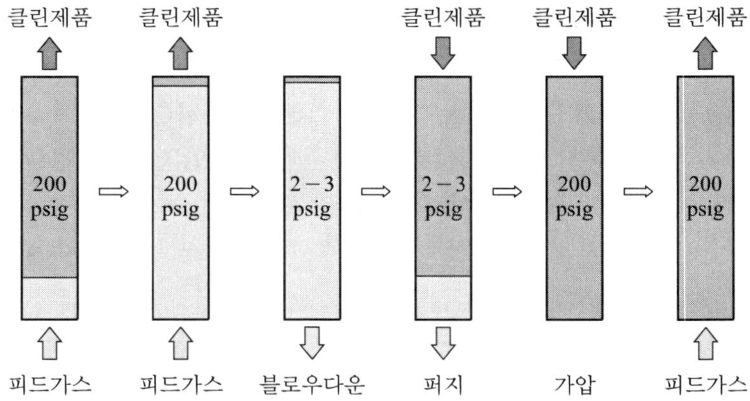

그림 10.13 압력스윙 흡착기

아래 그림 10.14는 오프가스 (Off Gas)를 피드로 하는 압력스윙 흡착기로써 수소 86% 피드가 PSA를 통과해서 99.99% 고순도 제품을 만들고, 수소 43% 외 기타 불순물을 포함하는 테일가스 (Tail Gas)를 내보내는 흐름도를 나타내고 있다.

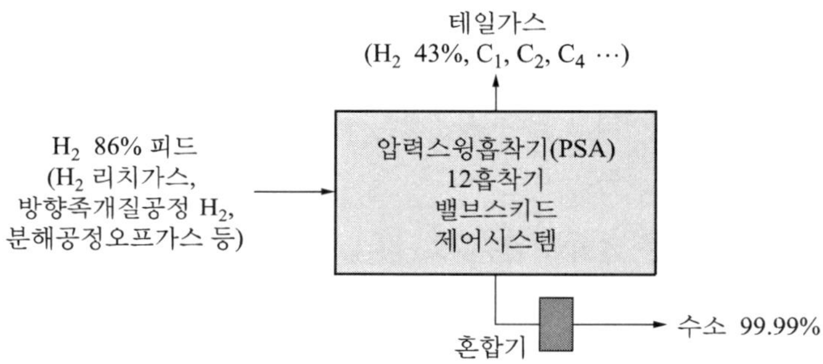

그림 10.14 압력스윙 흡착기 흐름도

10.4 스팀 생성부 (Steam Generation System)

스팀생산을 위한 스팀드럼이 설치되어 있으며 공정가스 보일러와 고온전환 유출물 보일러로 자연순환이 가능한 높이로 되어 있다. 즉 ① 리포머 배출가스로 스팀생산 ② 리포머와 고온전환 출구의 공정가스로 스팀생산 ③ 스팀수퍼히트 코일로 수퍼히트스팀 (252℃ → 386℃)이 생산된다.

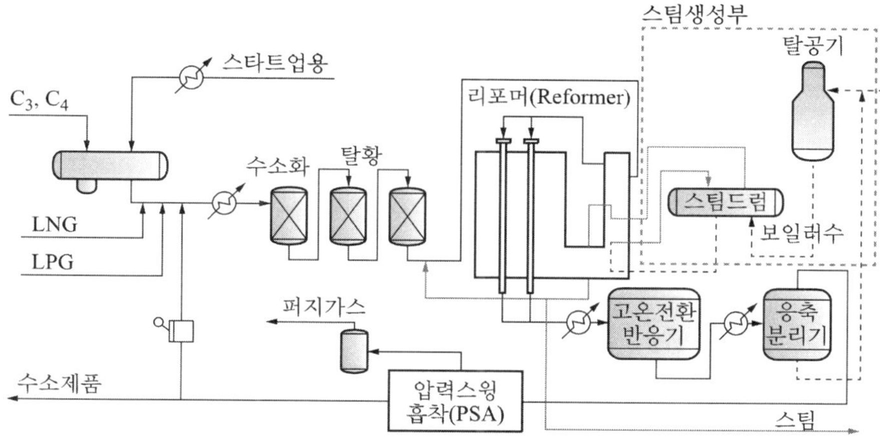

그림 10.15 스팀 생성부

전체 수소생산 공장의 장치는 아래와 같다.

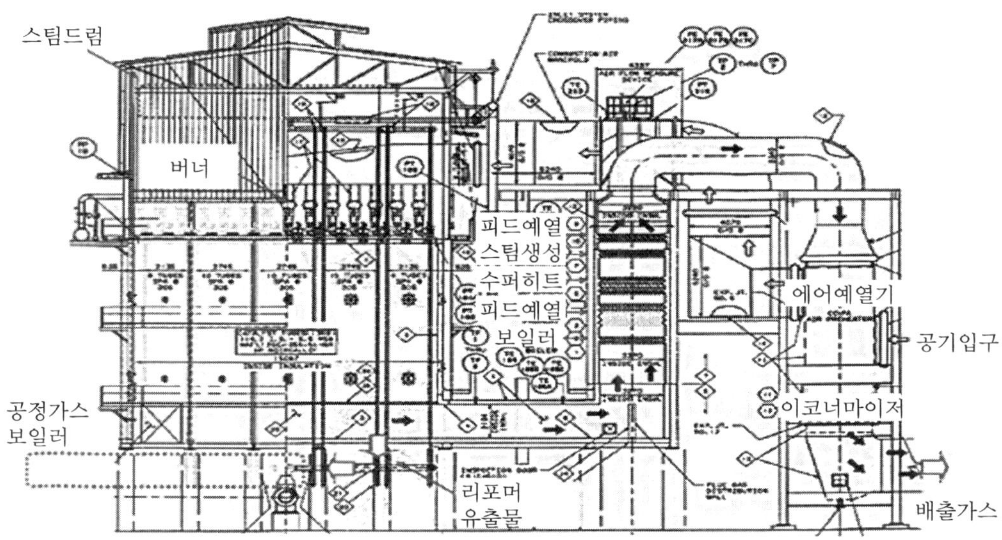

그림 10.16 스팀/메탄 개질 공장

10.5 일산화탄소생산 공장 (CO Manufacturing Plant)

수소공장의 합성가스 (Syngas)를 일부 취하여 그 성분 중에 포함된 물 (H_2O), 일산화탄소 (CO), 수소 (H_2) 및 메탄 (CH_4) 중 일산화탄소 (CO)를 분리하여 생산 제품화하고 부산물로서 이산화탄소 (CO_2)를 제품화하여 수소 (H_2)와 메탄 (CH_4)은 수소생산 공장으로 돌려보내어 제품화 및 연료로 회수하는 공정으로써 흐름도는 아래와 같다.

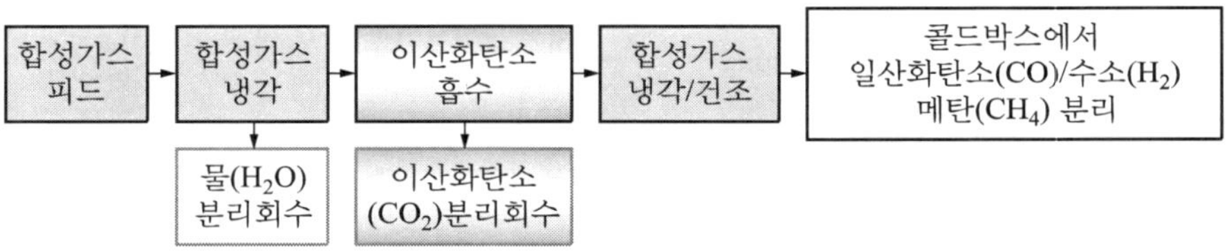

그림 10.17 CO공장 공정 흐름도

즉 CO생산 공장은 합성가스의 냉각 (350℃ → 40℃)을 통해 합성가스에 함유된 물을 응축시켜 제거하고 아민 (MDEA)으로 이산화탄소 성분을 흡수 및 분리한다. 이후 콜드 박스로부터의 수소가스와 냉동기를 통해 냉각 (40℃ → 5℃)시키고 건조기를 통과시켜 잔여 이산화탄소 및 물 성분을 제거한 후 콜드 박스에 투입하여 초저온 분리 과정을 통해 수소, 일산화탄소 및 메탄가스로 분리하여, 수소는 수소공장으로 보내 순도를 높여 수소를 제조하고 메탄가스는 수소공장의 리포머 연료로 사용한다. 일산화탄소는 압축하여 공정의 최종 생산물이 된다. 아래 그림 10.18은 수소공장과 CO공장의 연계를 보여준다.

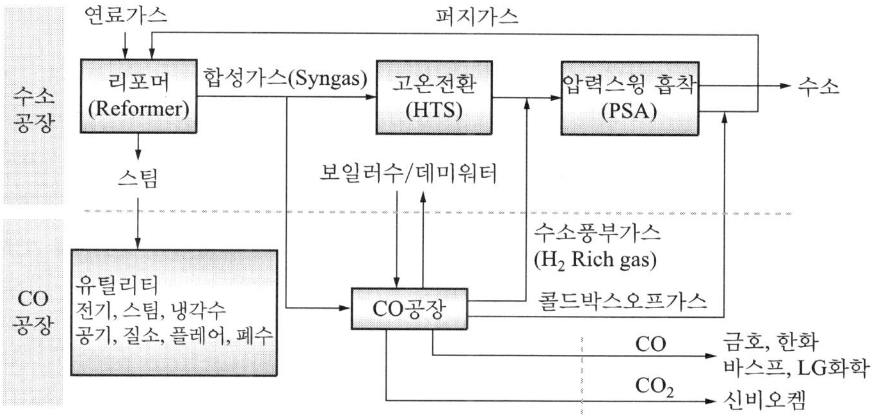

그림 10.18 수소공장과 CO공장 연계 흐름도

참고 가스 분리 정제 방법

(1) **막분리 (Membrane Separation)**

기체의 선택적 투과도를 이용하여 기체 혼합물에서 원하는 기체를 분리하는 방법으로 H_2, 천연가스, 합성가스 및 헬륨의 정제에 이용하고 있다.

예 수첨탈황공정의 순환가스 정제, 감압잔사 수소분해 공정의 순환가스 정제, 공기 이용 O_2 부화 (Enrichment) 연소 등

(2) **메탄에이터 (Methanator)**

혼합가스 중 촉매독인 CO를 메탄 (CH_4)으로 바꾸는 장치를 말한다. 즉 CO 생산 공장에서 나온 수소리치가스 (H_2 97.2%, CO 2.4%, CH_4 2.4%) 중 CO를 메탄에이터 (Methanator)를 거쳐 메탄으로 전환시킨다. CO를 CH_4로 전환한 수소리치가스는 반응으로 메탄을 추가 포함과 CO 제로의 순도 97.3%가 되어 공정 수소로 사용 가능해진다.

(3) **극저온 분리 (Cryogenic Separation)**

극저온을 이용한 혼합가스의 분리 방법이다. 예를 들어 CO생산 공정에서 CO를 생산하기 위해 H_2/CO를 분리함에 있어 단열 콜드박스 (Cold Box)에서 H_2/CO/CH_4의 비점 (−252℃/−192℃/−1℃) 차이를 이용하여 분리한다. 즉 혼합가스를 온도/압력 변화에 의한 압축, 팽창, 액화과정을 거치게 된다.

(4) **압력스윙 흡착** (PSA, Pressure Swing Adsorption)

수소공장에서 리포머와 고온전환 공정을 거친 수소리치가스 (H_2 72.3%, CH_4 3.3%, CO_2 19.8%, CO 5.1%)를 PSA에서 흡착 → 압력 감압 → 불순물 퍼지 → 압력 가압 → 흡착 사이클로 고순도 수소 (99.99%)를 얻고 나머지 조성의 가스는 퍼지가스 (Purge Gas)로서 전량 리포머의 연료로 사용된다. 이 방법은 흡착기 (Adsorber) 설비의 운전변수를 바꾸어 고순도 수소를 분리하는 발전된 분리 정제 방법이다.

(5) **오프가스 압력스윙 흡착** (OGPSA, Off Gas Pressure Swing Adsorption)

수소생산 공장의 리포머를 거치고 고온전환 공정을 거치기 직전의 합성가스 (H_2 69.1%, CO 16.2%, CO_2 10.7%, CH_4 4.1%)를 CO생산 공장으로 보내진다. CO생산 공정에서는 ① H_2O를 냉각 응축으로 제거하고 ② 아민 (MDEA) 공정에서 CO_2를 흡수 분리 후 회수하고 ③ 드라이어에서 H_2O/CO_2를 완전히 제거한 후 ④ 콜드박스에서 H_2, CO 및 CH_4로 분리한다. 분리된 수소 리치가스는 수소생산 공장의 OGPSA 피드로 보내져 UOP PSA와 동일한 정제사이클로 고순도 H_2로 전환시킨다. OGPSA 공정은 라이센서가 린데 (Linde)이고, 코어레서 (Coalescer)가 있으며, 피드로 CO생산 공장 수소 리치가스, 연속촉매재생 플랫포머 가스 (H_2 90%) 및 전체 공정의 높은 수소 오프가스를 사용하고 있다. 이들 피드의 평균 조성은 H_2 85.6%, C_2^+ 10.9%, CH_4 4.4%이다. 주로 정유공정의 수소 리치 오프가스에서 수소를 회수함에 있다. 그리고 OGPSA 퍼지가스 (Purge Gas)를 테일가스 (Tail Gas)라 부르며 흔히 연료가스 헤더로 보내진다.

(6) **코어레서** (Coalescer)

일종의 필터 (Filter)로서 연료가스 속에 들어 있는 H_2O와 액상증기 그리고 불순물을 걸러 주는 장치이다.

CHAPTER 11

감압잔사 수소분해 공정

(Vacuum Residue Hydrocracker)

피드인 감압잔사유와 수소를 함께 부상 (Ebullated) 촉매 반응기에 투입하여 고온 (415℃), 고압 (180 bar) 하에서 분해시키고 탈황, 탈질, 탈금속을 행하여 등유와 경유 등의 고품질 제품을 생산한다. 이 공정은 금속과 황 함량이 높은 매우 중질 (Heavy)의 상압잔사 (AR, Atmospheric Residue)와 감압잔사 (VR, Vacuum Residue)의 피드를 처리한다. 이 공정의 핵심은 팽윤 또는 부상베드 반응기 (Ebullated Bed Reactor)이다. 이것은 등온반응운전 (Isothermal Reactor Operation)이고 차압 형성이 없으며 (Nopressure Drop Build-up) 연속적인 촉매주입 및 제거가 특징이다. 또한 고정층 베드 (Fixed Bed)에 비하여 가동시간 (Run Length)이 더 길다.

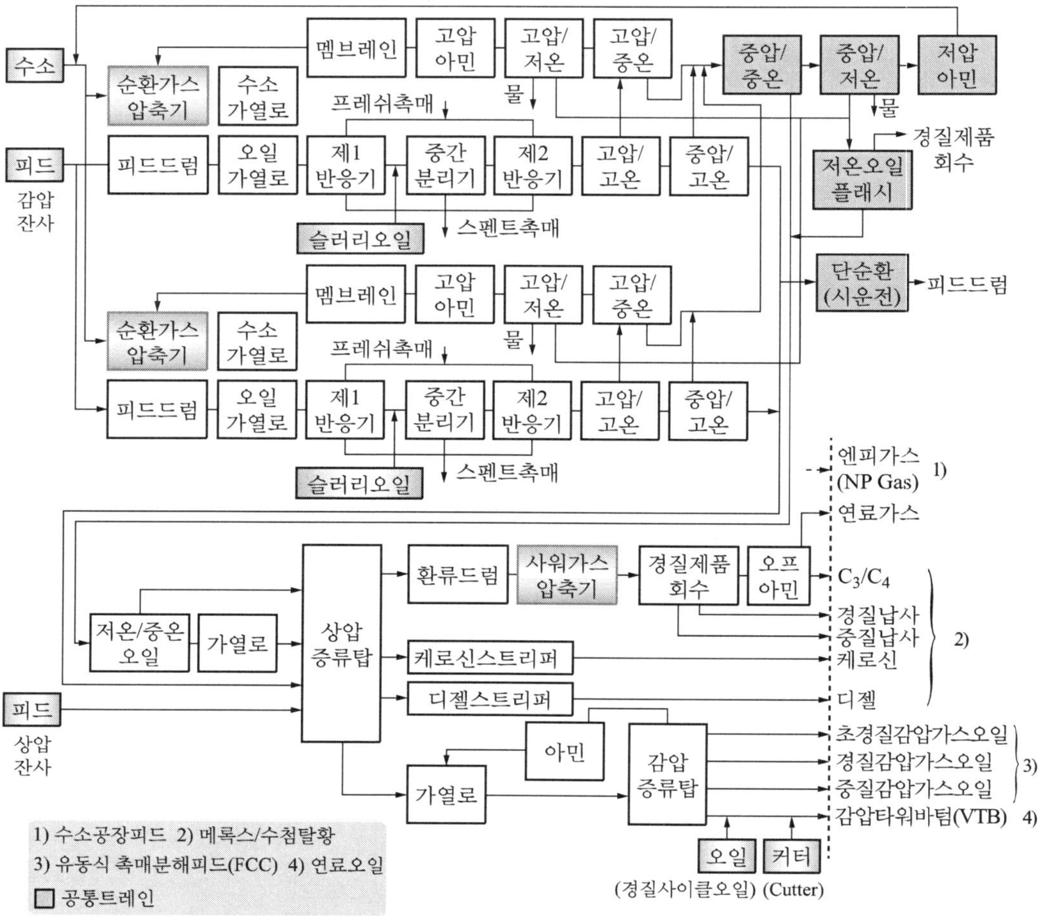

그림 11.1 감압잔사 수소분해 공정 개요도

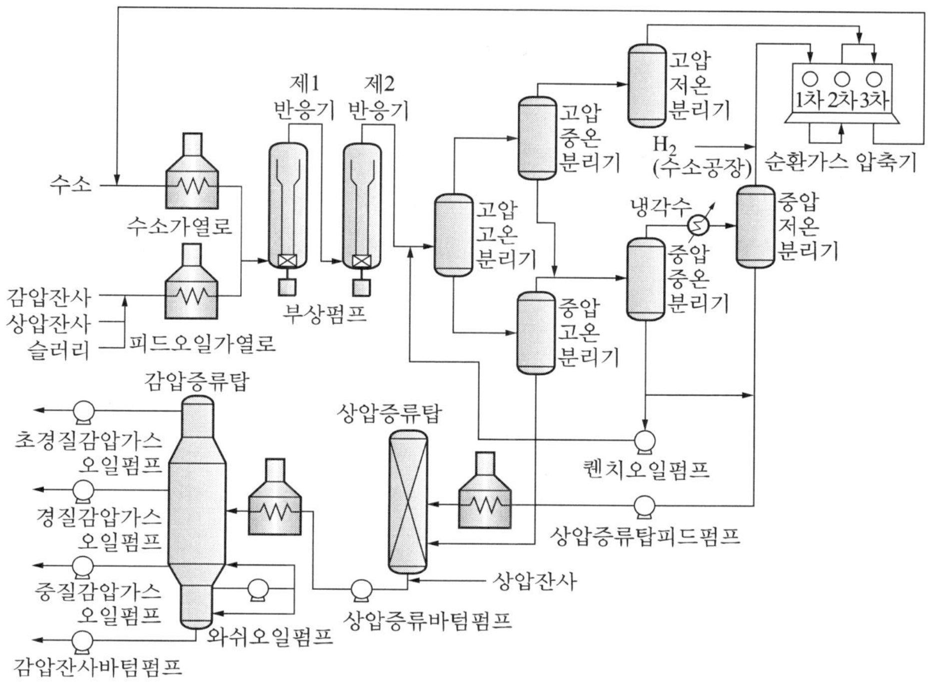

그림 11.2 감압잔사 수소분해 공정 상세 흐름도

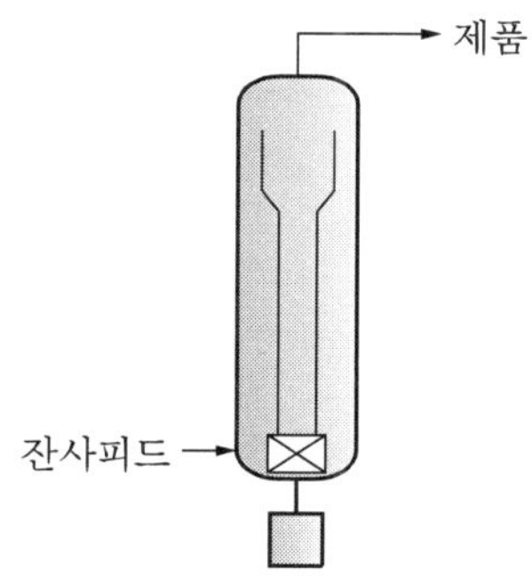

그림 11.3 엘씨 핀어 (LC Finer) 반응기

11.1 감압잔사 수소분해 공정 장치

2개 트레인으로 구성되고 각 트레인은 가열로, 반응기, 고압분리기, 황화수소(H_2S) 제거 및 수소정제 시설을 갖추고 있다. 각 트레인의 고압분리기를 나온 유출물은 합쳐져서 제품분리기를 거치고 가열된 후 상압증류탑 (A-Tower), 감압증류탑 (V-Tower)을 통해 제품으로 분리된다.

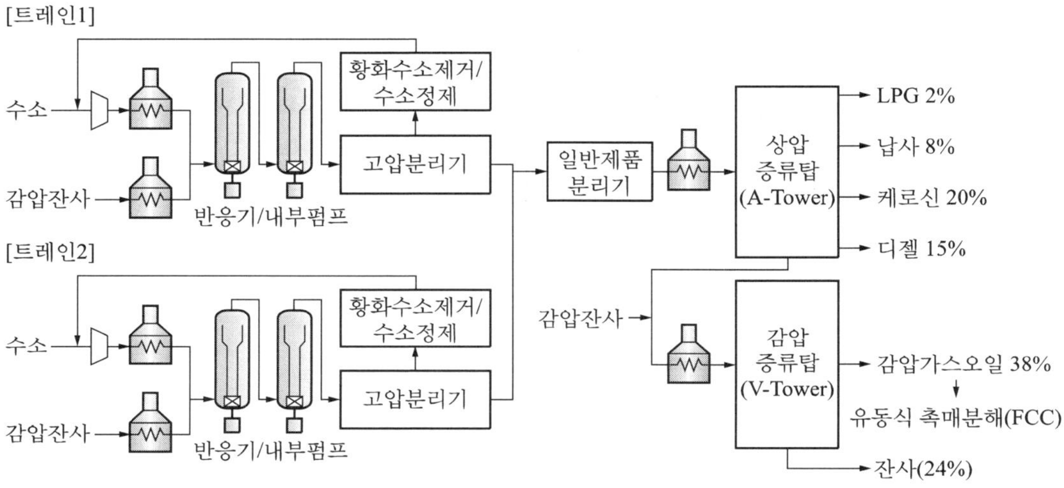

그림 11.4 감압잔사 수소분해 공정 흐름도

11.2 감압잔사 수소분해 반응기와 운전

부상베드 (Ebullated Bed)는 코킹 (Coking)을 방지하기 위하여 반응기 내부에 장착된 부상펌프 (Ebullating Pump)를 이용하여 촉매의 약 41%를 부상시킨다. 핵자기밀도 미터 (Nuclear Density Meter)를 통해 촉매 레벨을 간접적으로 유지하고 펌프 알피엠 (RPM)을 조절한다. 반응기 내부는 흐름을 잘 분산하기 위하여 그리드 플레이트 (Grid Plate)에 캡/라이저 (Cap/Riser)를 설치하고 펌프 순환팬 (Pump Recycle Pan)으로 가스 유입을 방지하고자 팬라이저 (Pan Riser)도 설치되어 있다. 그리고 재질보호 및 내부코킹 등을 관리하기 위해 내부 및 표면 (Skin)에 온도계를 반응기 당 31개가 설치되어 있다. 또한 금속 (Metal)과 카본 (Carbon) 침적으로 촉매 활성이 저하되므로 3－4년의 연속적 운전을 위해 촉매 주입 시설을 설치하여 정상운전 중 상부로 촉매를 주입하고 하부에서 촉매를 제거한다.

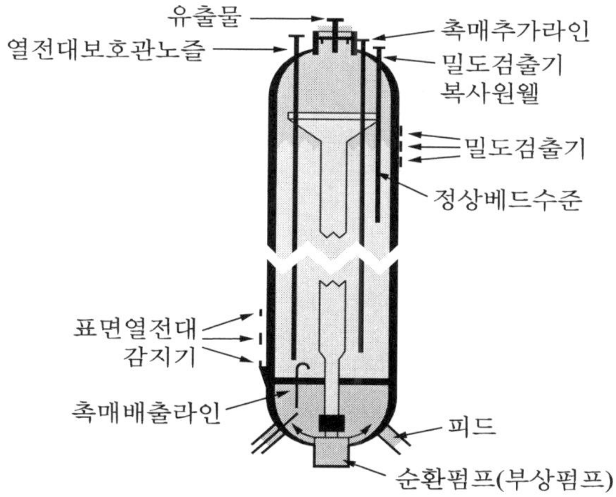

그림 11.5 반응기 개요도

(1) 반응기 주요 운전변수

주요 운전변수는 수소분압 (H_2 Purity), 반응기 온도 (Reactor Temperature), 촉매활성도 (Catalyst Activity), 피드속도 (Space Velocity) 등이다.

반응 메커니즘에 있어 ① 분해 (Cracking)는 열과 촉매 반응에 의하고 ② 수소화 (Hydrogenation)는 라디칼 캡핑 (Radical Capping) 및 반응을 안정화 시키며 ③ 탈황/탈질소/콘래드슨 카본잔사 (CCR) 및 메탈 제거는 촉매반응에 의한다. 전형적인 반응기 운전 범위 및 디자인은 아래 표 11.1과 같다.

표 11.1 반응기 운전 범위와 디자인

	단위	LC Finer 운전 범위	디자인
반응기 온도	℃	410 – 440	418
반응기 압력	atm	110 – 180	170 – 180
전환율	%	55 – 80	72
수소분압	atm	75 – 125	– 135
수소 소모량	Nm^3/m^3	135 – 300	223
황 제거율	%	60 – 85	80
질소 제거율	%	-	35
콘래드슨 카본잔사(CCR) 제거율	%	40 – 70	63
메탈 제거율	%	65 – 88	80

(2) 반응기 주요 장치

반응기 주요 장치에는 고압반응기 4개, 고압분리기, 멤브레인 (Membrane), 메이크업 (Make-up) / 순환 압축기 (Compressor) 5개, 촉매처리시스템, 냉각기 (Chiller) 등으로 구성된다.

① **고압반응기/고압분리기** 피드가 수소와 함께 반응기로 들어가 반응을 한 후 상부로 나오는 유출물 (Effluent)은 고압분리기에서 분리가 되며, 반응기내 흐름은 그림 11.6과 같다.

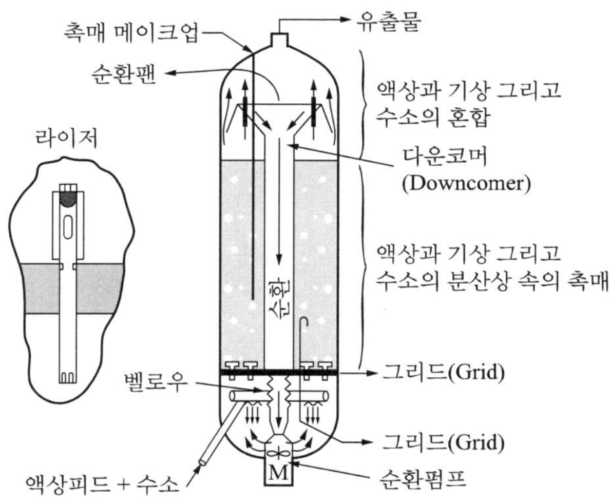

그림 11.6 반응기 내부 개요도

② **멤브레인 (Membrane)** 반응기와 분리기를 통과한 순환가스 중에 H_2를 제외한 물질을 제거하여 수소분압을 증가시킨다. 멤브레인을 통과하지 못한 물질 (Non Permeate)은 수소공장의 원료로 재사용한다. 과거에는 압력스윙 흡착기 (PSA, Pressure Swing Adsorber)를 적용하였으나, 최근에는 멤브레인을 사용한다.

③ **메이크업/순환 압축기** 왕복형 압축기로 멤브레인을 통해 압력손실 (ΔP)이 발생하기 때문에 순환가스를 센트리퓨갈 압축기를 통해 승압할 수 없으므로 압축기 3단 흡입장치 (3 Stage Suction)로 보낸다.

④ **촉매처리시스템** 프레쉬 (Fresh) 촉매/스펜트 (Spent) 촉매 저장시설 및 디젤/중질 감압가스오일 촉매이송 유체시설은 DCS 자동화로 일련의 시퀀스 (가압, 가열, 이송, 냉각, 감압이송 등 단계)로 진행한다.

⑤ **냉각기 (Chiller)** 감압타워 이젝터의 스팀 사용량을 줄이기 위해 프리컨덴서 (Pre-condenser) 및 냉각기를 설치하여 이젝터의 부하를 감소시킨다. 4기의 냉각기 (응축기)가 공통으로 3기의 프리컨덴서를 가지고 5℃로 냉각수를 공급한다.

참고 | 멤브레인 (Membrane)

영어 Membrane (멤브레인)은 막 (膜)이라는 의미이다. 이 막으로 혼합가스 중에서 원하는 물질을 분리해 내는 기술을 막분리 (Membrane Separation)라고 한다. 예를 들어 합성가스 (Syngas)는 CH_4, H_2O, H_2, CO, CO_2 조성의 혼합물인데 이 중에서 수소를 분리하여 수소의 순도를 높이는데 적용하고 있다. 이것의 원리는 기체마다 용해되어 막을 통과해 확산되어 빠져나가는 특성 차이 즉 선택적 투과도 (Selective Permeability) 차이를 이용한 것이다.
수소 (H_2)와 같이 빠르고 투과성이 높은 기체는 메탄 (CH_4)과 같이 느리고 투과성이 낮은 기체에 비해 높은 속도로 막을 통과하게 된다. 가스의 막 투과속도는 그림 11.7에 나타내었으며 그 순서는 다음과 같다.

$$H_2O > H_2 > He > CO_2 > H_2S > O_2 > Ar > CO > N_2 > CH_4$$

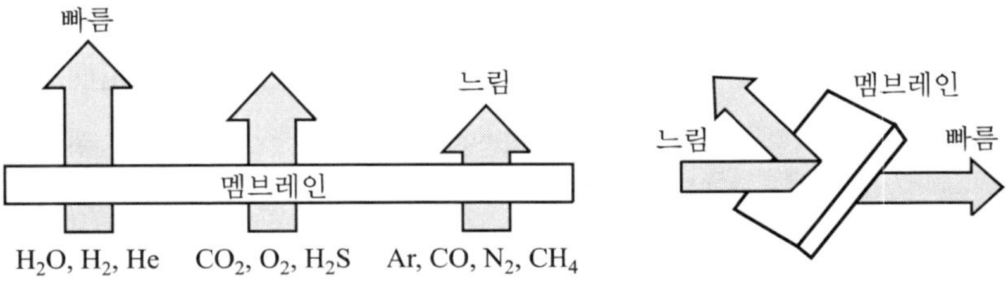

그림 11.7 기체의 막 (Membrane) 통과속도

아래 그림 11.8의 아래쪽은 중공사 막 (Hollow Fiber Membrane)의 다층 구성도를 나타내고 위쪽은 합성가스가 이 장치의 막을 통과할 때 수소는 막을 통과(Permeate)하지만 메탄을 포함한 그 외 물질은 통과하지 못함 (Non Permeate)을 보여주고 있다. 그리고 그림 11.9와 그림 11.10은 각각 중공사 막 구조와 현장설치 멤브레인의 뱅크구조를 나타내고 있다.

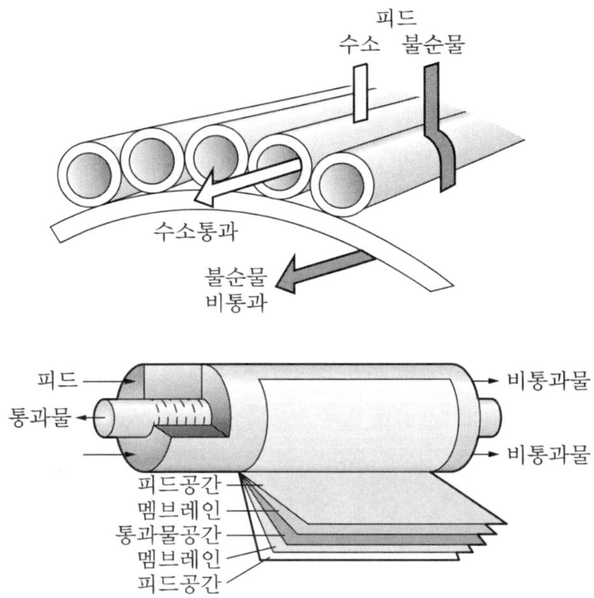

그림 11.8 중공사막 (Hollow Fiber Membrane) 구성

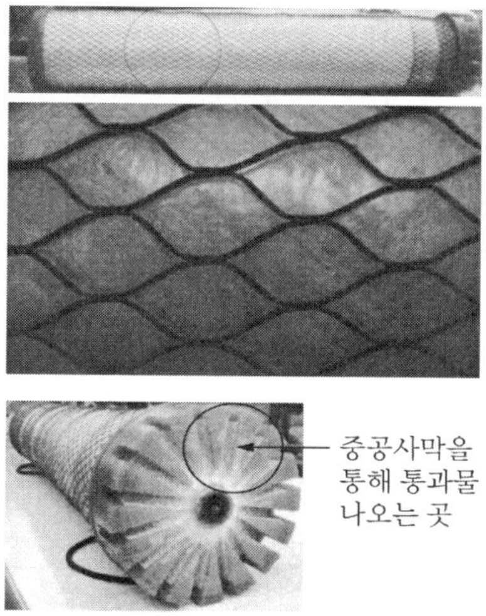

그림 11.9 중공사막 (Hollow Fiber Membrane) 구조

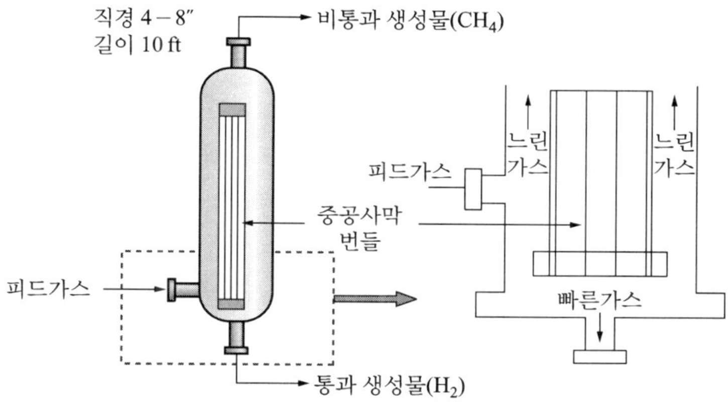

그림 11.10 멤브레인의 뱅크구조

11.3 감압잔사 수소분해 공정의 특성

반응기 내에 장착된 부상펌프를 이용하여 촉매를 부상 (Ebullation)함으로써 열 (Heat) 축적방지를 통해 코크 (Coke) 생성을 방지하고, 반응기 압력손실 (ΔP)이

2 kg_f/cm^2 이내로 매우 낮으며, ΔP 상승 가능성은 거의 없다. 그리고 트레인당 4일에 3회 연속 촉매주입 (사용량 1일 6톤)으로 연속운전이 가능하고 전환율 (Conversion)은 72%이며 주로 열분해 (Thermal Cracking)에 의해 이루어진다. 탈황 반응률은 약 80% 수준이다.

(1) 운전시 주요 고려사항

누출, 온도 폭주 (Run Away), 공정 막힘 (Plugging), 코크 (Coke) 발생 가능성 등이 병존하므로 보수적인 운전변수 조절이 요구되고, 반응기와 상압증류탑 (A-Tower) / 감압증류탑 (V-Tower)의 코크 및 파울링 정도가 운전조건에 따라 민감하게 영향을 받으므로 세심한 운전모니터링이 필요하다. 게다가 비상상황 (Emergency) 발생시 코크생성으로 인한 문제발생 가능성이 높으므로 비상발생 방지 및 대응방안에 대한 철저한 준비가 필요하다. 즉 삭감 (Cut Back) 최소화의 운전전략 수행이 있어야 한다.

(2) 전환율 (Conversion) 제약 요소

반응기와 장치의 코크생성량이 증가하면 전환율을 낮추어야 하고, 코크생성의 주요 영향인자는 ① 피드품질 (Feed Quality) ② 촉매 활성 (Catalyst Activity) ③ 수소분압 (Hydrogen Partial Pressure)을 들 수 있다. 즉 피드품질에 따라 코크생성량이 변동하고, 촉매 활성 저하는 세디먼트 (Sediment)/코크 (Coke) 경향성을 높이며, 수소분압은 수소화반응 (Hydrogenation)을 저하시켜 코크를 발생시킬 수 있다. 따라서 이들 문제들은 모니터링과 분석강화 및 정상운전 등으로 지속적으로 관리하여야 한다.

(3) 피드품질과 전환율의 관계

피드품질을 종합적으로 평가하는 지표로 사라 (SARA)라고 불리는 콜로이드 불안정지수 (CII, Colloid Instability Index)를 사용하며 이 값이 낮을수록 전환율을 높여서 운전이 가능하다.

$$\text{CII (SARA)} = \frac{\text{포화 (Saturate)} + \text{아스팔텐 (Asphaltene)}}{\text{수지 (Resin)} + \text{방향족 (Aromatics)}}$$

좋은 피드 유종에는 아라비안 (Arabian), 쿠웨이티 (Kuwaiti), 이란니안 (Iranian), 카나디안 (Canadian) 중질원유 (Heavy Oil)가 있고 이것에 반하는 것으로는 우랄 (Ural)과 마야 (Maya) 원유를 예로 들 수 있다.
아스팔텐 함량이 높으면 세디먼트 제어가 어려우며 동일한 아스팔텐 함량일지라도 분자량이 높은 아스팔텐 함량이 높으면 전환율을 높일 수 없다. 그리고 감압잔사 수소분해 공정의 전환율은 피드에 포함된 579℃ 이상 성분 중 제거된 양의 비율로 정의한다.

(4) 비상상황 대응

감압잔사 촉매분해 공정에서 비상상황 대응의 핵심은 반응기의 코크생성을 방지하는 것 이며, 이를 위해 반응기의 부상 (Ebullation)은 유지하면서 반응기의 압력 및 온도를 자동으로 낮추도록 구성되어 있다. 다시 말해 모든 비상상황은 삭감 (Cut Back)이라고 하는 자동화된 DCS 로직 (DCS Logic)에 의해 운전원의 개입이 없이 1차적으로 자동대응이 되도록 구성되어 있다.
감압가스오일 수소분해 (Vacuum Gas Oil Hydrocracker) 공정은 비상상황 시 이디피에스 (EDPS)를 수동으로 동작시키지만, 중대화재 또는 누출발생 시에는 이디피에스 (EDPS)를 자동 작동시킨다.
비상상황에 대한 대응이 자동화된 이유는 초기대응이 늦거나 정확하지 않을 경우 코크생성 등으로 공정에 심각한 영향을 미치기 때문이다. 그러나 이와 같은 조치는 공정보호를 위한 최소한의 안전장치이므로 잦을 경우는 가동시간 또는 전환율의 제약으로 작용하므로 비상조치 자체가 발생하지 않도록 운전하는 것이 매우 중요하다.
그리고 감압잔사 수소분해 공정 특성상의 비상상황에는 반응기 부상 (Ebullation) 상실 및 반응기 온도 이상거동이 있으며, 공정에 심각한 영향을 미치는 것에는 정전 (Power Failure), 수소단절 (H_2 Failure), 피드단절 (Feed Failure) 등이 이에 속한다.

11.4 감압잔사 피드의 분자구조

잔사는 약 500－10,000의 분자량을 가지며 다중핵의 응축된 방향족 구조에 파라핀과 나프텐의 특성을 가진 것의 결합체이다. 황, 질소, 메탈 그리고 산소는 주로 가지 카본 원자의 체인에 존재하거나 잔사 분자속의 링 구조에 녹아 들어가 있다. 잔사 스펙트럼의 높은 비점끝 쪽에는 매우 복잡하고 다중 용융링을 가지고 있는 것을 아스팔텐 (Asphaltene)이라 부르며, 이는 노말헵탄 (Normal Heptane)이나 저비점 직쇄 탄화수소에는 녹지 않는다. 아스팔텐은 통상 촉매에 독이 되는 메탈을 함유하고 있으며 주로 니켈 (Ni)과 바나듐 (V)이 아스팔텐에 포함되어 있다. 감압잔사는 감압조건에서 더 이상 증류가 되지 않은 유분 (579℃$^{+}$ 컷)으로 극성, 비극성 물질이 복잡하게 결합되어 있는 상태로 분자 내에 소량의 이원자 (Heteroatom)인 S, N, O가 포함되어 있는데, 고리화합물 내에 혹은 분자 내 작용기 그룹에 포함되어 방향족 화합물이 극성을 갖도록 하는데 기여한다. 감압잔사를 단순 분류하면 크게 말텐 (Maltene)과 아스팔텐 (Asphaltene)으로 나누며 말텐은 노말알칸에 용해되는 성분이고, 아스팔텐은 노말알칸에 용해되지 않고 침전되는 성분을 말한다.

(1) 말텐 (Maltenes)

노말알칸에 용해되는 성분으로 포화물, 방향족, 수지 등의 성분을 포함하고 있다. 이 성분들을 분리하기 위해 클레이 (Clay) / 겔크로마토그래프 등의 분리법이 이용된다. 알루미나겔 혹은 실리카겔에 침투시키면 수지가 흡착되고 흡착된 수지는 다시 벤젠이나 아세톤, 사염화탄소 등으로 추출하여 분리해 낸다.

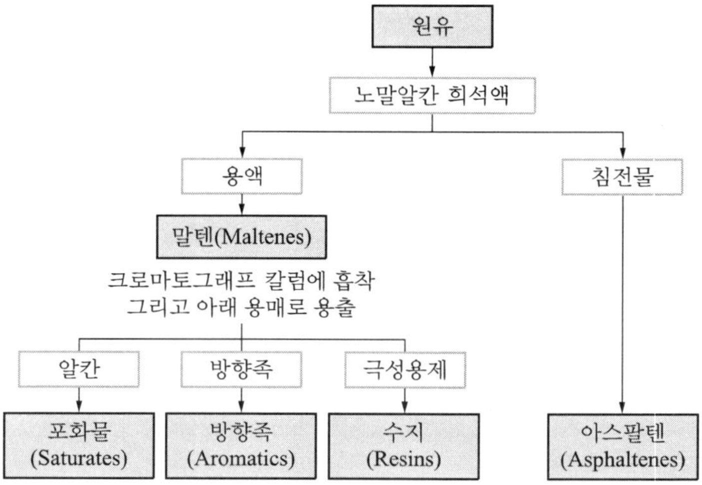

그림 11.11 감압잔사 성분 분류

(2) 오일 (포화물, 방향족)

포화물과 방향족은 감압잔사 (Bitumen)의 액체성분이다. 포화물의 경우는 노말 (n-), 이소 (iso-), 사이클로 (cyclo-) 파라핀 및 나프텐 성분이 주를 이룬다. 그리고 방향족의 경우는 보통 3개 혹은 4개의 고리를 가지며 비극성을 띤다.

(3) 수지 (Resins)

포화된 방향족, 이원자를 가진 방향족 고리 화합물, 이원자를 가진 작용기를 갖는 다환식 분자 (Polycyclic Molecular)로 이루어진다. 화학적으로는 아스팔텐과 유사하나 아스팔텐보다 극성이 작아 분자간 상호작용이 약하다.

(4) 아스팔텐 (Asphaltene)

노말펜탄이나 노말헵탄과 같은 노말파라핀에 녹지 않고 침전으로 분리되는 성분이다. 중질유 성분 중에서 가장 잘 용해되지 않은 성분들의 집합체이고 S, N, O와 같은 이원자 (Heteroatom)가 많아 감압잔사를 이루는 성분 중 가장 강한 극성을 보이는 물질이며, 큰 분자가 아니라 극성 분자들이 강하게 결합되어 있는 형태를 보인다. 감압잔사에서 가장 분자량이 큰 물질이며 중질유의 특성 분석은 주로 아스팔텐에 대해 연구해 왔다. 분자량이 700 − 1000 정도이며 상호간 작용으로 2000 − 5000까지 분자량이 증가하고, 분자 크기는 3 − 10 nm 정도이나 상호간 작용으로 50 nm까지 크기가 커진다. 결정으로 보기 쉬우나 무정형의 덩어리이며 고체라기보다는 유리와 같이 온도에 따라 달라지는 액체에 더 가깝다.

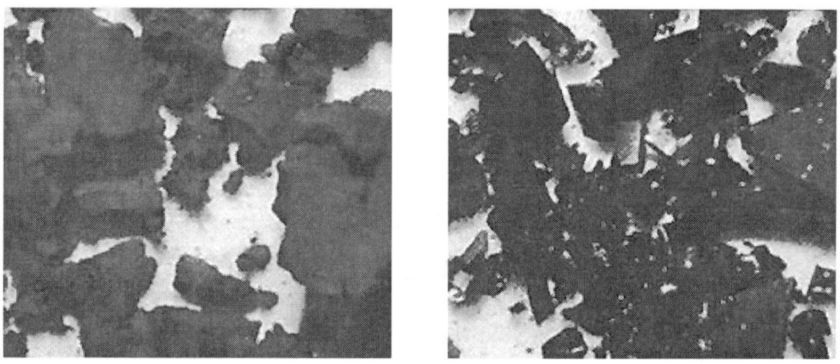

그림 11.12 n-C_5 아스팔텐 (좌) / n-C_7 아스팔텐 (우)

(5) 아스팔텐 특성

중질유속에 포함되어 있는 아스팔텐의 구조를 정확히 밝히기는 어렵다. 잔사(Residue)의 경우 ~10^6개 가량의 분자들이 SARA 매트릭스 내에서 공존하고 있고, SARA 매트릭스 내에 있는 각 성분들의 분포는 원유 종류에 따라 크게 달라진다. 자가결합 (Self Association), 응집 (Flocculation) 등의 성질로 인해 아스팔텐 성분은 잔사 중에서도 가장 복잡하고 분석하기 어려운 물질이다. 중질유 업그레이딩 공정에서 용질 (Solute)인 아스팔텐과 용제 (Solvent)인 방향족의 비율이 정교하게 균형을 이루어야 하며 그렇지 않을 경우는 침전물 형성 (Sediment Formation) 등의 문제가 발생한다.

표 11.2 남미 원유 SARA 분석 결과

	wt%	Ni (ppm)	V (ppm)	S (wt%)
남미 원유	-	38	114	3.2
피치(Pitch)	100	100	300	5.6
S(포화물, 비용제)	18	0	0	4.3
A(방향족, 용제)	17	0	0	4.8
R(분산제)	40	110	260	5.7
A(아스팔텐, 용질)	25	230	740	6.5

(6) 아스팔텐의 구조

아래는 아스팔텐의 구조를 나타내고 있다. 한 가지 예를 들면 맨 아래쪽 좌측 그림의 아스팔텐의 분자식은 $C_{420}H_{496}N_6S_{14}O_4V$ (분자량 6191 g/mol, H/C = 1.18)이다.

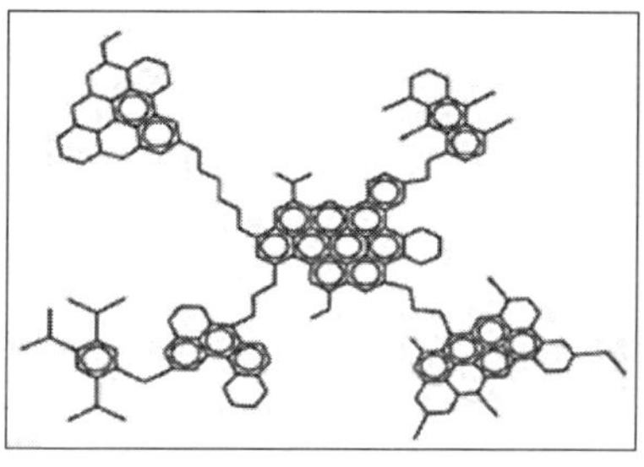

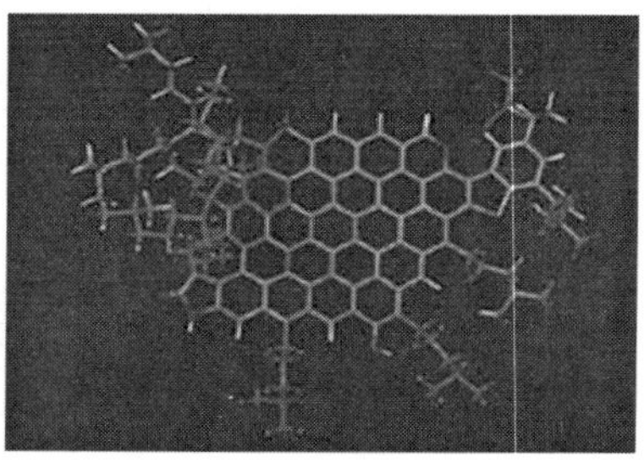

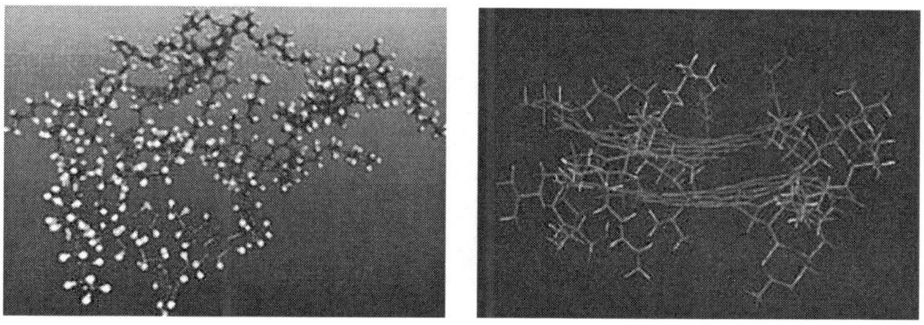

그림 11.13 아스팔텐의 구조

(7) 침전물 형성 (Sediment Formation)

촉매분진 등에 의해 발생하는 무기 침전물 (Inorganic Sediment)과 아스팔텐 침전에 의해 발생하는 유기 침전물 (Organic Sediment)이 있다. 전자는 다운스트림으로 갈수록 농축효과에 의해 침전물이 증가하고, 후자는 용제 효과에 의해 침전물이 감소한다. 전환율이 올라감에 따라 사이드 체인, 가지 체인 등이 깨지면서 결국 방향족링이 응축된 특정 구조만 남게 된다. 이렇게 방향족성이 증가하면 링의 구조가 점점 평평해지고 분자끼리 빡빡하게 쌓여지기 쉬워 진다. 아스팔텐 분자내의 이원자 (O, N, S)가 정전기적 인력을 더해 분자끼리 뭉치는 침전현상이 발생하게 된다.

참고 | 석유공정의 전형적인 탄화수소 분자

탄화수소 분자	보 기
파라핀(Paraffin)	
노말파라핀	$CH_3 - CH_2 - (CH_2)_x - CH_3$
이소파라핀	$CH_3 - CH_2 - \underset{}{\overset{R}{\overset{\vert}{(CH_2)_x}}} - CH_3$
올레핀(Olefin)	$CH_3 - CH = CH - R$
나프텐(Naphthene)	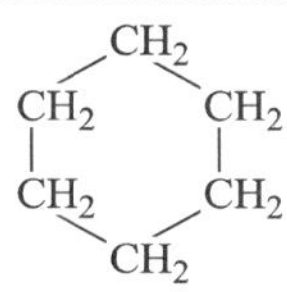

탄화수소 분자	보 기
방향족(Aromatics)	
모노방향족	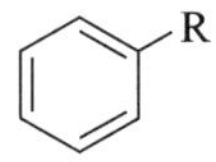
이중방향족	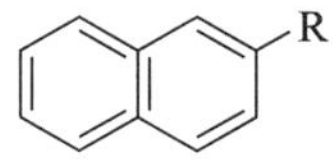
다중방향족	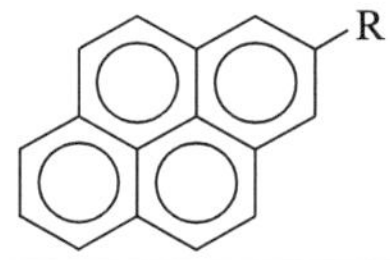

그림 11.14 석유공정의 탄화수소 분자 분류

11.5 감압잔사 탄화수소의 주요 반응

잔사 피드로부터 금속과 황 등을 제거하려면 촉매가 있는 반응기에서 수소화 (Hydrogenation)가 이루어져야 한다. 촉매는 수소처리 (Hydrotreating) 반응이 일어나도록 표면 사이트 (Surface Site)를 제공해 주며 탈황, 탈질소, 탈금속 및 수소분해 반응을 촉진해 준다. 촉매는 알루미나 베이스에 니켈 (Ni), 몰리브텐 (Mo) 같은 촉진 (Promoting) 금속으로 담지 (Impregnated)되어 있다.

촉매의 수소처리 반응은 촉매 내부에 있는 활성점 (Active Site)에서 일어난다. 오일과 수소는 아래 그림 11.15와 같이 촉매 내부 기공 (Pore) 속으로 이동하여 촉매 활성점에서 반응한다.

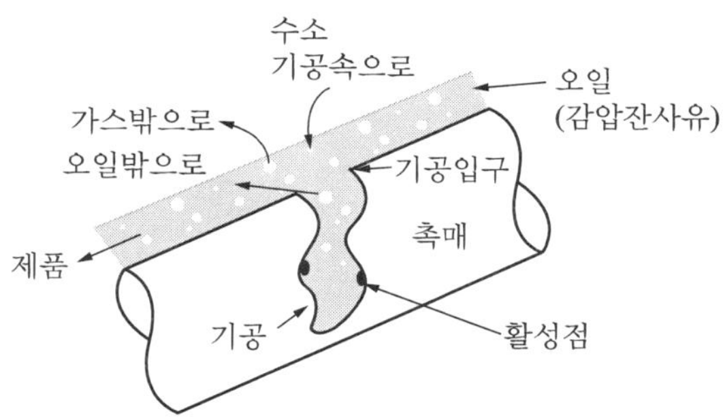

그림 11.15 피드의 수소분해반응 메커니즘 모형도

반응은 큰 분자의 분해가 일어난 후 자유 라디칼 캡핑 (Free Radical Capping)의 원리로 수소로 포화가 이루어진다. 그리고 질소 제거는 황 제거보다 어렵다. 일부 질소 화합물은 암모니아 (NH_3)로 전환되지 않고 낮은 비점 범위의 화합물로 전환되고, 촉매 기공 (Pore)에 침적된 카본 (Carbon), 니켈 (Ni), 바나듐 (V) 등은 촉매 활성의 저하를 초래한다.

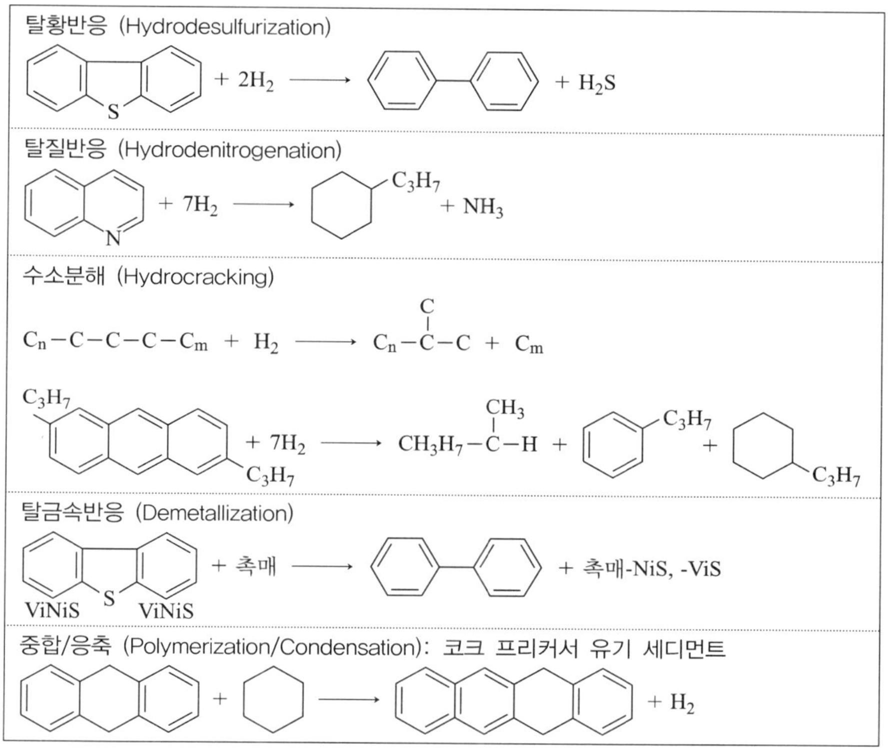

그림 11.16 잔사 탄화수소의 주요 반응

(1) **침전물형성 (Sediment Formation)** 고온에서 카본 - 카본 결합 (C-C Bond)이 깨지는 열분해 과정에 의해 프리 라디칼 (Free Radical)이 다음과 같이 생성된다.

$$R\text{-}R \rightarrow R\bullet + R\bullet$$

생성된 프리 라디칼들이 반응하여 아래와 같이 올레핀이나 아스팔텐을 생성한다. 수소 그리고 촉매와 함께 프리 라디칼은 안정화된 화합물을 형성하고 이 반응은 수소분압이 높게 유지되는 엘씨 핀어 (LC Finer) 공정의 주요인이다.

$$\begin{cases} R\text{-}CH_2{}^{-}CH_2\bullet(R') \rightarrow R\text{-}CH=CH_2 + H\bullet \\ R\bullet + R' \rightarrow R\text{-}R' \end{cases}$$

(2) **탈황반응 (Hydrodesulfurization)** 피드의 황을 제거하여 황화수소 (H_2S) 및 탄화수소 (Hydrocarbon)를 생성한다. 생성된 황화수소는 분리기 (Separator)에서 분리되어 아민 (Amine) / 물 (Water)에 흡수된다. 전체 수소 소모량의 약 40%가 탈황반응에 사용되고 이때 반응열은 수소 1 Nm^3 소모당 479 kcal의 열을 내는 발열반응이다. 중질 감압가스오일은 300℃부터 탈황이 시작되고 디젤은 정상 조건에서는 225℃에서 탈황이 시작되지만 스타트업 (Start-Up) 시에는 피드 속도의 유리한 측면과 수소분압의 불리한 측면이 있어 다소 유동적이다. 탈황반응은 약 300℃ 내외에서 시작하여 온도가 낮을 때에는 탈황률이 크게 증가하지만 온도가 증가함에 따라 탈황률의 증가율은 완만하게 변한다. 즉 설계 운전 온도의 ±10% 내외에서 전체 탈황률은 2－3% 정도 증가하는 정도로 크게 좌우되지 않는다.

(3) **탈질반응 (Hydrodenitrogenation)** 피드의 질소를 제거하여 암모니아 (NH_3)와 탄화수소 (Hydrocarbon)를 생성한다. 생성된 암모니아는 사워워터 (Sour Water)에 흡수되어 황회수 공정에서 제거되거나 촉매에 흡착되어 일시적인 촉매독으로 작용할 수 있으나 탈착이 가능하므로 촉매 활성 저하에 주는 영향은 미미하다. 질소 화합물의 일부는 암모니아 형태가 아닌 낮은 비점 범위의 화합물로 전환되기도 한다. 질소 제거반응은 황 제거보다 매우 어렵고 반응열은 수소 1 Nm^3 소모당 650 kcal의 열을 내는 발열반응이다. 다른 질소 제거반응과 마찬가지로 반응성이 낮아 반응이 쉽게 일어나지 않으며 피드 내 질소 함량도 적으므로 절대적인 반응량은 분해 (Cracking) / 수첨탈황에 비해 매우 적어 반응기 운전에 미치는 영향은 매우 낮다.

(4) **탈금속 반응 (Hydrodemetalization)** 감압잔사 분자구조에 연결된 금속이 수소와 반응하여 촉매 표면에 금속 설파이드 (Metal Sulfide) 형태로 침적된다. 이 금속 설파이드가 촉매의 금속 (몰리브덴, 니켈, 코발트) 활성점을 막음에 따라 촉매 활성은 저하되며, 펠릿 (Pellet)의 내부보다는 촉매의 기공입구

(Pore Mouth)에 주로 침적되어 기공 열림 (Pore Opening)이 감소하므로 급격한 촉매 활성 저하가 있을 수 있다. 흡착된 금속 성분은 제거되지 않기 때문에 영구적인 촉매독으로 작용한다. 바나듐은 기공입구 주변의 촉매 내부에 침적되고 니켈은 촉매 펠릿에 고루 분포된다. 침전 시 피드 내 금속 원자에 연결된 질소는 제거되고 수소 분자가 금속 및 질소를 대신한다. 주요 제거 금속에는 니켈 (Ni), 바나듐 (V), 나트륨 (Na), 칼슘 (Ca), 철 (Fe) 등이 있다.

(5) **올레핀 수소화 (Olefin Hydrogenation)** 다른 반응보다 가장 빨리 일어나며 모든 올레핀은 반응기 입구쪽에서 전부 포화되고, 반응열은 수소 1 Nm^3 소모당 1,200 kcal의 열을 내는 발열반응이다. 감압잔사에는 올레핀이 거의 없기 때문에 올레핀 반응에 의한 반응기 온도 상승 효과는 미미하나, 다른 요인으로 올레핀이 많은 피드가 유입되면 단위 반응열이 높기 때문에 반응기 온도 조절에 중점을 두어야 한다.

(6) **방향족 포화 (Aromatics Saturation)** 감압잔사 내의 방향족의 일부는 수소화 (Hydrogenated)되어 나프텐으로 변하고 방향족의 포화는 반응 자체로는 적은 부분이나 많은 수소가 사용되어야 하므로 수소 사용량과 반응열에 큰 영향을 미친다. 반응열은 수소 1 Nm^3 소모당 약 350 − 750 kcal의 열을 내는 발열반응이다. 그리고 일반적으로 높은 압력과 낮은 온도에서 방향족 포화가 더 잘 일어난다.

(7) **수소분해 (Hydrocracking)** 고분자를 작은 분자로 전환하는 수소분해는 과잉 수소 분위기에서 일어나며 반응기 온도 증가에 큰 부분을 차지한다. 반응열은 수소 1 Nm^3 소모당 약 450 kcal의 열을 내는 발열반응이다.

(8) **카본잔사 제거 (Carbon Residue Removal)** 카본잔사는 수소 없는 상황에서 가열하면 고체 물질을 생성하는 것으로 정의한다. 일반적으로 아스팔텐이나 수지 (Resin)에 붙어 있는 가지 탄화수소 체인이 분해되어 떨어져 나가 기화 (Vaporizing) 된다. 다중 방향족 (Polyaromatic) 형태의 핵심 (Core)은 부분적으로 분해되고 유사 분자 물질과 폴리머 (Polymer)를 형성하여 코크와 같은 물질로 바뀐다. 이 코크와 같은 물질이 카본잔사 (Carbon Residue)라고 불리며 ASTM 방법인 MCR (Micro-Carbon Residue)로 측정된다. MCR은 CCR (Con-Carbon Residue)과 같은 개념이며 0.92로 나누어 주면 된다. CCR을 제

거하는 단계는 ① 수소로 다중 방향족 링을 포화 ② 포화 다중 방향족 링을 분해 ③ 큰 분자를 보다 작은 분자로의 전환이며, 수소는 코크를 형성하는 중합 (Polymerization)반응을 억제해 준다. 결국 카본잔사 함량에 기여하는 큰 분자가 적어지고 CCR 함량이 낮아지게 된다. 그리고 감압잔사 수소분해 공정에서는 아스팔텐이나 수지의 사이드 체인 (Side Chain)이 작은 분자로 분해되고 수소화 한다.

11.6 수소분해 전환율 한계와 침전물 제어

감압잔사 수소분해 전환율 증가에 따라 고체상태의 침전물 (Sediment) 발생이 기하급수적으로 증가한다. 석출된 침전물은 밸브 트림 (Trim) 손상, 열교환기 파울링 등의 문제를 발생시켜 가동시간 (Run Length)을 제한한다.

(1) **침전물 (Sediment)** 유기와 무기 침전물로 구분되며 이중 유기 침전물이 관리 대상이다. 유기 침전물은 코크 프리커서 (Coke Precursor) 등의 거대 탄화수소 분자이고 무기 침전물은 촉매 가루 (Catalyst Fine)가 대다수이다. 열분해에 의해 생성된 라디칼이 수소화되지 못하면 코크 프리커서로 전환되고, 코크 프리커서는 방향족 (Aromaticity)이 높은 거대분자로서 용해도 (Solubility) 측면에서 안정도 (Stability)가 낮다. 따라서 파라핀 풍부 분위기가 형성되거나 온도가 감소하면 고체 침전물 (Sediment)로 석출된다.

(2) **침전물 제어 (Sediment Control)** 침전물을 줄이는 방법에는 여러 가지가 있다. ① 높은 수지 (Resin) 함유의 피드 선택에서는 극성이 높은 수지가 코크 프리커서의 용해도를 높이므로 가급적 피하는 것이 좋다. ② 방향족이 높은 슬러리오일 / 경질사이클오일 / 상압잔사와 같은 희석제 (Diluent)를 반응기 / 상압증류탑바텀 (ATB)과 감압증류탑바텀 (VTB)의 런다운 (Run Down)에 주입하여 코크 프리커서를 용액 (Solution) 상태로 만들어 준다. ③ 경질과 중질 유분이 혼합되지 않도록 중질 유분을 직접 상압증류탑 (A-Tower)에 피드한다. ④ 컨트롤 밸브 및 주요 계기에 코크 대비하여 수소 또는 오일퍼지를 설치한다.

(3) **씨아이아이 (CII) 사라 (SARA) 테스트** 기존에는 전환율 (안정도 내에서 운전) 한계를 아스팔텐 대비 수지의 함량 비율 (1 이상이면 좋음)로서 가름하였으나 어떤 Ural 원유을 설명하지 못하여 사라테스트 (SARA Test)를 바탕으로 씨아이아이 지수 (CII)가 개발되었다. 이 CII는 (포화+아스팔텐) / (수지+방향족)으로 정의되며, 이 값이 낮을수록 (0.3 이하) 감압잔사 수소분해 전환에 좋으며, 값이 높으면 (0.5 이상) 전환을 올릴 수가 없어 나쁜 피드로 간주한다. 즉 CII가 낮으면 전환율을 올려도 아스팔텐이 석출되지 않는다 (침전물 형성이 낮다). 아래 그림 11.17은 감압잔사 피드의 분자 구성 모형도를 나타내고 있다. 여기서 수지 (Resin)는 황과 질소를 가진 방향족의 시트 (Sheet)로서 아스팔텐을 감싸고 있고 반응기에서 분해되어 싸고 있던 아스팔텐이 석출되는 것이다. 석출 아스팔텐은 보다 높은 농도의 탄소, 수소, 황, 질소를 가진 방향족의 시트이다.

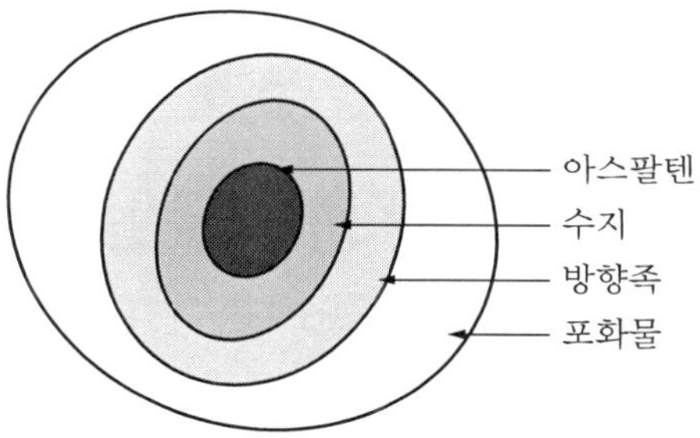

그림 11.17 감압잔사 피드 분자구조

표 11.3은 3종의 원유 (AM, Ural, Bitumen)에 대한 감압잔사유의 수소분해 피드로서의 사라테스트 (SARA Test) 결과를 나타내고 있다. 일반적으로 엘씨 핀어 (LC Finer) 공정에 좋은 원유는 Sour Middle Eastern Crudes인데 Basrah Lt, Basrah Midium, Khafji, West Texas C, Upper Zakum, Isthmus (Mexican), Burgan, Kuwai가 여기에 속한다. 반대로 나쁜 원유는 Ural, Maya, Belayim, BCF-17, Lybian, Cerro Negro, Duri, Chinese Crudes (TA He Chinese, Taching) 등이다.

표 11.3 씨아이아이 (CII) 테스트 보기

감압잔사 품질	AM	Ural	Bitumen
포화물, vol%	8.9	21.8	14
방향족, vol%	43.6	21.2	17
수지, vol%	35.1	43.3	60
아스팔텐, vol% (C_6)	12.4	13.7	9.4
과거기준 (수지/아스팔텐)	2.8	3.2	6.4
현재기준 (CII)	0.27	0.55	0.30
전환한계 (Conversion Limit)	70%	55 – 60%	< 80%

참고) 쿠웨이트 전환은 75% 수준임

11.7 감압잔사 수소분해 촉매

감압잔사 수소분해 촉매에는 사용 전 프레쉬촉매 (Fresh Catalyst)와 사용 후 스펜트촉매 (Spent Catalyst)가 있다.

(1) **프레쉬촉매** 감압잔사 수소분해 공정에 사용하는 프레쉬촉매는 알루미나 (Al_2O_3) 담체에 니켈 (Ni), 몰리브덴 (Mo)의 금속이 함유되어 있는 수첨탈황 (Hydrodesulfurization) 계열의 촉매이다. 촉매의 기공 사이즈 분포 (Pore Size Distribution)가 가장 중요한 기술이다. 즉 매크로 기공 (Macro Pore)을 함유하여 기공입구 막음 (Pore Mouth Plugging)을 방지 및 거대분자의 확산 (Diffusion)을 최대화하고, 활성 보정을 위하여 메소 기공 (Meso Pore)의 사이즈를 낮게 유지한다. 아래는 일반적인 프레쉬촉매의 물성을 나타낸다.

표 11.4 프레쉬촉매 물성 분석결과

	몰리브덴 (Mo)	니켈 (Ni)	밀도 (Bulk density)	길이	직경	표면적	기공부피
단위	wt%	wt%	kg/m^3	mm	mm	m^2/g	mm^3/g
분석결과	10	4	590	3	1	320	0.8

(2) **스펜트촉매** 폐기할 스펜트촉매 성상은 피드 및 운전 조건 변화에 따라 변동하며 일반적인 스펜트촉매 물성은 아래 표와 같다. 그리고 발생한 스펜트촉매에서 금속 (Mo, V)은 회수한다.

표 11.5 스펜트촉매 물성 분석결과

	몰리브덴 (Mo)	바나듐 (V)	니켈 (Ni)	카본 (Coke)	오일 (Diesel)	합계	밀도 (Bulk Density)
분석결과	5.2%	1.9%	7.1%	16%	17.6%	100%	1,100 kg/m^3

11.8 수소분해 공정에 공급 수소

공급 수소는 수소공장에서 LNG, LPG, 경질납사 원료를 개질 (Reforming) 및 정제하여 고순도의 수소를 생산하여 공급하게 된다. 즉 수소생산 공장에서는 원료 피드를 정제하여 리포머 (Reformer)와 고온전환 반응기 (High Temperature Shift Reactor)에서 반응시켜 H_2, CO, CO_2로 전환되고 압력스윙 흡착 (Pressure Swing Adsorption) 공정에서 고순도 (99.99%)로 정제된다. 수소생산 공정에 대한 설명은 이미 10장에서 상세히 언급하였다.

참고 | 중질유분해 공정 (Heavy Oil Cracking Unit) 정리

중질유분해 공정에는 촉매분해 공정과 수소분해 공정이 있다. 촉매에 의한 촉매분해 공정에는 잔사 유동식 촉매분해 (RFCC)와 감압가스오일 유동식 촉매분해 (VGOFCC)가 있고, 수소첨가에 의한 수소분해 공정에는 감압가스오일 수소분해 (HCR)와 감압잔사 수소분해 (VRHCR)가 있다. 아래는 중질유분해 공정에 대한 전체적인 공정흐름을 정리하였다.

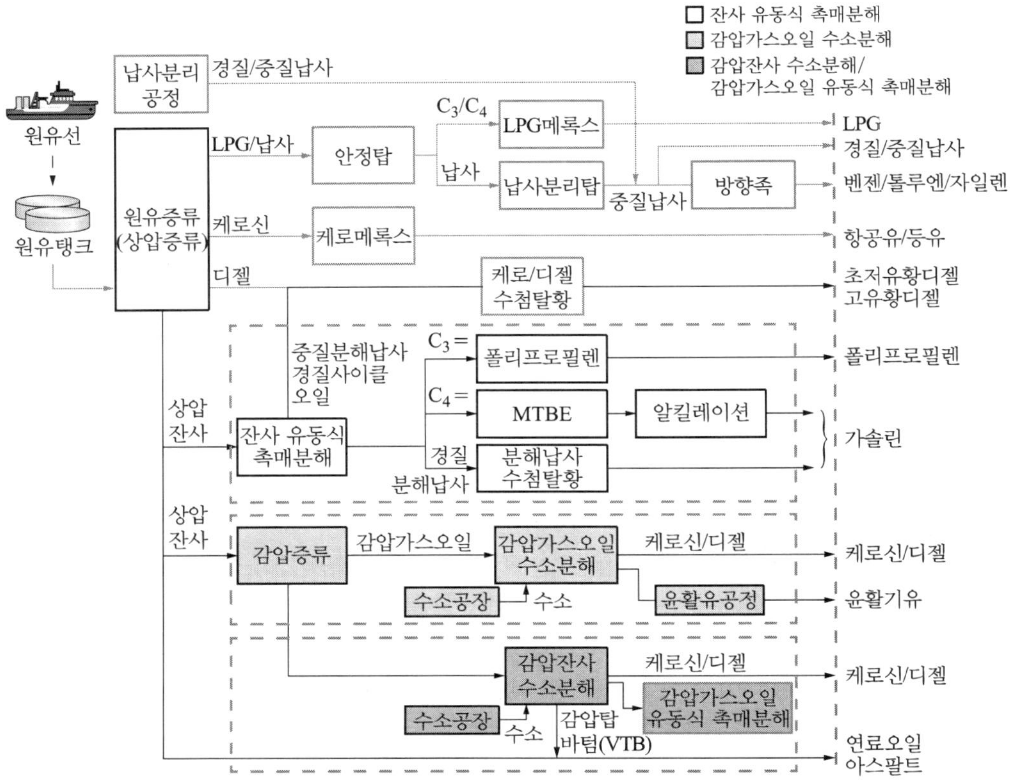

그림 11.18 전체 중질유분해 공정 개요도

1. **감압가스오일 수소분해**

상압잔사를 감압증류 하여 나온 감압가스오일을 수소분해 하여 케로신, 디젤, 왁시오일 등을 생산한다. 이중 왁시오일 (Waxy Oil)은 윤활유공정을 거쳐 윤활유의 원료인 윤활기유로 전환하게 된다. 아래 표 11.6은 동 공정의 시설과 용량 및 라이센서를 나타내고, 그림 11.19는 감압가스오일 수소분해 공정 흐름도를 나타낸다.

표 11.6 감압가스오일 수소분해 시설

공 정	용 량	비 고
수소분해	61,000 BPSD	라이센서: CLG 2단계 리사이클 반응부
윤활유공장	23,000 BPSD	라이센서: CBI TPA 2트레인 × 150 ton/day
감압증류	150,000 BPSD	라이센서: CLG 세계 최대 칼럼 (직경 15 m)
수소공장	120 kNm^3/h	라이센서: Technip
황회수	300 ton/day	라이센서: CBI TPA 2트레인 × 150 ton/day

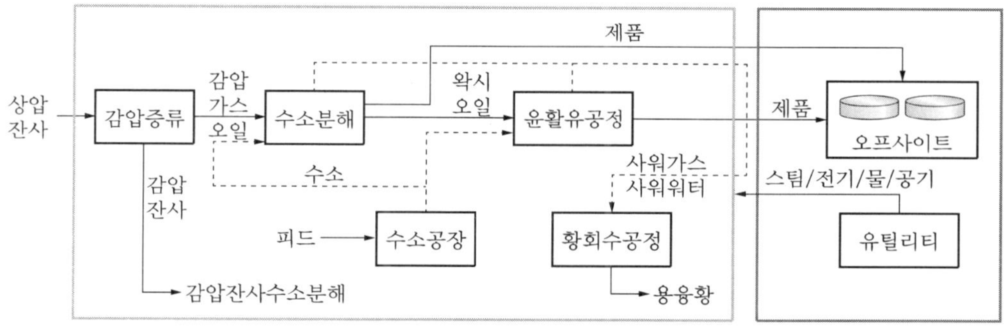

그림 1.19 감압가스오일 수소분해 공정 흐름도

2. **감압잔사 수소분해 및 감압가스오일 유동식 촉매분해**

감압잔사를 반응기에서 수소분해 하여 유출물은 상압증류탑을 통해 일반 제품으로 만들고, 탑저 잔사는 다시 감압증류하여 감압가스오일을 생산한다. 이 감압가스오일은 감압가스오일 유동식 촉매분해의 피드로 사용한다. 아래 표 11.7은 동 공정의 시설과 용량 및 라이센서를 나타내고, 그림 11.20은 이것의 공정 흐름도를 나타낸다.

표 11.7 감압잔사 수소분해 및 감압가스오일 촉매분해 시설

	공 정	용 량	비 고
수소 분해	감압잔사 수소분해 (LC Finer)	60,000 BPSD	라이센서: CLG 고압부의 2트레인
	수소공장	120 kNm^3/h	라이센서: Technip
	황회수	300 ton/day	라이센서: CBI TBA 2트레인 × 150 ton/day
촉매 분해	감압가스오일 유동식 촉매분해	53,000 BPSD	다운스트림 처리 공정 가짐
	황회수	150 ton/day	라이센서: CBI TBA 1트레인 × 150 ton/day

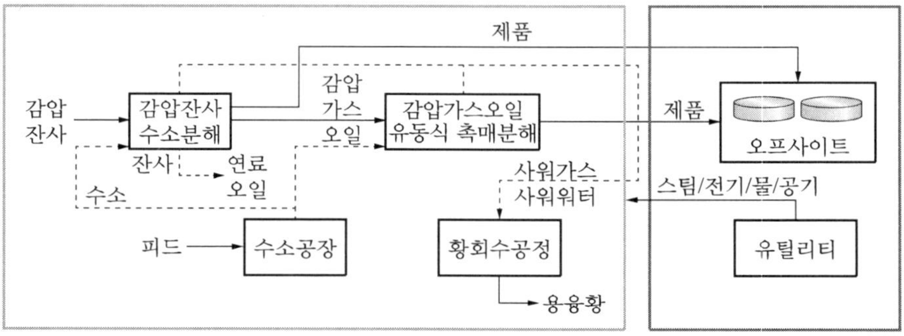

그림 11.20 감압잔사 수소분해 및 감압가스오일 유동식 촉매분해 공정 흐름도

그림 11.21은 감압잔사 수소분해 공정의 상압증류탑과 감압증류탑의 피드 및 제품을 나타내고 있다.

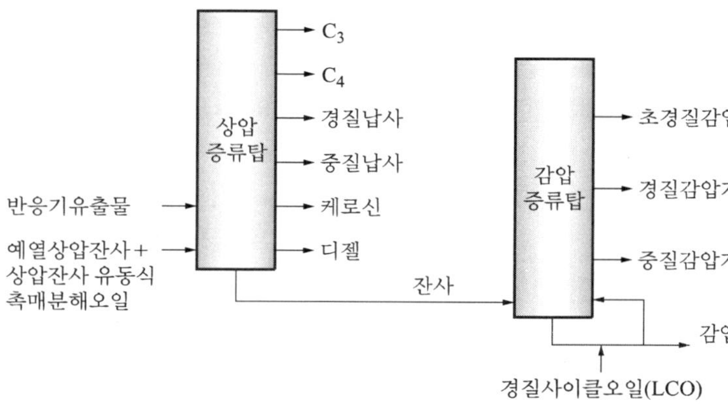

그림 11.21 상압증류탑/감압증류탑 공정 피드 및 제품

그림 11.22는 감압가스오일 수소분해 공정, 감압잔사 수소분해 공정 그리고 감압가스오일 유동식 촉매분해 공정 간의 연결 흐름도와 각 공정의 피드에 대한 전형적인 수율을 나타낸다.

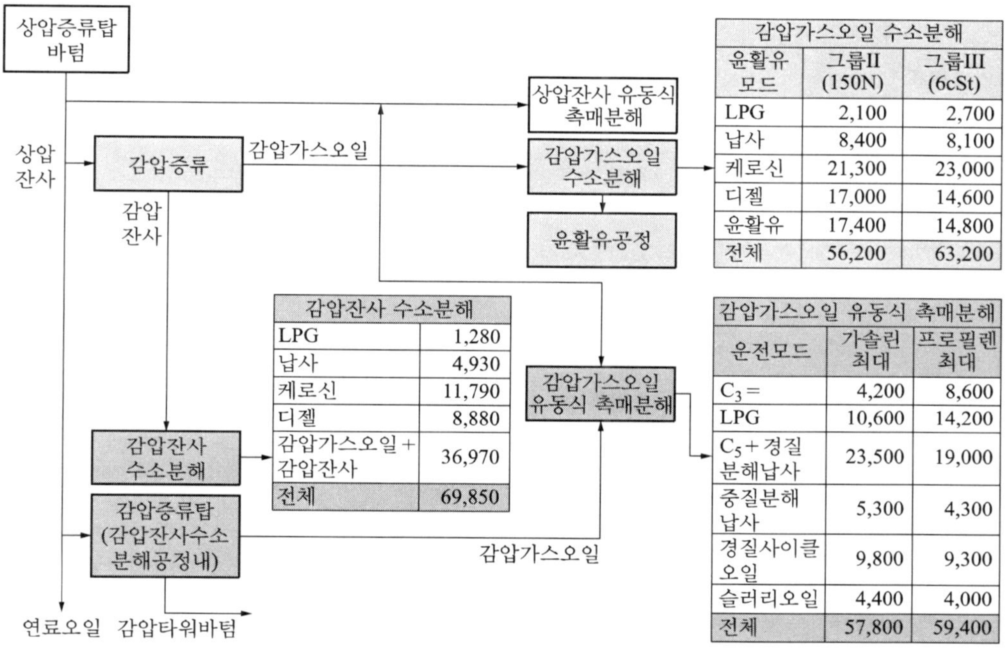

감압가스오일 수소분해		
윤활유 모드	그룹II (150N)	그룹III (6cSt)
LPG	2,100	2,700
납사	8,400	8,100
케로신	21,300	23,000
디젤	17,000	14,600
윤활유	17,400	14,800
전체	56,200	63,200

감압잔사 수소분해	
LPG	1,280
납사	4,930
케로신	11,790
디젤	8,880
감압가스오일+감압잔사	36,970
전체	69,850

감압가스오일 유동식 촉매분해		
운전모드	가솔린 최대	프로필렌 최대
$C_3=$	4,200	8,600
LPG	10,600	14,200
C_5+경질 분해납사	23,500	19,000
중질분해 납사	5,300	4,300
경질사이클 오일	9,800	9,300
슬러리오일	4,400	4,000
전체	57,800	59,400

단위: BPSD

그림 11.22 중질유분해 공정의 연계와 피드 및 제품

12
CHAPTER

황회수 공정

(Sulfur Recovery Unit)

탈황공정 (Hydrotreater)에서 발생하는 가스 중에는 황화수소 (H_2S)를 다량 함유하고 있으며 이 가스를 연료가스로 사용하기 위해서는 황화수소가 제거되어야 한다. 게다가 정유공정의 원료인 원유는 사워 (Sour)해지고 환경규제 강화로 인해 생산되는 제품의 황 함량은 지속적으로 낮추어야 함에 따라 결과적으로 제거되는 황의 절대량이 증가하게 된다. 그래서 황회수 용량 확보는 탈황의 원활한 운전은 물론 수익성 극대화에 기여하게 된다. 제거된 황화수소는 황회수 공정에서 액체 유황으로 전환하여 비료공장의 원료로 사용된다.

황회수 공정은 크게 4개의 단위공정 ① 사워가스를 처리 (Sour Gas Treating)하는 아민 공정 ② 사워워터 처리 공정 (Sour Water Treating Unit) ③ 황회수 공정 (Sulfur Recovery Unit) ④ 테일가스 처리 공정 (Tail Gas Treating Unit)으로 나누며 아래 그림 12.1과 12.2에 나타낸 것과 같다.

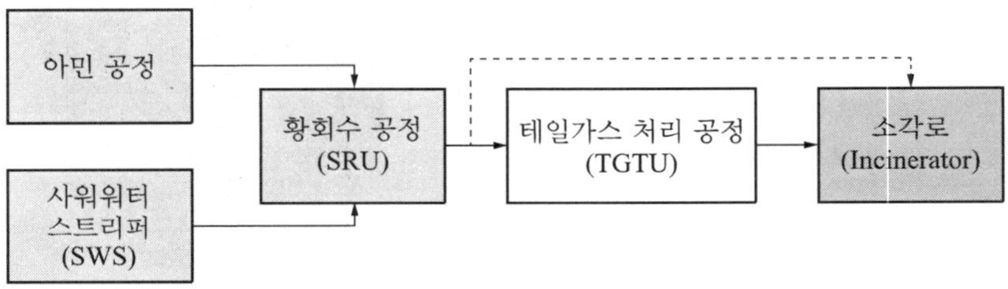

그림 12.1 황회수 시설 개요

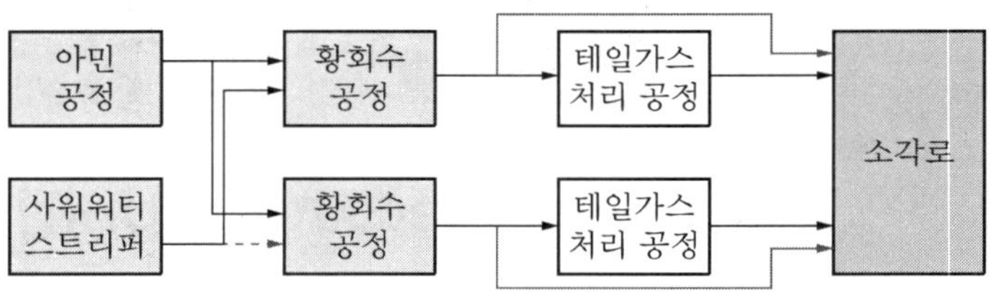

그림 12.2 2개 트레인 황회수 공정

아래 그림 12.3은 황회수 공정의 일반적인 유입물과 유출물의 조성물을 나타낸다.

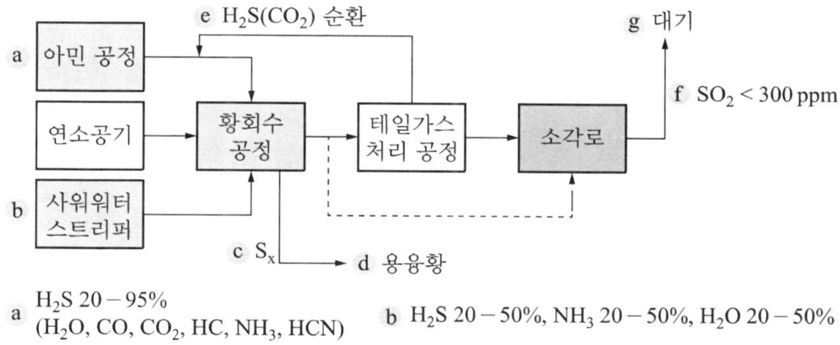

그림 12.3 황회수 공정 유입물/유출물

12.1 사워가스 처리 공정 (아민 공정)

아민흡수탑에서 사워가스 (Sour Gas)와 린아민 (Lean Amine)을 향류로 접촉시켜 황화수소 (H_2S)를 선택적으로 흡수한다. 리치아민 (Rich Amine)은 재생탑 (Regenerator)에서 스팀 가열을 통해 황화수소를 제거 (Acid Gas)하고 린아민으로 재생되어 아민흡수탑에서 재사용된다. 그림 12.4는 흐름 공정도와 유입 및 유출수 조성을 나타낸다.

(1) 아민처리 공정에서 처리하는 가스는 H_2S (Hydrogen Sulfide), CO_2 (Carbon Dioxide), COS (Carbonyl Sulfide), RSH (Mercaptane)이다.

(2) 아민 공정에서 처리한 가스를 산가스 (Acid Gas)라 하는 이유는 아래와 같이 수중에서 산을 형성하기 때문이며 특히 탄산 (H_2CO_3)은 약산이지만 스틸 (Steel) 재질에 치명적인 부식성을 띤다.

$$H_2S + H_2O\ (\text{액체}) \rightarrow \text{산}\ (H^+ + HS^-)$$

$$CO_2 + H_2O\ (\text{액체}) \rightarrow \text{산}\ (H_2CO_3)$$

(3) 산가스를 제거해야 하는 이유는 H_2S가 메탄 (CH_4: 청정 연료가스)의 약 2/3의 열량을 갖는 훌륭한 열원이지만 SO_2라는 독가스를 생성하므로 제거해야 한다.

$$H_2S + O_2 \rightarrow SO_2 + H_2O + 3{,}628\ \text{kcal/kg}$$

$$SO_2 + H_2O \rightarrow H_2SO_4\ (\text{강산, 강부식성})$$

(4) 산가스 처리는 기본적으로 염기를 사용해서 중화시키는 방법으로, 강염기 ($NaOH$, Na_2CO_3, KOH, K_2CO_3) 및 약염기 (아민, Amine) 2가지 방법이 있지만 높은 온도에서 후자 (Amine)가 전자 ($NaOH$)에 비해 재생할 수 있어 널리 사용하고 있다.

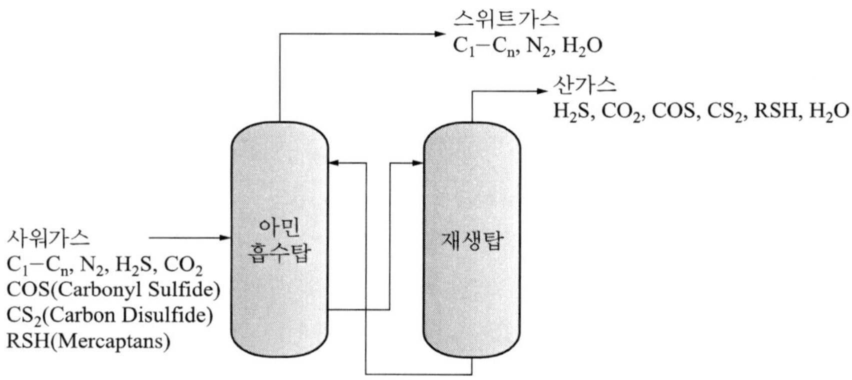

그림 12.4 사워가스 처리 공정 개요도

아민은 암모니아 (NH_3)에서 몇 개의 탄화수소 (알킬기)가 수소와 치환했는가에 따라 1차, 2차 3차 아민으로 각각 나누며 종류는 아래와 같다.

(1) 1차 아민: MEA (C_2H_5OH-NH_2), DGA (C_2H_4OH-O-C_2H_4-NH_2)
(2) 2차 아민: DEA [$(C_2H_5OH)_2NH$], DIPA ($CH_3CH_3CH_2OH$-NH-$CH_3CH_3CH_2OH$)
(3) 3차 아민: MDEA (C_2H_5OH-NCH_3-C_2H_5OH)

아민은 1차 아민이 가장 강염기이며 2차, 3차 순으로 약염기이다. 즉 MEA → DGA → DEA → DIPA → MDEA → 약염기 순서이다. 그리고 각각의 아민은 서로 다른 농도로 공정에서 사용된다. 즉 MEA/DEA 25 wt%, DIPA 35 wt%, DGA/MDEA 50 wt%이다.

표 12.1은 사용 아민의 종류와 그의 특성을 나타내고 있다.

표 12.1 아민 종류와 특성

아민형태		반응열 (kcal/kg)		가격 순서	탄화수소 용해도	LPG 용해도	COS 제거	머캡탄 제거
		H_2S	CO_2					
1차 아민	MEA	456	458	1	+ +	+ +	+ +	+
	DGA	374	472	3	+	+	+ +	+
2차 아민	DEA	284	363	1.5	+ +	+ +	+	−
	DIPA	264	361	3	− −	− −	+/−	−
3차 아민	TEA	264	264	Blank	Blank	Blank	Blank	Blank
	MDEA	222	350	2 − 3	−	−	− −	−

참고) MEA(MonoEthanolAmine), DGA(DiGlycolAmine), DEA(DiEthanolAmine), DIPA(DiIsoPropanolAmine), TEA(TriEthanolAmine) MDEA(Methyl DiEthanolAmine)

공정 반응식은 다음과 같다.

$$H_2S + R_3N \leftrightarrow R_3NH^+ + HS^-$$

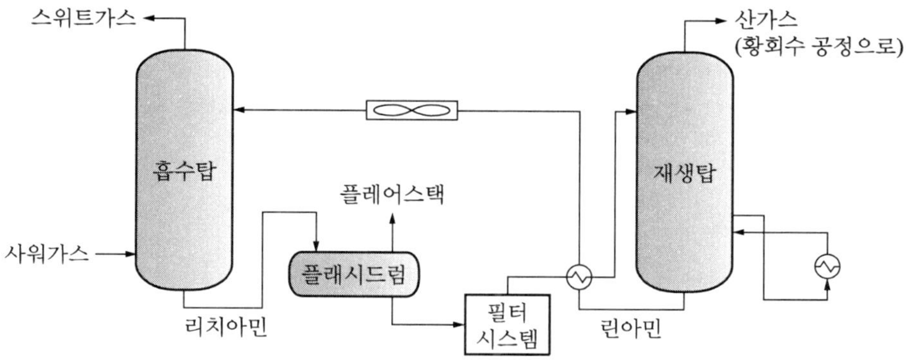

그림 12.5 가스 스위트닝 공정 흐름도

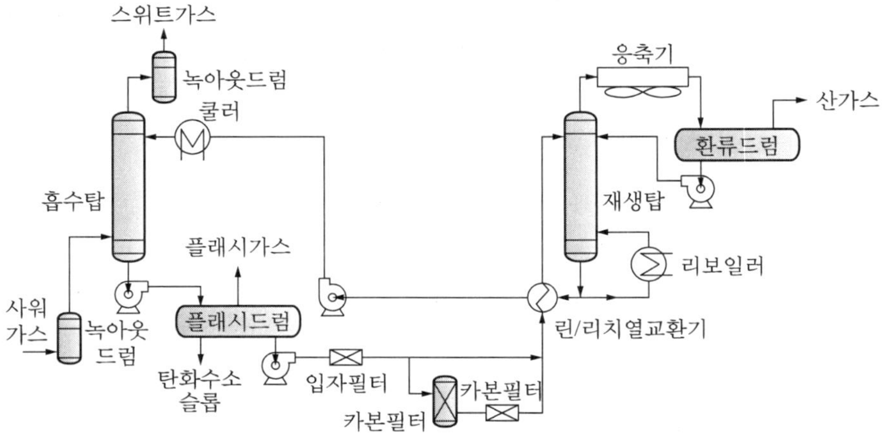

그림 12.6 아민 공정 상세 흐름도

12.2 사워워터 처리 공정 (Sour Water Stripper)

상압정유공정 (CDU), 잔사 유동식 촉매분해 공정 (RFCC), 탈황공정 등에서 발생되는 사워워터 (Sour Water)는 황화수소 (H_2S)와 암모니아 (NH_3)를 함유하고 있어 악취가 나며 화학적 산소 요구량 (COD, Chemical Oxygen Demand)이 높아 폐수처리장의 미생물을 죽이므로, 폐수처리장으로 보내기 전에 황화수소와 암모니아를 제거한다. 사워워터 스트리퍼 (Sour Water Stripper)에서 발생되는 가스는 황화수소와 암모니아를 포함하고 있으며, 이를 암모니아 산가스 (NH_3 Acid Gas)라 하고, 황화수소와 암모니아가 제거된 물을 스트립트 물 (Stripped Water)이라 한다. 흐름 공정도와 유입 및 유출수 조성은 그림 12.7과 같다.

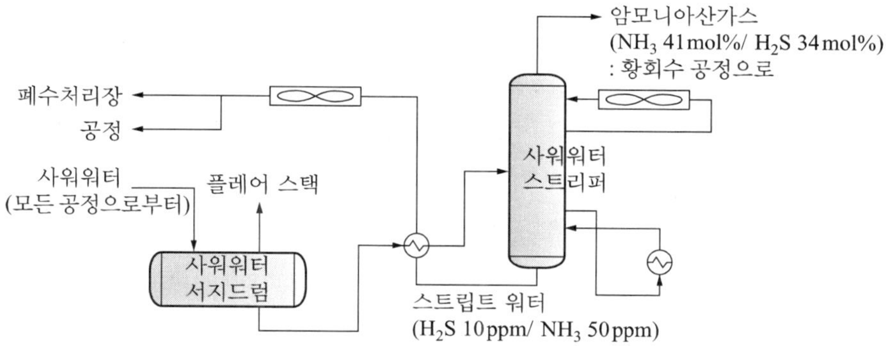

그림 12.7 사워워터 스트리퍼 유입 및 유출수

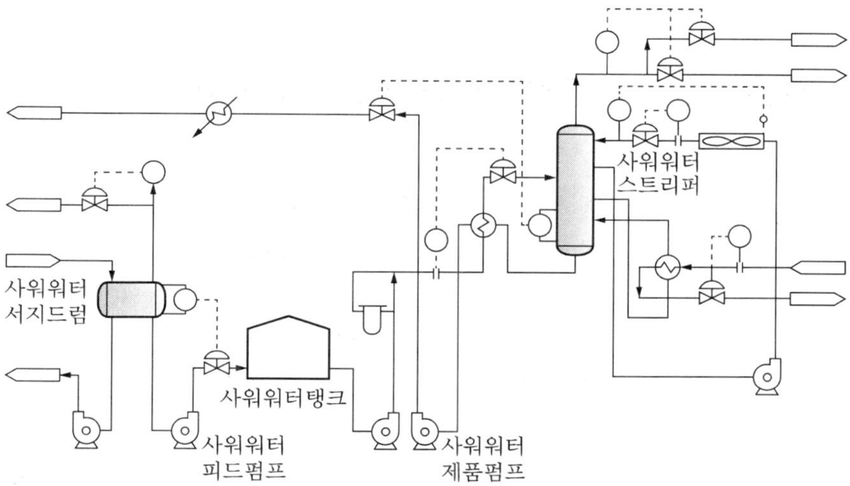

그림 12.8 사워워터 스트리퍼 공정 개요도

사워워터 스트리핑 반응은 다음과 같다.

$$H_2S + NH_3 \leftrightarrow NH_4SH \leftrightarrow NH_4^+ + HS^-$$

여기서 염과 이온은 증기압을 가지지 않고 스트리핑 할 수 없다. 황화수소는 암모니아보다 제거하기 쉽고 고온은 평형을 왼쪽으로 이동시키며 황화수소와 암모니아는 둘 다 아주 쉽게 휘발 (Volatile)하게 된다.

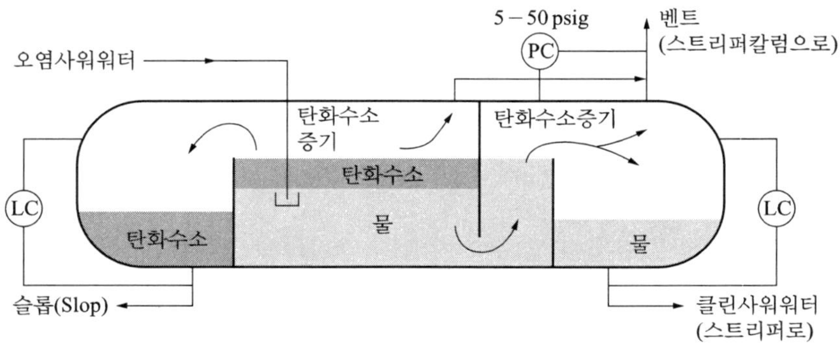

그림 12.9 사워워터 서지드럼 공정 흐름도

12.3 황회수 공정 (Sulfur Recovery Unit)

아민공정과 사워워터스트리퍼 공정에서 발생하는 산가스 및 암모니아 산가스 중의 황화수소를 클라우스 반응 (Claus Reaction)에 의해 용융황 (Molten Sulfur)으로 변화시킨다. 황회수 공정을 거치면 황화수소는 90% 이상 유리황으로 변하지만, 소량의 미반응 황화수소와 3산화황 (SO_3) 가스가 나오는데 이를 클라우스 테일가스 (Claus Tail Gas)라 부른다. 그림 12.10 황회수 공정 흐름도를 나타내고 있다.

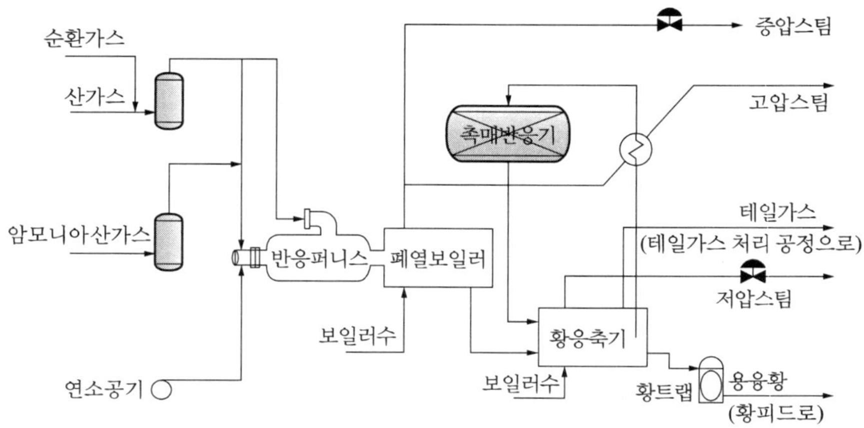

그림 12.10 황회수 공정 흐름도

황회수 공정의 기본적인 화학반응식들은 아래와 같다.

(1) 황화수소 산화/연소

$$H_2S + 1.5O_2 \rightarrow SO_2 + H_2O + 124\ \text{kcal}$$

(2) 클라우스 반응식 (Claus Reaction)

$$2H_2S + SO_2 \rightarrow 3/n\ S_n + 2H_2O + 22\ \text{kcal}$$

$$(\text{예: } 4H_2S + 2SO_2 \rightarrow 3S_2 + 4H_2O)$$

(3) 해리 (Dissociation)

$$H_2S \xrightarrow{\text{열}} S + H_2 \qquad 2NH_3 \xrightarrow{\text{열}} N_2 + 3H_2$$

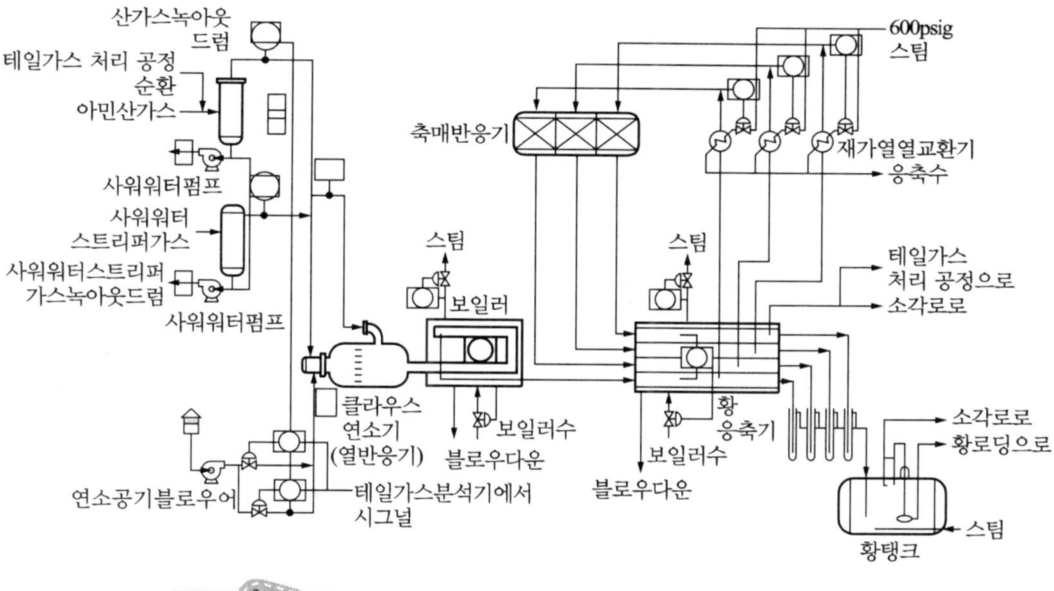

그림 12.11 황회수 공정 상세 개요도

(4) **파라핀 완전산화/연소**

$$C_nH_{2n+2} + [(3n+1)/2]\,O_2 \rightarrow (n+1)\,H_2O + n\,CO_2$$

(예: $C_3H_8 + 5O_2 \rightarrow 4H_2O + 3CO_2$)

(5) **파라핀 부분산화/연소**

$$C_nH_{2n+2} + [(2n+1)/2]\,O_2 \rightarrow (n+1)\,H_2O + n\,CO$$

(예: $C_3H_8 + 3.5O_2 \rightarrow 4H_2O + 3CO$)

12.4 테일가스 처리 공정 (Tail Gas Treating Unit)

클라우스 테일가스 중의 3산화황 (SO_3) 농도는 환경 기준치인 500 ppm보다 높으므로 이를 대기 중으로 방출할 수가 없다. 테일가스 처리 공정은 황회수 공정에서 발생되는 클라우스 테일가스 중의 황화수소를 제거하여 대기 중으로의 2산화황 (SO_2) 배출량을 줄이기 위함이다. 아래 그림 12.12는 테일가스 처리 공정이고 그림 12.13은 테일가스 처리 공정 흐름도를 나타내고 있다.

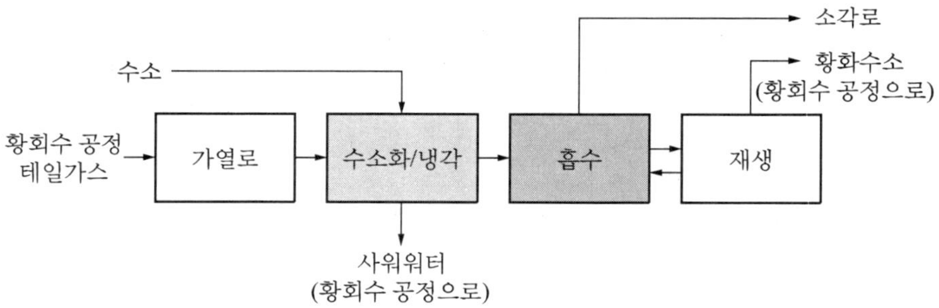

그림 12.12 **테일가스 처리 공정 개요도**

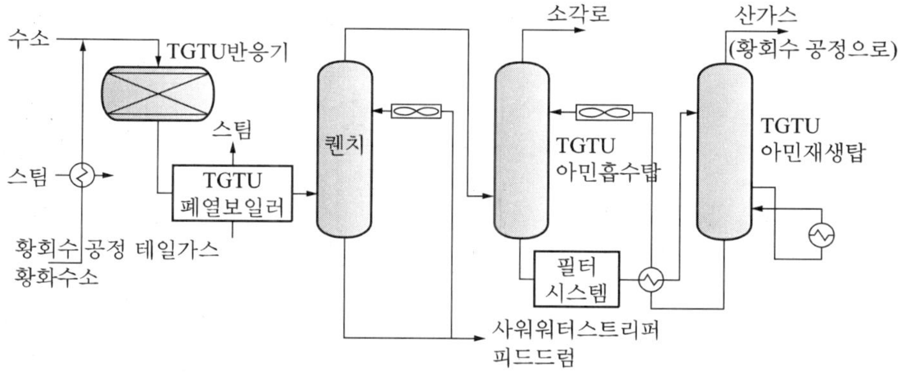

그림 12.13 테일가스 처리 공정 흐름도

테일가스 처리 공정의 기본적인 화학반응식들은 아래와 같다.

(1) **수소화반응 (Hydrogenation) – 주반응**

$$SO_2 + 3H_2 \rightarrow H_2S + 2H_2O$$

$$S + H_2 \rightarrow H_2S$$

(2) **가수분해반응 (Hydrolysis Reaction)**

$$COS + H_2O \rightarrow H_2S + CO_2$$

$$CS_2 + 2H_2O \rightarrow 2H_2S + CO_2$$

(3) **물/가스 반응 (Water Gas Reaction)**

$$CO + H_2O \rightarrow H_2 + CO_2$$

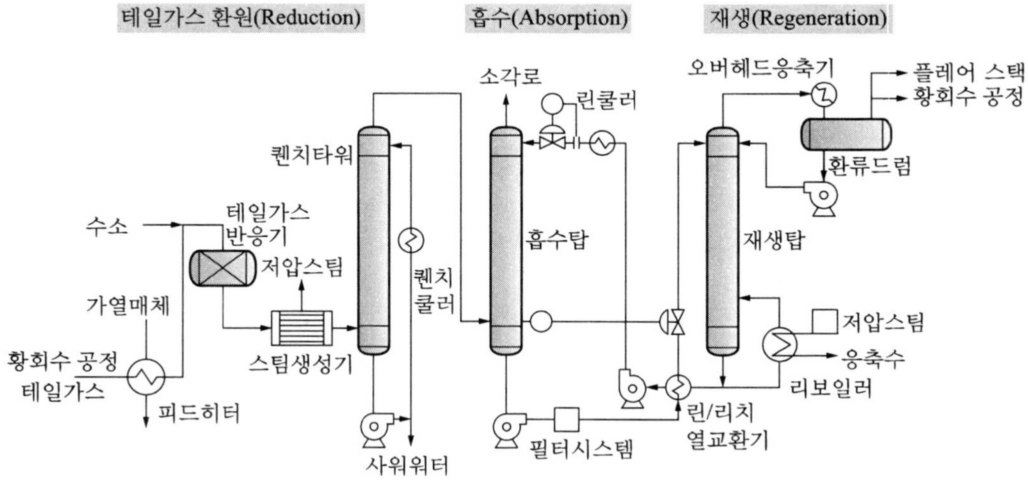

그림 12.14 테일가스 처리 공정 상세 흐름도

CHAPTER 13

수첨 심층탈황/디왁스 공정

(Deep Hydrodesulfurization & Dewaxing Unit)

오일 내에 원하지 않는 요소를 수소와 반응시켜 제거하므로써 원하는 제품을 생산하는 공정으로 아래 그림과 같이 모든 석유제품은 탈황공정을 거친 후 최종 사용처로 공급이 되고 있다. 예를 들면 케로/디젤 탈황공정은 등유제품과 경유제품 속에 들어 있는 황을 포함한 불순물을 제거하고 연료유로서의 품질 (세탄 등)을 향상시켜 연료를 제조한다.

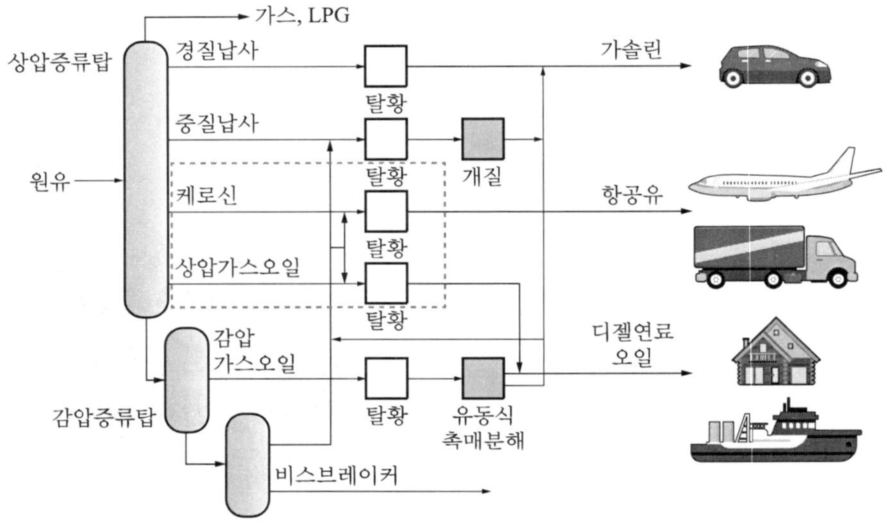

그림 13.1 정유산업의 탈황공정

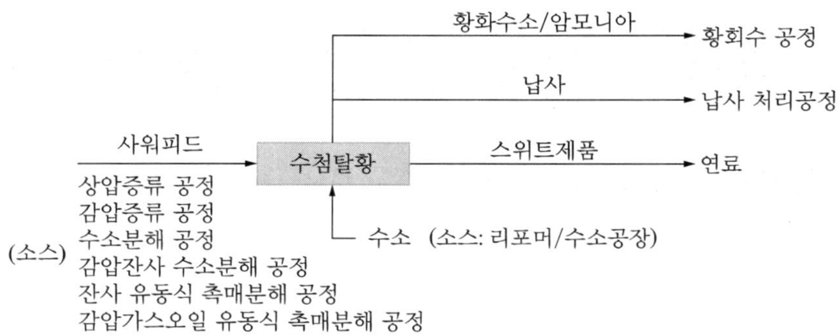

그림 13.2 정유공정 수첨탈황

13.1 디젤연료 제품 규격

(1) **황성분** 황산화물 (SO_x)을 생성하여 대기오염 및 산성비의 원인이 되고 엔진 배출가스 정화장치의 촉매성능을 저하시킨다.

(2) **방향족 화합물** 높은 분자량으로 불완전연소를 유발하여 엔진 내부에 퇴적물을 증가시키고, 탄소/수소 비율이 커서 배출가스 내 CO_2 함량을 증가시키며 잠재적으로 발암물질이 된다.

표 13.1 디젤연료 제품 규격

항목	상압 증류	감압 증류	잔사 유동식 촉매분해	감압잔사 수소분해	감압가스오일 유동식 촉매분해	디젤연료 규격	
	디젤	초저 감압가스오일	경질사이클 오일	디젤	경질사이클오일	초저유황 디젤	저유황 디젤
밀도	0.868	0.891	0.972	0.885	0.987	0.815－0.835	0.815－0.855
황, wt%	1.20	2.46	2.96	0.42	1.93	10 ppm 최대	430 ppm 최대
질소, wtppm	175	246	776	966	1,313		
방향족 함량, m/m%	29.6	43.2	74.6	49.9	88.0	30 최대	
증류, ASTM D-86, ℃ 90%	364	342	361	351	360	360 최대	360 최대
색상 (ASTM D-1500)	1		2.5			2.5 최대	2.5 최대
세탄가, D976	52		22	48	22	52 최소	45 최소
저온필터 막힘점, ℃						W －18 최대	W －16 최대
유동점, ℃			－10		－1	－17.5/－12.5/0 최대	－17.5/－12.5/0 최대
운점, ℃	6	－1	－2	1	7		
인화점, ℃	80		94 ± 2	132	85 ± 5	40 최소	40 최소

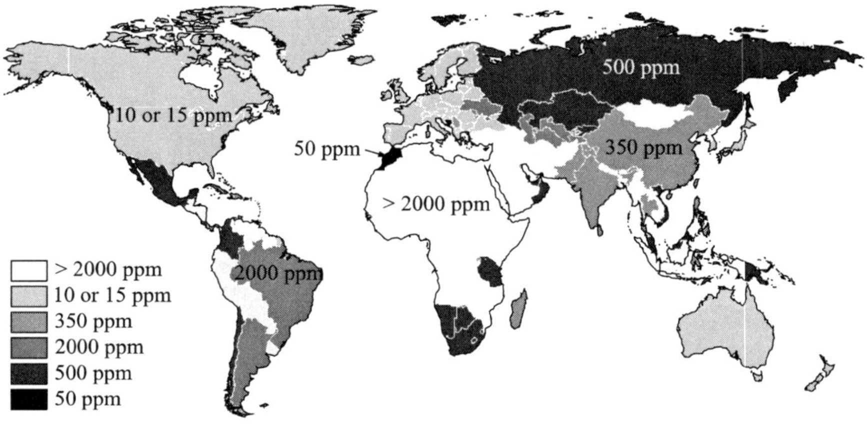

그림 13.3 디젤연료 국가별 황 함량 제한

(3) **밀도/90% 증류온도** 연료유의 탄소개수를 제한하기 위한 간접적인 규격이다. 즉 탄소수가 높아지면 끓는점 상승으로 기화가 잘 되지 않아 시동저하 및 유동성 저하가 일어난다. 반대로 탄소수가 낮아지면 출력 및 연비가 저하한다.

(4) **세탄가** 디젤엔진에서 가압시 연료가 얼마나 빨리 발화되는지의 정도를 나타내는 지수로, 기준은 노말세탄 (n-$C_{16}H_{34}$)을 100으로 그리고 2,2,4,4,6,8,8-헵타메틸노난 (Heptamethylnonane)을 15로 한다.

(5) **윤활성** 이것에는 운점 (Cloud Point), 유동점 (Pour Point), 저온필터 막힘점 (Cold Filter Plugging Point)이 있다. ① 운점은 왁스 (노말파라핀, C_{16}^{+}) 생성 온도로 동절기 디젤엔진 시동에 영향을 주므로 정유공정에서 디젤 90% 컷 (Cut) 온도로 조절한다. ② 유동점은 유동성 상실 온도를 말하며 펌핑 가능한 최저 온도를 말한다. ③ 저온필터 막힘점은 왁스로 인한 필터 흐름 차단 온도로, 유동점/저온필터 막힘점은 케미컬 와피 (WAFI)를 첨가하여 조절한다.

13.2 수첨탈황반응

케로신과 디젤의 수첨탈황반응은 촉매 하에서 탈황반응, 탈질소반응, 탈방향족반응, 탈금속반응이 함께 일어난다. 모두 발열반응이다. 다음은 각 반응의 반응식을 나타내고 있다.

1. 탈황반응 (Hydrodesulfurization)

디설파이드 (Disulfides)	$R_1\text{-S-(S)-}R_2 + 2H_2 \rightarrow R_1H + R_2H + H_2S$
머캡탄 (Mercaptans)	$R_1\text{-S-H} + H_2 \rightarrow R_1H + H_2S$
티오펜 (Thiophenes)	 $+ 2H_2 \rightarrow C_4H_{10} + H_2S$
벤조티오펜 (Benzothiophenes)	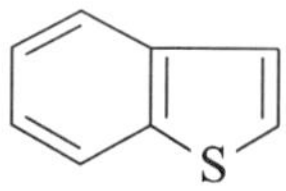 $+ 2H_2 \rightarrow$ 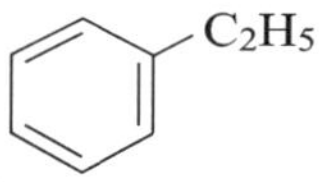 $+ H_2S$
디벤조티오펜 (Dibenzothiophenes)	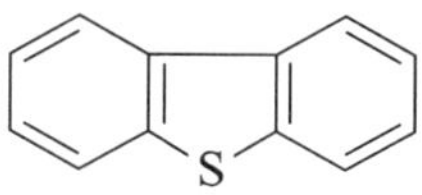 $+ 2H_2$ $\rightarrow$ 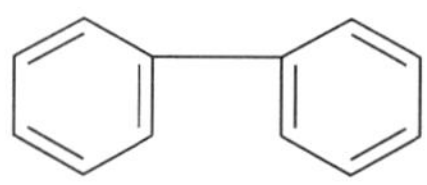 $+ H_2S$

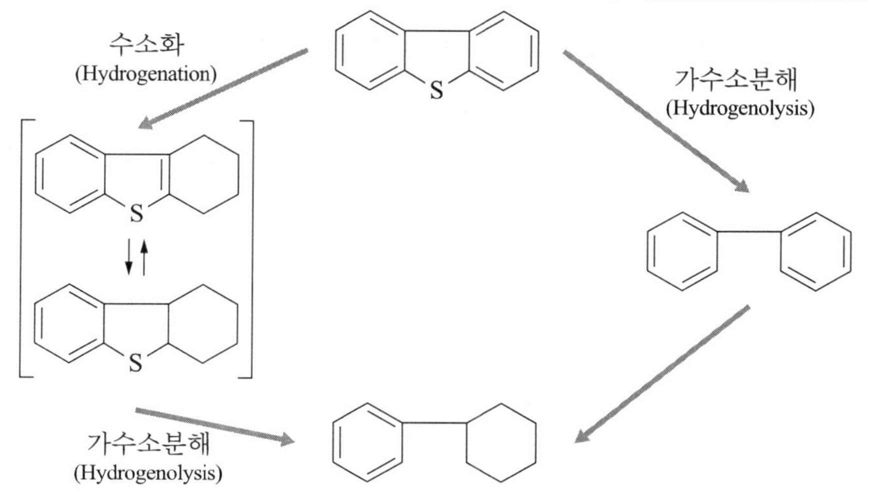

2. 탈질소반응 (Hydrodenitrogenation)

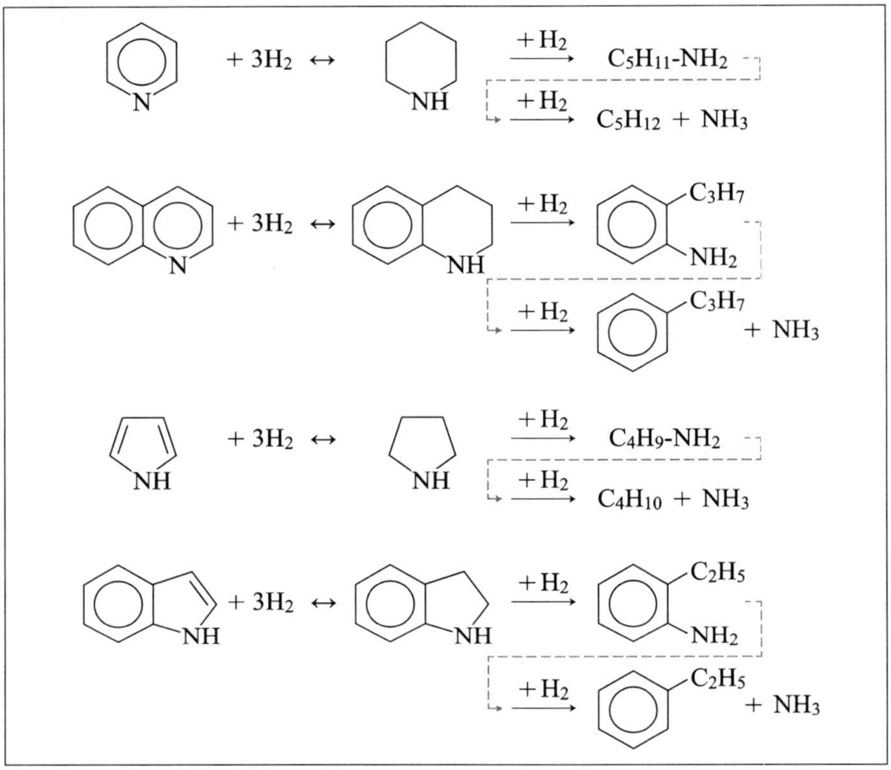

3. 탈방향족반응 (Hydrodearomatization)

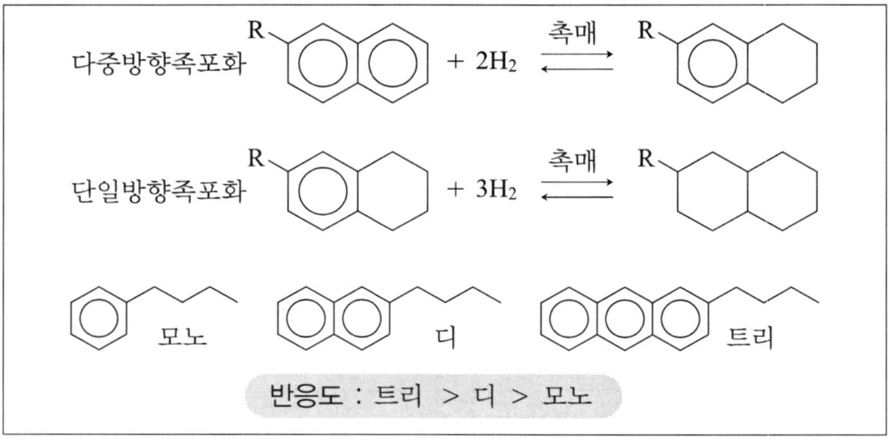

4. 탈금속반응 (Hydrodemetallation)

금속을 함유한 탄화수소를 촉매 하에서 수소와 반응시켜 금속이 없는 탄화수소로 제조한다. 촉매 표면에 축적되는 금속의 종류 및 그 소스는 바나듐 (V)과 니켈 (Ni)은 원유에서, 철 (Fe)은 원유와 부식물질 그리고 실리카 (Si)는 소포제 (Anti-foaming Agent) 등에서 각각 비롯된다.

13.3 수첨탈황공정 충진제와 반응기

13.4절에서 기술되는 바와 같이 수첨탈황공정 반응기는 세 개의 반응기가 직렬로 연결되어 디젤 제품 연료 속의 황 성분을 포함한 여러 가지 불순물을 제거한다. 제1반응기에서는 전체 황 성분의 65%가 제거되고 제2반응기에서는 나머지 35%가 제거되며 제3반응기에서는 왁스 (Wax) 성분을 제거하도록 디자인된다.
이들 세 가지의 반응기에는 코발트 (Cobalt, Co), 몰리브덴 (Molybdenum, Mo), 니켈 (Nickel, Ni), 알루미나 (Alumina, Al_2O_3) 성분으로 구성된 촉매 (Catalyst)와

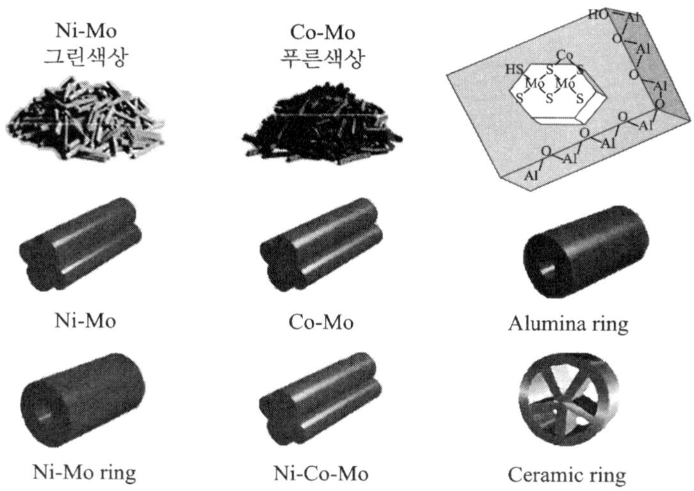

그림 13.4 수첨탈황 반응기 충진물 사진

세라믹 (Ceramic) 링 (Ring) 혹은 볼 (Ball) 등과 같은 충진물 (Packing Loaded) 들로 가득 채워지게 된다. 이들 여러 가지 충진물들은 그림 13.4에 나타내었다. 그리고 사용 촉매 성분의 역할을 보면 몰리브덴 (Mo)은 주촉매 (Main Catalyst)로서 활성상 (Active Phase)이고 코발트 (Co) 혹은 니켈 (Ni)은 부촉매 (Cocatalyst)로서 주촉매를 돕는 조촉매 (Promoter)이다. 또한 알루미나 (Al_2O_3)는 촉매를 지탱하는 지지체 (Supporter) 즉 담체 (Carrier)의 역할을 한다.

실제로 충진제가 채워진 상업적 반응기의 예를 보면 전체 황의 65%가 제거될 수 있도록 제1반응기 (1st Reactor)는 다음과 같이 디자인된다.

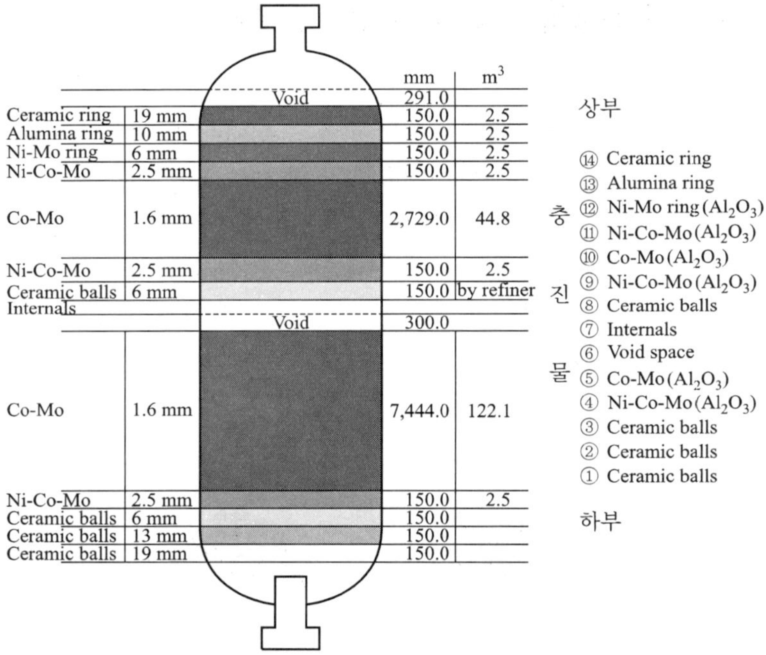

그림 13.5 수첨탈황 제1반응기 충진 예

나머지 35%의 탈황을 위해 제2반응기 (2nd Reactor)는 다음과 같이 디자인된다.

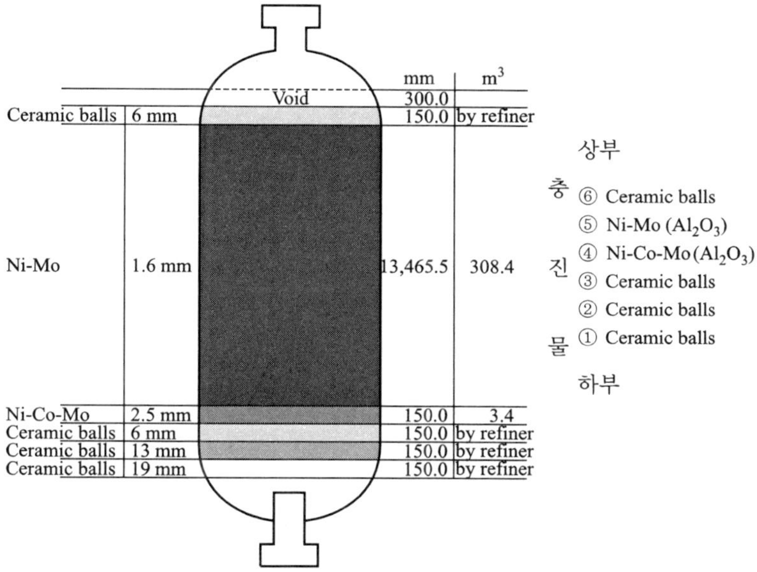

그림 13.6 수첨탈황 제2반응기 충진 예

왁스 성분을 제거하기 위해 제3반응기 (3rd Reactor)는 다음과 같이 디자인된다.

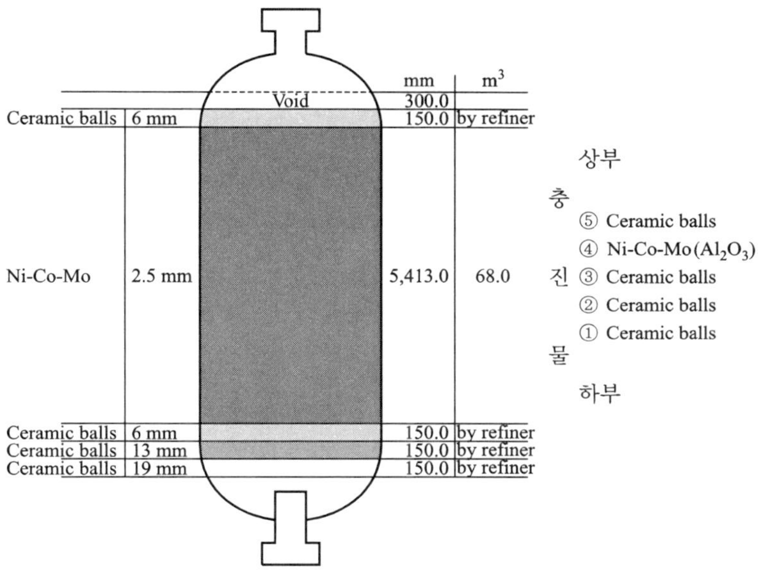

그림 13.7 수첨탈황 제3반응기 충진 예

13.4 수첨탈황공정 구성

수첨탈황공정은 크게 반응섹션 (Reaction Section)과 유분섹션 (Fractionation Section)으로 나눈다. 아래 그림 13.8은 반응섹션 흐름도를 나타내고 주요 설비는 차지펌프, 가열로, 반응기, 분리기, 멤브레인, 흡수탑으로 구성되어 있다. 특히 반응기는 3－4개로 구성되는데 제1반응기에서는 65% 황을 제거하고 제2반응기에서는 심도탈황으로 35% 탈황을 그리고 제3반응기는 노말파라핀 분해 물질인 왁스를 제거하는 디왁싱 (Dewaxing)용이다. 기타 디젤제품의 색상을 향상시키는 반응기가 있다.

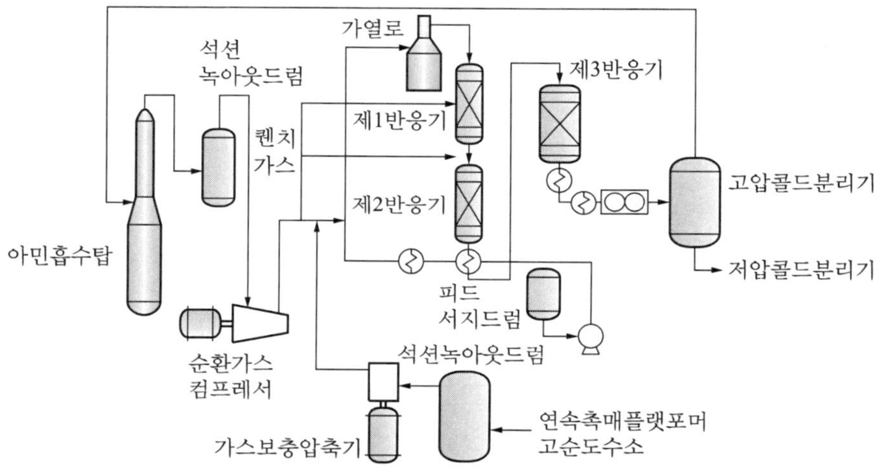

그림 13.8 수첨탈황공정 반응섹션 흐름도

아래 그림 13.9는 유분섹션 흐름도를 나타내고 주요 설비는 저압분리기, 스트리퍼, 아민흡수탑, 제1/제2건조기, 핫웰 등으로 구성되어 있다.

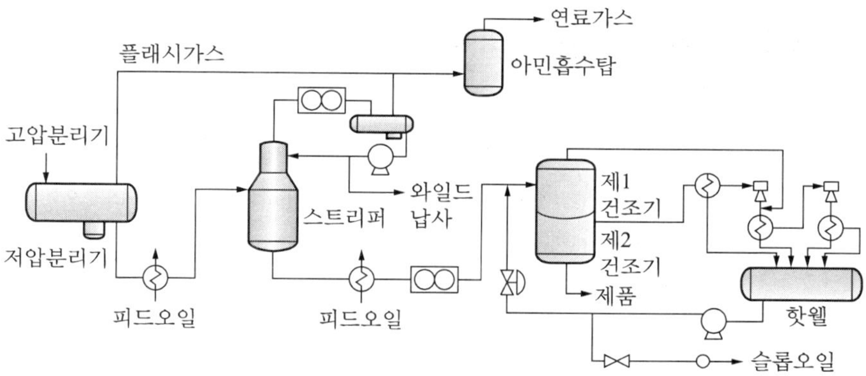

그림 13.9 수첨탈황공정 유분섹션 흐름도

표 13.2 공정 주요 설비 및 기능

구 분		기 능
차지펌프		
차지 가열로/열교환기		
반응기	제1반응기	65% 황 제거 (탈황)
	제2반응기	35% 황 제거 (심도탈황)
	제3반응기	노말파라핀 분해에 의한 왁스 제거 (Dewaxing)
	컬러	색상 향상
분리기	고압콜드+저압콜드	수소 회수율 높음, 베셀 비용 적음, 트러블 적음
	고압핫+고압콜드	에너지 효율 높음
멤브레인 (Membrane)		순환가스 순도 증대, 압축기 부하 감소, 수소분압 증대
흡수탑	순환가스	순환가스 내 황화수소 제거 (H_2S 발생량의 65%)
	오프가스	저압플래시 가스 및 오프가스 내 H_2S 제거 (발생량의 35%)
압축기	순환가스	
	오프가스	
스트리퍼		가스 및 경질제품 분리
진공건조기		제품 내 수분 함량 제어 (최고 100 ppm)

13.5 디왁싱 공정 (Dewaxing Unit)

디젤연료의 저온물성 규격에는 운점 (Cloud Point), 유동점 (Pour Point), 저온필터 막힘점 (CFPP, Cold Filter Plugging Point)이 있다. 운점은 디젤에 포함되어 있는 왁스 (Wax) 성분이 침전되기 시작하는 온도를 말한다. 유동점은 디젤이 흘러내려서 부을 수 있는 온도를 말하는데 연료탱크에서 디젤을 펌핑할 때 펌핑 가능한 최저온도이다. 끝으로 저온필터 막힘점은 20 mL 연료 시료가 60초 내에 필터를 통과하지 못하는 최초 온도이다. 이와 같은 디젤 저온물성 조절방법에는 운점의 경우는 동절기 정유공정에서 생산되는 디젤의 90% 컷포인트 (Cut Point)를 조절한다. 그리고 유동점과 저온필터 막힘점은 디젤 런다운 (Rundown)에 케미컬 와피 (WAFI)를 첨가하거나 제품에 케로신 (Kerosene)을 블렌딩 (Blending)하여 조절한다. 그리고 왁스 (Wax)는 디젤연료에 제한적인 용해도를 가진 분자량이 큰 (C 20개 이상) 스트레이트 체인 파라핀을 말한다.

이 왁스를 제거하는 것을 디왁싱 (Dewaxing)이라고 부른다. 디젤의 디왁싱은 제품의 황 함량을 최고 8 ppm까지 낮추고 운점을 최소 12℃까지 개선 가능하게 한다. 기존 탈황공정에 디왁싱 공정의 추가는 경제적인 측면에서 보면 다음과 같은 의미를 가질 수 있다.

(1) 동절기 디젤제품의 운점 개선을 위한 정유공정의 스트레이트런 디젤 컷포인트 조절 운전으로 발생하는 디젤 생산량 감소분은 디젤 디왁싱 공정을 통하여 동절기 정유공정의 스트레이트런의 심층컷 (Deep Cut)이 가능해진다.

(2) 저온물성 개선을 위해 디젤에 블렌딩하는 케로신 양을 절감할 수 있다. 추가적으로 디젤연료유의 밀도 규격 강화 등에 의한 영향을 사전에 대비할 수 있다.

(3) 저온물성 개선을 위해 주입되는 케미컬 와피 (WAFI)의 사용량을 줄일 수 있다. 디젤 디왁싱 공정은 디젤의 운점 개선만을 목표로 하고 있으며, 제품의 원하는 저온필터 막힘점 (CFPP) 및 유동점 (PP) 규격을 맞추기 위해 와피 (WAFI) 사용은 지속적으로 필요하나 그 사용량을 줄일 수 있다.

(4) 기타 디젤 탈황공정에서 디왁싱으로 운점 조절이 가능하게 되어 수출용 제품 생산 시 운전 유연성 (Operational Flexibility)이 증가한다.

기존 탈황시설에 디젤 디왁싱 추가에 따른 제약사항과 해결책은 다음과 같다.

(1) **디젤제품 수율 손실분 최소화** 탈황촉매로 탈질소에 유리한 Ni-Mo 촉매를 선정하고 디왁싱 반응기 온도 조절을 통한 운전모드 조정이 가능하도록 한다(디왁싱/비디왁싱).

(2) **많은 양의 퀜치 (Quench) 수소 필요** 디왁싱 반응기의 퀜치 소스로 수소 대신 탄화수소를 사용하고 액상 퀜치펌프 2기를 추가한다. 그리고 순환가스 압축기 변경이 필요하다.

(3) **반응섹션에 장치 추가로 인한 압력손실 발생** 수소 통과 제어밸브 2기를 차압이 낮은 형으로 교체한다.

(4) **하절기 디왁싱 반응기 온도 조절을 위한 퀜치의 과량 사용으로 인한 에너지 손실** 피드와 유출물 열교환기 2기를 추가한다.

13.6 디젤 디왁싱 화학 (Diesel Dewaxing Chemistry)

다음은 디젤 디왁싱 (Dewaxing)에 따른 운점 (Cloud Point) 개선의 화학(Chemistry)에 대하여 설명하고 있다. 디젤 디왁싱 촉매의 반응은 디젤의 수율 손실을 최소화하면서 저온 물성을 개선하기 위해서 피드에 포함되어 있는 왁스 성분 (선형 파라핀)만을 선택적으로 전환시키는 형태로 반응한다. 피드 중에 왁스 성분이 포함되어 있지 않다면 디왁싱 반응은 일어나지 않는다. 그러나 피드가 왁스 성분을 포함하고 있다면 반응성 정도에 따라 디왁싱 반응이 일어난다. 그리고 피드 중에 파라핀 함량이 낮을 경우 주어진 반응온도에서 더 많은 체류시간이 반응에 필요할 것이다.

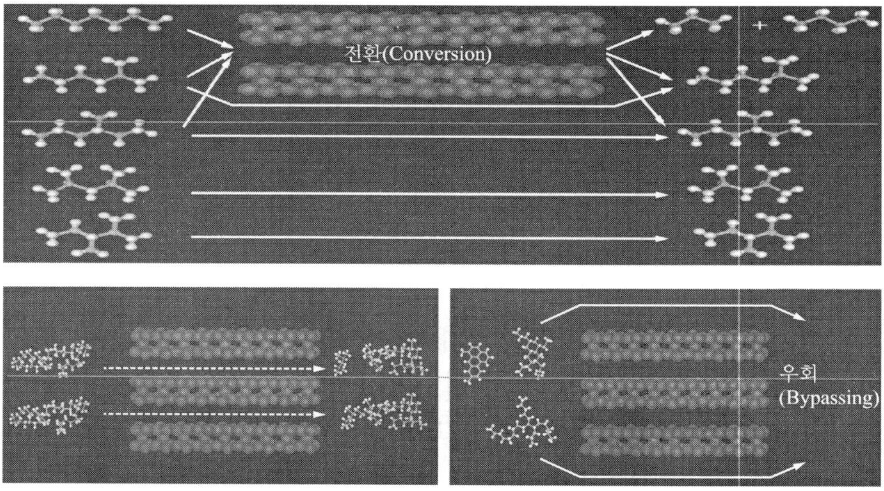

그림 13.10 선택적 디왁싱촉매 반응 개요도

(1) **탄소수에 따른 탄화수소의 비점 변화** 노말파라핀의 경우 카본수에 대해 비점(Boiling Point)의 관계에서 카본수가 증가할수록 비점은 증가한다.

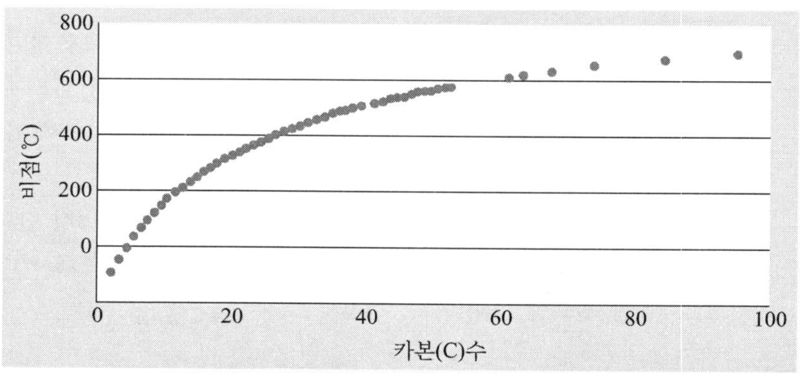

그림 13.11 탄소수에 따른 탄화수소 비점 변화

(2) **탄소수에 따른 탄화수소의 융점 변화** 노말파라핀의 경우 카본수에 대해 융점(Melting Point)의 관계에서도 카본수가 증가할수록 융점은 증가한다.

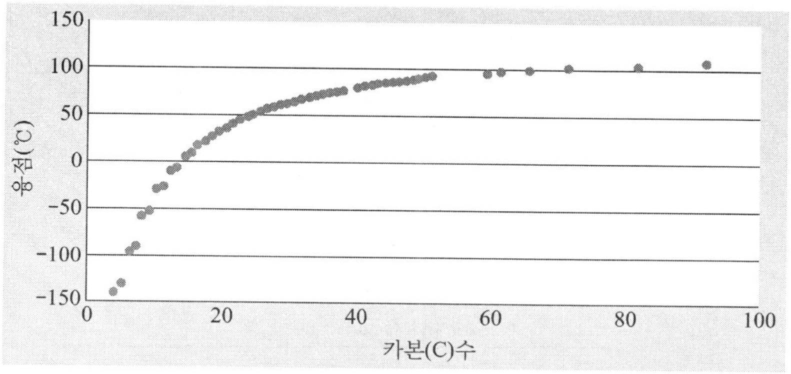

그림 13.12 탄소수에 따른 탄화수소 융점 변화

(3) **탄화수소 비점에 대한 융점 변화** 노말파라핀의 경우 비점 (Boiling Point)에 대해 융점 (Melting Point)의 관계에서 비점이 증가할수록 융점도 증가한다.

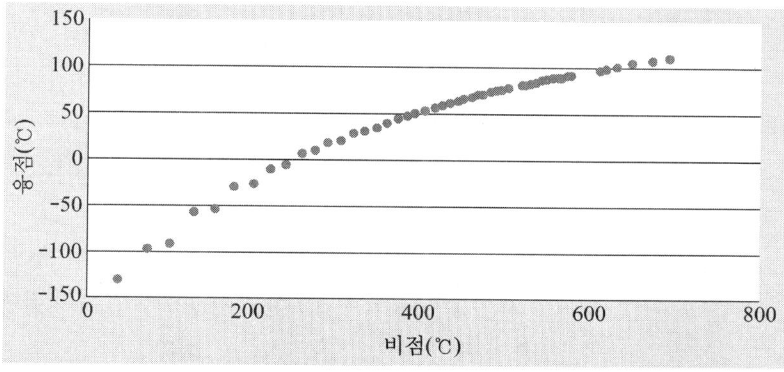

그림 13.13 탄화수소 비점에 대한 융점 변화

(4) **탄화수소 구조가 물질의 특성에 미치는 영향** 탄화수소의 녹는점 (융점)은 치환기가 중앙에 위치할수록, 탄소수가 작을수록, 치환기 개수가 많을수록 낮아진다. 아래 표 13.3, 13.4, 13.5는 탄화수소 구조에 따른 특징을 나타내고 있다.

표 13.3 체인 메틸기 위치와 융점

체인 메틸기 위치 ($C_{19}H_{40}$)	융점 (℃)
2-Methyl Octadecane	+13.0
3-Methyl Octadecane	+ 0.5
4-Methyl Octadecane	− 1.0
5-Methyl Octadecane	−13.5
6-Methyl Octadecane	− 4.0
7-Methyl Octadecane	−16.0
8-Methyl Octadecane	−10.0
9-Methyl Octadecane	−16.5

표 13.4 체인길이/메틸기 위치와 융점

주 체인길이 (C수)와 메틸기 위치	융점 (℃)
18/9 Methyl Octadecane	−16.5
20/10 Methyl Eicosane	− 3.8
26/13 Methyl Hexacosane	+28.9

표 13.5 탄화수소의 융점/점도지수

탄화수소 ($C_{30}H_{62}$)	융점 (℃)	점도지수
n-Triacontane (*n*-$C_{30}H_{62}$)	+66	190
2,6,10,15,19,23-Hexamethyltetracosane	−38	116

탄화수소 구조가 물질의 특성에 미치는 영향으로 탄화수소 $C_{26}H_{54}$에 대한 여러 가지 분자구조의 유동점 (Pour Point) 물성을 나타내고 있다. (소스: Shell Global Solution)

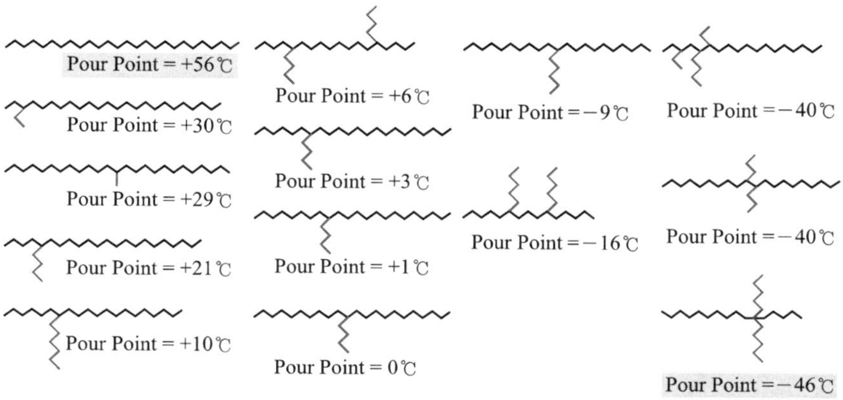

그림 13.14 탄화수소 $C_{26}H_{54}$의 유동점 물성

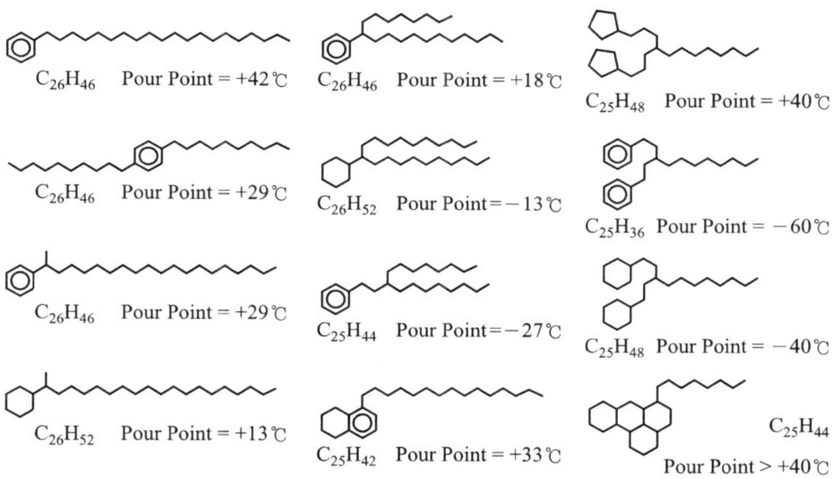

그림 13.15 여러 가지 방향족/사이클 탄화수소의 유동점 물성

(5) **이성화/분해/디왁싱에 의한 전형적인 제품 분포** 그림 13.16은 탈황공정에서 디젤피드를 탈황 및 디왁싱을 행할 경우 이성화 (Isomerization) 반응, 분해 (Cracking) 반응, 디왁싱 (Dewaxing)등에 의해서 제품분포가 비점이 낮은 쪽으로 많이 시프트하고 브로드 (Broad)해 짐을 보여 주고 있다. 그리고 그림 13.17은 중질가스오일의 디왁싱 전후의 유동점 (Pour Point)을 나타내고 있는데, 디왁싱 가스오일의 유동점이 −29℃로 디왁싱 전의 +6℃에 비하여 매우 개선됨을 보여주고 있다.

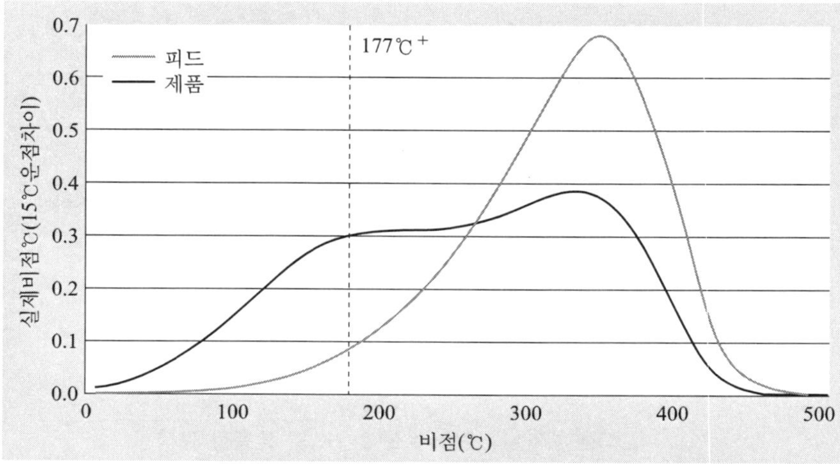

그림 13.16 탈황/디왁싱 전후 제품 분포도

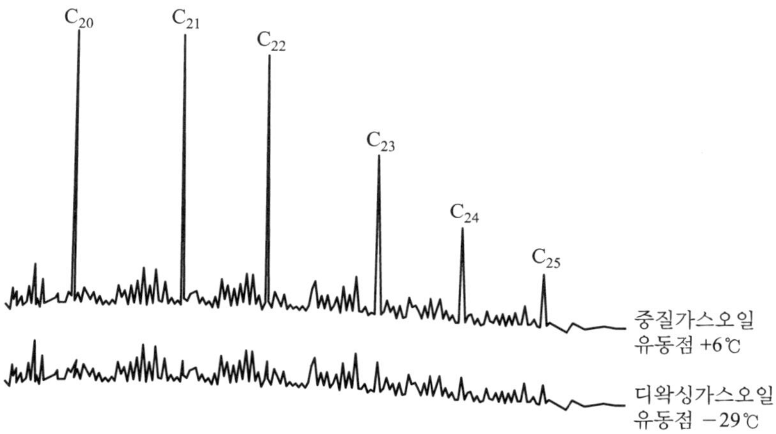

그림 13.17 디왁싱 전후 유동점

(6) **새로운 디왁싱 개발 기술** 아래 그림에서 왼쪽은 비용 효율성이 높고 오른쪽은 낮은 가혹도와 매우 높은 선택도를 가지고 있다.

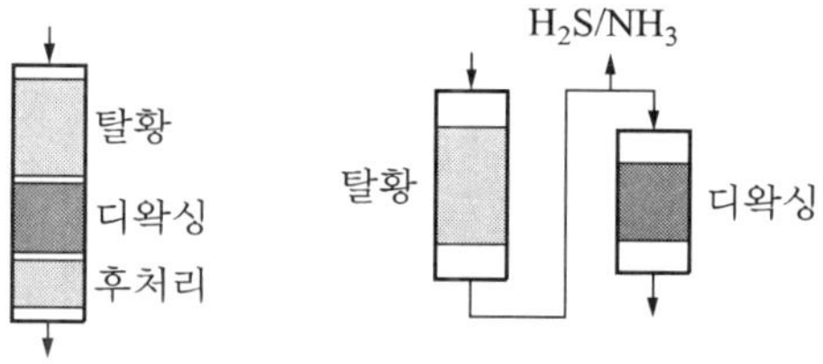

그림 13.18 새로운 디왁싱 기술

13.7 수첨탈황공정의 운전변수

디왁싱을 포함하는 탈황공정에서 주요 운전변수는 반응기 온도, 수소/디젤 (피드 오일) 비율, 운전압력 등이다. 피드 황 함량이 높을수록 델타 (Δ) 무게평균베드온도 (WABT)가 증가한다. 마찬가지로 피드 질소 함량이 높을수록 델타 (Δ) 무게평균베드온도 (WABT) 또한 증가한다. 그리고 델타 (Δ) 무게평균베드온도 (WABT)가 높아질수록 디젤 운점은 낮아지는 경향을 보인다.

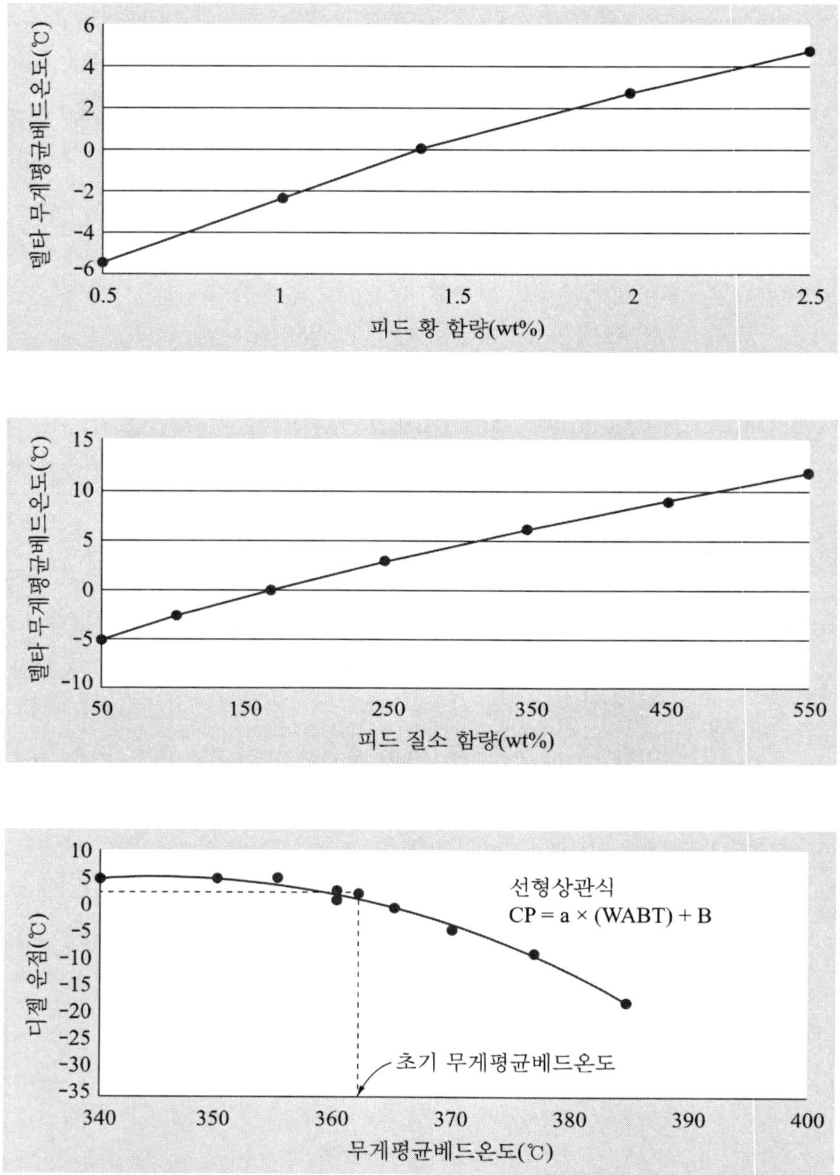

그림 13.19 디왁싱 반응기의 운전변수 상관관계

14 CHAPTER

방향족공정 상세

(Aromatics Unit Detail)

14.1 방향족이란?

석유화학의 기초원료가 되는 탄화수소 화합물은 크게 3종류로 구별된다. 첫 번째 화합물로는 에틸렌, 프로필렌 같은 불포화탄화수소들이고, 두 번째로 벤젠, 톨루엔, 자일렌과 같은 방향족 탄화수소들이며, 마지막으로는 세척제 등의 원료가 되는 노말파라핀 계통의 탄화수소이다. 이 중에서 섬유, 약품, 각종 수지의 원료가 되는 방향족 탄화수소의 제조 및 정제공정 시설에 대하여 알아보기로 한다.

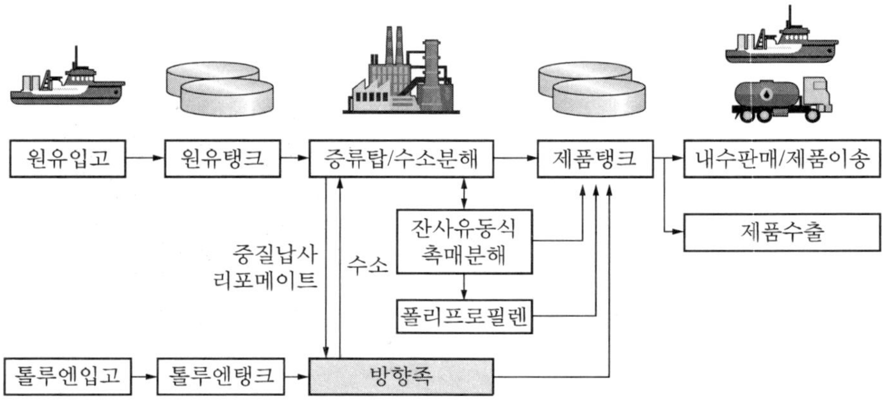

그림 14.1 정유 및 석유화학공정 흐름 개요도

석유정제공업이 발전하기 전에는 석탄을 건류하거나 특수한 목재를 건류하여 소량씩 생산하던 벤젠, 톨루엔, 자일렌 등은 다른 탄화수소와는 달리 미량일 때 향긋한 냄새를 풍기므로 방향족 (Aromatics)이라고 불리었다. 방향족 탄화수소는 그 종류가 수없이 많으나 대표적인 화합물로서 벤젠을 들 수 있으며 모든 방향족은 벤젠과 같은 구조를 모체로 하여 이루어지고 있다.

방향족 중에 상품 가치가 크고 대량 소요되는 것은 벤젠, 톨루엔, 자일렌이다. 자일렌에는 3가지 이성체가 있으며 그 중에 파라자일렌은 상품 가치가 가장 높다. 이 3가지 방향족의 생산 시설은 원유를 정제하여 얻는 중질납사를 처리하여 방향족을 생산하는 리포밍공정과 방향족 분리 및 순도를 높이는 정제시설로 구별할 수 있다.

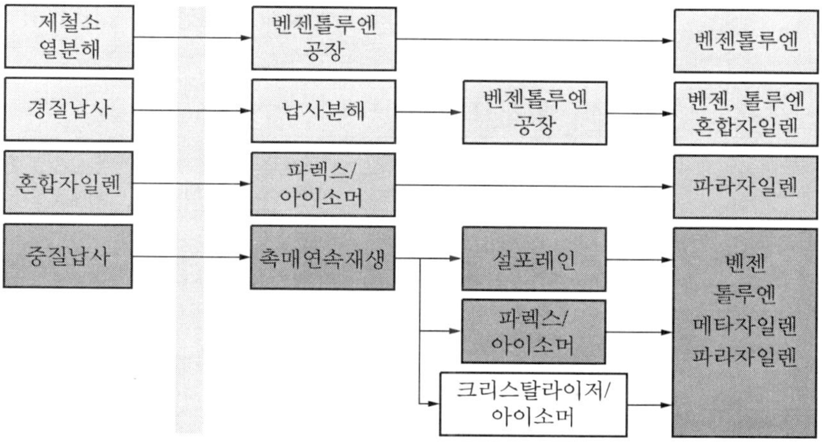

그림 14.2 방향족 공장 형태

방향족공정은 크게 제조공정과 정제/분리공정으로 나눈다. 제조공정에는 피드탈황, 촉매재생 및 개질반응이 있다. 정제/분리공정에는 리포메이트 분리탑, 설포레인/벤젠톨루엔 추출, 자일렌 칼럼, 파렉스/엠티피엑스/크리스탈라이저, 아이소머, 타토레이 공정 등이 있다.

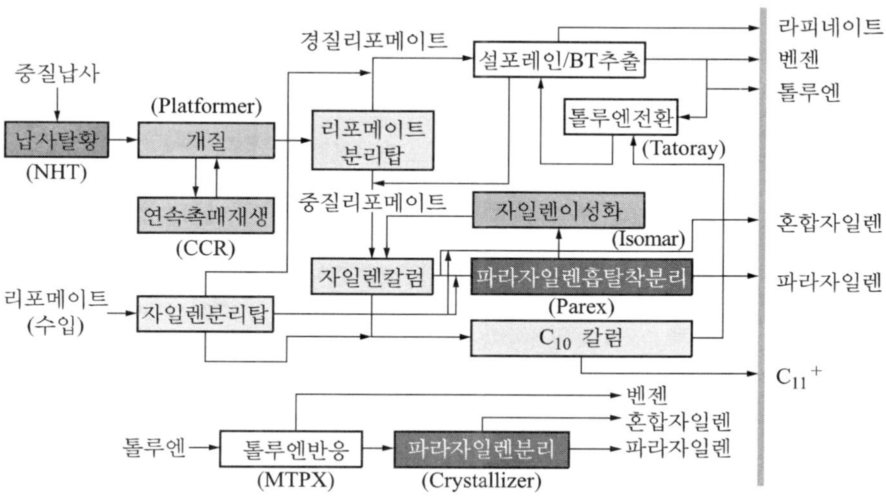

그림 14.3 방향족 전체공정 흐름 개요도

다음은 방향족공정의 대표적인 공정과 라이센서를 정리하였다.

표 14.1 단위공정과 라이센서

공정명	라이센서 (Licensor)
방향족 콤플렉스 트레인 (Aromatic Complex Train)	유오피 (UOP)
파렉스 (Parex)	유오피 (UOP)
촉매연속재생/플랫포머 (CCR/Platformer)	유오피 (UOP)
벤젠톨루엔추출 (BT Extraction)	지티시 (GTC)
엠티피엑스 (MTPX)	엑슨모빌 (Exxon Mobil)
크리스탈라이저 (Crystallizer)	지티시 (GTC)

14.2 방향족 제조공정

제조공정에는 납사 수첨탈황공정과 리포밍 공정이 있다. 탈황공정은 납사 중에 포함되어 있는 유기황화합물과 질소화합물, 유기금속화합물, 불포화탄화수소 등을 촉매와 수소를 사용하여 분해 제거하는 공정을 납사 수첨탈황공정이라고 한다. 일반적으로 이 공정은 플랫포머에 피드하려고 하는 납사 중의 불순물을 제거하여

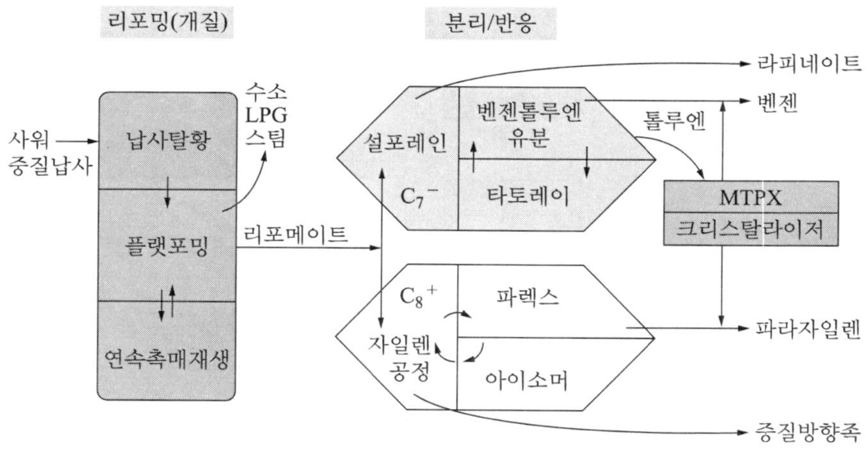

그림 14.4 방향족공정 그룹화

플랫포머의 촉매를 보호하기 위해 사용한다. 리포밍공정은 중질납사 피드 중의 일부 탄화수소 (주로 나프텐)를 촉매의 도움을 받아 방향족으로 전환하는 반응 공정으로 방향족 함량 약 10−20%를 60% 이상으로 증가시키게 된다. 리포밍 납사는 리포메이트라고 부른다.

1. 중질납사 수첨탈황공정

중질납사 피드 중에 함유된 촉매독 성분 (황, 질소, 금속 성분)을 제거함으로써 후속 공정인 플랫포밍 공정에서 사용되는 고가의 백금 촉매를 보호한다. 주요 반응에는 촉매와 수소를 이용하여 탄화수소 유분 중에 함유된 유기황 (Sulfur), 유기질소 (Nitrogen), 유기산소 (Oxygenate) 화합물 등을 촉매 반응을 통하여 분해 및 제거하고 유기 금속 화합물은 촉매 표면에 흡착하여 제거한다. 이 공정에 사용하는 촉매는 알루미나에 코발트 (Co)와 몰리브덴 (Mo) 화합물을 포함시켜서 만든다. 목적에 따라서는 코발트 대신 니켈 (Ni)을 사용하기도 한다.

(1) 황성분 제거 (탈황)

플랫포머의 피드에는 황성분이 0.5 ppm을 넘지 않아야 한다. 수첨탈황장치는 납사가 처리된 후에 황 함량이 0.2 ppm 이하가 되는 것이 보통이다. 여러 형태의 황화합물의 황 제거 반응식은 다음과 같다.

머캡탄 (Mercaptan)

$$C_6SH + H_2 \rightarrow C_6 + H_2S$$

설파이드 (Sulfide)

$$C_3SC_3 + 2H_2 \rightarrow 2C_3 + H_2S$$

디설파이드 (Disulfide)

$$C_3SSC_3 + 3H_2 \rightarrow 2C_3 + 2H_2S$$

사이클릭 설파이드 (Cyclic Sulfide)

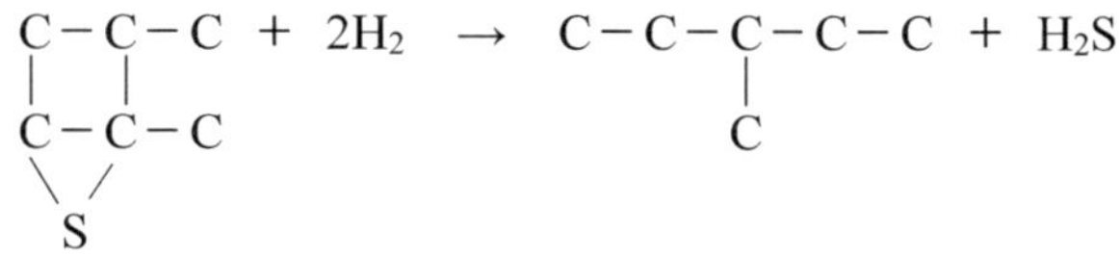

티오페닉 (Thiophenic)

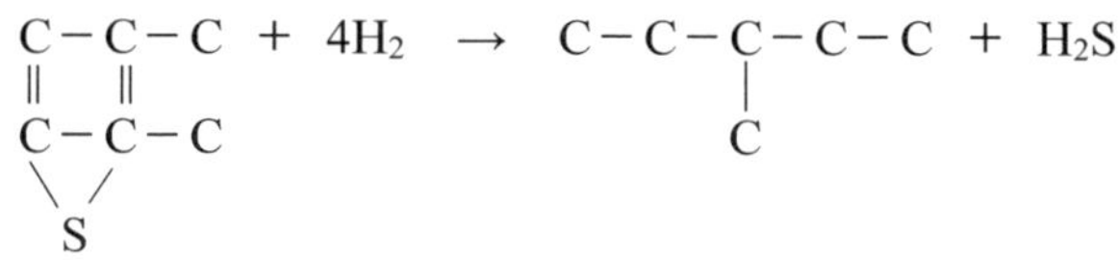

(2) 질소 제거 (탈질소)

질소는 황에 비하여 제거하기가 어려워 반응률은 황에 비하여 1/5 정도에 불과하다. 처리 후 0.5 ppm을 넘지 않도록 해야 한다.

피리딘 (Pyridine)

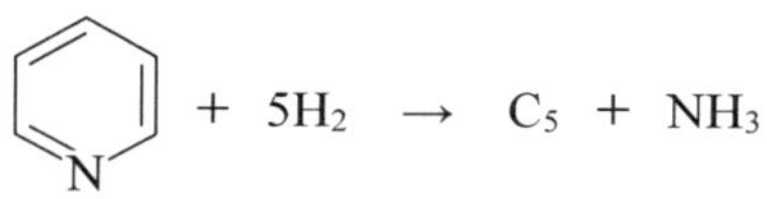

퀴놀린 (Quinoline)

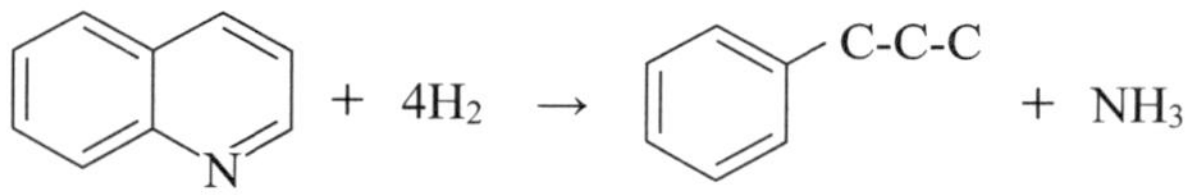

피롤 (Pyrrole)

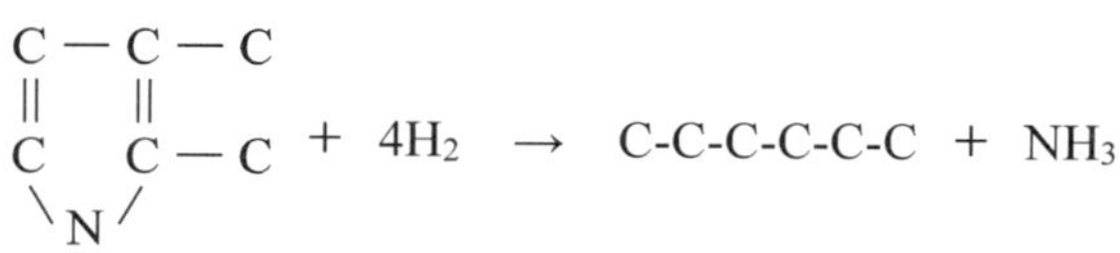

메틸아민 (Methylamine)

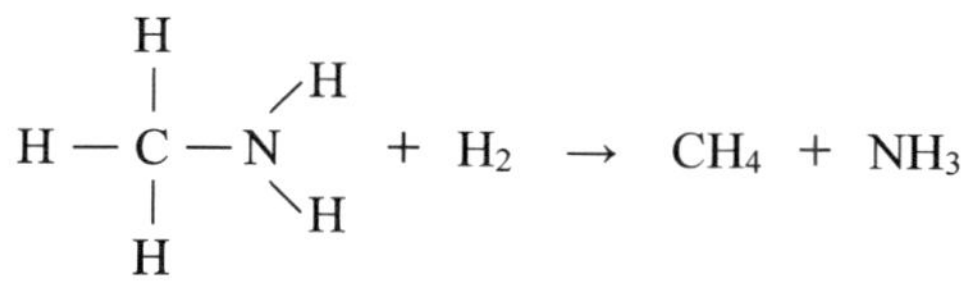

(3) 산소 제거 (탈산소)

반응은 다음과 같다.

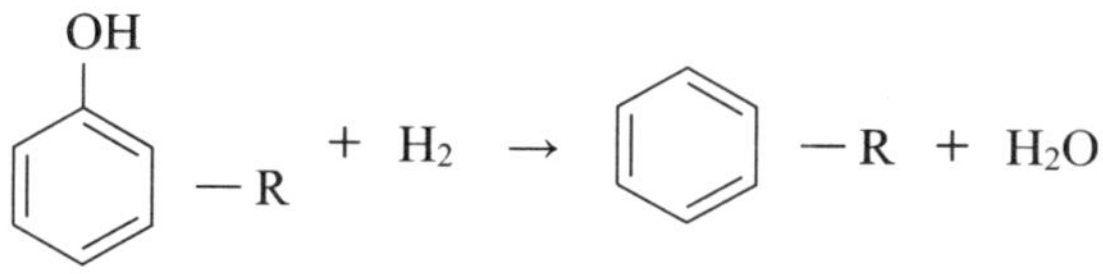

(4) 올레핀 포화

불포화탄화수소 (올레핀)를 포화탄화수소로 전환시키는 반응은 탈황반응처럼 빠르다.

선형 올레핀 (Linear Olefin)

$$C_4 = C - C + H_2 \rightarrow C_6$$

사이클 올레핀 (Cyclic Olefin)

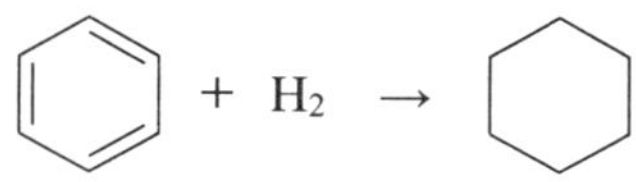

(5) 할라이드 제거

유기할라이드 화합물은 황 제거반응보다 느리다. 대략 90%의 유기할라이드가 분해되어 제거된다.

$$C_6Cl + H_2 \rightarrow HCl + C_6$$

(6) 금속 제거

대부분의 납사 중 금속 함량은 ppb (10억분의 단위) 정도이다. 대부분의 금속은 촉매 표면에 축적되어 제거된다. 이들 금속은 비소, 철, 칼슘, 마그네슘, 인, 납, 실리콘, 구리, 나트륨 등이다.

2. 중질납사 리포밍 (Reforming) 공정

리포밍 공정은 여러 종류가 있으나 그중에서 유오피 (UOP) 공정을 특히 플랫포머 (혹은 플랫포밍 프로세스)라고 부르고 리포메이트는 플랫포메이트라고 부른다. 리포메이트는 자동차 연료로 사용하기 위하여 생산되었으나 요즈음은 방향족 제조용으로 많이 사용되고 있다.
이공정의 목적은 방향족 탄화수소를 많이 생산하는 것이므로 가급적이면 운전을 혹독하게 해야 하는데, 운전을 혹독하게 하면 촉매에 탄소가 빠른 속도로 축적되어 촉매의 기능을 저하시키게 된다. 탄소가 많이 축적된 촉매는 탄소 제거를 통한 활성을 회복하기 위해 재생해야 하는데 촉매를 재생 할 때는 운전을 중지해야 한다.
일반적으로 플랫포밍 공정으로 파라핀(P)/올레핀(O)/납센(N)/아로메틱(A) 조성이 58%/0%/31%/11%인 피드가 들어가서 포나 (PONA)가 24%/0.7%/0.4%/75%인 리포메이트로 나온다. 그림 14.5에서 펜탄분리탑 (DeC_5, Depentanizer Column)의 상부로는 펜탄 이하의 경질성분의 제품을 생산한다.

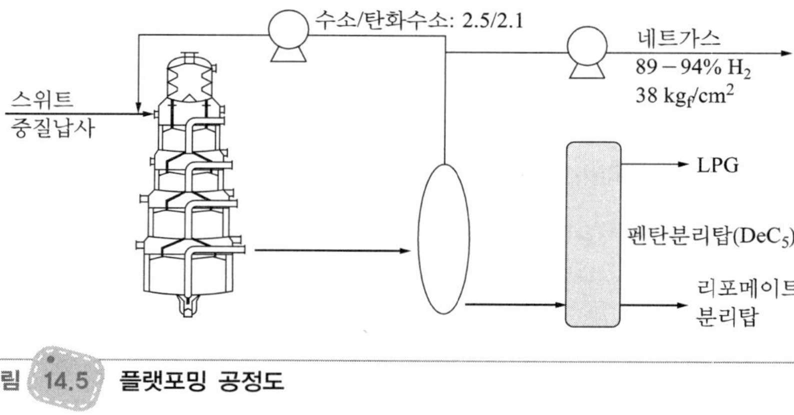

그림 14.5 플랫포밍 공정도

이와 같은 의미로 부탄분리탑 (DeC$_4$), 헵탄분리탑 (DeC$_7$) 등의 칼럼들이 방향족공정에 있다. 이런 칼럼들을 통칭하여 스태빌라이저 (Stabilizer) 칼럼이라고 하는데, 이유는 반응 공정에서 생산된 부산물인 경질가스와 액체를 제거해 주는 역할을 하기 때문이다. 그리고 반응공정의 피드는 액상에 공정 순환가스가 혼합되어 반응기로 공급되는데, 이를 혼합피드 (Combined Feed)라고 한다. 이 혼합피드는 반응기 입구온도가 상당히 높기 때문에 보통 차지 (Charge) 가열로 전단에 있는 혼합피드 열교환기 (CFE, Combined Feed Exchanger)에서 반응기 유출물 (Effluent)과 열교환을 하게 된다.

대체로 방향족을 생산하는 리포머는 3－4개월마다 약 10일간에 걸쳐 촉매를 재생해야 하므로 운전 가능 일수가 적어져 방향족 생산에 제약을 받게 된다. 그러므로 방향족 생산용 리포머는 촉매를 운전 중에도 재생할 수 있도록 설계하여, 촉매재생을 하기 위해서 운전이 중지되는 일이 없도록 촉매 연속재생 리포머 공정을 사용한다. 그리고 리포머의 부산물로서는 프로판, 부탄, 수소 및 연료가스가 있다.

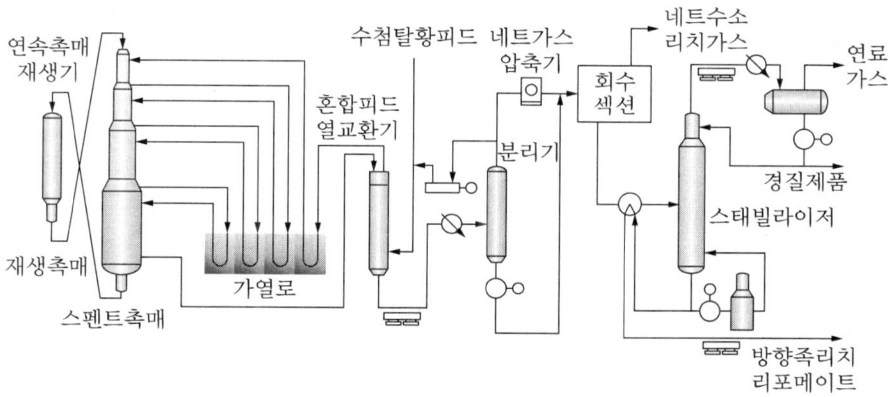

그림 14.6 **연속촉매재생 플랫포밍 공정도**

중질납사는 파라핀, 올레핀, 납센, 방향족으로 구분되는데, 이중 납센 성분은 반응을 통해 전량 방향족으로 전환되고, 기타 성분들도 일부 방향족으로 전환되므로 리포메이트 중의 방향족 성분 함량이 10－20%에서 80－90%로 높아지게 된다. 일반적으로 납센＋2방향족 (N＋2A) 수치 64를 기준으로 리치피드 (Rich Feed)와 린피드 (Lean Feed)를 판별하고, N＋2A 트렌드 변화를 기준으로 운전한다.

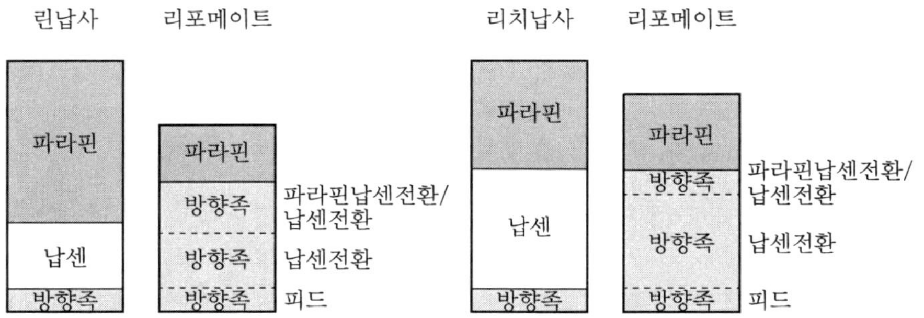

그림 14.7 개질공정 파라핀/납센의 방향족 전환

이 단계에서 방향족 성분 중에는 벤젠, 톨루엔, 자일렌, 중질방향족 등이 혼재하여 있다. 주요 반응은 다음과 같다.

(1) 납센의 탈수소화 (Dehydrogenation)

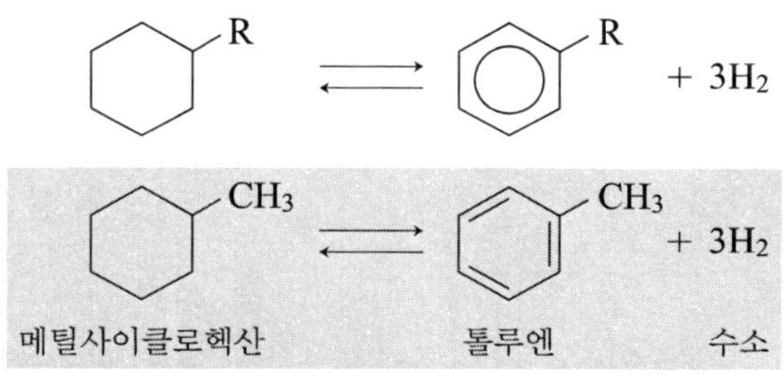

(2) 납센의 이성화 (Isomerization)

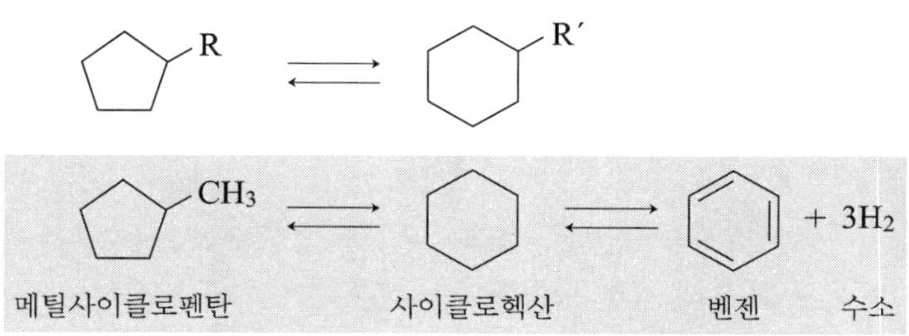

(3) 파라핀의 이성화 (Isomerization)

자동차 연료 옥탄가 (RON)를 향상시키고 일반 리포밍 반응에서 쉽게 일어나는 반응이다. 촉매 산성 기능에 의해 야기되고 압력과는 무관하다.

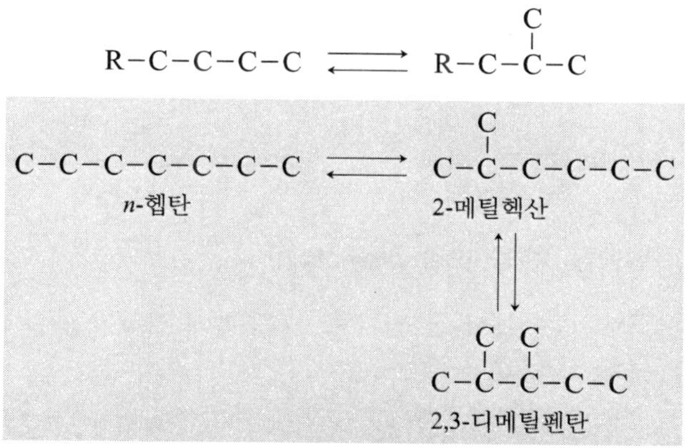

(4) 파라핀의 탈수소고리화 (Dehydrocyclization)

일반적으로 반응이 어려우며 분자량이 커질수록 반응이 용이해 진다. 반응은 낮은 압력 높은 온도에서 잘 일어난다. 그리고 촉매 금속과 산성기능 양쪽 모두 필요하다.

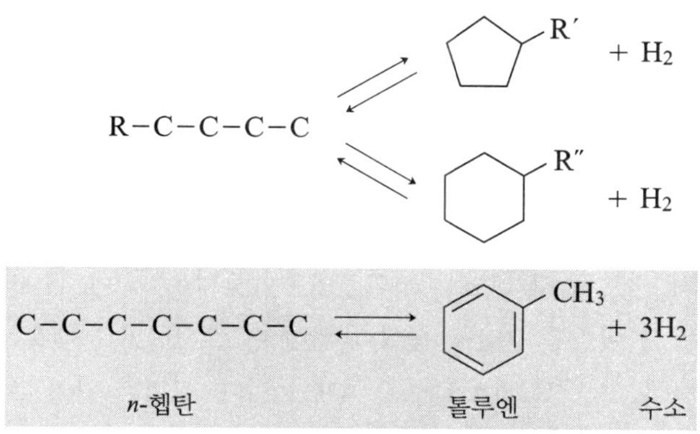

(5) 수소분해반응 (Hydrocracking)

높은 압력 높은 온도에서 잘 일어나고 파라핀이 분해되어 가스로 제거된다. 방향족 농도가 높고 옥탄가는 높아지나 리포메이트 생산량이 감소하고 수소

소모량이 증가한다.

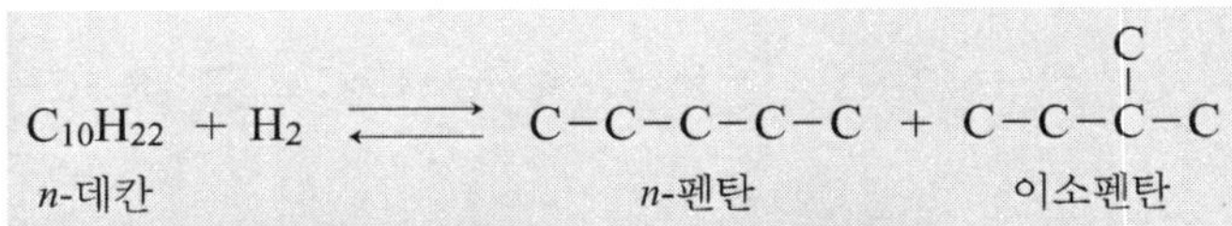

(6) 탈메틸기반응 (Demethylation)

프레쉬촉매에서 잘 일어나고 (즉 촉매 활성이 높을 때) 높은 온도 높은 압력에서 잘 일어난다.

$$R-C-C-C-C + H_2 \longrightarrow R-C-C-CH + CH_4$$

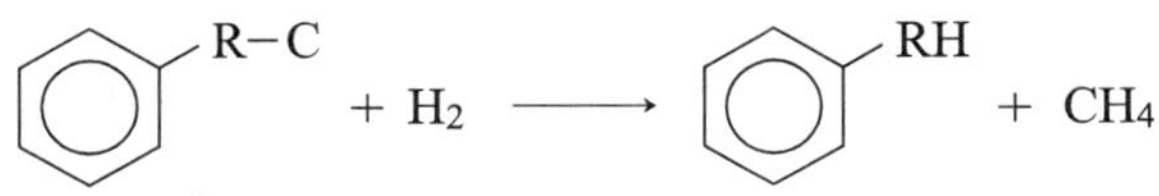

(7) 방향족의 탈알킬기반응 (Aromatic Dealkylation)

참고로 리포밍에서 자동차 연료로 사용할 경우에는 가솔린 생산을 최대로 하기 위해 피드 납사 탄소수 범위를 6-11까지 하는 반면, 석유화학용 목적으로 하는 경우는 방향족 수율을 높이기 위해 탄소수 범위를 제품에 따라 선택하는데 탄소수 6개, 6-7개, 6-8개, 7-8개 등이다. 그러나 위의 두 가지 경우 모두 기본적인 화학반응은 동일하다.

참고 | 중질납사 개질반응식 재정리

나프텐의 탈수소반응

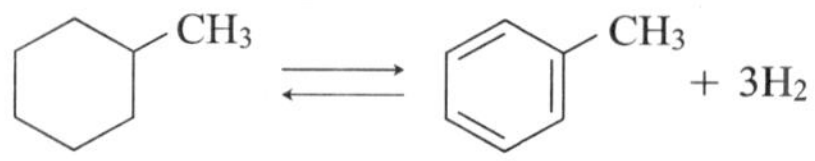

메틸사이클로헥산 톨루엔 수소

파라핀의 고리화 탈수소반응

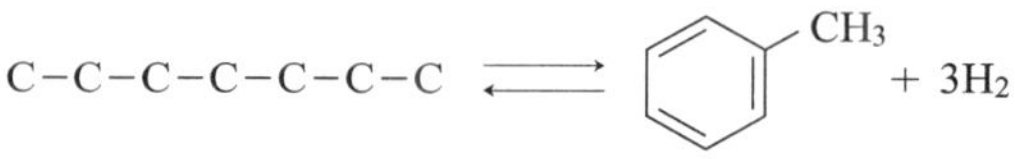

n-헵탄 톨루엔 수소

나프텐의 이성질체화 탈수소반응

메틸사이클로펜탄 사이클로헥산 벤젠 수소

파라핀의 이성질화 분해반응

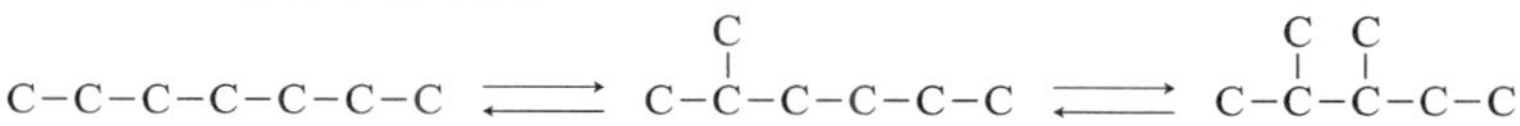

n-헵탄 2-메틸헥산 2,3-디메틸펜탄

파라핀의 수소화 분해반응

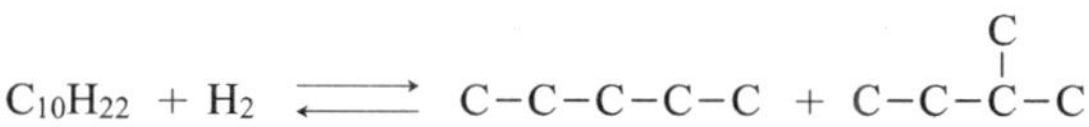

n-데칸 *n*-펜탄 이소펜탄

14.3 방향족 정제 공정

생산된 리포메이트에서 방향족을 추출하는 공정은 여러 가지가 있다. 우선 리포메이트를 리포메이트 스플리터에 보내어 경질 리포메이트와 중질 리포메이트로 분리한다. 리포메이트 스플리터 상층부의 리포메이트는 설포레인 (Sulfolane) 공정으로 가는데 설포레인 공정에서는 방향족 (주로 벤젠, 톨루엔)을 비방향족 탄화수소로부터 용제를 사용하여 추출 분리한다. 용제로 추출된 방향족은 증류탑에서 벤젠과 톨루엔으로 다시 분리된다.

(1) **플랫포메이트 스플리터 (Platformate Splitter)** 리포메이트 (Reformate)에는 방향족 (Aromatics)과 비방향족이 섞여 있으며 방향족으로는 벤젠, 톨루엔, 3가지 이성체의 자일렌, 그리고 자일렌보다 더 중질의 방향족이 들어 있다. 최종 제품이 되는 벤젠, 톨루엔, 파라자일렌을 효과적으로 분리 정제하기 위해서 우선 리포메이트를 두 부분으로 분리한다. 벤젠과 톨루엔을 한 부분으로, 자일렌은 또 다른 한 부분으로 분리하는데 이 분리는 증류장치를 이용한다. 이 증류장치를 플랫포메이트 스플리터라 부른다.

(2) **설포레인 (Sulfolane) 공정** 석유류나 일반 유기화합물의 분리 및 정제 방법으로는 비등점 차이를 이용한 증류 방법이 대종을 이루고 있지만 비등점의 차이가 적은 탄화수소 화합물을 분리할 때는 증류 방법이 적당치 못하다. 이러한 경우는 분리하고자 하는 탄화수소의 특성에 기초하여 다른 방법을 사용하게 되는데, 벤젠과 톨루엔을 이와 비슷한 비점을 갖는 비방향족으로부터 분리하는 방법으로 용제를 사용한 추출법을 사용하는 것이 값싸고 능률적이다. 방향족만을 선택적으로 추출하는 설포레인을 사용하여 비방향족으로부터 벤젠과 톨루엔을 분리하는 공정을 그 용제 이름을 그대로 사용하여 설포레인 공정이라 부른다. 그리고 이공정은 액 - 액 추출 방법이다.

(3) **벤젠톨루엔 추출 (BT Extraction) 공정** 이 공정은 설포레인 공정과는 달리 추출증류 (Extractive Distillation)의 기 - 액 접촉 방식이다. 비점의 차이가 크지 않을 경우 통상적인 증류공정을 이용해서는 효과적으로 원하는 성분만을 분리할 수 없다. 이를 보완하기 위해서 도입된 것이 추출증류 공정이다. 솔벤트를 가하여 성분들간의 상대 휘발도를 변화시켜 증류를 가능하게 한다. 이 공정의 경우 리포메이트 피드에서 방향족 성분 (벤젠, 톨루엔, 자일렌)만 선택적으로 분리한다. 솔벤트를 가할 경우 비방향족과 방향족사이의 상대휘발도가 증가하여 비방향족은 칼럼의 오버헤드로 추잔물 (Raffinate)로 분리되고 추출물 (Extract)과 솔벤트는 나중에 비점 차이에 의해 분리된다.

(4) **자일렌 분류탑 (Xylene Column)** 플랫포메이트 스플리터의 하부에서 나온 중질 리포메이트에는 자일렌과 탄소수 9개 이상의 방향족, 기타 비방향족들이 포함되어 있다. 이 중에서 자일렌을 분리하여 파렉스 공정으로 보낸다. 자일렌 증류장치는 증류단수가 130단이나 되는 대단히 큰 증류장치로서 하부의 직경이 약 7 m, 총 높이가 약 70 m나 되는 대형 증류탑이다. 증류탑 하부에서 나오는 탄소수 9개 이상의 방향족 및 중질 비방향족은 자동차 휘발유 블

렌딩용으로 사용된다.

(5) **파렉스 (Parex) 공정** 자일렌은 앞에서 말한 것과 같이 올소, 메타, 파라자일렌의 3가지 이성체가 있다. 이들 이성체들은 분자량이 같고 끓는 온도가 서로 비슷해서 증류 방법으로 분리하기는 대단히 어렵다. 유오피 (UOP)는 이들 이성체 중에서 파라자일렌을 잘 흡착하는 흡착제를 사용하여 이들을 분리하는 공정을 만들어 파렉스 (Parex)라고 부르고 있다.

큰 용기에 (직경 약 7 m, 총 높이 약 30 m 되는 칼럼 2개)에 이 흡착제 (일종의 몰레큘러 시브)를 충진하고 24개의 층으로 구분한다. 리포메이트를 어느 한 층에 넣으면 이중에서 파라자일렌만 선택적으로 흡착하고 다른 자일렌과 비방향족은 흡착되지 않는다. 흡착되지 않은 탄화수소들은 역시 라피네이트 (Raffinate, 추출 잔류물)라고 부르며 이 라피네이트는 흡착제층을 그대로 통과하여 자동차용 휘발유 제조용으로 저장되거나 아이소머 공정으로 간다.

리포메이트의 주입은 다음 층으로 옮겨가고 리포메이트가 주입되었던 그 층에는 바로 탈착제 (Desorbent)인 파라디에틸벤젠이 뒤따라 주입된다. 이 탈착제는 흡착성이 파라자일렌보다 약간 좋으므로 이미 흡착된 파라자일렌을 밀어 낸다. 밀리어 나온 파라자일렌은 탈착제와 함께 다음 증류탑에 들어가 증류되어 순수한 파라자일렌과 탈착제로 분리된다. 탈착제는 다시 흡착제가 충진된 탑으로 순환된다.

(6) **타토레이 (Tatoray) 공정** 설포레인에서 증류되어 나오는 톨루엔은 그 사용도가 벤젠이나 파라자일렌보다 적다. 때로 톨루엔의 수요가 생산량보다 적어지거나 값이 싸지면 톨루엔을 벤젠이나 파라자일렌으로 전환시키는 것이 필요하다. 톨루엔은 타토레이 공정에서 촉매와 수소의 도움을 받아 벤젠으로 약 23%, 파라자일렌으로 약 5% (혼합자일렌으로는 약 20%)로 전환된다. 타토레이 촉매는 알루미나, 50% 모더나이트로서 다른 금속 촉매가 오염되거나 그리스 등이 오염되면 부반응이 심하게 되므로 촉매 취급에 특별한 주의가 필요하다. 수소는 압축기를 통하여 계속 순환시킨다.

(7) **아이소머 (Isomar) 공정** 파렉스 공정에서 분리된 올소자일렌과 메타자일렌을 촉매와 수소의 도움으로 파라자일렌으로 전환시키는 공정이다. 전환되는 비율은 약 15%이다. 촉매는 백금을 포함한 제올라이트 (Zeolite) 촉매로 금속으로 인해서 쉽게 활성을 잃게 된다. 수소는 압축기를 통하여 계속 순환시킨다.

1. 자일렌유분 (Xylene Fractionation)

플랫포밍 (Platforming)으로부터 받은 리포메이트 (Reformate)를 증류를 통해 분리하여 후속 공정에 피드 (Feed)하며, 또한 파렉스 (Parex) 공정의 칼럼을 운전하기 위한 리보일링 (Reboiling)의 열원을 공급한다. 아래 그림 14.8에서 리포메이트 분리탑, 자일렌칼럼, C_{10} 칼럼이 여기에 해당한다. 그리고 탄소수가 7개 이하 (C_7^-)는 벤젠 (C_6), 톨루엔 (C_7), 비슷한 끓는점의 파라핀을 말하고, 탄소수 8개 이상 (C_8^+)은 탄소수가 8개 (C_8)인 자일렌, 에틸벤젠 (EB, Ethyl Benzene) 그리고 탄소수가 9개 이상 (C_9^+)의 중질방향족 (Heavy Aromatics)을 말한다.

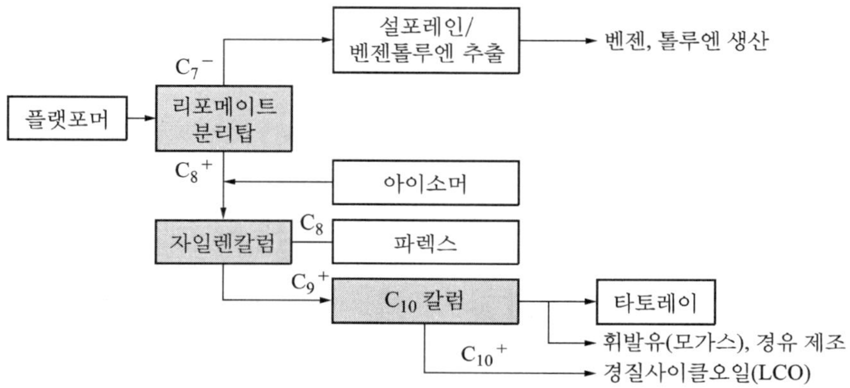

그림 14.8 자일렌유분 공정 흐름도

2. 설포레인 (Sulfolane) 공정

리포메이트 분리탑으로부터 받은 경질 리포메이트를 액-액 추출로 분리하여 벤젠과 톨루엔을 생산하는 공정이다. 액-액 추출은 액체용액 (피드)을 용제 (용매, Solvent)와 접촉시켜 원하는 용질 (Solute) 성분만을 추출하는 물질분리 공정이다. 이러한 접촉으로 2개의 스트림 즉, 용제가 포함된 추출물 (Extract)과 추잔물 (Raffinate)이 형성된다. 액-액 추출 공정은 증류 공정과 몇 가지 유사성을 지니고 있다. 그러나 증류가 분리를 시키기 위해 비점을 이용하는 반면, 추출은 화학구조의 차이를 이용한다. 추출 공정은 보통 단독으로 운전하는 경우는 거의 없다. 용제와 원하는 성분이 혼합되어 있기 때문에 보통 증류를 이용하여 추가로 분리한다. 액 - 액 추출 공정의 흐름도가 아래 그림 14.9에 나타나 있다.

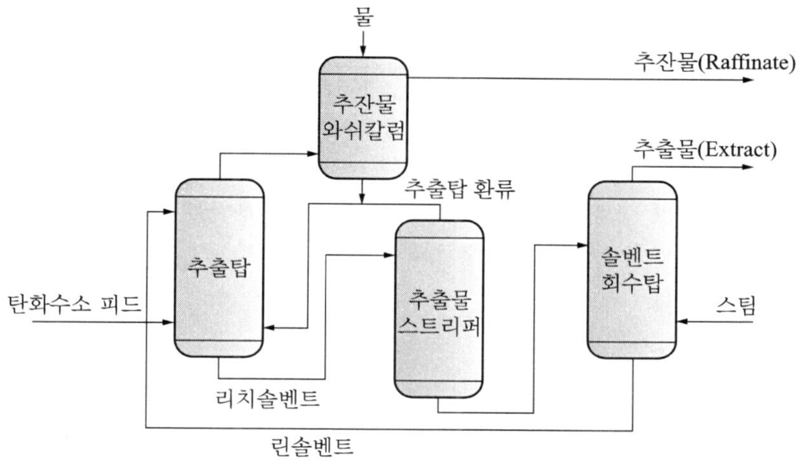

그림 14.9 설포레인 공정 개요도

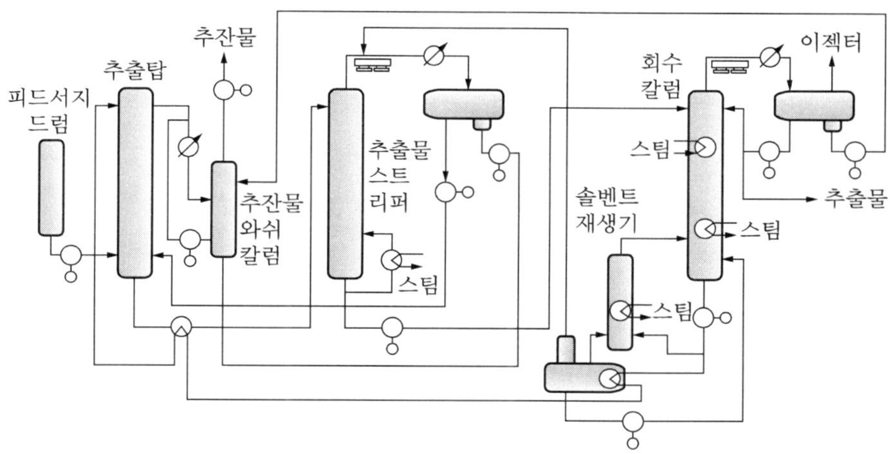

그림 14.10 설포레인 공정 흐름도

3. 벤젠톨루엔 추출 (BT Extraction) 공정

추출증류는 비점이 근접한 물질로 이루어진 혼합물의 상대휘발도를 변경시키는 솔벤트를 이용하여 원하는 성분을 분리하는데 효과적이다. 용제는 분리될 혼합물보다 비점이 높은 극성 물질이다. 방향족 성분의 휘발도는 다른 비방향족 성분에 비교해 상대적으로 억제되어 비방향족이 오버헤드로 분리된다. 추출증류 칼럼의 특징은 ① 일반 증류 칼럼처럼 운전된다. ② 두 가지의 핵심변수인 극성과 비점 차이를 이용할 수 있다. ③ 제품을 정제하거나 제품으로부터 용제를 회수할 필요가 없다. 기존 추출 공정을 통해 가장 제거하기 힘든 불순물이 저비점의 비방향족 성분들이다. 그러나 추출증류의 경우 용제가 방향족뿐만 아니라 경질 불순물을 추출하는데도 유사한 경향을 나타낸다. 경질 비방향족은 비점이 낮기 때문에 피드에서 증류하여 오버헤드로 보내기 쉽다. 그러므로 내부 리사이클이 없고 불순물이 축적되지도 않는다.

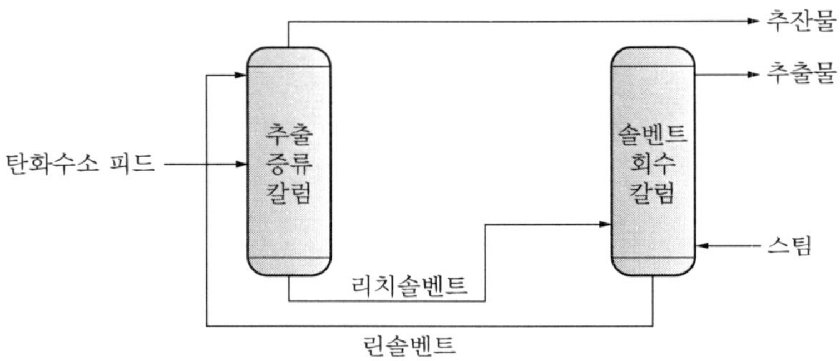

그림 14.11 벤젠톨루엔 추출증류 공정 개요도

용제의 역할을 구체적으로 알아보기 위하여 용제 유무에 따른 상대휘발도의 변화는 표 14.2에 그리고 용제를 가하기 전후의 비점 차이는 표 14.3에 나타내었다.

표 14.2 용제 유무에 따른 상대휘발도 비교

성 분	상대휘발도	
	용제가 없을 때	용제가 있을 때
벤젠/2-메틸헵탄	2.77	
톨루엔/2-메틸헵탄	1.24	
2-메틸헵탄/파라자일렌	2.27	
2-메틸헵탄/벤젠		4.83
2-메틸헵탄/톨루엔		8.29
2-메틸헵탄/파라자일렌		14.5

표 14.3 용제 유무에 따른 비점 차이

성 분	비점 (℃)	
	용제가 있을 때	용제가 없을 때
벤젠	80.1	135
노말헥산	99	101
톨루엔	110.3	150
노말옥탄	115	117

기존 설포레인 공정과 크게 다른 점은 장치적인 측면에서 추출탑과 스트리퍼의 기능이 결합된 한 개의 추출증류탑 (EDC, Extractive Distillation Column)으로 대체되었으며 추출잔류물 (추잔물, Raffinate)의 워터와쉬칼럼이 없다는 것이다. 혼합 경질 리포메이트가 추출증류탑의 피드로서 주입되어 탑 내에서 용제와 피드의 기 - 액 추출증류 (Vapor-Liquid Extractive Distillation)를 통해 방향족 성분들은 추출되어 용제와 함께 탑저로 내려가고 나머지 비방향족 성분들 (Raffinate)은 오버헤드 (탑상)로 분리된다.

오버헤드 중의 일부는 칼럼으로 환류 (Reflux)되고 그 나머지는 추잔물 (Raffinate) 제품으로 런다운 (Run Down)된다. 즉 탑상부의 제품인 추잔물 (Raffinate)로부터

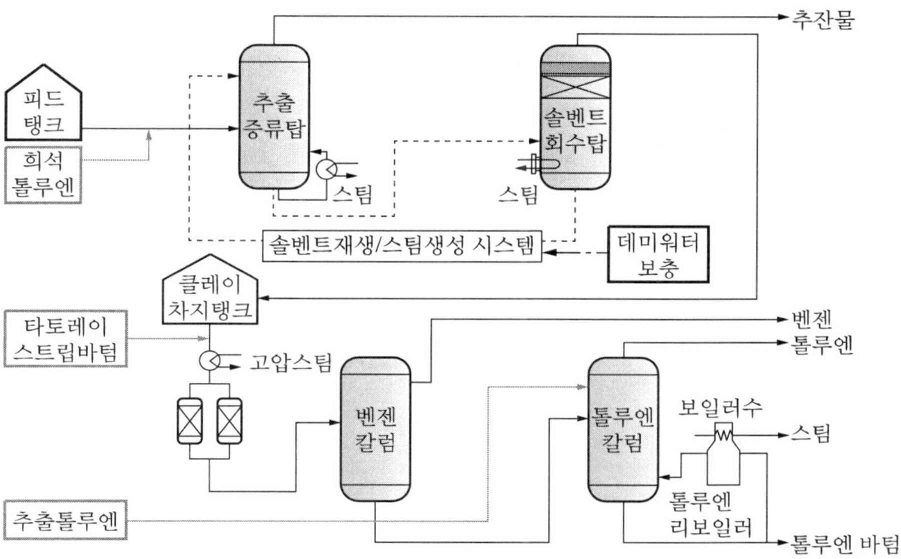

그림 14.12 벤젠톨루엔 추출증류 공정 흐름도

용제 (Solvent) 회수를 위해 물순환 및 혼합장치가 있다. 추출증류탑 하부의 리치 솔벤트 (Rich Solvent)는 솔벤트회수탑 (SRC, Solvent Recovery Column)으로 보내지고 여기서 약한 진공압력 하에서 방향족 성분들이 용매로부터 탑상으로 회수 (Strip)되어 진다. 솔벤트회수탑 하부의 린솔벤트 (Lean Solvent)는 펌핑되어 열회수 및 온도조절을 위해 일련의 열교환기를 거친 후 추출증류탑 상부로 순환된다.

4. 파렉스 (Parex) 공정

파렉스 (Parex) 공정은 자일렌의 이성체, 에틸벤젠, 그리고 비방향족이 섞여 있는 혼합물 중에서 선택적 흡착법을 사용하여 파라자일렌을 연속적으로 분리하는 공정이다. 흡착탑을 통해 분리된 추출물 (Extract)은 이후의 추출칼럼에서 파라자일렌과 탈착제 (Desorbent)로 분리되고, 파라자일렌을 제외한 나머지 올소자일렌, 메타자일렌, 에틸벤젠과 비방향족을 포함하는 추잔물 (Raffinate)은 이후의 추잔탑에서 추잔물과 탈착제로 분리된다.

추잔탑에서 분리된 순수 추잔물은 아이소머 (Isomar) 공정으로 보내어져 파라자일렌으로 전환된다. 아래 표 14.4에서 보는 바와 같이 파라자일렌, 올소자일렌, 메타자일렌은 끓는점이 서로 비슷하여 증류로 분리하기는 어렵다. 그러나 흡착제를 이용하면 경제적으로 용이하게 분리할 수 있다. 파렉스 (Parex) 공정에서 사용하는 흡착제 (Adsorbent)는 크기가 20－60메쉬 정도로 제올라이트 종류의 몰레큘러 시브 (Molecular Sieve)이다. 이 흡착제는 올소자일렌, 메타자일렌에 비하여 파라자일렌과 선택적으로 강한 친화력이 있다.

표 14.4 자일렌 이성체의 끓는점 비교

성 분	끓는점 (℃)	녹는점 (℃)
올소자일렌	144	－25
메타자일렌	139	－48
파라자일렌	139	13
에틸벤젠	136	－95
파라디에틸벤젠(탈착제, *p*-DEB)	184	－45

흡착제의 선택적 기공에 흡착된 파라자일렌을 탈착시키는 역할을 하는 탈착제(*p*-DEB, Para DiEthyl Benzene)는 표 14.4에서 보듯이 파라자일렌의 끓는점과 큰 차이가 있다. 따라서 추출탑, 추잔탑에서 탈착제를 자일렌들 (추출물, 추잔물)과 분리할 수 있는 것이다. 분리된 탈착제는 다시 흡착탑으로 들어가게 된다. 공정 흐름도는 그림 14.13과 그림 14.14에 나타낸 것과 같다.

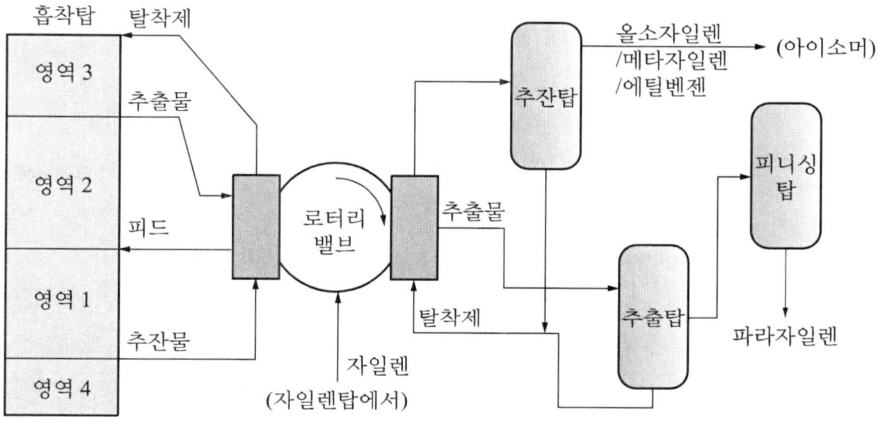

그림 14.13 파렉스 공정 개요도

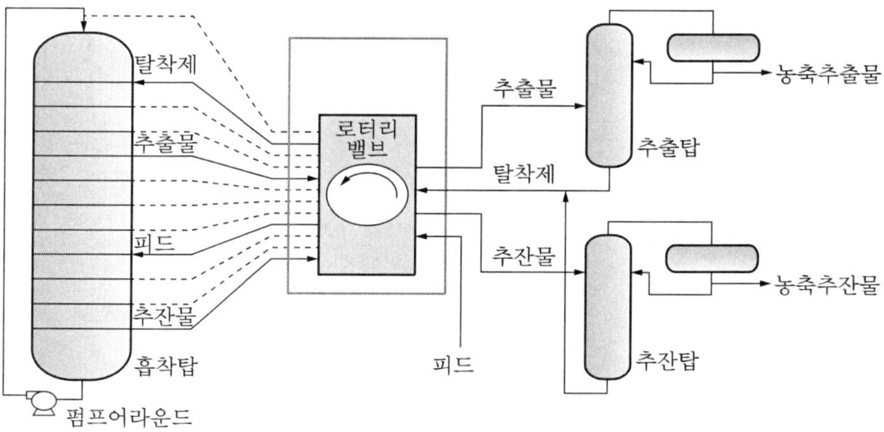

그림 14.14 파렉스 공정 흐름도

5. 아이소머 (Isomar) 공정

파렉스에서 나오는 혼합자일렌을 이성화반응을 통해 파라자일렌을 포함한 혼합자일렌으로 전환시키고, 자일렌과 끓는점이 비슷하여 자일렌탑 - 파렉스 - 아이소머 공정의 순환 루프에 들어와 축적되는 에틸벤젠 (EB, Ethyl Benzene, C_8)과 같은 성분들을 분해 (Cracking)시켜 순환 루프로부터 제거하는 공정이다. 주요 반응에는 ① 파라자일렌이 제거된 비평형 자일렌 혼합물 상태 (추잔물 사이드컷)로부터 파라자일렌이 포함된 자일렌 평형상태를 다시 형성하는 자일렌 이성화 (Xylene Isomerization) 반응 ② 에틸벤젠이 벤젠과 에탄으로 되는 탈알킬레이션 (Dealkylation)/수소화 (Hydrogenation) 반응 ③ 분해 (Cracking) 반응이다. 사용 촉매는 2가지 기능, 산점 (Acidic Site: Zeolite) 기능과 금속점 (Metal Site: Platinum/Lead) 및 약간의 염소 (Chloride) 기능을 가진다.

촉매 산점이 갖는 기능은 올소자일렌과 메타자일렌을 파라자일렌으로 전환시키고, 에틸벤젠의 에틸그룹을 잘라내며, 파라핀과 같은 포화탄화수소를 분해한다. 금속 기능은 잘라낸 에틸그룹이 에틸벤젠을 다시 생성하지 못하도록 에틸그룹을 수소화 (Hydrogenation)하여 에탄을 만들어 버린다. 그리고 에텐이 에탄으로 되는 반응은 비가역반응이다.

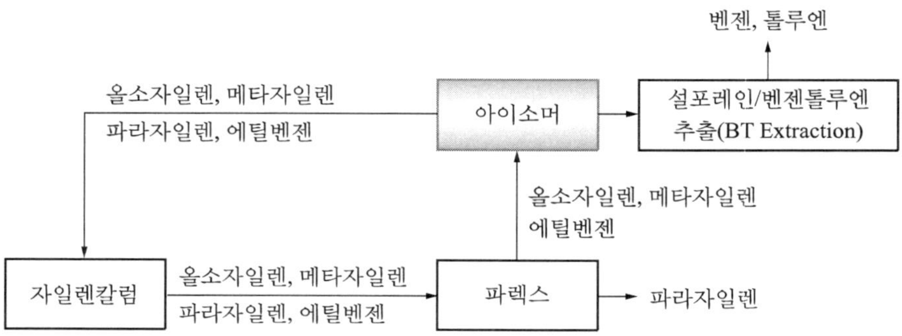

그림 14.15 아이소머 공정 개요도

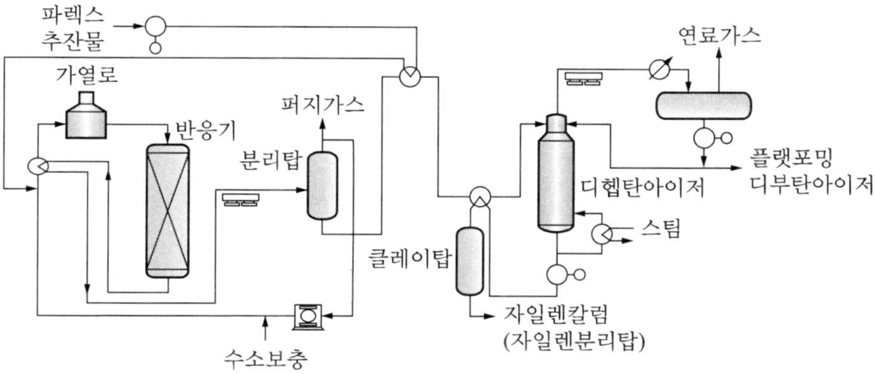

그림 14.16 아이소머 공정 흐름도

6. 타토레이 (Tatoray) 공정

톨루엔을 촉매 하에서 수소를 주입하여 반응시키면 벤젠과 혼합자일렌을 생산한다. 여기에는 2가지 반응이 있다. 하나는 톨루엔과 톨루엔을 반응시켜 23% 벤젠과 51% 톨루엔 그리고 26% 혼합자일렌 (파라자일렌 5% 포함)을 만드는 48 mol% 전환율의 트랜스알킬레이션 반응 (Transalkylation Reaction)이다.

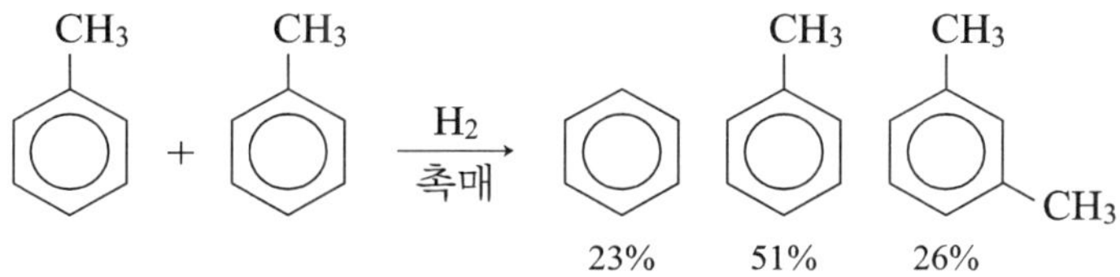

다른 하나는 40 mol%의 전환율을 가지는 톨루엔에 C_9 방향족 반응에서 이들의 비율이 70% : 30% 그리고 60% : 40%일 경우 각각 벤젠 : 톨루엔 : 혼합자일렌 : 중질방향족이 9% : 44% : 30% : 17%와 7% : 42% : 28% : 22%가 만들어지는 반응이다.

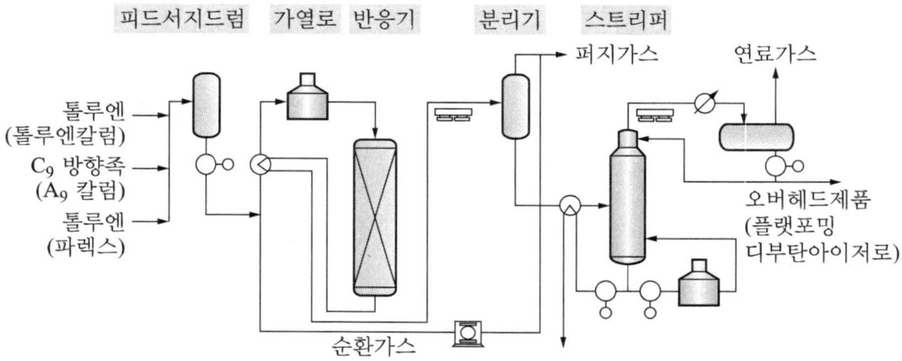

그림 14.17 타토레이 공정 흐름도

7. 엠티피엑스 (MTPX) 공정

아래 반응식에서와 같이 산촉매 (Acid Catalyst) 하에서 톨루엔을 반응시켜 벤젠과 혼합자일렌 (파라자일렌 풍부)을 생산하여 크리스탈라이저 (Crystallizer) 공정에 공급한다. 특히 반응에 투입하는 첨가제 (ZSM-5: 규산알루미늄제올라이트, 분자식 $Na_nAl_nSi_{96n}O_{192} \cdot 16H_2O$, $0 < n < 27$, 탄화수소의 이성질화 촉매)는 파라자일렌 합성에 있어서 매우 높은 파라자일렌의 선택도를 가지게 한다.

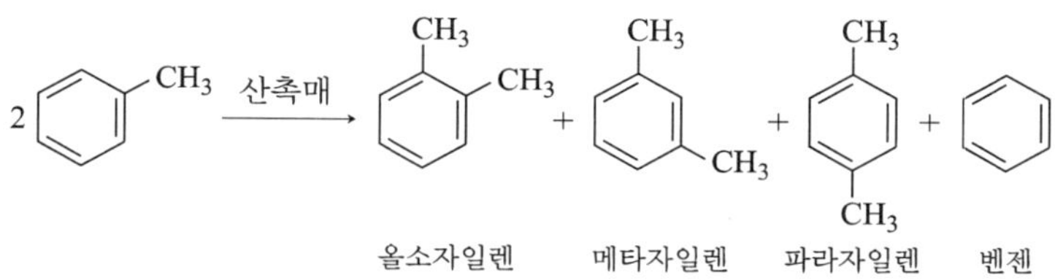

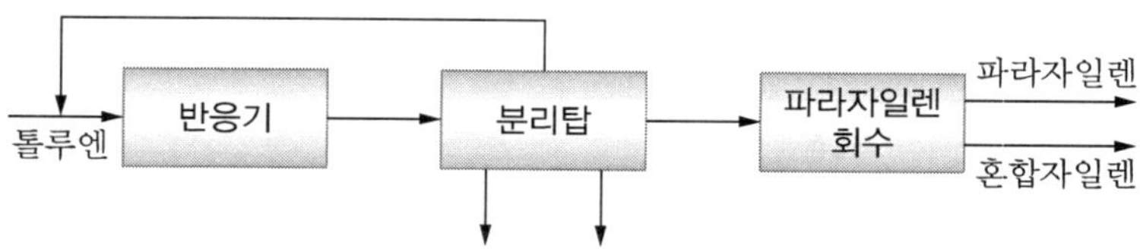

그림 14.18 엠티피엑스 공정 개요도

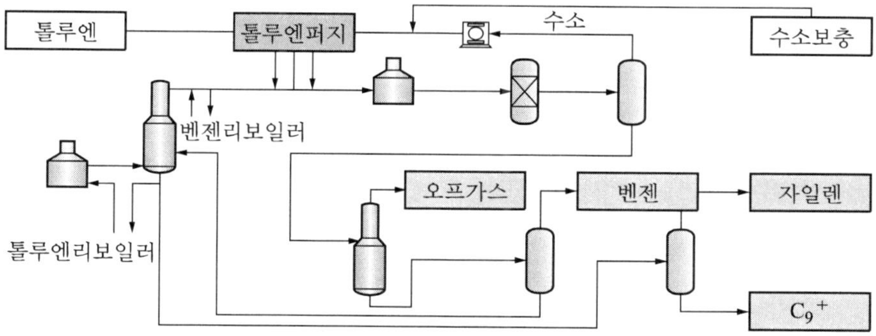

그림 14.19 엠티피엑스 공정 흐름도

참고 | ZSM-5 첨가제

첨가제 (ZSM-5, MFI구조)는 규산알루미늄제올라이트(Aluminosilicate Zeolite) 광물로서, 정 3차원의 실리카 구조 (Pentasil Family of Silica)를 하고 있으며, 화학식은 $Na_nAl_nSi_{96n}O_{192}\cdot16H_2O$, $0<n<27$이고, 주로 탄화수소를 이성화 (Isomerization)하는 기능을 가진 서로 다른 성분의 (Heterogeneous) 촉매이다. 또한 이것의 특허는 엑슨모빌 (Exxon Mobil)사가 가지고 있다.

8. 크리스탈라이저 (Crystallizer) 공정

엠티피엑스 (MTPX) 공정으로부터 받은 혼합자일렌 (파라자일렌 89－91%)으로부터 파라자일렌만을 선택적으로 분리한다. 이 분리 방법은 혼합자일렌 중에서 파라자일렌의 어는점 (Freezing Point)이 가장 높은 성질을 이용해서 분리한다. 분리공정 과정은 다음과 같다.

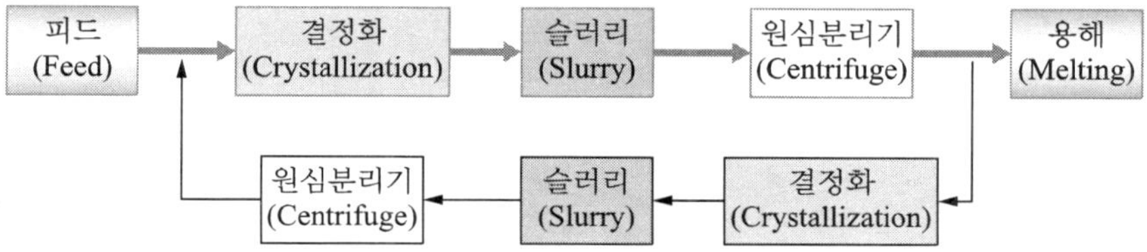

혼합자일렌에서 파라자일렌을 분리함에 있어 파렉스 (Parex) 공정이 흡착 (Adsorp-tion) / 탈착 (Desorption)으로 분리하는 것에 반해, 크리스탈라이저 공정은 어는점 (Freezing Point) / 녹는점 (Melting Pont)을 이용하는 것이 가장 큰 차이점이다. 그리고 크리스탈라이저 공정은 파렉스 공정에 비해 리보일러 (Reboiler)가 없으므로 에너지비용이 적게 들고 피드 중에 파라자일렌 함량이 89－90%로서 파렉스의 21%에 비해 월등히 높은 특징을 가지고 있다.

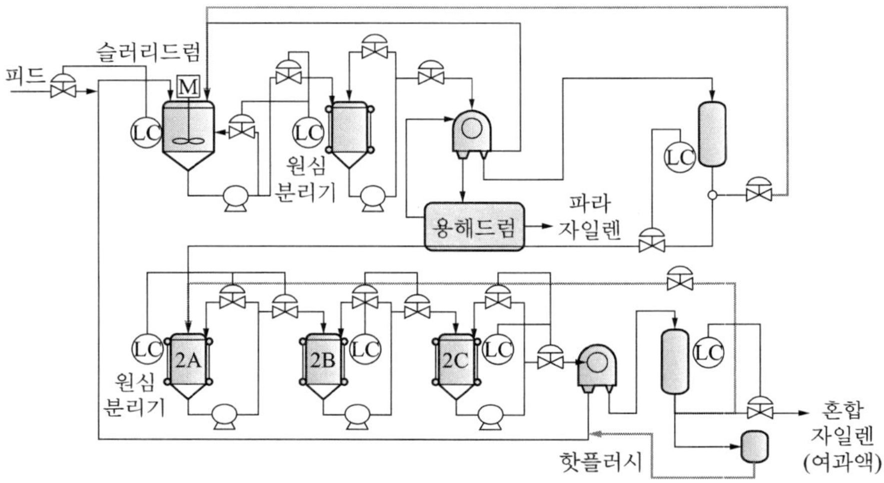

그림 14.20 크리스탈라이저 공정 흐름도

9. 자일렌 (Xylene) 공정

리포메이트 (Reformate)를 수입하거나 추가 생산할 경우 이들을 처리하여 BTX (Benzene, Toluene, Xylene)를 생산하기 위한 공정이다.

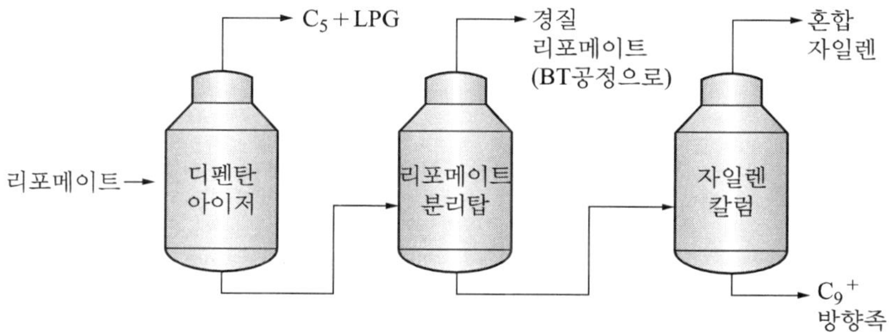

그림 14.21 자일렌 공정 흐름도

14.4 공정 화학반응

1. 아이소머 공정 반응

(1) 자일렌이성화 (Xylene Isomerization)

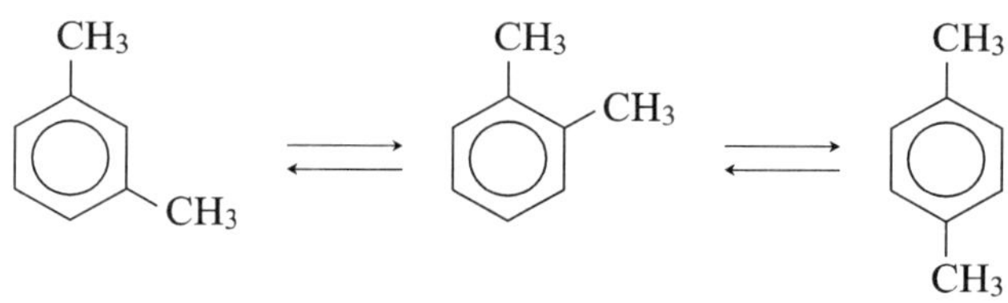

(2) 에틸벤젠 디알킬레이션 (Ethyl Benzene Dealkylation)

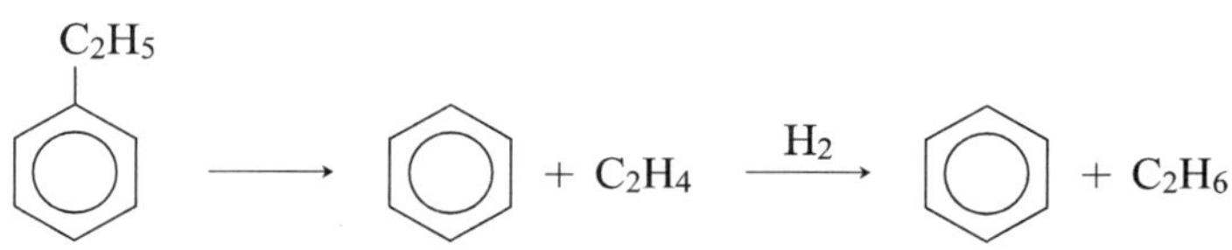

⑶ 비방향족 분해 (Non-Aromatic Cracking)

$$\underset{\text{노말노난(n-Nonane)}}{CH_3\text{-}CH_2\text{-}CH_2\text{-}CH_2\text{-}CH_2\text{-}CH_2\text{-}CH_2\text{-}CH_2\text{-}CH_3} + H_2 \xrightarrow[\text{제올라이트}]{\text{산}} \underset{\text{부탄}}{CH_3\text{-}CH_2\text{-}CH_2\text{-}CH_3} + \underset{\text{펜탄}}{CH_3\text{-}CH_2\text{-}CH_2\text{-}CH_2\text{-}CH_3}$$

2. 엠티피엑스 공정 반응

⑴ 1차 반응 (Primary Reaction)

① 톨루엔불균화 반응 (Toluene Disproportionation)

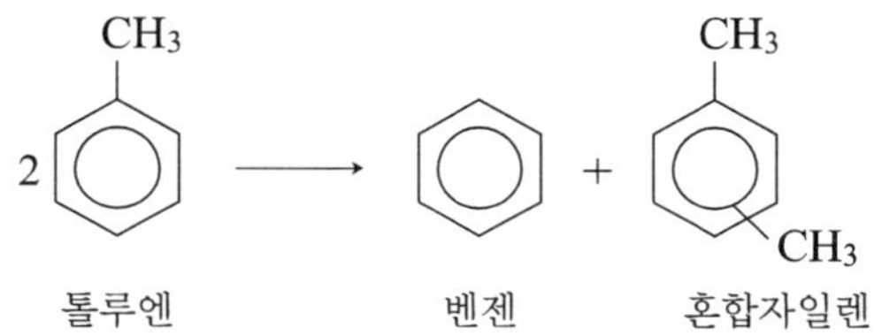

② 자일렌 이성화 (Xylene Isomerization)

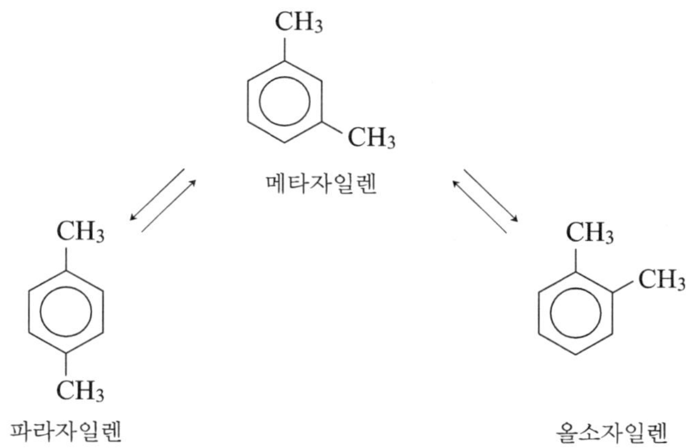

(2) 2차 반응 (Secondary Reaction)

① 디아킬레이션 (Dealkylation)

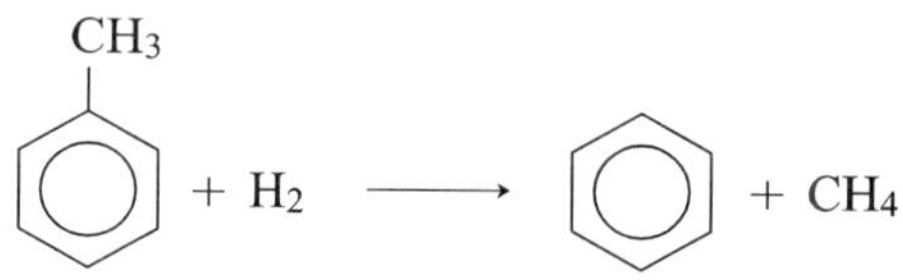

② 트랜스알킬레이션 (Transalkylation)

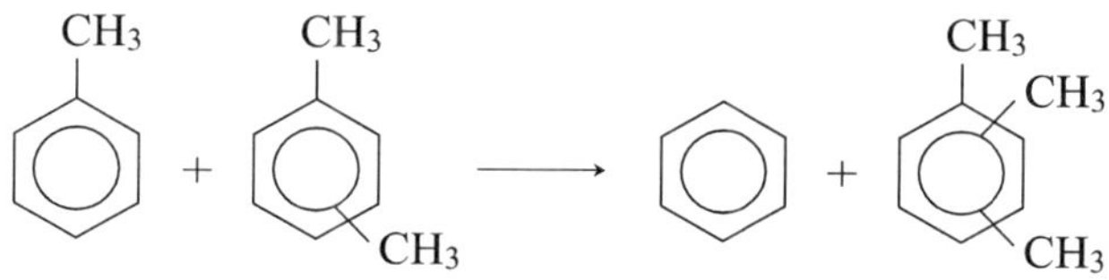

③ 에틸벤젠 생성 (Ethyl Benzene Formation)

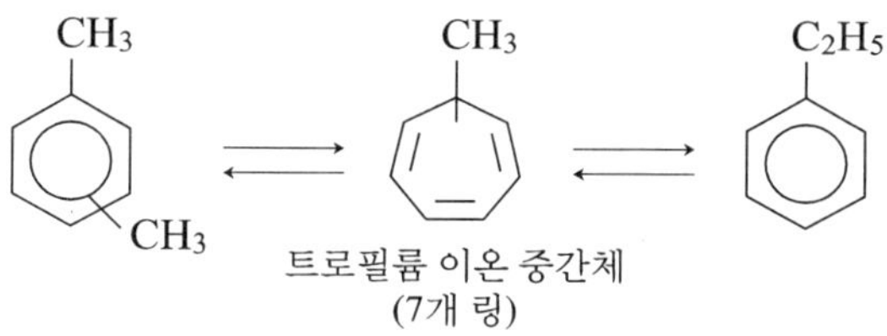

④ 링 손실 (Ring Loss)

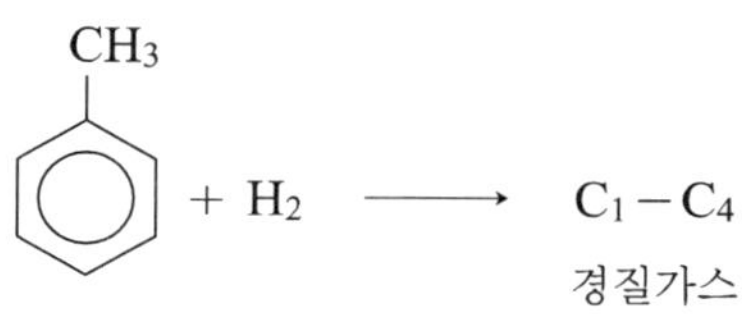

⑤ 코킹 (Coking)

톨루엔 → 응축방향족 + H_2

응축방향족 → 코크 + H_2

(3) 비방향족 반응

① 바람직함

파라핀 → 파라핀 + 올레핀

올레핀 + H_2 → 파라핀

② 바람직하지 않음

올레핀 + 올레핀 → 중질방향족

올레핀 + 방향족 → C_9^+ 중질방향족

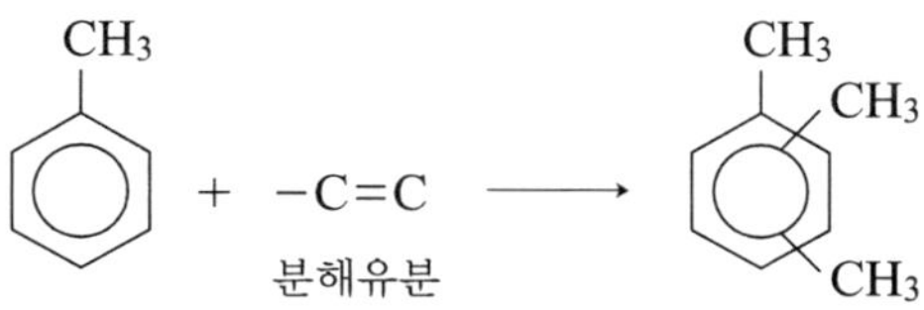

3. 타토레이 공정 반응

엠티피엑스 (MTPX) 공정 반응과 유사하다. 단지 피드로 중질방향족을 받아서 자일렌 수율을 높일 수 있으며 피드 중 중질방향족 함량을 변화시켜 원하는 제품의 수율을 조절할 수 있다. 그리고 피드 조성 변화에 따라 수소 소모량도 변한다.

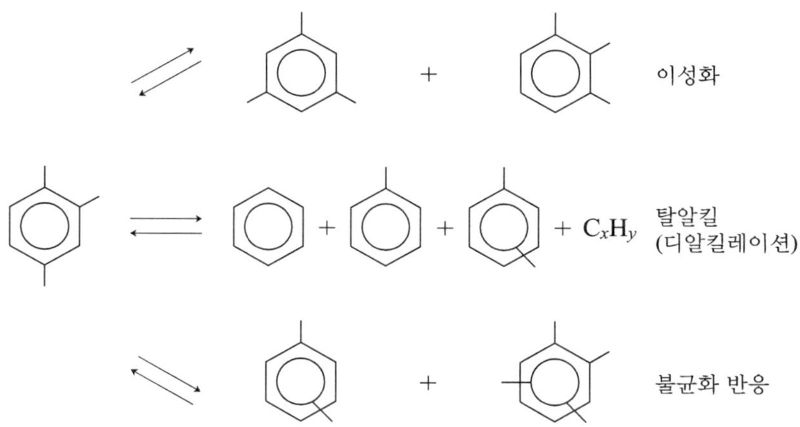

참고 | 방향족제품 분리공정 정리

1. **설포레인** (Sulfolane) / BT **추출** (Extraction)

   → 둘 다 경질리포메이트에서 비방향족/벤젠톨루엔 (BT)으로 분리하는 것 설포레인은 액 - 액 추출 (용제 설포레인 사용)이고 BT 추출 (추출증류)로 기 - 액 추출방법이다.

2. **파렉스** (Parex) / **크리스탈라이저** (Crystallizer)

   → 모두 혼합자일렌에서 파라자일렌을 분리하는 것

   파렉스 (Par-, Ex-; Paraxylene Extraction)는 흡착/탈착으로, 크리스탈라이저는 어는점/녹는점을 이용해서 분리한다.

3. **엠티피엑스** (MTPX) / **타토레이** (Tatoray)

   → 양쪽 다 톨루엔을 반응시켜 벤젠과 혼합자일렌을 생성하는 것

   엠티피엑스는 산촉매/첨가제 (ZSM-5: 일종의 제올라이트로 파라자일렌 선택도 높임)를 사용하여 반응시키고 제품은 크리스탈라이저의 피드인 반면, 타토레이 (Ta: Transalkylation Reaction & Toray: 회사명)는 트랜스알킬레이션 (Transalkylation) 반응이다.

4. **아이소마** (Isomar)

   파렉스에서 받은 혼합자일렌을 이성화 (Isom: Isomerization / ar: Aromatic) 시켜서 파라자일렌을 포함한 혼합자일렌으로 전환시킨다.

5. **자일렌** (Xylene) **공정**

   리포메이트 (Reformate) 수입하거나 추가생산 경우 DeC_5, Reformate Splitter, 자일렌 칼럼을 통해 BTX (혼합자일렌) / C_9^+ 방향족으로 분리하는 공정이다.

15
CHAPTER

폴리프로필렌 공장

(Polypropylene)

현재 폴리프로필렌 (PP) 중합 공정에는 (1) 용매 슬러리공정 (2) 액상공정 (3) 기상공정의 3가지가 있다. 용매 슬러리 공정은 널리 사용되고 있는 공정으로 활성 촉매를 탄화수소 용매 (노말헵탄, 노말헥산)에 현탁시켜 중합반응을 시도하는 방법이고, 액상 공정은 용매 슬러리 공정과 유사하나 별도의 용매를 사용하지 않고 액상의 프로필렌 자체가 반응 매체로 이용되는 점이 다르다. 그리고 기상 공정은 액상 공정과 같이 용매를 사용하지 않은 점이 유사하나 중합 공정이 기상의 프로필렌과 고체촉매의 직접적인 접촉에 의해 이루어지는 방법이다. 이들 3가지의 방법은 각각 장단점이 있으며 여기서는 기상중합 공정에 대하여 기술하기로 한다. 기상중합 공정은 용매를 사용하지 않고 비결정질 폴리프로필렌, 촉매잔사의 제거가 불필요하며 유틸리티 사용량이 적은 가장 간단하고 경제적인 공정이다. 하지만 반응기의 설계 및 운전이 다른 공정에 비하여 어렵다. 특히 활성 촉매의 주입, 반응기 내에서의 균일한 촉매 분포, 반응온도 제어, 생성 중합체 입자의 제거 에 있어 문제점이 있었다. 그러나 특수한 형상의 반응기, 유동화 베드 중합, 초고활성 촉매 개발, 자동제어 시스템 기술 등으로 상기 문제점들이 해결되었다.
아래는 폴리프로필렌 기상 공정의 전체적인 공정 흐름도를 나타내고 있다.

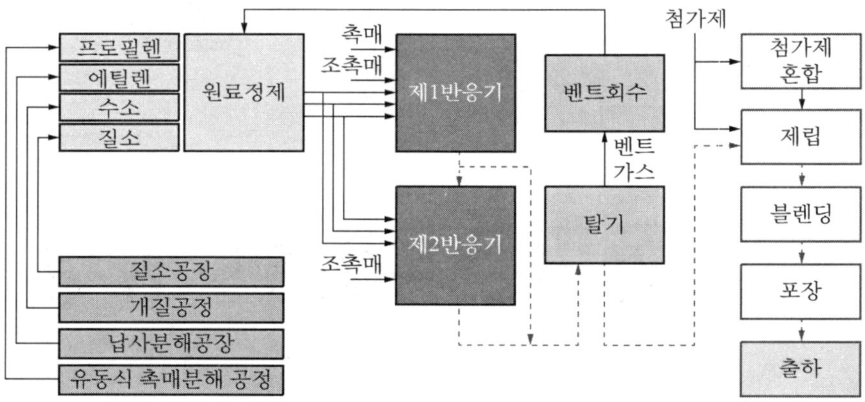

그림 15.1 폴리프로필렌 공정 흐름도

폴리프로필렌 (PP) 공정은 크게 원료정제 공정, 반응공정, 탈기체 및 원료회수 공정, 제립공정으로 나눈다.

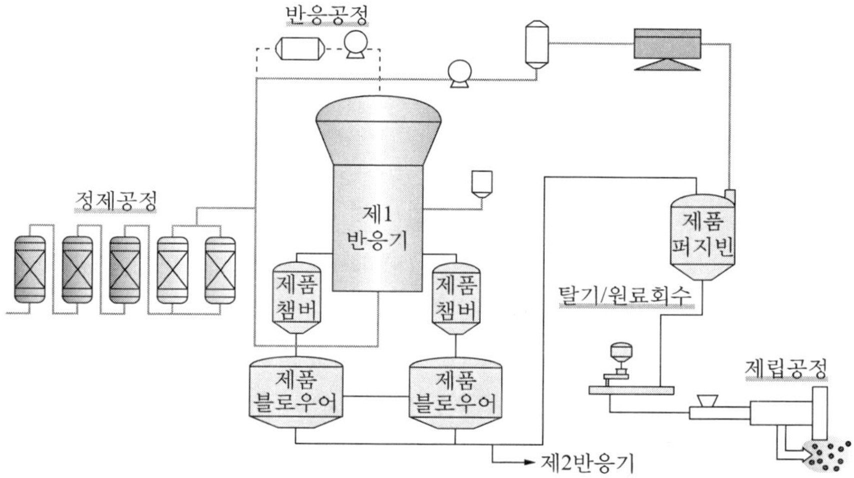

그림 15.2 폴리프로필렌 전체 공정 흐름도

15.1 원료정제 공정 (Material Purification Unit)

중합반응의 주원료인 92% 프로필렌에는 O_2, CO, CO_2, C_2H_6 등이 소량 용해되어 있으므로 프로필렌 탈기탑 (Propylene Degassing Column)에서 이들을 탑상부로 제거하고 탑하부로는 탈기된 프로필렌이 나와 냉각기에서 냉각되어 황 베드로 공급된다. 황 베드에서는 활성알루미나 촉매 (상품명: ALCOA SELECSORB COS) 하에서 황성분 [H_2S, COS (Carbonyl Sulfide)]을 흡착에 의해 제거하고 비소 (As) 베드로 들어간다. 비소 (As) 베드에서는 산화구리 (Copper Oxide) 촉매와 반응하여 아르신 (Arsine, 비화수소)이 아래와 같이 제거된다.

$$2AsH_3 + 3CuO \rightarrow Cu_3As + As + 3H_2O$$

$$2AsH_3 + 3CuO \rightarrow 3Cu + 2As + 3H_2O$$

아르신 베드를 거친 프로필렌은 맵 (MAP, Methyl acetylene & Acetylene & Propadiene) 베드에서 팔라듐 (Palladium) 촉매에 의해 수소와 반응하여 메틸아세틸렌, 아세틸렌, 프로파디엔이 다음과 같이 제거된다.

$$H\text{-}C \equiv C\text{-}CH_3 + H_2 \rightarrow CH_2 = CH\text{-}CH_3$$

$$H\text{-}C \equiv C\text{-}H + H_2 \rightarrow CH_2 = CH_2$$

$$CH_2 = C = CH_2 + H_2 \rightarrow CH_2 = CH\text{-}CH_3$$

맵 베드에서 나온 프로필렌은 마지막으로 건조기로 들어가 수분 (H_2O)이 제거된다. 수분은 몰레큘러 시브 (Molecular Sieve, 상품명: Linde 13XPG)와 물리적 흡착에 의해 제거된다. 이와 같이 정제된 프로필렌은 벤트 회수 시스템으로 보내져 회수 프로필렌과 합해진 후 반응기로 들어간다.

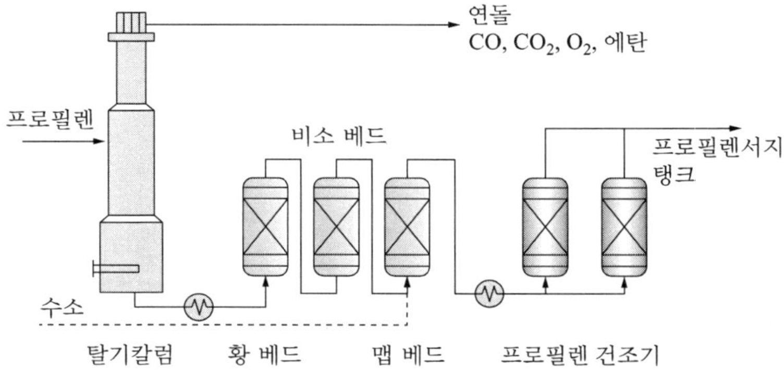

그림 15.3 폴리프로필렌 원료정제 공정

15.2 반응 공정 (Reaction Unit)

반응 시스템은 2개 반응기 (제1, 제2)로 구성되고, 각 반응기 시스템에는 순환가스 냉각기, 순환가스 압축기, 순환워터 펌프, 제품 배출 시스템 (2개 제품챔버, 2개 제품블로우어 탱크)으로 되어 있다.

반응기는 유동층 베드로서 중합 공정은 낮은 압력 가스 상태에서 최소의 단위 운전으로 단순화 되어 있다. 반응이 일어나는 레진 입자의 유동식에서는 가스 상태의 모노머가 베드를 최상으로 혼합하고 촉매를 빠르고 골고루 분산시켜 반응영역에서의 열전달과 물질전달을 증진시키며 반응열을 외부의 열교환기로 전달한다.

프로필렌 가스는 베드를 통해 흐르며 베드 무게와 균형이 되는 힘을 상부로 나타낸다. 가스의 흐름이 증가함에 따라 베드가 팽창하여 입자가 불안정하게 되어 유동을 시작하려는 지점에 이른다. 이때를 초기 유동화라 하며 입자들이 움직이거나 진동하게 되고 베드는 유체처럼 움직인다. 가스의 흐름이 더 증가하면 베드는 더 팽창하여 입자는 격렬히 운동하고 베드에서 기포를 형성한다. 반응기 하부로 들어간 순환가스는 분배판 구멍에서 작은 기포를 형성하고 이것이 떠오르면서 함께 모여 베드의 상부에서는 큰 기포들을 형성한다.

(1) **제1반응계** 호모폴리머 (Homopolymer)와 랜덤코폴리머 (Random Copolymer)를 만들고 응축 반응 모드인데 이는 순환가스의 일부를 응축시켜 열전달을 높이는 것으로서, 증발잠열 제거, 반응기내 생산율과 촉매 생산성 증가, 촉매 균일분산을 위함이다. 중합반응은 정상적으로 압력 37.6 kg_f/cm^2g, 온도 60－65℃에서 일어난다. 중합된 제품은 반응기에서 연속 교대모드로 운전하는 두 제품 배출계로 불연속적으로 흐른다. 제품에 딸려온 미반응가스는 다른 쪽 배출시스템으로 이송된다. 이 임시 저장된 미반응가스는 다음 제품이 배출되는 동안 반응기로 간접적으로 돌아간다. 이것은 반응기에서 배출되는 미반응가스의 량을 최소화한다.

(2) **제2반응계** 블록코폴리머 (Block Copolymer)를 생산하고 제1반응계의 제품

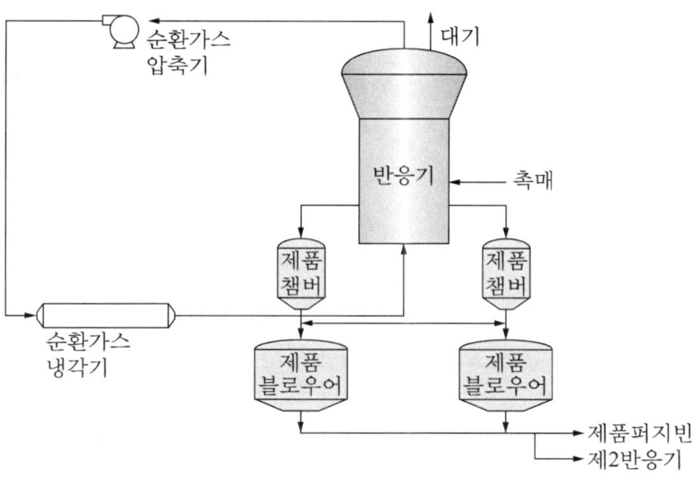

그림 15.4 폴리프로필렌 반응 공정

배출계로부터 불연속적으로 촉매를 포함하고 있는 레진 (Resin)을 받는다. 그리고 에틸렌, 프로필렌, 수소, 조촉매 (TEAL), 정전기방지제 (상품명: Stadis 450) 등을 요구된 제품량과 제품질을 맞추기 위해 조절된 량으로 계속적으로 제2반응기에 공급된다. 제2반응기로는 직접 촉매를 공급하지 않는다. 외부에서 냉각된 순환가스는 반응기의 촉매상을 유동화시키고 새로운 반응물을 공급하며 중합반응에서 생긴 반응열을 제거한다. 제2반응기에서의 열제거는 비응축모드 (Non Condensing Mode)로 가스상에서의 열전달에 의한다. 그리고 제품 배출 시스템은 제1반응계와 동일하다. 단지 제1반응기보다 사이즈가 작고 낮은 압력에서 운전된다.

참고 | 기상 반응기 (Gas Phase Reactor)

상업화된 기상 (Gas Phase) 공정의 반응기 특징은 고체 취급이 용이해서 제품 배출이 간편하고, 입자들간 혼합이 양호하며 유틸리티 사용량이 적어 경제적이다. 구조는 스커트 (Skirt) 형태로 반응기의 단면적이 넓어지므로써 순환가스의 유속을 감소시키고 반응기 외부로 파우더 유출을 방지한다. 그리고 분배 지지판 (Distribution Plate)은 수지베드 (Resin Bed)를 지탱하고 베드 하부에서 들어오는 가스를 균일하게 분배하는 역할을 한다.

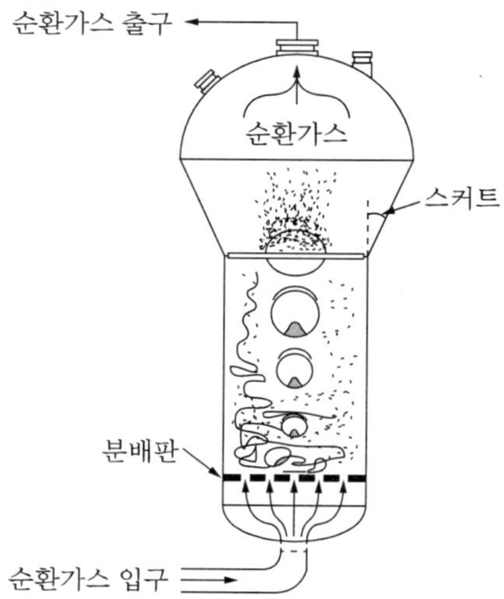

그림 15.5 폴리프로필렌 기상 반응기

1. 폴리프로필렌 피드 원료

피드원료에는 프로필렌, 프로판, 질소, 수소, 에틸렌, 촉매, 조촉매, 선택제어제 등이 있고 이들의 함량과 종류 및 역할은 아래 표 15.1과 같다.

표 15.1 폴리프로필렌 피드 원료 및 역할

	역할 및 종류
프로필렌	폴리프로필렌의 주원료 80%
프로판	반응기내 가스조성 4%
질소 (N_2)	반응기내 가스조성 14%
수소 (H_2)	폴리머의 흐름성 (MF, Melt Flow) 조절/제품변경 0.5%
에틸렌	블록코폴리머/랜덤코폴리머 생산시 첨가
촉매	반응 활성화. 촉매 상품명: Shac103, TK320, Lynx1000
조촉매	촉매의 $MgCl_2$ 담체의 $TiCl_4$ 중, Ti염을 활성화시켜 고분자가 형성될 수 있도록 함. 조촉매 상품명: TEAL
선택제어제 (SCA)	입체 규칙성 조절. SCA 상품명: PEEB, NPTMS, CHMDMS, DCPDMS

주) TEAL: Tri-Ethyl Aluminum, SCA: Selectivity Control Agent

2. 반응시스템 운전 고려 사항

촉매 생산성 (Catalyst Productivity) 및 운전에 관여하는 운전변수에는 자일렌 용해물 (Xylene Solubles), 베드레벨 (Bed Level), 베드온도 (Bed Temperature), 베드이슬점 (Bed Dew Point), 그리고 C_3 분압 (C_3 Partial Pressure) 등이 있다.

(1) **자일렌 용해물** 중합체중 어택틱중합체 (Atactic Polymer)의 함유량을 말하고 자일렌 용해물이 높을수록 입체 규칙성은 낮아진다. 이것은 반응에 주입하는 틸 (TEAL) / 에스씨에이 (SCA) 비에 따라 영향을 받는다.

(2) **베드레벨** 레진 (Resin) 층이 반응할 수 있는 부피를 결정하고 베드 무게에 영향을 받는다.

(3) **베드온도** 온도 상승 시 촉매 생산성은 증가하고 일정 온도 이상에서는 촉매 생산성에 큰 영향을 끼치지 않는다.

(4) **베드이슬점** 반응기 온도와 이슬점 차이가 작을수록 촉매 활성 및 흐름성 (MF)이 상승한다.

(5) C_3 **분압** 분압이 높을수록 촉매 생산성이 상승하고 H_2/C_3 비에 영향을 받는다.

참고 | 멜트 플로우 (MF, Melt Flow)

2,060 g의 하중을 가했을 때 230℃에서 10분간 흘러내리는 용융 수지의 g수를 말한다. MF가 높을수록 분자량은 감소하고 유동성은 높아진다. 반대로 MF가 낮을수록 분자량은 증가하고 유동성은 감소하여 충격강도 및 신율등 기계적 강도가 증가한다.

3. 폴리프로필렌 제품 종류 및 물성

폴리프로필렌은 중합상태에 따라 호모폴리머 (Homopolymer), 블록코폴리머 (Block Copolymer), 랜덤코폴리머 (Random Copolymer)로 구분되며, 흐름성 (MF)에 따라 각 특징이 다르다.

(1) **호모폴리머 (Homopolymer)** 아이소택틱 (Isotactic) 배열을 가지는 입체 규칙성의 호모폴리머 생산을 위해서는 적당한 촉매와 조촉매의 사용이 필요하다. 피드는 프로필렌, 수소, 촉매, 조촉매 (TEAL), 선택제어제 (PEEB)이다. 보통 호모폴리머의 아이소택티시티 (Isotacticity, 입체규칙도)는 조촉매 (TEAL) / 선택제어제 (PEEB)의 몰 피드비 조정으로 이루어진다. 폴리머의 분자량은 반응기내 증기상 (Vapor Phase)에서의 수소와 프로필렌의 비율로 조정되는데 수소의 농도가 높을수록 수소에 의한 체인 종결로 분자량이 낮아진다. 촉매 생산성은 반응기안의 체류시간, 프로필렌 분압 및 조촉매 비율의 함수이다. 일반적으로 선택제어제 (PEEB) / 조촉매 (TEAL)의 비율이 높을수록 아이소택티시티가 증가하고 촉매 생산성은 떨어지게 된다. 호모폴리머 수지의 품질 조절은 촉매 생산성, 흐름도 (MF, 혹은 분자량), 자일렌 용해물 (Xylene Solubles)의 조정으로 이루어진다.

(2) **랜덤코폴리머 (Random Copolymer)** 폴리프로필렌의 호모폴리머는 폴리에틸렌에 비해 높은 융점 (162 – 165℃)과 높은 강성을 가지고 있으나 충격강도가 낮은 것이 단점이다. 따라서 폴리프로필렌에 소량의 에틸렌을 랜덤하게 첨가하여 융점 (130 – 150℃)과 강성은 약간 낮아지더라도 충격강도를 개선한다.

또한 이런 랜덤코폴리머로 만든 필름은 투명성에 있어 호모폴리머나 블록코폴리머 (임팩트 코폴리머)보다 좋은 효과가 있다. 투명성과 낮은 융점이 요구될 때 쓰이는 랜덤코폴리머의 주요 사용처는 필름이나 중공성형 (Blow Molding)이다. 랜덤코폴리머 생산은 소량의 에틸렌이 계속적으로 반응기에 주입된다는 점 외에는 호모폴리머와 같은 방법으로 만들어진다. 폴리프로필렌 폴리머 체인에 에틸렌 도입은 랜덤코폴리머의 결정성을 아이소택틱 호모폴리머에 비해 크게 낮추어 자일렌 용해물 (XS, Xylene Solubles)을 크게 한다. 따라서 조촉매 (TEAL) / 선택제어제 (PEEB)의 비율도 XS에 영향을 주지만, 에틸렌 함량을 늘리므로서 XS은 크게 증가한다.

(3) **블록코폴리머 (Block Copolymer, Impact Copolymer)** 앞에서 설명한 것처럼 폴리프로필렌의 호모폴리머는 좋은 인장강도나 높은 융점 등 물리적 성질이 뛰어나 매우 유용하게 쓰이지만 낮은 온도에서 잘 깨지는 단점이 있다. 이것은 호모폴리머의 글라스 전이온도 (Tg, Glass Transition Temperature)가 높아 (−20∼0℃) 온도가 Tg에 도달하거나 Tg보다 낮게 되면 글래시 (Glassy)하게 되어 충격 에너지를 흡수하는 능력이 떨어지게 된다. 낮은 온도에서의 호모폴리머의 충격강도를 증진시키는 방법은 폴리에틸렌과 블렌딩하여 고무 (Rubber) 성분을 첨가시키거나 에틸렌/프로필렌으로 공중합체인 블록 (Block) 코폴리머 (Copolymer)를 생산하는 방법이 있다. 이들 방법 중에 강성을 크게 떨구지 않고도 낮은 온도에서 원하는 물성을 얻을 수 있는 블록 공중합 (Block Copolymerization)이 가장 효과적인 방법으로 알려져 있다. 임팩트 레진 (Impact Resin)의 생산은 반응기 2개가 직렬로 연결된다는 점에서 특이하다.

제1반응기가 호모폴리머 생산에 사용되는 반면 제2반응기는 에틸렌/프로필렌 고무 부분을 만든다. 제2반응기에서 만들어지는 수지는 더 이상의 촉매 첨가 없이 이루어지므로 호모폴리머의 모체 안에서 형성된다. 이것은 물리적 혼합에 의해 고무 (Rubber)를 첨가하는 것에 비해 더 친밀한 혼합물을 이루어 질기고 단단함 (Toughness)을 증가시킨다. 제1반응기의 운전은 일반적인 호모폴리머 생산 때와 같다. 호모폴리머의 자일렌 용해물 (XS)은 강성과 충격강도의 증가를 위해 일반 호모폴리머 때 보다 낮게 목표치를 설정해야 한다. 이렇게 낮은 자일렌 용해물 (XS)의 호모폴리머는 제1반응기를 나와 제2반응기로 들어갈 때 약간 낮은 촉매 생산성을 가지게 되지만 제2반응기에서 활성을 크게 증가시키는 에틸렌이 첨가되므로 보상을 받게 된다. 제1반응기 안에서 생기는 어떠한 촉매 생산성의 혼란도 제2반응기로 전달되어 통제하기가 훨씬 어렵게 된다. 그러므로 호모폴리머 시스템을 안정시키는 노력이 임팩트 코폴리머 (Impact Copolymer) 생산에 큰 효과를 가져 온다.

표 15.2 폴리프로필렌 종류 및 특성

	구조	강성	충격강도	연성	투명성
호모폴리머	PPPPPPPPPPPPPPP	양호			보통
블록코폴리머	PPP(EEEPEEPE)PPP	보통	양호	보통	
랜덤코폴리머	PEPPEEPPPEPEEPP		보통	양호	양호

주) P: Propylene, E: Ethylene

15.3 탈기체 및 원료 회수 공정 (Degassing/Vent Recovery Unit)

공정은 압축기, 응축기 냉동인터체인저, 벤트회수분리탑, 질소서지탱크, 디에탄아이저칼럼, 프로필렌서지탱크 등으로 구성되어 있다. 벤트회수 공정은 레진 탈기시스템 (Resin Degassing System)과 제1/제2반응기 순환 벤트 가스에 포함된 프로필렌을 회수하는데 있다. 결국 반응기에서 미반응된 가스를 회수하여 반응의 원료로 재투입하는 공정이며 공정 구성과 흐름도는 아래와 같다.

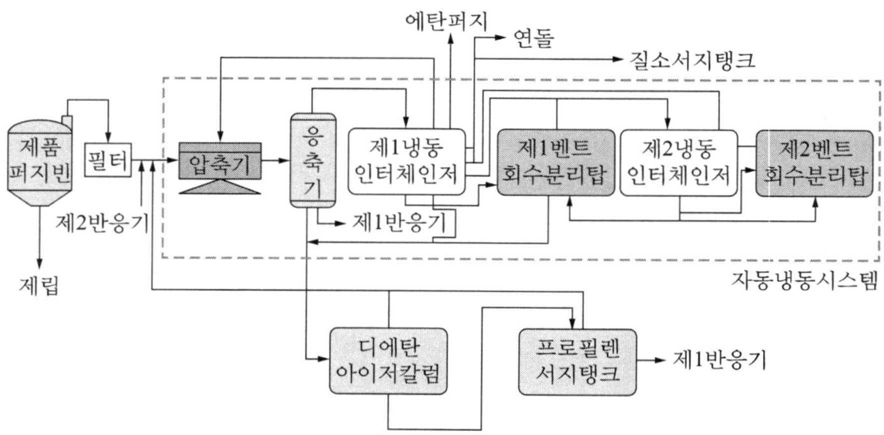

그림 15.6 탈기체 및 원료 회수 공정

2종류의 증류칼럼 분리공정을 사용하고 있다. ① 디에탄아이저칼럼에서는 회수된 프로필렌/프로판으로부터 가벼운 성분을 제거하고 ② 2개의 벤트회수분리탑에서는 순환 스트림으로부터 프로판과 새로운 프로필렌 피드로부터 무거운 성분을 제거하기 위함이다. 디에탄아이저칼럼은 총 58단이고 52단으로 피드되며 72℃, 29.9 kg_f/cm^2g에서 운전된다. 벤트회수분리탑은 118단 다중 다운코머 트레이로 구성되어 있으며, 새로운 피드 트레이는 112단이고, 순환 피드는 82단이다.

자동냉동시스템 (Auto Refrigeration System)은 압축, 응축, 팽창, 증발을 통해 미반응 프로필렌, 질소 회수를 유도한다. 3단 왕복식 압축기는 제품배출 시스템으로부터 회수된 가스 및 제2반응기의 벤트가스를 고온 고압으로 압축한다. 응축기는 고온 고압의 기체를 저온 고압으로 전환시키고, 1/2차 회수분리탑은 저온 고압 기체를 팽창 증발시킨다.

15.4 제립 공정 (Pelletizing Unit)

제립 공정은 피드되는 레진과 첨가제를 혼합하고 용융시키며, 용융 균일화, 용융 압착화, 스크리닝, 펠레타이징, 펠릿회수의 운전으로 구성되고, 주요 구성 요소는 믹서, 용융펌프, 다이플레이트 및 펠리터이다.

제립 공정은 ① 제품형태 변화에 의한 취급 용이 ② 원료 및 제품품질 균일화 ③ 폴리머 알로이에 의한 제품 물성 균일화 ④ 첨가제의 분산 개선 ⑤ 분자 물성의 변화에 있다.

결국 그레뉼러 (Granular) 형태의 제품을 제립화하는 공정으로 각종 첨가제를 투입하여 제품을 안정화시킨다.

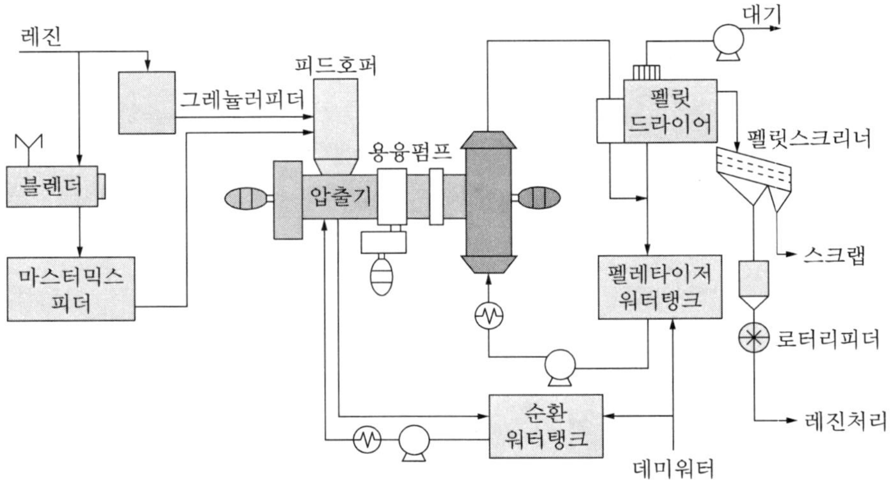

그림 15.7 제립 공정 흐름도

15.5 폴리프로필렌 촉매 (Polypropylene Catalyst)

원료 프로필렌이 촉매, 조촉매, 선택제어제 하에서 중합반응으로 폴리프로필렌(Polypropylene)이 아래와 같이 만들어지게 된다.

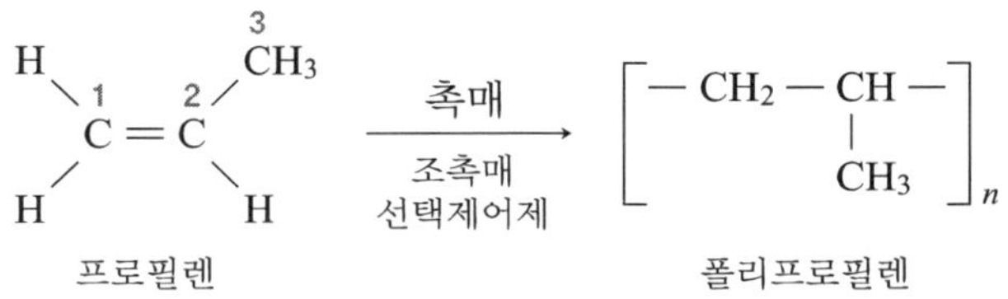

상업적 사용촉매의 현황은 아래 표와 같다.

표 15.3 상업용 사용 촉매 현황

분 류	상품명	화학명	용 도
주촉매	SHAC-103	Magnesium Supported Titanium Complex	프로필렌 중합 촉매
	SHAC-205		
	LYNX-1000M		
	TK-320		
조촉매	TEAL	Tri-Ethyl Aluminum	중합반응 활성화제
선택제어제 (SCA)	PEEB	Para-Ethoxy EthylBenzoate	입체 규칙성 조절제
	NPTMS	N-Propyl Tri-Methoxy Silane	
	CHMDMS (C-donor)	CycloHexyl Methyl Di-Methoxy Silane	
	DCPDMS (D-donor)	Di-CycloPentyl Di-Methoxy Silane	
첨가제	Atmer 163	Amine Ethoxyate	공정용 대전방지제
	POLYAD 163M	Atmer 163 50% Blended in Mineral Oil	

1. 지글러나타 촉매와 메탈로센 촉매

폴리프로필렌 중합 촉매에는 지글러나타 (Ziegler-Natta) 촉매와 메탈로센 (Metal-locene) 촉매가 있는데 이들의 특징은 다음과 같다.

(1) **지글러나타 촉매** 다중사이트 촉매 (Multi-Site Catalyst)로서 반응계 내에서 전기적/입체적 성질이 다른 여러 종류의 활성점을 생성하고 활성점의 특성에 맞는 다양한 구조의 고분자가 생성한다. 즉 생성되는 고분자의 구조와 분포는 활성점의 종류와 분포에 대응하여 다양한 분자량과 사이드 체인 (Side Chain) 분포를 가진 고분자가 섞여 있는 형태이다. 촉매 특성은 촉매 제조시 결정되어 특성 조절이 불가능하다.

(2) **메탈로센 촉매** 유기금속 혼합물 (Organometallic Compound)의 단일사이트 촉매 (Single-Site Catalyst)로서 반응기내에서 전기적/입체적 성질이 균일한 동일 종류의 활성점을 생성한다. 따라서 생성된 고분자는 균일한 분자량과 사이드 체인 분포를 가지며, 메탈로센 촉매를 "싱글 사이트 촉매"라고 부른다.

(3) **지글러나타/메탈로센 촉매시스템의 공통점** 지글러나타와 메탈로센 촉매시스템의 공통점은 ① 촉매 중심 금속으로 IV족 금속 Ti (Titanium) ② 조촉매로 XIII족에 속하는 Al (Aluminum) ③ 촉매 성분이 조촉매의 도움 없이는 활성점을 만들지 못함 ④ 활성점은 전자가 결핍된 양이온성 ⑤ 중합기구는 배위중합으로 촉매 빈 공간 (Vacant Site)에 올레핀의 이중결합의 배위 및 부가이다. 그리고 이들 촉매 시스템의 비교를 표 15.4에 나타내었다.

표 15.4 지글러나타/메탈로센 촉매시스템의 비교

구 분	지글러나타	메탈로센
촉매성분	$TiCl_4$, $TiCl_3$	Cp_2ZrCl_2, Cp_2TiCl_2
조촉매	TEAL	MAO
조촉매/촉매	몰비 ≤ 100	몰비 ≤ 1000
중합기구	배위중합	배위중합
촉매 활성점	양이온성	양이온성
폴리머	IPP, HDPE, LLDPE, VLDPE	IPP, HDPE, LLDPE, VLDPE, SPP, SPS, SPMMS 등
코모노머	1-Bu, 1-Hx, 1-Ot	α-올레핀 (C_4-C_{30})

2. 지글러나타 촉매 조성

지글러나타 촉매는 주촉매, 조촉매, 입체규칙성 제어제로 디자인되어 있고 각 성분과 상업화된 제품은 아래와 같다.

주촉매	조촉매	입체규칙성 제어제
$MgCl_2$에 담지한 $TiCl_4$	알킬알루미늄혼합물	알킬실란/방향족에스테르
SHAC/TK/Lynx시리즈	트리에틸알루미늄(TEAL)	DCPDMS(D전자공여체) CHMDMS(C전자공여체) PEEB 등

(1) **활성촉매 (Active Catalyst)** 지글러나타 촉매는 전이금속화합물과 금속알킬화합물이 활성촉매를 형성한다. 여기서 전이금속화합물을 촉매라 부르며 주로

티타늄 (Ti)이나 바나듐 (V)을 사용한다. iPP (Isotactic PP) 중합 시에는 Ti 촉매가 사용되며 V 촉매는 sPP (Syndiotactic PP) 합성 시 사용한다. 반면 금속알킬화합물은 조촉매 (Co-Catalyst)라고 부르며 대부분 알루미늄알킬혼합물이 사용된다. 또한 제3의 성분으로 입체규칙성 (Stereoregularity) 조절을 위하여 SCA (Selectivity Control Agent)라는 물질을 사용하며, 합성 시 촉매에 결합시키는 내부전자공여체 (Internal Donor)와 중합반응 시 반응기내에 촉매와 함께 투입하는 외부전자공여체 (External Donor)로 구분할 수 있다.

(2) **담체 (Support)** 폴리프로필렌 중합 촉매의 담체는 특허 독점 하에서 독특한 방법으로 제조되는데 활성 $TiCl_4$가 넓게 퍼질 수 있는 넓은 표면을 제공하는데 목적이 있다. 담체로는 $MgCl_2$를 사용하고 있다.

(3) **전자공여체 (EB, Ethyl Benzoate)** 내부전자공여체 (Internal Donor)로 SH AC103 촉매는 Ti 함량과 결정크기 ($MgCl_2$ 결정 사이즈) 조절을 위해 에틸벤조에이트 (Ethyl Benzoate)를 사용한다. 에틸벤조에이트 함량을 증가시키면 결정크기가 작아지고 Ti 함량이 감소하나 선택도는 높아진다. 그래서 최적의 에틸벤조에이트 함량 결정이 중요하다. 현재 대부분의 촉매는 프탈레이트 (Phthalate) 계열을 사용하며 최근에는 디에테르 (Diether)나 석시네이트 (Succinate) 계가 적용된다.

(4) **조촉매 (Co−Catalyst)** 알킬알루미늄은 전이금속과 착화합물을 형성하여 활성점 (Active Site)을 만든다. 여러 종류의 알킬알루미늄 중에서 트리에틸알루미늄 (TEAL, Tri-Ethyl Aluminum)을 사용했을 때 가장 높은 활성도 (Activity)와 선택도 (Selectivity)를 나타낸다.

(5) **입체규칙성 조절제 (SCA, Selectivity Control Agent)** $TiCl_4$와 알킬알루미늄만을 담지시킨 $MgCl_2$ 촉매를 사용하면 높은 수율을 얻을 수 있으나 중합물의 대부분은 어택틱 (Atactic)이다. 선택적 중합을 하기 위해서는 알킬실란이나 방향족에스테르가 사용되는데 내부전자공여체와 최적의 조합을 이루어 활성점과 선택적으로 착화합물을 형성하여 비활성화하므로써 중합 수율은 감소하나 선택도는 증가하게 된다.

3. 폴리프로필렌 중합 촉매의 조건

피피 중합 촉매의 조건에는 아래와 같은 것이 있다.

(1) **입체특이성 (Stereospecificity)** 높은 기계적/열적 물성 요구 시 높은 입체 규칙성을 보이고 (즉 낮은 어택틱 함량) 용도에 따라 자일렌 용해물 (XS) 함량 제어 범위가 넓어야 한다.

(2) **공중합특성 (Copolymerization Behavior)** ERP (Ethylene Rubber Particle) 사이즈 및 분산이 적절하고, 필요시 코모노머 (Comonomer) 함량 증대가 용이해야 한다.

(3) **분자량 및 분자량 분포 조절 (Mw/MWD Control)** 최종 제품의 용도에 적절한 분자량 및 분자량 분포를 가져야 한다.

(4) **생산성 (Productivity)** 촉매 활성이 높아 경제성이 우수하고 낮은 촉매잔사를 나타내야 한다.

(5) **기타** 안정도 (Stability), 촉매 주입성 (Feedability), 반응 특성 (Kinetic Profile), 형태학 (Morphology) 등이 양호해야 한다.

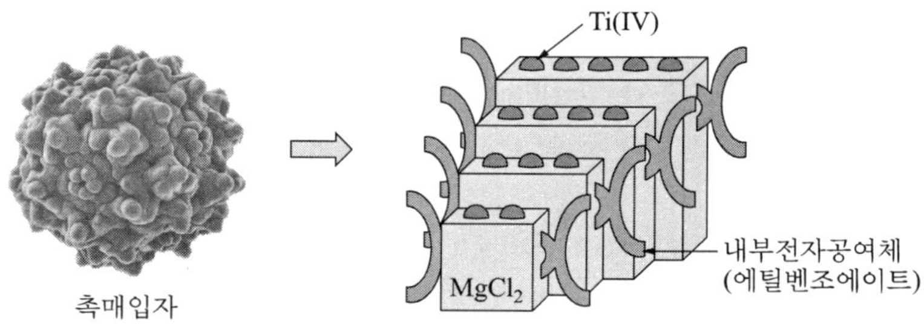

그림 15.8 촉매구조

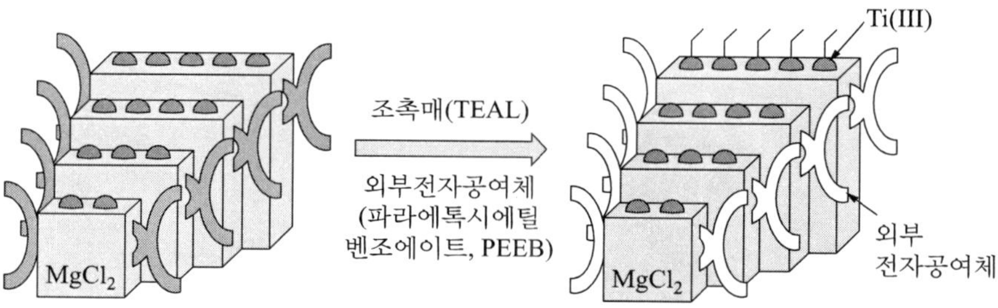

그림 15.9 외부전자공여체 반응

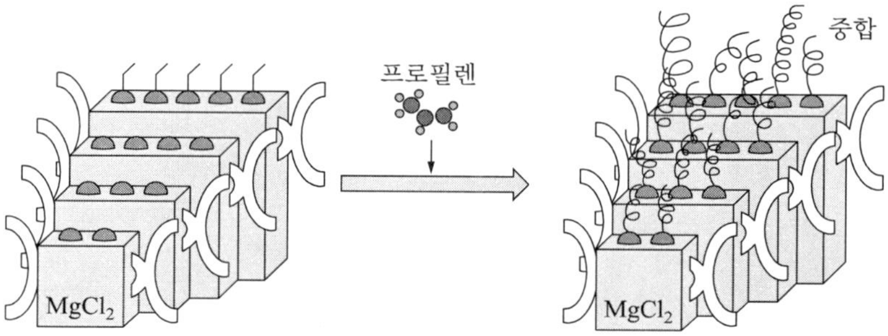

그림 15.10 프로필렌 중합 (Propylene Polymerization)

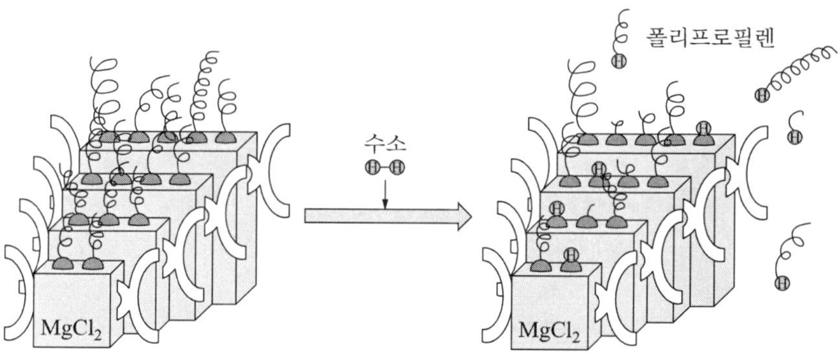

그림 15.11 수소 반응 (Hydrogen Reaction)

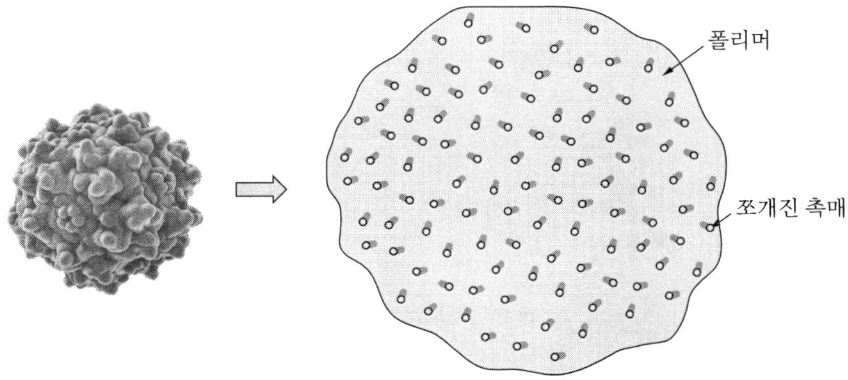

그림 15.12 폴리머 입자 성장 (Polymer Particle Growth)

16 CHAPTER

바이오디젤 제조공정

(Bio Diesel Manufacturing Unit)

바이오디젤은 주로 식물성 기름을 원료로 해서 만든 바이오연료로 바이오에탄올과 함께 가장 널리 사용된다. 이 바이오디젤은 식물성기름을 원료로 해서 만들기 때문에 무공해 연료로써 현재 디젤자동차의 경유에 혼합해서 쓰거나, 100% 순수 연료로 사용되고 있는데, 미국/유럽연합 등에서는 이미 품질 기준이 마련되어 있다. 자동차 연료용 외에 난방 연료용으로도 개발되어 있고, 한국에서도 경유에 바이오디젤을 섞은 연료가 판매되고 있다.

16.1 바이오디젤이란?

바이오디젤 원료 유지에는 식물성기름 (유채씨유, 대두유, 해바라기씨유, 코코넛유, 팜유, 목화씨유, 옥수수유, 자트로파유), 동물성지방 (우지, 양기름, 돼지기름, 가금유) 및 폐식용유 등이 있다.

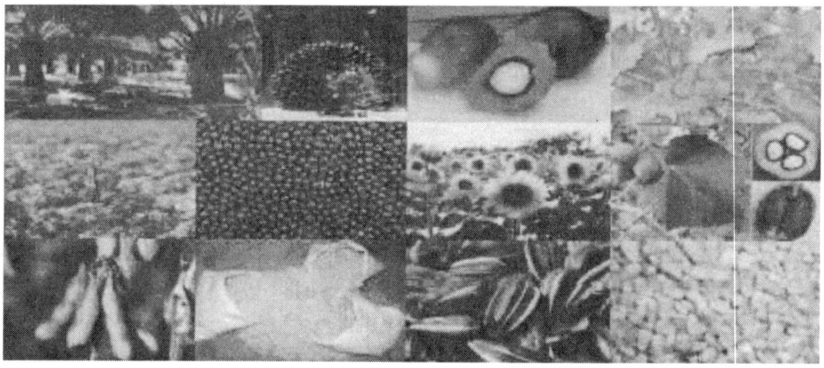

그림 16.1 식물성기름

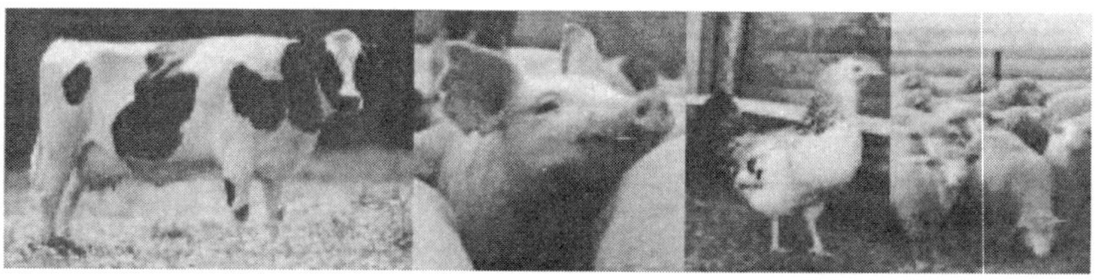

그림 16.2 동물성지방

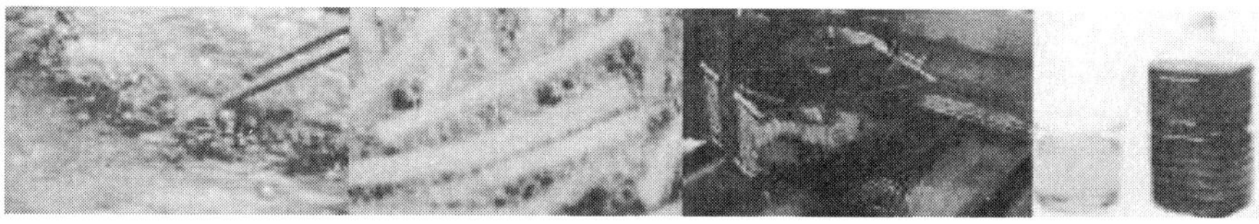

그림 16.3 폐식용유

바이오디젤의 반응은 아래와 같이 에스테르교환반응 (Transesterification)이다. 즉 소듐메틸레이트 (Sodium Methylate) 촉매 하에서 1몰의 유지 (Fat, Oil)와 3몰의 메탄올 (Methanol)이 반응하여 3몰의 메틸에스테르 (Methylester) / 1몰의 글리세린 (Glycerine)을 만드는 가역반응이다.

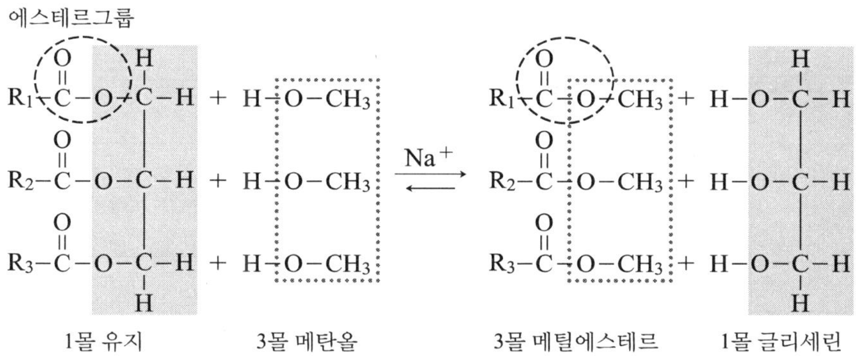

아래 그림 16.4는 반응물질 밸런스의 공정 흐름도를 나타내고 있다.

그림 16.4 반응물과 생성물 흐름도

그리고 반응부산물 (By-product)로 글리세린 (Glycerine), 유지분 (Fatty Matter), 비누 스톡 (Soap Stock)이 있다.

글리세린 바이오디젤 반응 공정에서 생성되는 부산물로서 글리세린 (Glycerine) 80%, 물 13%, 불순물 7%의 조성을 가지는 조제글리세린 (Crude Glycerine)을 말한다.

유지분 바이오디젤 세척공정에서 발생하는 글리세린워터 (Glycerine Water)에 잔존하는 지방성분 물질을 말한다. 물성 및 조성은 겉보기 비중 55%, 지방산 20%, 불순물 30%이다.

비누 스톡 (Soap Stock) 원료유 전처리 공정에서 지방산이 가성소다 (NaOH)와 결합하여 생성되고 조성은 물 60%, 비누 20%, 불순물 20%로 구성된다.

16.2 바이오디젤 제조공정

전체 공정은 크게 ① 원료오일 전처리 (Crude Oil Pretreatment) 공정 ② 바이오디젤 (FAME, Fatty Acid MethylEster) 생산 공정인 바이오디젤 반응/세척 및 메탄올 회수 ③ 글리세린 처리 (Glycerine Treatment) 공정인 글리세린워터 전처리/글리세린 농축 ④ 그리고 침전물 분리와 바이오디젤 탈수 및 건조로 구분한다.

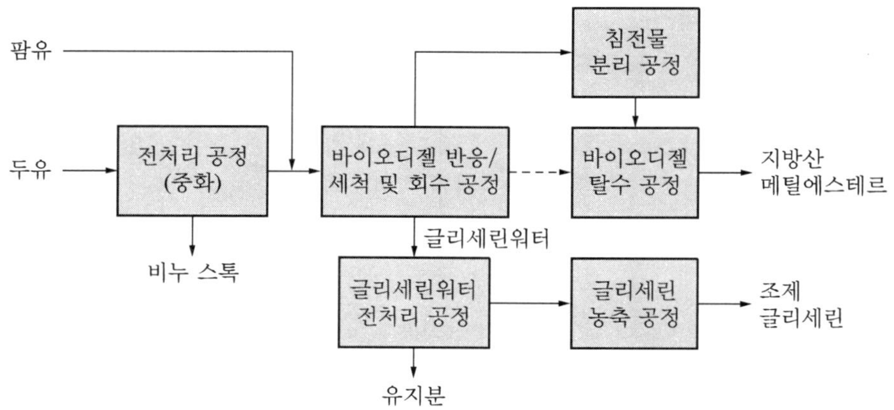

그림 16.5 바이오디젤 공정 흐름도

1. 원료오일 전처리 공정 (Crude Oil Pretreatment)

정제되지 않은 유지에 포함된 다량의 인지질 (Phosphatides)과 유리지방산 (Free Fatty Acid)은 바이오디젤 합성 공정이나 생산물의 품질에 나쁜 영향을 미치므로 인산 (Phosphoric Acid)과 가성소다 (Caustic Soda)를 투여하여 인지질과 유리지방산을 제거한다.

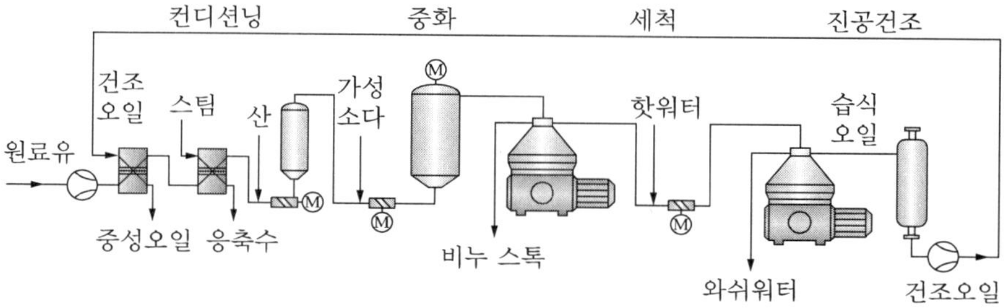

그림 16.6 원료오일 전처리 공정 흐름도

참고 | 인지질과 유리지방산

원료오일 (인지질 ≤ 250 ppm, 유리지방산 ≤ 1.5%, 수분 ≤ 0.3%)
→ 중성오일 (인지질 ≤ 10 ppm, 유리지방산 ≤ 0.1%, 수분 ≤ 0.1%)

2. 바이오디젤 생산 공정

바이오디젤 반응 (Transesterification) / 바이오디젤 세척 (Water Washing) 및 메탄올 회수 (Methanol Recovery) 공정이 있다. 다시 말해 전처리된 유지 (Neutralized Oil)를 알칼리 촉매 하에서 메탄올과 반응시켜 바이오디젤 (메틸에스테르)과 글리세린을 생성한다. 그리고 반응 후 잔류하는 글리세린, 메탄올, 촉매, 비누 등을 제거하기 위해 수세를 하고, 수세 공정을 통해 발생한 폐세척수에 잔류하는 메탄올은 회수하여 반응공정에 재사용한다.

또한 글리세린 처리 공정에는 글리세린워터 전처리 공정 (Glycerine Water Pre-treatment)과 글리세린 농축 공정 (Glycerin Water Evaporation)이 있다. 즉 글리세린워터에 잔존하는 유지분 (Fatty Matter)을 물리적으로 분리하고 가성소다를 투여하여 글리세린워터를 중화시키는 전처리 공정과 물을 증발시켜 글리세린 함량을 80－85%로 농축시키는 공정이다.

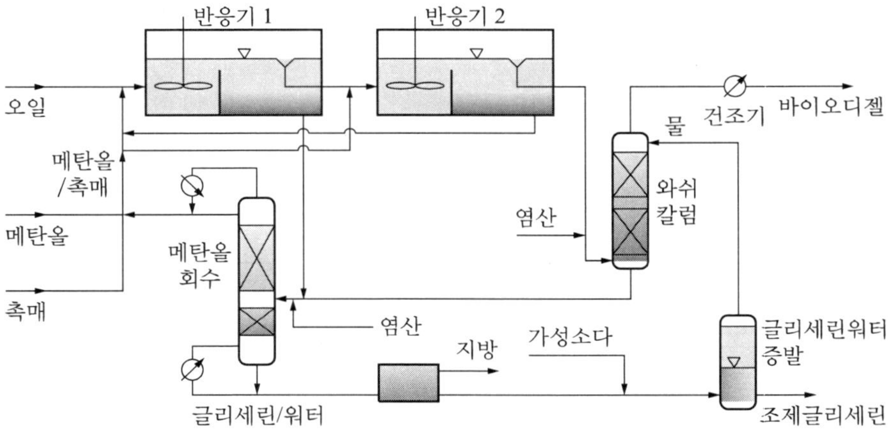

그림 16.7 바이오디젤 생산 공정 흐름도

(1) **메틸에스테르 반응 (Methylester Reaction)**

반응은 원료유에 촉매 소듐메틸레이트 (30% Sodium Methylate) 1.6%, 메탄올 9.8%를 넣고 온도 65℃ (최고온도), 대기압에서 반응시킨다. 반응에 영향을 주는 인자는 메탄올 양, 반응온도, 촉매 양이 된다.

① **메탄올 양** 이론상 3몰의 메탄올이 필요하나 반응 효율성을 높이기 위해 약 80－85%의 메탄올을 과잉 공급한다. 너무 낮으면 에스테르 전환율이 낮아져 미반응 물질 (Mono-, Di-, Triglycerides) 함량이 증가하고, 반대로 너무 높을 경우는 글리세린 상 (Glycerine Phase) 밀도에 영향을 주어 비중차이에 의한 분리 효율성이 낮아진다.

② **반응온도** 최대 온도는 메탄올의 끓는점인 65℃이다. 높은 온도는 분자 운동 증가로 인해 에스테르 전환율이 상승하나, 부반응 증가로 인해 비누 생성과 메탄올 증발이 일어난다. 그리고 압력은 대기압에서 진행한다.

③ **촉매 양** 메탄올 속 소듐메틸레이트 촉매를 원료오일의 약 1.6% 투입한다.

너무 낮으면 에스테르 전환율이 낮아지고 최악의 경우는 상분리도 매우 저하된다. 반대로 너무 높으면 부반응과 비누가 생성되고 마찬가지로 최악의 경우는 상분리도 심하게 저하된다.

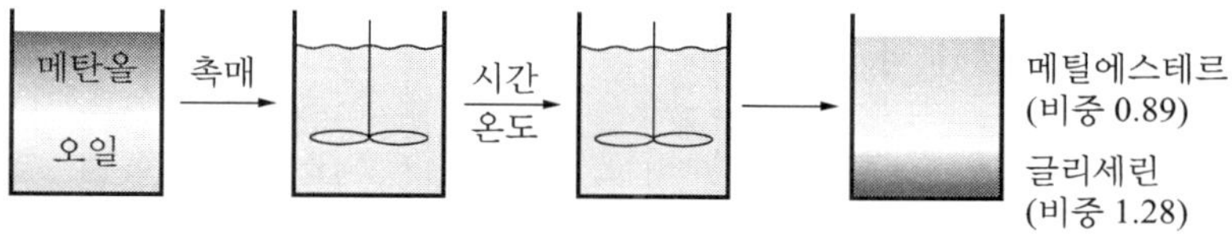

그림 16.8 **메틸에스테르 반응 흐름도**

(2) 메틸에스테르 세척 (Methylester Washing)

잔여 알칼리 촉매를 중화시켜 제거하고 비누 스톡을 분열시켜 세척 효율성을 높이기 위함이다. 그리고 글리세린 (Glycerine), 메탄올 (Methanol), 염산 (HCl), 염화나트륨 (NaCl)을 제거한다.

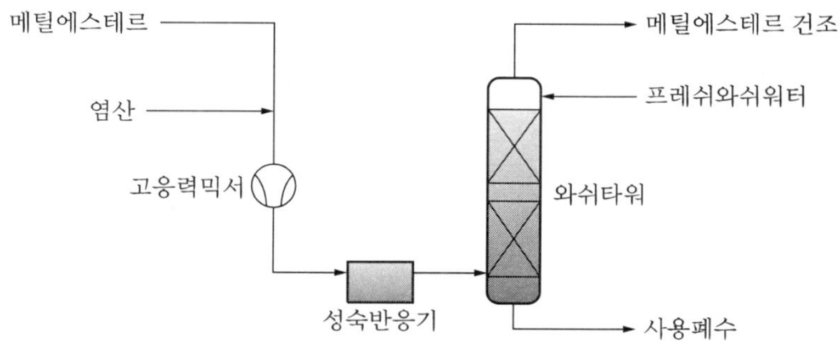

그림 16.9 **메틸에스테르 세척 공정**

(3) 메탄올 회수 (Methanol Recovery)

메탄올 회수탑의 탑상부를 통해서는 수분이 없는 메탄올이 나오고, 탑하부로는 메탄올이 없는 글리세린워터가 나온다. 이들 각 물질의 비점은 메탄올 64.7℃, 글리세린 280℃, 물 100℃이다.

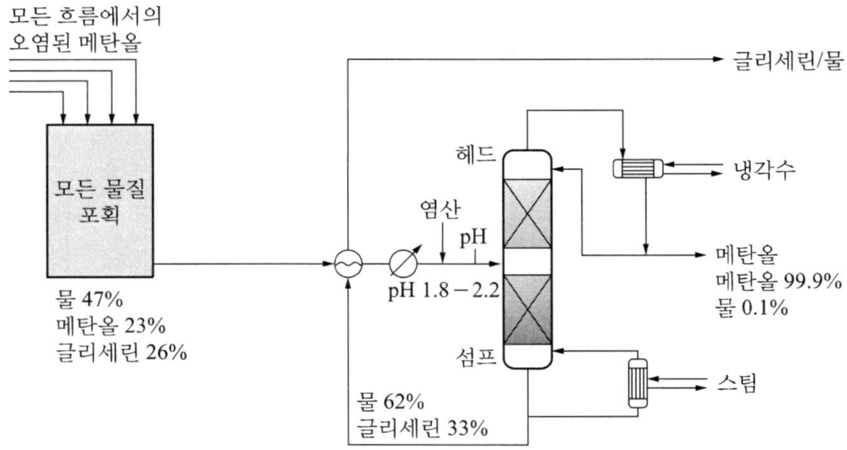

그림 16.10 메탄올 회수 공정

(4) **메틸에스테르 건조 (Methylester Drying)**

2단계 건조 공정이며 수분 함량이 0.3 – 0.4%에서 0.02%로 증발 건조된다.

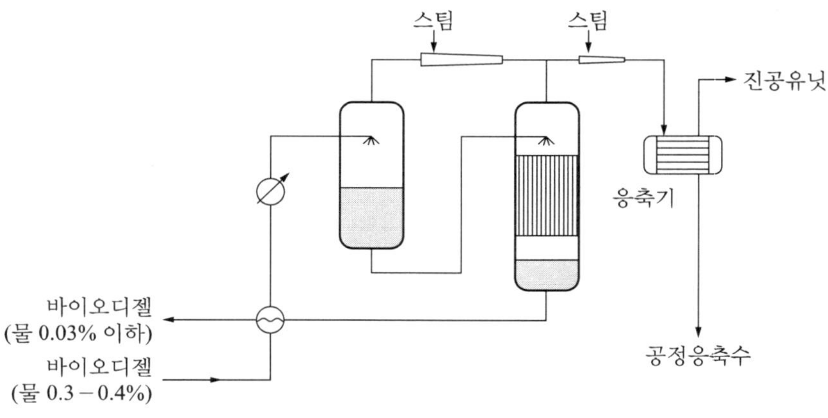

그림 16.11 메틸에스테르 건조 공정

(5) **글리세린 전처리 (Glycerine Pretreatment)**

글리세린워터와 유지상의 효율적인 화학/물리적 분리를 하고, 분리된 글리세린을 중화하는 공정이다.

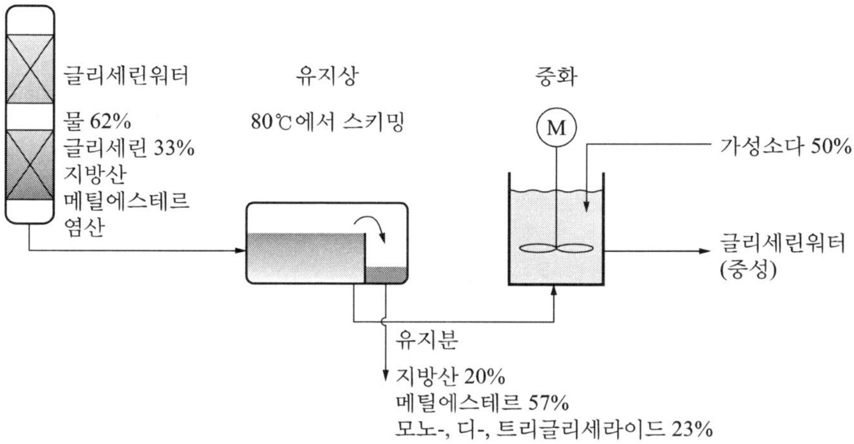

그림 16.12 글리세린 전처리 공정

(6) 글리세린워터 증발 (Glycerine Water Evaporation)

3단계 증발 공정으로 글리세린에 잔존하는 일부 수분을 증발시켜 글리세린 농도를 80%까지 농축한다.

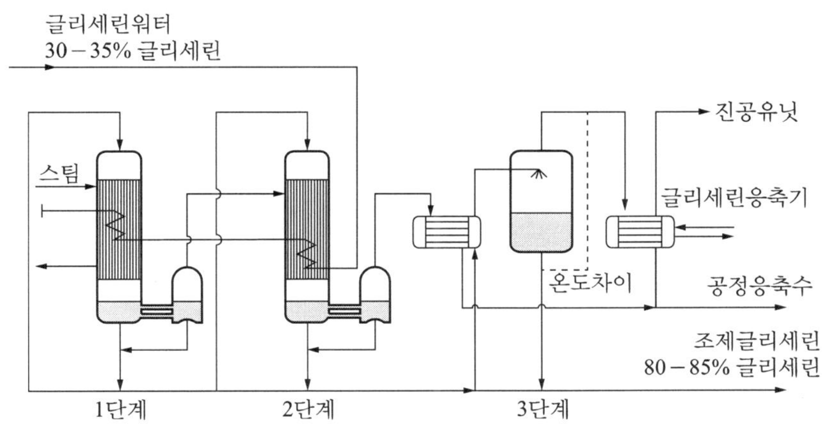

그림 16.13 글리세린워터 증발 공정

17
CHAPTER

석유화학공정의 촉매 (Catalysis)

화학공정에는 많은 종류의 촉매를 사용하고 있다. 일반적으로 화학반응에서 촉매가 하는 역할은 반응 활성화에너지를 낮추어 반응속도를 빠르게 해 준다. 이와 같이 반응에서 없어서는 안 되는 촉매에 대하여 살펴보기로 한다. 우선 몇 가지 촉매 작용 현상은 아래와 같다.

과산화수소의 분해 경우 150℃ 이상으로 가열하여야 분해가 된다. 그러나 이산화망간 (MnO_2) 등 전이금속 산화물을 넣어 주면 상온에서도 분해가 된다. 이것은 이산화망간에 의해 분해반응이 낮은 온도에서 가능하게 된 것이다. 그리고 사탕을 불에 대면 겉부터 녹기 시작한다. 그러나 재 (알칼리금속 산화물)를 바른 후 불에 대면 녹으면서 타게 된다. 따라서 재를 바르면 다른 반응이 진행됨을 알 수 있다. 이들 2가지 반응에서 이산화망간과 재는 각각 촉매라고 부른다.

$$H_2O_2 \rightarrow H_2O + 1/2\ O_2$$

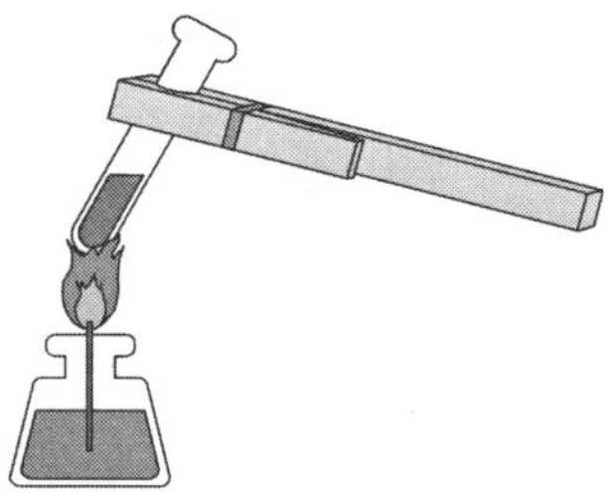

그림 17.1 과산화수소 분해

$$C_6H_{12}O_6 + O_2 \rightarrow CO_2 + H_2O$$

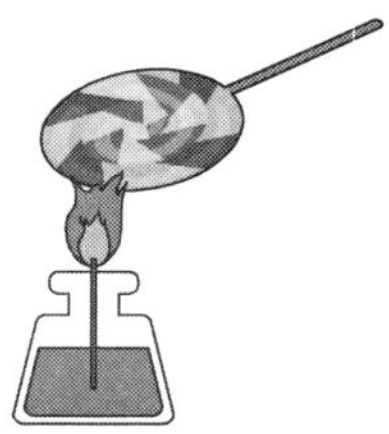

그림 17.2 막대사탕의 연소

에틸렌의 산화반응 경우는 사용 촉매에 따라 생성물이 달라진다. 이것은 촉매에 의해 새로운 반응경로가 만들어짐을 의미한다. 결국 촉매는 활성화에너지가 작은 새로운 반응경로를 만들어 반응속도를 증진시키고 생성물의 선택성을 증진시키는 기능을 하고 있다. 그림 17.4에서 보는 바와 같이 낮은 온도에서는 촉매 A에 의해 생성물 D만 생성한다.

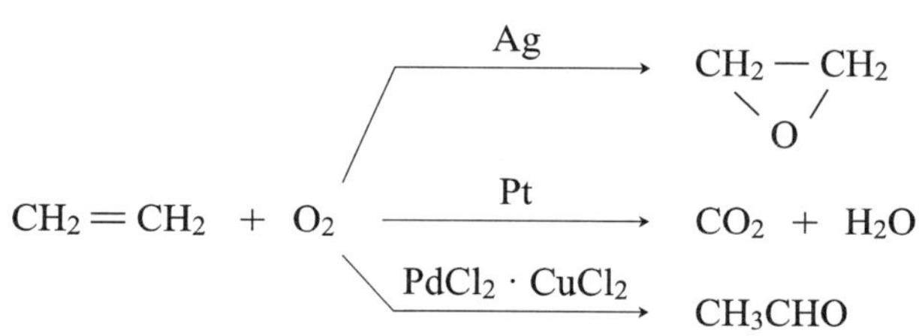

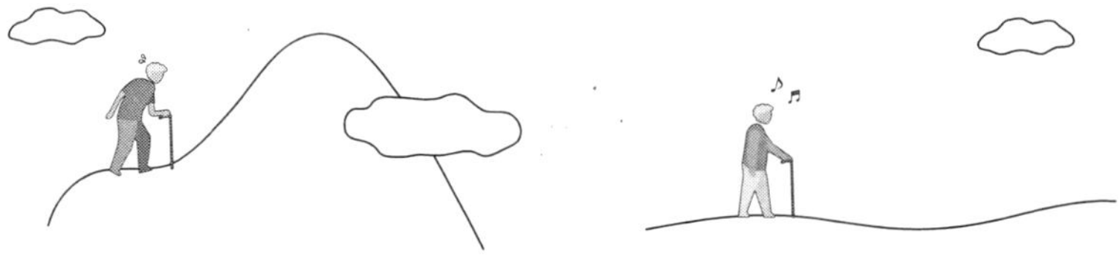

그림 17.3 반응속도 증진 (에너지가 작은 새로운 경로)

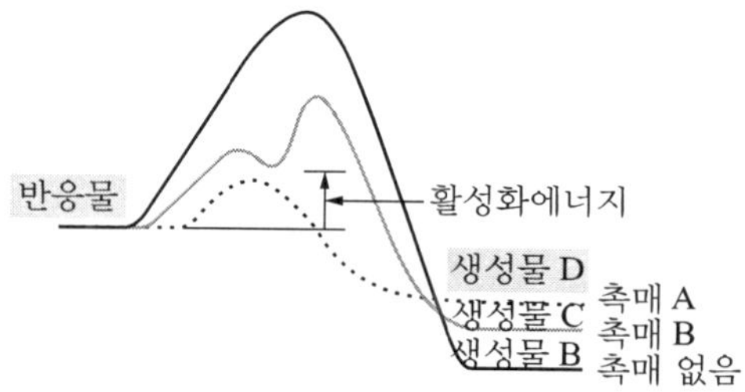

그림 17.4 생성물 선택성 증진

17.1 촉매의 정의

활성화에너지가 작은 특정 반응경로를 만들어 특정 물질을 생성하거나 분해 제거하는 화학반응의 속도를 증진시키는 물질을 말한다. 이 물질은 소모되지 않고 소량 사용하며 재생이 가능하다. 또 다른 정의는 자신은 변하지 않으면서 화학반응의 속도를 변화시키는 물질이다. 그리고 촉매 반응은 열역학적 한계 내에서 진행된다. 즉 열역학적 평형을 이루는데 소요되는 시간을 단축시키고 열역학적 평형 조성에는 영향을 주지 못한다.

(1) **촉매 공정 역사** 아래는 석유화학공정의 촉매 공정 역사를 나타내고 있다.

표 17.1 촉매 공정의 역사

연 도	촉매 공정	생성물
1850 – 1900	황산 제조	황산
1913	암모니아 제조	암모니아
1915	암모니아 산화	질산
1920	수성가스 제조	$CO_2 + H_2$
1936	유동식 촉매분해 (Fluid Catalytic Cracking)	휘발유
1938	Fischer-Tropse	탄화수소, 연료
1950	나프타 개질 (Reforming)	고급 휘발유, BTX, H_2
1955	Ziegler-Natta 중합	폴리올레핀
1960	에틸렌 부분 산화	$\underset{\diagdown O \diagup}{CH_2-CH_2}$, CH_3CHO
1963	암모니아 첨가 산화 (Ammoxidation)	아크릴로니트릴
1976	자동차 배기가스의 정화	청정 대기
1978	메탄올에서 가솔린 제조 (MTG)	휘발유
1986	광학 이성질체의 합성	의약품

(2) **화학반응** 물질과 물질이 만나 충돌하여 변환이 이루어지는 것을 화학반응이라고 한다. 반응속도가 빨라지려면 ① 온도가 높아지거나 ② 초기 활성화에너지가 작아지거나 ③ 농도가 높아져야 한다.

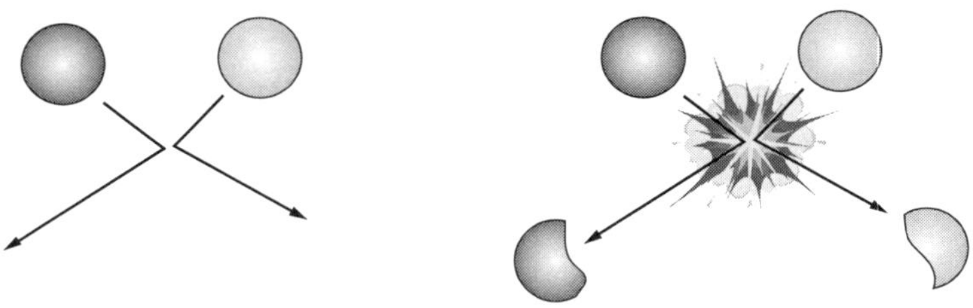

그림 17.5 화학반응

그리고 반응물이 화학 흡착되어 쉽게 활성화 된다. 예를 들어 수소화 반응 ($CH_2=CH_2 + H_2 \rightarrow CH_3-CH_3$)에서 반응 진행을 위해서는 수소의 활성화가 필요한데, 보통의 조건에서는 아주 높은 온도에서 수소 분자가 수소 원자로 해리되지만, 수소가 촉매에 흡착되면 상온에서도 수소 분자가 원자 상태로 나눠진다.

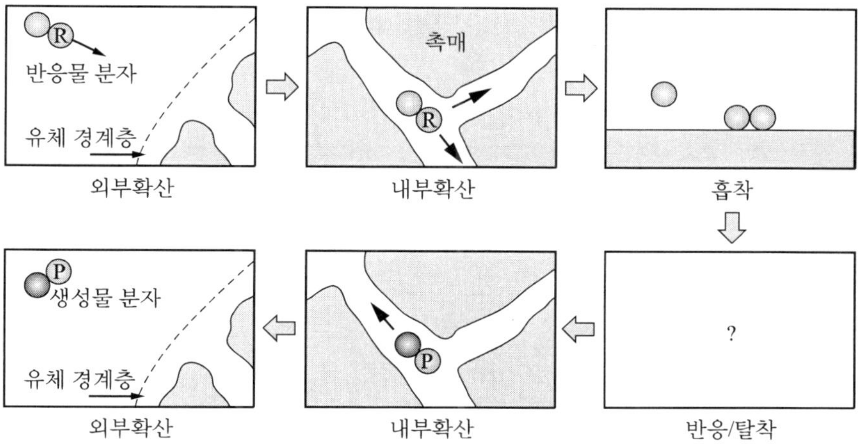

그림 17.6 촉매 반응 과정 모형도

17.2 촉매의 구성 물질

일반적으로 촉매는 3가지 물질로 구성되어 있다. 즉 주촉매인 활성물질 (Active Phase), 조촉매인 촉진제 (Promoter) 그리고 담체인 지지체 (Support)이다. 주촉매는 촉매 작용의 원인 물질로 활성점 (Active Site)의 주요 구성 원소이고, 조촉매는 자체로는 촉매 활성이 없거나 높지 않지만 소량 첨가로 촉매 활성이 크게 증가한다. 그리고 담체는 촉매 작용이 없고 활성 물질의 분산도를 증진시켜 사용량을 절감하며 촉매의 열적/기계적 안정성과 가공성을 향상시켜 준다. 예를 들어 탈황 촉매인 Co-Mo/Al_2O_3 경우 Mo (몰리브덴)이 주촉매 (Active Phase), Co (코발트)가 조촉매 (Promoter), Al_2O_3 (알루미나)는 담체 (Support, Carrier)이다.

(1) **담체 (Support)의 역할** 활성물질의 캐리어 (Carrier) 역할을 수행하며 넓은 표면적 제공으로 활성점의 높은 분산을 가능하게 하고 불균일계 촉매의 특징인 활성 물질 회수를 용이하게 한다. 그리고 소결 (Sintering) 현상을 방지하여 촉매 안정성을 향상시키고 열을 방출시켜 국부적인 열 상승을 방지하며, 형상 선택성을 가진 담체 (Zeolite 계열)의 경우는 특정 구조 물질의 수율을 높이는 역할을 한다. 또한 기공 (Pore) 구조를 제공하여 반응 물질이 활성점과 입체적으로 접촉할 수 있게 해 준다. 아래 표는 담체의 종류를 나타낸다.

표 17.2 담체의 종류

담체 표면적	담체 종류
낮은 표면적	유리 (Glass) 실리콘 카바이드 (Silicon Carbide) 금속 (Metals)
높은 표면적	활성탄 (Activated Carbon) 무기산화물 (SiO_2, Al_2O_3, TiO_2, ZrO_2 등) 결정 알루미늄 규산염 (Zeolite)

(2) **기공 (Pore) 구조의 중요성** 반응물과 활성점이 만나는 현상은 3차원적인 과정이다. 반응물과 활성점을 좁은 구멍 속에 가두어 서로 만날 확률을 높여 준다. 하지만 그냥 용적 상태에 있을 때에 기공 내부로의 확산 (Diffusion) 속도가 중요하게 작용하게 된다.

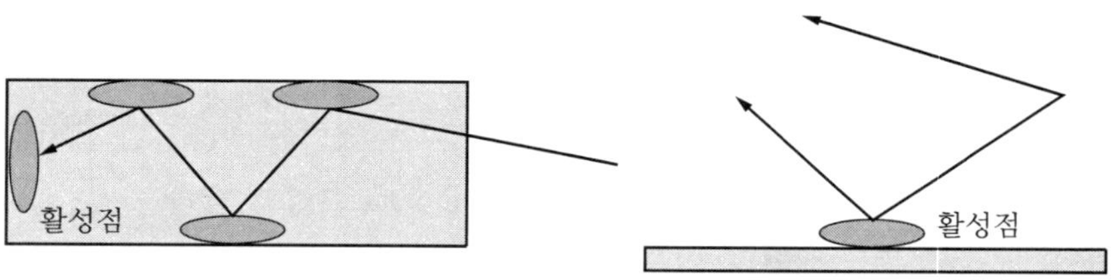

그림 17.7 3차원 기공구조 담체 (좌) / 2차원 기공구조 담체 (우)

(3) **조촉매 (Promoter)** 자기 자신은 거의 촉매 활성을 지니고 있지 않으나 소량 (대개 10% 이하) 첨가하여 주촉매의 활성, 선택성, 안정성을 향상시키는 물질이다. 이것은 물리적 조촉매 (Textural Promoter)와 화학적 조촉매 (Structural

Promoter)로 나눈다.

물리적 조촉매는 구조 조촉매로 미세 분말로 촉매에 포함되고 소결 (Sintering) 등을 방지하여 활성 면적이 감소하는 것을 억제한다. 그래서 전환 횟수 일정, 활성화에너지 동일, 속도식 동일 그리고 표면적은 증가시킨다. 예로서 암모니아 합성용 Fe 촉매에 대한 Al_2O_3의 촉진 작용을 들 수 있다.

화학적 조촉매는 기능 조촉매로 활성 촉매의 화학적 조성을 변화시켜 촉매 활성점의 기능을 향상시킨다. 즉 격자 결함, 전자수, 계면 등을 조절하여 활성점을 향상시킨다. 따라서 전환 횟수 증가, 흡착열이나 활성화에너지가 달라진다. 예로서 탈황 촉매에서 Co나 Ni, P, F 등의 성분을 들 수 있다.

17.3 촉매 제조 방법

촉매 제조법에는 담지법 (Impregnation)과 침전법 (Precipitation)이 있다.

(1) **담지법**은 활성 물질 (Active Phase)과 조촉매 (Promoter)가 혼합된 용액을 지지체에 담지시켜 촉매를 제조하는 방식으로 활성물질과 지지체는 물리적인 상호 작용력 혹은 지지체 표면의 수산기 (Hydroxyl Group, -OH)에 있는 H^+ 이온과 이온 교환의 방식으로 결합한다.

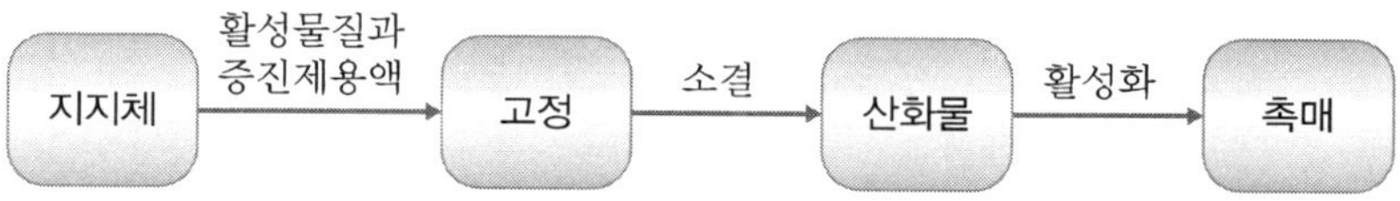

(2) **습식 담지법** 활성 물질이 담긴 용액의 부피가 담체의 기공 부피보다 많을 때 습식 담지라 부른다. 용액의 부피가 많기 때문에 담체에 도입되는 활성 물질의 양을 제어하기가 어렵다. 도입량 제어를 위해서는 담체와 활성 물질간의 상호작용이 중요한 변수로 작용한다. 귀금속 촉매처럼 표면에 주로 활성 금속을 도입하는 촉매 (Egg-Shell Type)에 이용한다.

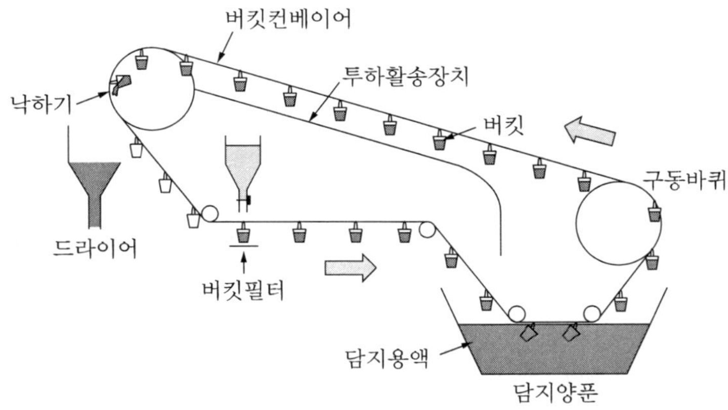

그림 17.8 습식 담지법 촉매 제조공정

(3) **건식 담지법** 활성 물질이 담긴 용액의 부피가 담체의 기공 부피와 같거나 그 이하일 때 건식 담지라고 부른다. 넣어준 양 만큼만 담지되기 때문에 담체에 도입되는 활성 물질의 양을 제어하기 쉬운 장점이 있다. 하지만 활성 물질이 담체 내에 균일하게 도입되지 않는 단점이 있다.

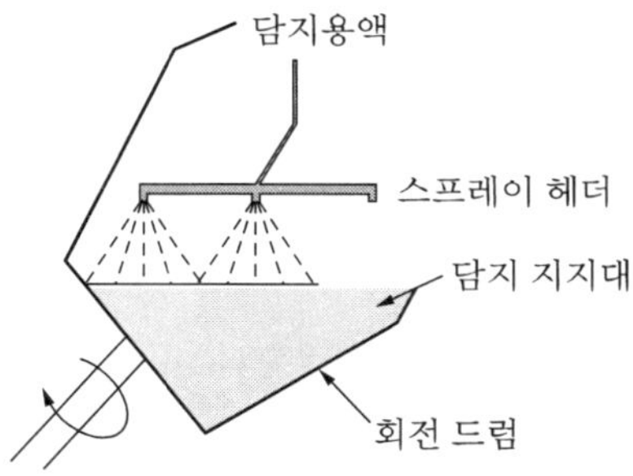

그림 17.9 건식 담지법 촉매 제조공정

(4) **침전법**은 양이온과 음이온이 만나서 결합을 형성하며 이것은 용해도 (Solubility)와 연관이 있다.

$$Ni(NO_3)_2 + Al(NO_3)_3 \rightarrow Ni(OH)_2 + Al(OH)_3$$
$$\rightarrow NiO \cdot xAl_2O_3 + Al_2O_3 \cdot yNiO \rightarrow Ni + Al_2O_3 \cdot zNiO$$

17.4 감압잔사 수소분해 촉매 제조

알루미나 담체 제조와 촉매 제조로 나누어서 설명하면 다음과 같다.

1. 알루미나 (Al_2O_3) 담체 제조

[1단계] 반응식은 $NaAlO_2 + Al_2(SO_4)_2 \rightarrow Al_2O_3 + Na_2SO_4$이다. 회분식 공정이며 반응시간은 1시간 이내고 pH, 반응온도, 반응압력도 중요하지만 원료 투입 위치가 중요하다. **[2단계]** Al_2O_3 슬러리는 벨트 하부에 필터가 장착된 컨베이어 벨트로 이동한다. 부산물인 Na_2SO_4를 5차례 물로 세척하여 제거한다. 벨트 필터 하부에 감압 시스템이 있어서 사용 세척물을 빨아들인다. 세척수는 일부 재활용하고 나머지는 별도 처리 없이 하수로 방유한다. **[3단계]** 세척된 알루미나 (Al_2O_3) 파우더는 플래싱 건조기에서 운전 온도 120℃ 정도에서 저온 건조시킨다. 건조는 플래싱 건조기로 상부에 고속으로 회전하는 회전자가 입자를 흩뿌리며 가열로로 가열된 뜨거운 공기가 지나가면서 건조시키는 원리이다.

① 원료를 혼합한다.

② 세척과 필터링한다.

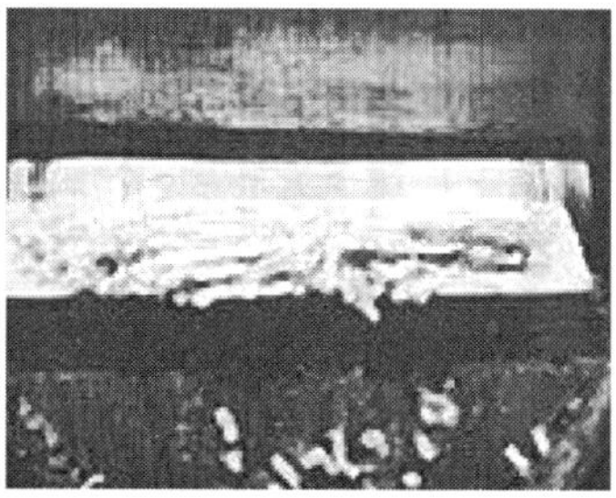

③ Al_2O_3 케이크 만든다.

④ 건조한다.

2. 촉매 제조

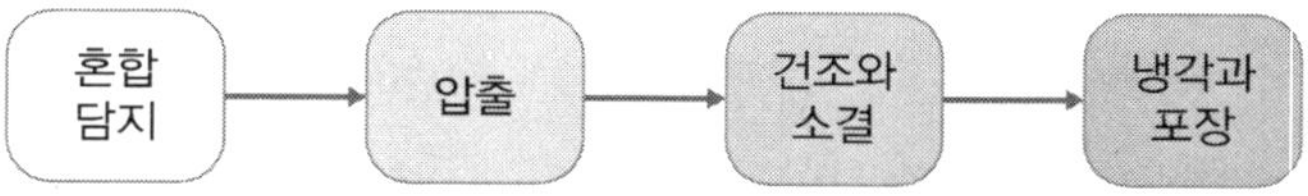

[1단계] 알루미나 (Al_2O_3) + 질산 (HNO_3) + 물 (H_2O) + 금속용액이 1대의 믹서에서 혼합된다. 여기서 질산은 기공 사이즈 조절용이고 물은 순환수를 일부 사용하며 공정 밖으로 물이 배출되지 않는다. **[2단계]** 하루 약 18톤 촉매 생산 능력을 보유하고 총 5대의 압출기가 촉매 규격에 맞게 압출을 한다. 육안으로 관찰하면 반죽이 매우 건조해 보이나 그 정도가 적당한 수준이다. **[3단계]** 압출된 촉매는 벨트를 타고 건조기로 이동하여 1차 건조 후 소결을 실시한다. 회전가마 (Rotary Kiln) 형태의 소결로에서 소결로 중앙 축 부분에 버너가 열을 공급하며 가마가 연속적으로 회전하면서 공기와 촉매가 골고루 접촉하도록 한다. 가마 (Kiln)가 경사져 있어 연속 공정으로 진행한다. **[4단계]** 소결이 끝난 촉매는 냉각

탑으로 들어가 냉각시킨 후 거르기 (Sieving)를 한다. 3중 구조 체 (Sieve)로 되어 있어 규격 초과, 미달 그리고 정품으로 분리하고 정품 제품만 백 (Bag)에 포장하여 출하한다.

① 혼합 전 원료 (Ni-Mo금속 용액, H_2O, Al_2O_3)

② 혼합기

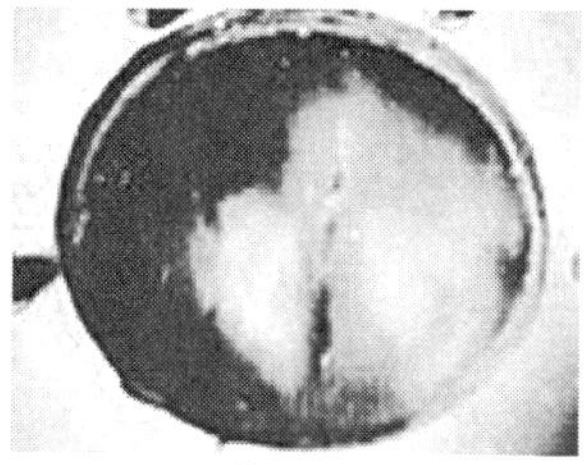
③ 혼합

④ 중간제품

⑤ 압출기

⑥ 압출기 칼날

⑦ 원료 속 수분이 많은 경우 (짧은 길이, 저강도)

⑧ 원료 속 수분이 적당한 경우 (적당한 길이와 강도)

⑨ 건조

⑩ 소결기

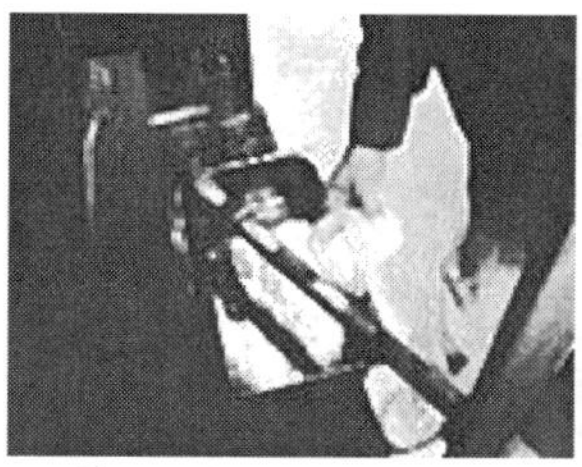
⑪ 소결로에 촉매 투입

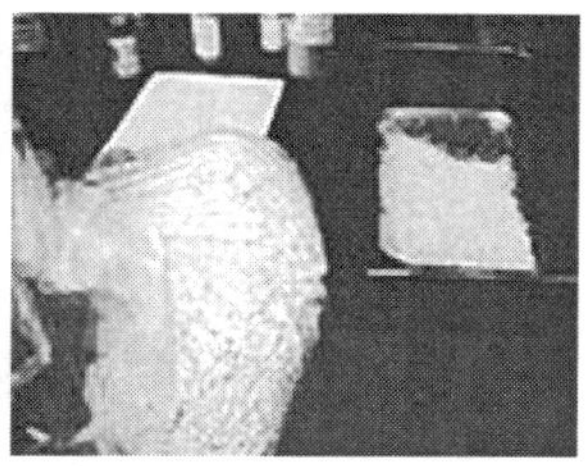
⑫ 소결 전/후 촉매 비교

17.5 촉매의 상태별 분류

촉매는 균일 촉매 반응계, 불균일 촉매 반응계, 생촉매 반응계로 나눈다. 각 반응계별 특징은 다음과 같다.

(1) **균일 촉매 반응계** 반응물과 촉매가 동일상이고 의약/정밀화학에 많이 사용하며 사용 예는 표 17.3과 같다.

표 17.3 균일 촉매 반응계

액체 + 액체	노말부텐과 이소부탄의 알킬레이션 반응
기체 + 기체	NO_2에 의한 SO_3의 산화
고체 + 고체	MnO_2에 의한 $KClO_3$의 분해반응

(2) **불균일 촉매 반응계** 반응물과 촉매가 서로 다른 상 (Phase)을 가지며 대부분의 정유공정 촉매가 여기에 해당한다.

표 17.4 불균일 촉매 반응계

액체 + 기체	산 (Acid)에 의한 알켄의 중합반응
고체 + 액체	팔라듐 (Pd)에 의한 사이클로헥산의 불균화반응
고체 + 기체	ZnO에 의한 CO의 산화반응
고체 + 액체, 기체	MoS_2에 의한 디젤의 수첨탈황반응

(3) **생촉매 반응계** 촉매가 생물 혹은 미생물인 경우이다. 예로서 단백질 분자들, 의약품, 맥주 등의 제조공정에 이용한다.

17.6 촉매 반응계별 특징

균일계 촉매와 불균일계 촉매의 반응계 특징은 아래와 같다.

표 17.5 촉매 반응계별 특징

	균일계 촉매 (Homogeneous Catalyst)	불균일계 촉매 (Heterogeneous Catalyst)
구분	반응물, 촉매, 생성물의 상이 같음 예 액체, 산염기, 전이금속 착물	상이 2개 이상 (촉매와 반응물의 상이 다름) 예 고체, 금속, 산화물, 절연체
반응온도	액체의 끓는점보다 낮은 온도 (보통 <200℃)	보통 200 – 600℃
활성	분자 상태로 모든 촉매가 반응에 참여하므로 활성이 우수함	표면에 노출된 활성 물질만 반응에 참여하므로 활성이 낮음
선택성	모두 같은 반응경로를 거치기 때문에 선택성이 우수함	활성 물질의 상태에 따라 반응물과 상호작용이 달라져서 선택성이 낮음
생성물과 분리	상이 같아서 분리하기 어려움	단순 여과만으로도 분리할 수 있음
반복 사용	어려움	회수하여 다시 사용할 수 있음

17.7 불균일계 고체촉매의 형태별 종류

불균일계 고체촉매에는 다양한 형태의 촉매가 있다. 고정층 반응기의 경우는 펠릿 3 – 5 mm 돌출 압출물 (Lobe Extrudate), 입자 (Granule), 링 (Ring) 형태 촉매를 사용하고, 유동층 반응기는 분말가루 형태의 촉매 (입자크기, 입도분포, 마모계수, 열적 안정성)를 그리고 자동차 배출가스 정화 촉매는 벌집 형태 (Honeycomb Monolith) 촉매를 사용한다.

그림 17.10 불균일계 고체촉매 형태별 종류

17.8 촉매 용도별 종류

촉매는 사용 용도별로 정유공업, 화학물질 제조공업, 환경공업으로 나누고 대표적인 공정과 사용 촉매는 아래 표 17.6과 같다.

표 17.6 촉매 용도별 종류

구 분	대표적인 공정	사용 촉매
정유공업	촉매분해공정 (FCC) 촉매개질공정 (Catalytic Reforming) 알킬화공정 (Alkylation) 수소화/탈수소화공정	USY 제올라이트 Pt/Al_2O_3 MFI 제올라이트 귀금속
화학물질 제조공업	암모니아 합성 공정 SO_2산화공정 (황산제조공정) 중합공정 부분산화공정	철촉매 V_2O_5/SiO_2 지글러나타촉매, 메탈로센 V_2O_5 등
환경공업	자동차 배출가스 정화 수첨탈황반응 (HDS) 질소선택환원공정 (SCR) - $DeNO_x$	3원 촉매 (Pt, Pd, Rh)/코오디어라이트 $Co\text{-}Mo/Al_2O_3$ V_2O_5/TiO_2

17.9 촉매의 비활성화 종류

촉매의 비활성화 (Deactivation) 종류에는 아래와 같은 것이 있다.

(1) **독 (Poisoning)** 피드 속 불순물의 강한 화학흡착이다. 이는 경쟁적 흡착과 가역반응에 의해 방지한다.

(2) **파울링 (Fouling)** 반응물이나 생성물의 2차 반응에 의해 발생하고 코크(Coke)를 형성한다.

(3) **소결 (Sintering)** 열적으로 비활성화이고, 비가역 과정이며, 소위 금속 결정 영역의 성장에 기인한다.

(4) **기공입구 막음 (Pore Mouth Plugging)** 기공입구가 금속 축적에 의해 막힘 현상을 말한다.

(5) **활성종의 손실 (Loss of Active Species)** 더 적은 활성종으로 전환하거나 침출 (Leaching)에 기인한다.

(6) **기계적 손상 (Mechanical Damage)** 기계적 소모 (Attrition)에 의해 발생한다.

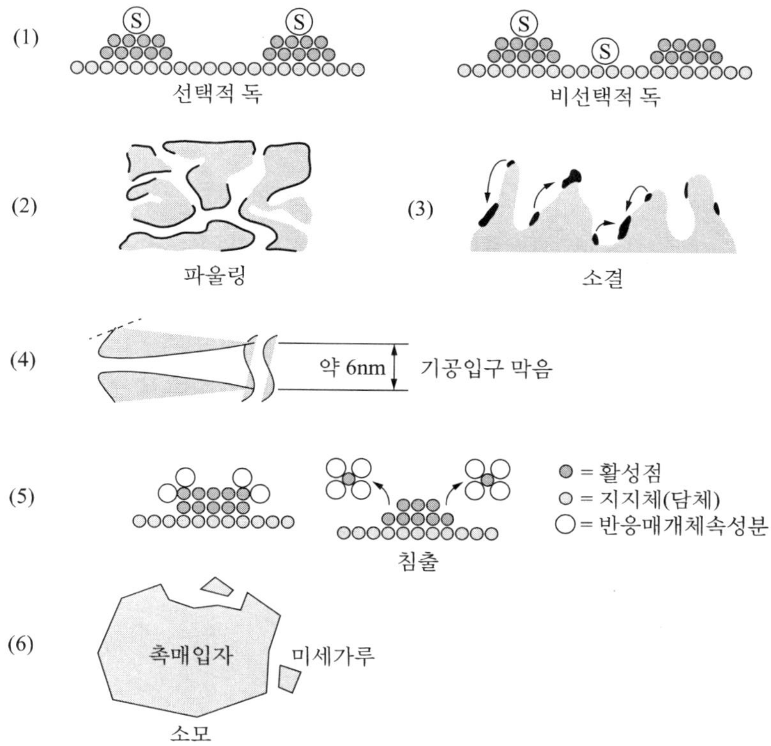

그림 17.11 촉매의 비활성화 종류

참고 | 촉매독 (Catalyst Poison)

극소량으로도 촉매의 활성화를 저하시키는 물질을 말한다. 재생이 가능한 일시적 피독과 영구히 재생되지 않은 영구적 피독으로 구분된다. 특정 생성물의 선택도를 증가시키기 위해 혹은 지나치게 높은 촉매 활성을 저하시키기 위해 일부러 사용하는 경우도 있다. 예를 들면 산화에틸렌 (EO) 제조공정에서 Ag 촉매의 활성을 줄이기 위해 에틸렌디클로라이드 (EDC)를 사용하거나, 개질 (Reforming) 공정에서 Pt 촉매 활성을 줄이기 위해 황화 (Sulfiding)를 시키는 경우이다.

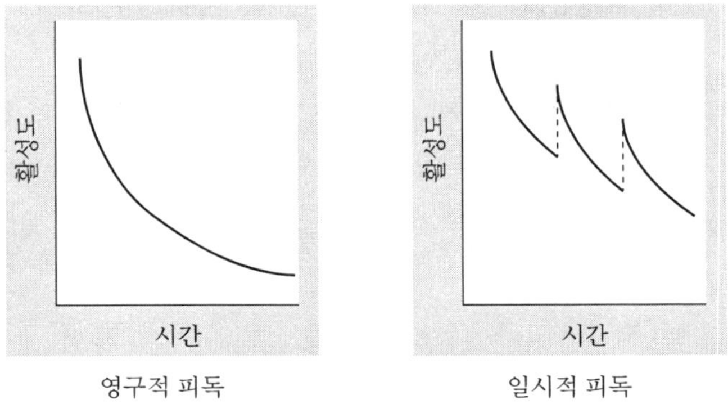

그림 17.12 촉매독 (영구 피독/일시 피독)

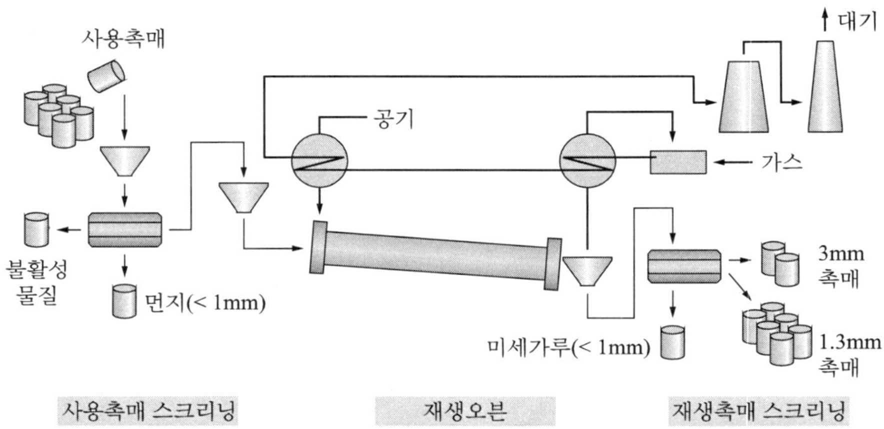

그림 17.13 촉매재생 공정

17.10 감압잔사 수소분해 촉매

감압잔사 수소분해가 열분해 (Thermal Cracking)인지 촉매분해 (Catalytic Cracking)인지에 대해서는 ① 촉매가 없을 경우는 1% 침전물 (Sediment) 생성시 35% 전환율에 이르는 반면 ② 촉매가 있을 경우 동일량의 침전물 생성시 약 65% 전환율에 도달할 수 있게 된다. 따라서 이 공정의 주된 반응 메커니즘은 열분해이지만 촉매가 침전물 생성을 억제하여 더 높은 전환율을 달성할 수 있게 해 준다.

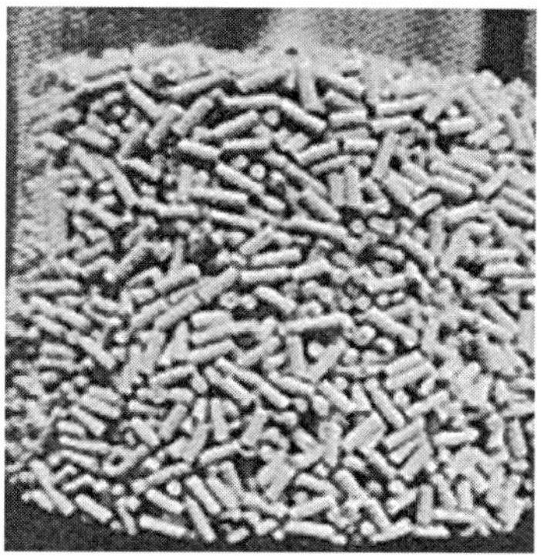

그림 17.14 감압잔사 수소분해 공정 촉매

여기서 촉매의 주 역할은 분해반응에 의해 생성된 라디칼의 캡핑 (Radical Capping)과 수소화 (Hydrogenation)를 시켜 제품 안정성을 향상시킬 뿐 아니라 탈황, 탈질소, 탈금속 반응을 통해 아스팔텐 (Asphaltene) 분자의 극성을 약화시켜 침전물 생성을 억제 한다. 그리고 피드 수소화 반응을 통해 분해가 쉬운 물질로 피드를 전환시키고 탈황, 탈질소, 탈금속, 탈카본 반응을 통해 제품품질을 향상시킨다.

1. 감압잔사 수소분해 촉매 구성

촉매는 알루미나와 금속으로 구성되어 있다. 알루미나는 촉매 지지체의 주성분으로 마이크론 크기의 덩어리로 응집된 ~30Å 결정영역으로 이루어져 있다. 즉 최종 촉매 속에 내재하는 촉매 특성의 기본 구성 요소이다. 금속의 활성 성분 (Active Component)은 담체의 기공벽 (Pore Wall)에 부착된 금속 황화물 (Metal Sulfides)이다. 촉매의 성능은 이 금속들의 양, 분산 그리고 분포에 크게 영향을 받는다.

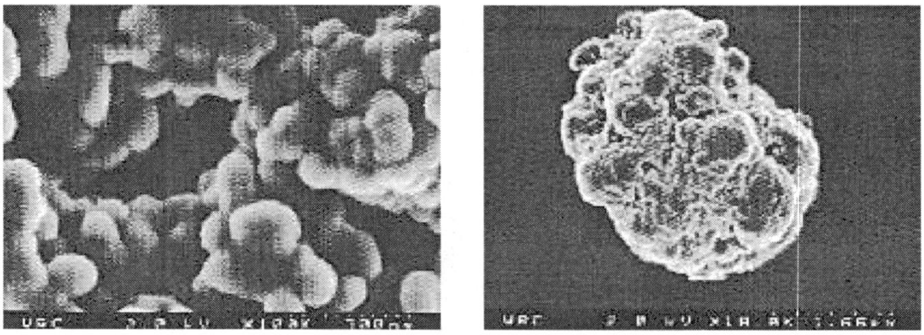

그림 17.15 초미세 알루미나 입자 (좌) / 마이크론 크기의 알루미나 응집체 (우)

2. 감압잔사 수소분해/감압가스오일 수소분해의 촉매 차이점

(1) 감압잔사 수소분해 촉매

감압잔사 수소분해 공정은 주로 열분해에 의해 분해가 일어나며 촉매는 피드를 열분해가 일어나기 쉽게 전환시키고 제품 안정도를 향상시키는 역할을 한다. 열분해는 열에 의해 결합이 끊어지며 카본 라디칼이 생성되고 이 라디칼들이 전이되면서 분해가 이루어진다. 분해 중 촉매에 의한 비중은 약 20% 수준으로 촉매분해 비율을 높이는 방향으로 기술 개발 중이다.

① **Ni–Mo (니켈 – 몰리브덴) 금속** 수소화 반응을 통해 피드를 분해가 용이한 형태로 전환시키고 제품 안정도를 향상시킨다. 그리고 탈황, 탈질 반응을 촉진시켜 제품품질을 향상시킨다.

② **아주 약산 알루미나 P, F** 알루미나 자체에는 산기능이 거의 없으며 P 등의 첨가제를 소량 첨가하여 아주 약한 산기능을 넣는다. 중질분자 분해에 사용되지 않으며 탈황, 탈질 반응을 촉진시키는 역할을 한다.

③ **열분해** 열에 의해 결합이 끊어지며 카본 라디칼이 생성되고 이 라디칼들이 전이(Transfer) 되면서 분해가 이루어진다.

$$R\text{-}CH_2\text{-}CH_2\text{-}R' + Heat \rightarrow R\text{-}CH_2\text{-}CH_2\bullet + R'\bullet$$

$$R\text{-}CH_2\text{-}CH_2\bullet + R'H \rightarrow R\text{-}CH_2\text{-}CH_3 + R'\bullet$$

$$R\text{-}CH_2\text{-}CH_2\bullet + R'\text{-}CH=CH_2 \rightarrow R\text{-}CH=CH_2 + R'\bullet\text{-}CH\text{-}CH_3$$

$$R\text{-}CH_2\text{-}CH_2\bullet \rightarrow R\bullet + CH_2=CH_2$$

(2) 감압가스오일 수소분해 촉매

감압가스오일 수소분해 공정은 산기능을 가지는 촉매가 분자를 분해하는 촉매분해 공정이다. 촉매분해는 산점 (Acid Site)에 의해 카르베늄 이온 (카본 양전하)이 생성되고 이후 β절단에 의해 분해가 이루어진다. 분해중 촉매에 의한 비중이 거의 대부분을 차지하고 있다. 감압가스 수소분해 촉매는 Ni-W (니켈 - 텅스텐) 금속과 제올라이트 Y 형태의 강산으로 구성되는 촉매분해이다.

① Ni−W **(니켈 − 텅스텐) 금속** 수소화 반응을 통해 피드를 분해가 용이한 형태로 전환시키며, 윤활기유 원료로 사용할 수 있게 물성을 개선한다. 그리고 탈황, 탈질 반응을 촉진시켜 제품품질 향상, 윤활기유 공정 촉매 보호 역할을 한다.

② **강산 제올라이트** 산기능으로 중질분자를 분해시키고 산기능을 통해 분자구조를 윤활기유 원료로 사용할 수 있게 전환시킨다.

③ **촉매분해** 산점에 의해 카르베늄 이온 (카본 양전하)이 생성되고 이후 β절단에 의해 분해가 이루어진다.

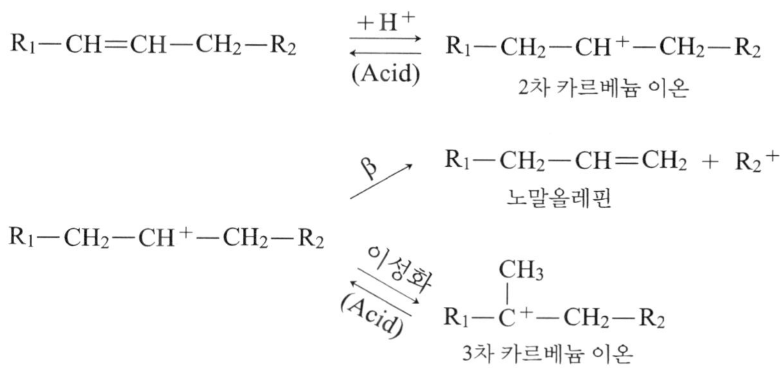

3. 감압잔사 수소분해 촉매 기공 구조

기공 사이즈가 잔사 촉매의 거동과 설계에 있어서 가장 중요한 인자이다. 그 구조는 제조 과정에서 신중히 제어 및 형성이 되고 복잡한 상호 작용에 의해서 결정되어 진다. 예를 들어 알루미나 파우더의 특성, 첨가제의 조합, 압출 전 파우더의 처리 및 압출 후 처리 과정 등을 들 수 있다.

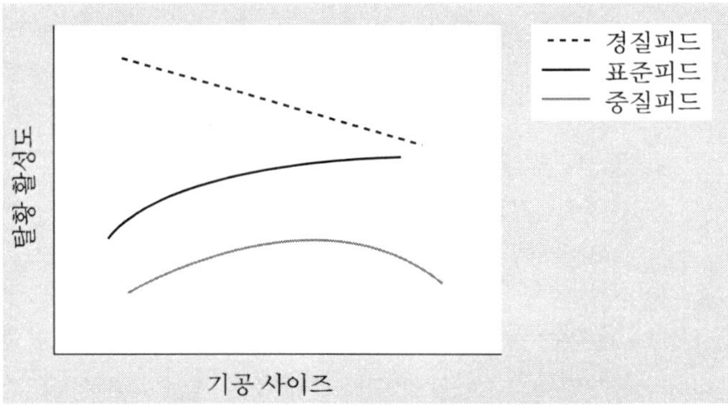

그림 17.16 기공 사이즈와 탈황 활성도

침전물 제어에 있어 벌키 (Bulky)한 아스팔텐 분자를 어떻게 제어하느냐가 침전물 제어의 핵심 기술이다. 연구 결과에 의하면 200Å 이하의 기공이 많아야 침전물 제어에 효과가 있는 것으로 나타났다. 따라서 기공 사이즈 분포의 최적화가 가장 핵심 기술이며 활성 금속을 어떻게 구석구석 분산시키는가도 중요하다.

4. 감압잔사 수소분해의 촉매 구성 요소별 영향성

(1) **금속 (Ni, Mo)** 수소를 활성시켜서 탈황, 탈질소, 탈금속 등의 반응을 촉진시킨다. 일반적으로 금속 함량이 증가할수록 활성이 증가하나 너무 많아지면 금속 뭉침이 일어나 오히려 활성이 떨어진다. 그리고 금속 함량 못지 않게 Ni-Mo의 비율도 매우 중요하다. 금속 관련 핵심 기술로서는 Ni와 Mo가 함께 복합체 (Complex)를 이루고 있어야 Ni와 Mo가 분자단위로 혼합되어 활성이 우수해 진다. 또한 Ni-Mo-P 금속 복합체의 안정성이 뛰어나야 촉매 제조 시 기공 내부까지 침투할 수 있다. Mo는 기공입구에서 침전하려는 경향이 강하므로 내부까지 침투되게 제조해야 하고, 값이 저렴한 금속을 이용해서 이와 같은 금속 용액 (Metal Solution)을 제조할 수 있어야 한다.

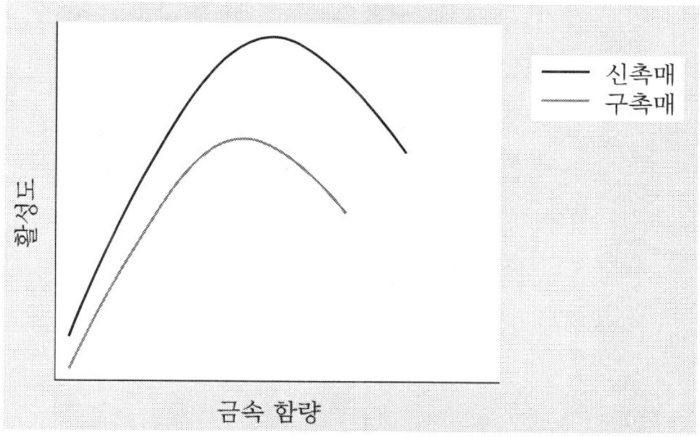

그림 17.17 금속 함량과 활성도

(2) **알루미나** 넓은 표면적을 제공하여 활성 금속의 분산을 좋게 하고 기공 구조를 지니고 있어 반응 물질과 활성 금속의 접촉을 좋게 하며 금속 픽업 공간을 제공한다. 그리고 미세기공 (Micropore) / 중간기공 (Mesopore)과 거대기공 (Macropore)간의 균형, 알루미나 입자간의 분산도 (Dispersibility Index), 알루미나 표면 특성과 금속과의 상호작용 조절이 핵심 기술이다.

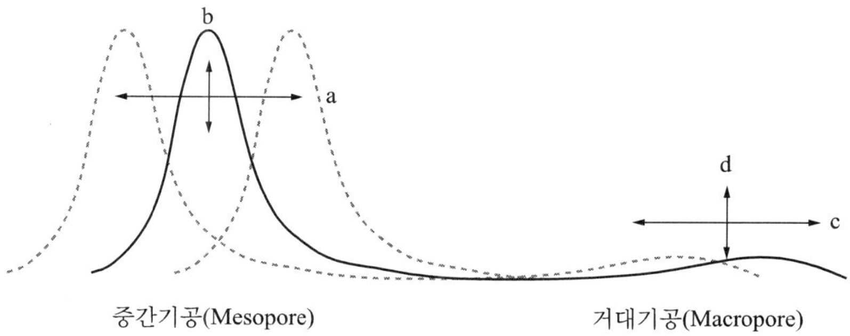

그림 17.18 알루미나 기공과 촉매물성 변화

a 경우는 기공부피 증가/표면적 감소로 중질피드 처리에 적합하나 경질피드 처리에는 부적합하다. b 경우는 기공부피 증가/표면적 증가로 촉매 활성 증가하고 촉매 강도에 약간의 영향을 준다. c 경우는 기공부피 증가/표면적에 큰 변화 없으며, 금속트랩 용량이 증가하고 촉매 가격이 저렴해지나 촉매 활성

감소 및 촉매 가루 생성이 약간 많아진다. d 경우는 기공부피 증가/표면적에 큰 변화 없으며, 금속트랩 용량이 증가하고 촉매 가격이 저렴해지나, 촉매 활성 감소 및 촉매 가루 생성이 많아진다.

여기에서 a와 b는 알루미나 제조 시 반응 온도, pH, 반응 시간 등의 조절을 통해 침전 속도를 조절해야 한다. c는 촉매 제조 시 H_2O와 질산 (HNO_3) 양을 조절하거나 혼합 파우더를 조절한다. d는 기본적으로 플랫폼 (Platform)의 변화가 필요하다.

5. 감압잔사 수소분해의 원유 종류에 따른 촉매 전략

원유 종류에 따른 촉매 전략에는 높은 금속 함유 원유, 높은 황 함유 원유, 높은 아스팔텐 함유 원유별 촉매 전략은 달리한다.

(1) **높은 금속 함유 원유** 촉매 첨가 속도를 늘리거나 촉매 Ni-Mo 함량을 낮춰서 촉매 단가를 조절 한다. 그리고 플랫폼 (Platform) 변경을 고려, 예를 들어 낮은 침전물 (Low Sediment)에서 높은 선택도/낮은 침전물 (High Selectivity/ Low Sediment)로 하고, 동일 플랫폼에서는 거대기공을 늘려야 하는데 촉매 소모 (Attrition) 제약 때문에 많이 늘리는 것이 쉽지 않다. 플랫폼이 달라지면 거대기공 직경 구조는 동일하나 기공 부피가 늘어나 금속 픽업이 많이 일어나게 된다.

(2) **높은 황 함유 원유** 촉매 첨가 속도를 늘리고 촉매 Ni-Mo 함량을 높여 촉매 활성을 늘린다 (촉매 단가 상승). 그리고 낮은 침전물에서 높은 선택도/낮은 침전물로의 플랫폼 변경으로는 촉매 활성 차이는 크게 나지 않고 (새로운 플랫폼인 감압잔사 수소분해는 개선됨), 동일 플랫폼에서는 거대기공 사이즈를 피드 종류에 맞게 최적화하면 활성을 올릴 수 있다. 높은 선택도/낮은 침전물 플랫폼에서 높은 Ni-Mo 경우는 기존 낮은 침전물 촉매와 유사한 촉매 활성을 가지고, 낮은 Ni-Mo 경우는 기존 낮은 침전물 대비 촉매 활성은 떨어지지만 촉매 단가를 낮추기 위해 사용된다.

(3) **높은 아스팔텐 함유 원유** 질소 함량도 높게 되는데 일반적으로 질소 화합물은 방향족 링이 많은 분자구조에 잘 포함되어 있기 때문이며, 거대기공을 늘려야 한다 (기공 사이즈보다 기공 부피를 늘려야 함). 높은 아스팔텐 원유가 가장 어려운데 거대기공뿐만 아니라 중간기공이 제공하는 촉매활성도 필요하기 때문이다. 따라서 기공 사이즈 제어보다 기공 부피 제어가 더 중요하다.

6. 촉매 비활성화 (Catalyst Deactivation)

촉매 비활성화는 코크 형성과 금속 축적으로 일어난다.

(1) **코크 형성** 외부와 기공내부에 관계없이 전 표면에 걸쳐서 생성되고 초기에 급격히 생성된 후 안정화되며 특히 공정 상황이 잘못되었을 경우 증가한다. 코크가 형성될 경우 피드 잔사, 탈황, 탈질소, 탈금속, 탈카본 전환 반응에 많은 영향을 준다.

(2) **금속 축적** 기공입구, 활성점에 주로 축적되어 기공입구 막음, 활성점 봉쇄 등을 일으킨다. 촉매의 거대기공은 촉매 사이트를 제공하는데, 금속 축적이 많이 일어나면 거대기공들이 막히게 된다. 이로 인해 전환율 반응에 영향을 주며 특히 침전물 생성에 큰 영향을 준다.

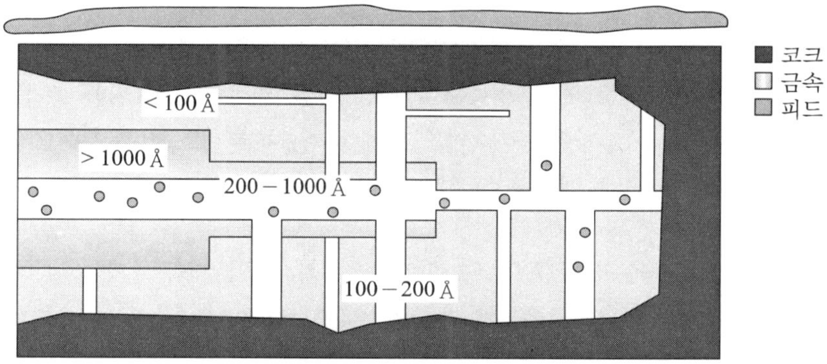

그림 17.19 거대기공을 가진 비활성화 촉매 모형도

17.11 상압잔사 유동식 촉매분해의 촉매

유동식 촉매가 갖추어야 할 요구사항은 제품 수율에 있어서는 많은 바텀 분해, 많은 가솔린과 경질사이클오일, 적은 드라이가스와 코크 그리고 다소 엘피지 생산이다. 게다가 제품품질은 높은 옥탄가, 낮은 황 함량, 낮은 방향족, 많은 프로필렌 제품을 요한다. 촉매 수명은 높은 금속 허용 (Ni, V, Fe, Na)과 높은 열수 안정성 그리고 적은 양의 촉매 보충 및 적의 양의 촉매 손실이다. 환경적인 측면에서는 적은 SO_x 및 적은 스펜트촉매를 들 수 있다. 또한 촉매 자체 디자인에서 고려해야 할 요소에는 결합체 (Binder), 제올라이트 (Zeolite), 모체 (Matrix), 희토류산화물 (Rare Earth Oxides), 금속트랩 (Metal Trap), 특수 첨가제 (Special Additive) 등의 형태와 함량이고 이들 각각의 특징은 다음과 같다.

(1) **제올라이트** SiO_2/Al_2O_3비 제어, 최적의 입자 사이즈, 중간기공 창출, 희토류 금속 교환 속도가 중요하다.

(2) **매트릭스** 최적의 기공 분포, 최적의 산도, 금속트랩 추가와 기타 제올라이트/매트릭스 비, 소모 (Attrition), 입자 사이즈의 분포가 중요하다.

(3) **제올라이트/매트릭스 표면적 비** 이것이 증가할수록 코크생성은 감소하고, 촉매제조사별로 최적화된 비가 있으며 일반적으로 약 4 : 1 수준이다. 하지만 코크 수율 감소를 위한 주된 방법은 금속트랩의 성분을 변경하는 것이다. 그리고 슬러리 수율 감소는 바텀 분해 증가를 위한 중간기공 증가, 활성알루미나 함량 증가 (바텀 분해 증가), 매트릭스 기공 사이즈 제어에 의한다. 제올라이트/매트릭스 표면적 비가 증가할수록 슬러리 수율은 증가한다.

다음 표 17.7, 17.8, 17.9는 유동식 촉매분해 공정의 촉매 디자인과 관련한 내용이다. 표 17.7에서 아래쪽의 "금속트랩"의 효과는 금속트랩 사용으로 인한 사이드 효과이며 Ni는 촉매 안으로 침투하여 작용하는 성분이 아니기 때문에 패시베이터 (Passivator)를 쓰는 것이 효과적이다.

표 17.7 유동식 촉매 디자인 (활성 성분)

활성 성분	물성 영향	활성도	제품 선택도(@일정 전환율)				가솔린 특성	
			건조가스	가솔린	슬러리	코크	옥탄가	올레핀
제올라이트↑	표면적 ↗ 기공부피 ↗ 겉보기밀도 ↘ 소모손실 ↗	매우 양호		양호	양호	양호		
매트릭스 활성알루미나↑	표면적 ↗ 기공부피 ↗	양호		양호	매우 양호	불량		
매트릭스 희토류산화물↑	-	매우 양호	양호	매우 양호		양호	불량	불량
매트릭스 중간/거대기공↑	겉보기밀도 ↘ 소모손실 ↗		양호		양호	양호		
금속트랩	-	매우 양호 (V트랩)	매우 양호 (Ni트랩)			양호		

표 17.8에서 아래쪽 오른쪽에 있는 "활성알루미나 종"은 금속트랩 중 바나듐트랩의 역할을 하는 종 (Species)들이 존재한다.

표 17.8 유동식 촉매 디자인 (제품 수율과 촉매 보충)

요구사항	개 선	촉매 디자인
높은 바텀 분해 / 슬러리 감소	중질피드 확산	기공 사이즈 제어 ↑
	매트릭스 활성	산도 (활성알루미나) ↑
	금속 허용치 (V, Fe, Ni)	금속트랩 ↑
낮은 코크와 가스 / 높은 액상 수율	선택적 분해	매트릭스/제올라이트 비
	Ni 비활성화	기공 사이즈 제어
	수소전이	희토류산화물/제올라이트 비
촉매 보충 감소	제올라이트 안정도	금속트랩 형태
	금속 허용치 (V, Ni)	활성알루미나 종 ↑

표 17.9에서 "옥탄가 개선"과 "LPG 프로필렌 증가"는 수소전이 (H-Transfer) 반응에 의존한다. 그리고 희토류산화물/제올라이트 비를 감소시키면 제올라이트의 단위셀 사이즈는 작아진다.

표 17.9 유동식 촉매 디자인 (제품품질)

요구사항	개 선	촉매 디자인
옥탄가 개선	중질피드 확산	기공 사이즈 제어 ↑
	매트릭스 활성	산도 (활성알루미나) ↑
	금속 허용치 (V, Fe, Ni)	금속트랩 ↑, 초안정 Y형 제올라이트
LPG 프로필렌 증가	수소전이 감소	낮은 희토류산화물/제올라이트 비
	높은 전환 운전	높은 평형 촉매 (E-Cat) 활성도
	가솔린을 LPG로 분해	ZSM-5 첨가제 투입

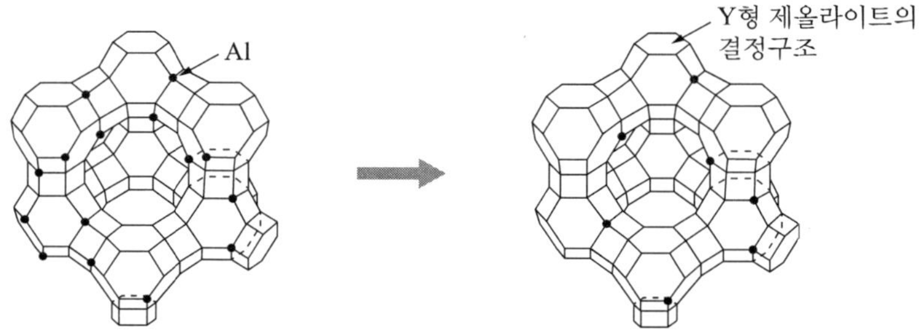

희토류산화물 Y형 제올라이트(REY Zeolite)

단위셀당 – 23 Al 원자
단위셀 사이즈: 24.4 Å(SiO_2/Al_2O_3=)

초안정 Y형 제올라이트(USY Zeolite)

단위셀당 – 7 Al 원자
단위셀 사이즈: 24.27 Å(SiO_2/Al_2O_3=)

그림 17.20 옥탄가/프로필렌 수율에 미치는 제올라이트 단위셀 (REY Zeolite → USY Zeolite)

1. 잔사 유동식 촉매분해

벙커씨 또는 감압가스오일을 유동 촉매층으로 이루어진 반응기 내에서 수소를 사용하지 않고 분해하여 고옥탄의 휘발유를 생산하는 시설로 최근 세계적인 운전 트렌드는 LPG 최대 생산쪽이다. 온도는 높으나 압력이 매우 낮고 수소를 사용하지 않아 수소분해 공정에 비하여 부대시설이 필요 없고 건설비가 낮다. 투입된 피드의 90% 정도가 분해되며 휘발유는 고옥탄가를 지닌다. 연속촉매재생 공정으로 가동률이 높다. 가스 속도에 따라 파우더 형태의 고체들이 액체와 같은 형상으로 유동화되는 현상을 가지고, 촉매분해 반응이 매우 빠르며 선택적 반응이 가능하다. 유동식 촉매분해 공정의 접촉 시간은 2–3초이나 최근의 공정은 1–2초로 짧고 라이저 형태의 접촉 시간은 약 3초이다.

2. 잔사 유동식 촉매분해 피드 물성

피드 주요 물성은 API, 카본 함량 (MCR), 금속, 황, 질소이고 이들의 영향은 표 17.10과 같다.

표 17.10 잔사 유동식 촉매분해 피드 주요 품질

API	API가 높을수록 LPG, 가솔린 수율향상, API 20 전후
카본 함량 (MCR)	열에 의해 가열된 후, 코크로 남은 잔존물의 양, MCR 높을수록 코크수율 증가
금속	V, Ni, Cu, Fe 등은 촉매의 활성을 저해하고 탈수소화로 인한 드라이 가스 수율 증가
황	장치 및 장비의 부식 유발하며 제품 규격에 영향을 줌
질소	반응기에서 촉매의 활성을 저하, 장치 및 장비의 부식 유발

방향족 함량이 증가할수록 코크 및 중질제품 (경질사이클오일, 잔사오일) 수율이 증가한다. 방향족 함량이 적고 파라핀닉 (Paraffinic) 할수록 선호하는 피드이다. 아래는 일반적인 잔사 유동식 촉매분해 피드의 성상을 나타낸다.

표 17.11 일반적인 잔사 유동식 촉매분해 피드 성상

포나 (PONA)	함량 (vol%)
파라핀	60 – 70
올레핀	0
나프텐	10 – 20
방향족	20 – 30

3. 잔사 유동식 촉매분해 반응

촉매의 양이온에 의해 기화 피드오일과 촉매가 라이저의 혼합존에서 접촉할 때 카르베늄 이온이 생성되어 분해 (Cracking), 수소전이 (Hydrogen Transfer), 이성화 (Isomerization) 등의 반응이 일어나 제품을 생산한다. 분해반응은 촉매의 산점 (Acid Site)에서 일어난다.

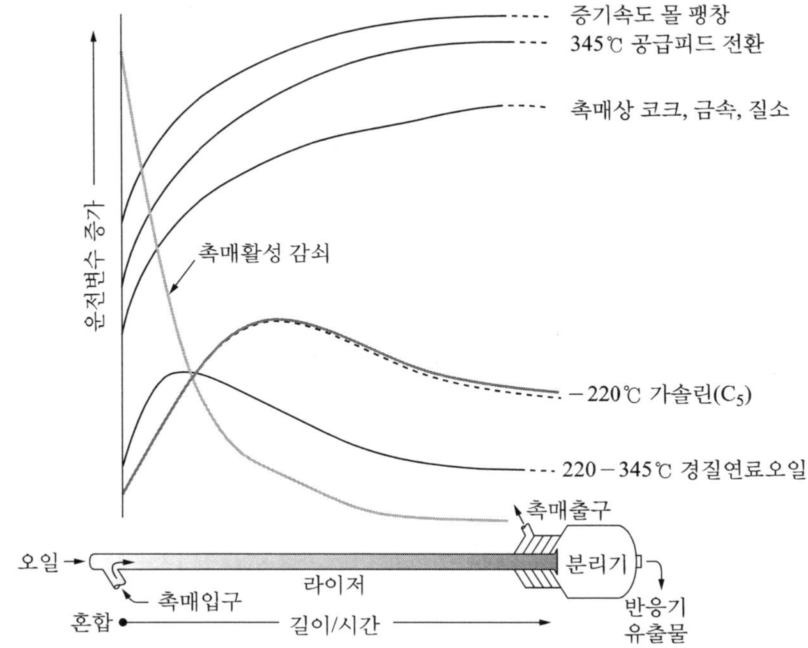

그림 17.21 라이저 내부 분해반응

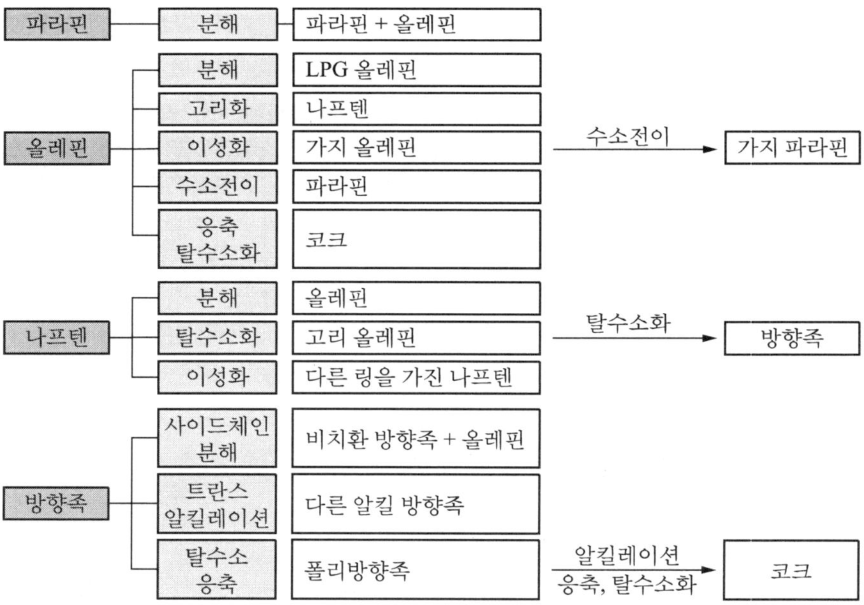

그림 17.22 상압잔사 유동식 촉매분해 반응

4. 잔사 유동식 촉매분해 반응 메커니즘

(1) 초기 카르베늄 이온 생성 (Initiation to Produce Carbenium Ion)

$$\underset{\text{올레핀}}{R_I - CH = CH - R_{II}} + \underset{\text{브론스테드사이트}}{HZ} \xrightarrow{\text{브론스테드산에서 } H^+ \text{ 공여}} \underset{\text{카르베늄 이온}}{R_I - CH_2 - CH^+ - R_{II}} + Z^-$$

$$\underset{\text{파라핀}}{R_I - CH_2 - CH_2 - R_{II}} + \underset{\text{루이스사이트}}{L^+} \xrightarrow{\text{루이스산에서 } H^- \text{ 제거}} \underset{\text{카르베늄 이온}}{R_I - CH_2 - CH^+ - R_{II}} + HL$$

(2) 양자 교환 (Proton Exchange)

$$R_I - CH_2 - CH^+ - R_{II} + R_{III} - CH_2 - CH_2 - R_{IV}$$
$$\rightarrow R_I - CH_2 - CH_2 - R_{II} + R_{III} - CH_2 - CH^+ - R_{IV}$$

(3) 흡열 분해반응 (Endothermic Cracking Reaction)

$$\underset{\text{카르베늄 이온}}{R_{III}{}^{\beta} - CH_2{}^{\alpha} - CH^+ - R_{IV}} \xrightarrow{\beta\text{절단}} \underset{\text{카르베늄 이온}}{R_{III}{}^+} + \underset{\text{올레핀}}{CH_2 = CH - R_{IV}}$$

(4) 제2차 반응

발열 수소전이 반응 (Exothermic Hydrogen Transfer Reaction)

$$\underset{\text{올레핀}}{3C_nH_{2n}} + \underset{\text{나프텐}}{C_mH_{2m}} \rightarrow \underset{\text{파라핀}}{3C_nH_{2n+2}} + \underset{\text{방향족}}{C_mH_{2m-6}}$$

발열 이성화반응 (Exothermic Isomerization Reaction)

$$\underset{\text{카르베늄 이온}}{R - CH_2 - CH_2 - CH_2 - CH_4{}^+} \rightarrow \underset{\text{이소파라핀}}{R - CH_2 - \overset{\overset{CH_3}{|}}{C^+} - CH_3}$$

참고 | 브론스테드사이트/루이스사이트/카르베늄 이온

브론스테드사이트는 양자 (H^+)를 내놓는 곳이고, 루이스사이트는 비공유 전자쌍을 받아들이는 곳이다. 그리고 카르베늄 이온은 반응성이 높아서 다른 탄화수소와 반응하여 카르베늄 이온을 전이시키면서 여러 가지 전파 반응을 일으킨다. 반응물 중에 불순물로 존재하는 소량의 음이온과 결합하여 반응이 종결된다. 제1차, 제2차, 제3차 카르베늄 이온이 있으며 제3차가 가장 안정하기 때문에 제3차 카르베늄 이온의 분해에 의해 이소부탄과 같은 가지 달린 화합물이 생성된다. 이것은 발열반응인 이성화 (Isomerization)의 원인이 된다.

참고 | 이성화반응과 카르베늄 이온

이성화반응은 열분해보다 촉매분해에 대해 더 쉽게 일어난다. 그리고 카르베늄 이온의 안정성은 제3차 > 제2차 > 제1차 > 에틸 > 메틸 순서이고 아래와 같다.

$$R-C-\underset{\substack{|\\ C}}{C^{+}}-C \;>\; R-C^{+}-C \;>\; R-C-C^{+} \;>\; C-C^{+} \;>\; C^{+}$$

5. 잔사 유동식 촉매분해의 촉매

촉매 특징은 1940년대 이후에는 활성 성분이 단지 Si-Al인 무정형의 실리카 - 알루미나 형태를 사용하였고, 1980년대 이후부터는 활성 성분이 제올라이트와 매트릭스인 결정형 제올라이트를 사용하고 있다. 그 촉매 역사는 초안정 Y (USY) 결정성 제올라이트가 1960년대부터 잔사 유동식 촉매분해 공정에 사용되었으며, 1970년대부터 모든 라이저 (Riser) 형태의 공정에 사용되었다. 1980년대부터 현재 형태의 (Si 삽입된) USY가 사용되었고, 특히 ZSM-5 등의 첨가제가 사용되었다.

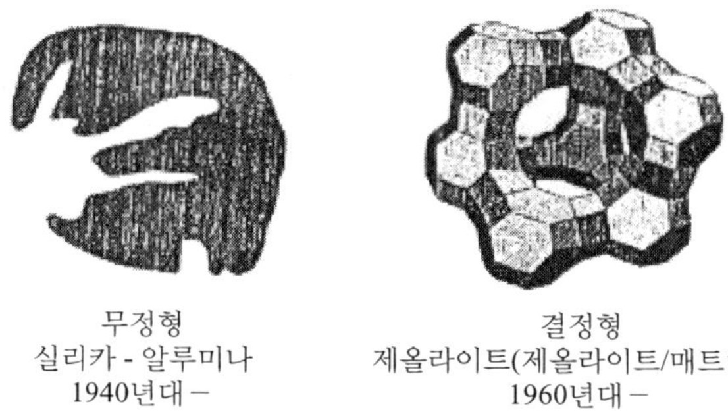

그림 17.23 잔사 유동식 촉매분해의 촉매 특징

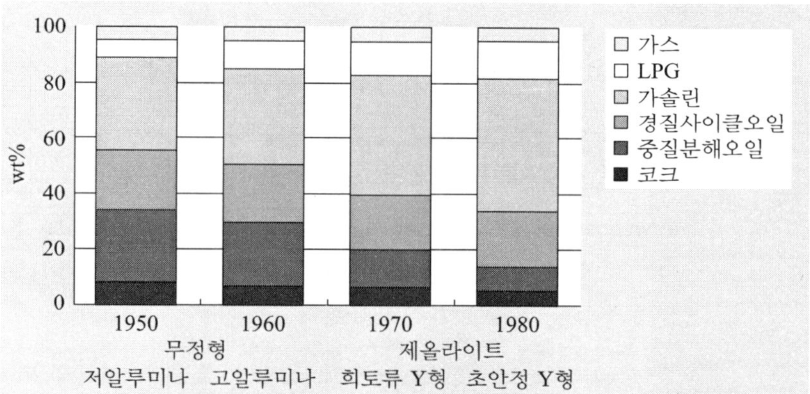

그림 17.24 잔사 유동식 촉매분해의 촉매 효율

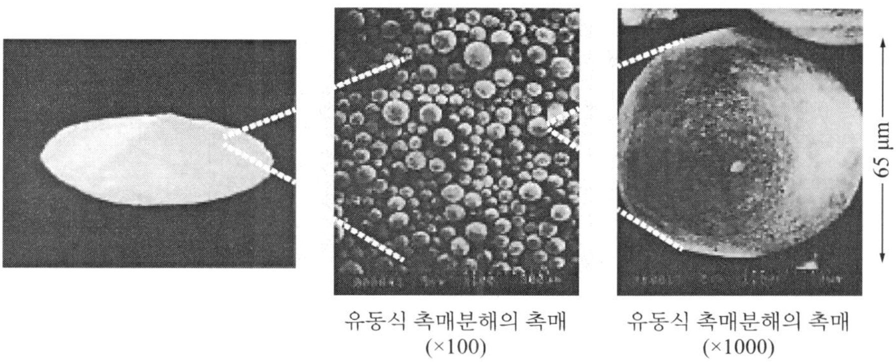

그림 17.25 잔사 유동식 촉매분해의 촉매 형태

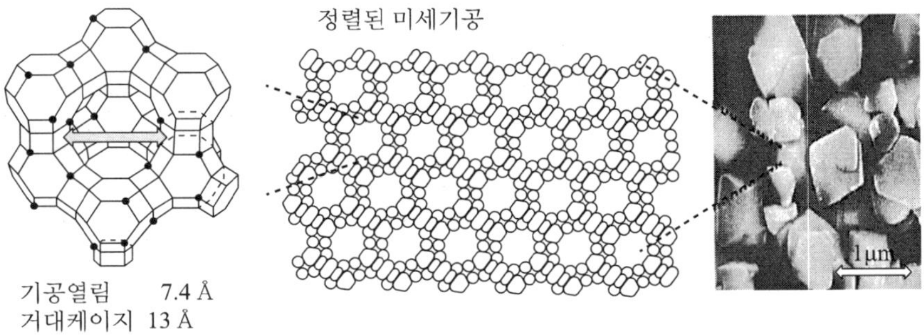

그림 17.26 잔사 유동식 촉매분해의 제올라이트 구조

6. 잔사 유동식 촉매분해의 촉매 구성과 이해

잔사 유동식 촉매분해의 촉매는 크게 제올라이트 (Zeolite)와 매트릭스 (Matrix)로 구성되어 있다. 제올라이트는 파우자사이트 (Faujasite)의 와이 제올라이트 (Y-Zeolite)로 탄화수소 분해의 주성분이고 높은 가솔린과 엘피지 선택도를 갖는다. 그 성능은 결정화 정도와 희토류 (RE, Rare Earth) 치환비에 따라 영향을 받는다.

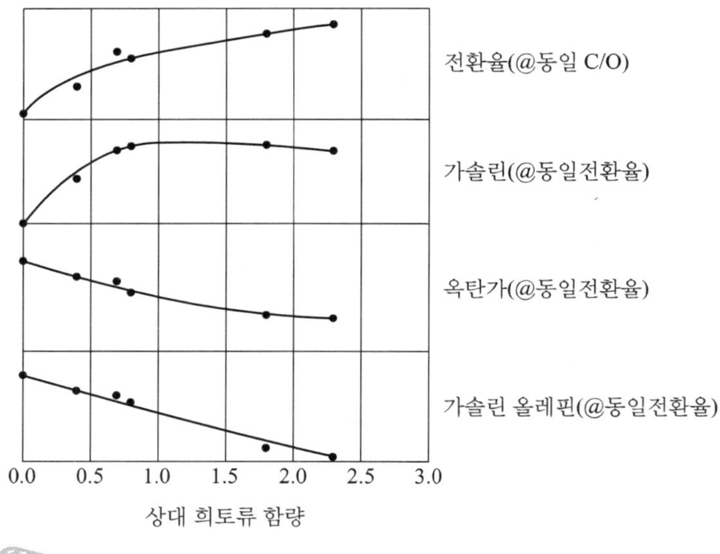

그림 17.27 초안정 와이 제올라이트촉매의 희토류교환의 영향

(1) **와이 제올라이트** 제올라이트 산점의 활성도와 밀도는 분해의 제품 수율과 선택도에 영향을 미친다. 아래 표는 무정형 실리카 - 알루미나와 결정형 이성질 와이 제올라이트 (HY Zeolite, Heterogeneous Y Zeolite)의 분해 활성도를 비교해서 나타내고 있다. 이성질 와이 제올라이트의 알루미나 함량이 상대적으로 많이 높지는 않지만 분해 활성도가 월등히 높다.

표 17.12 분해 활성도 비교

	알루미나 함량 (wt%)	상대 분해 속도
무정형 실리카 - 알루미나	13	1
이성질 와이 제올라이트	25	1000

이성질 와이 제올라이트는 고체산 (Sold Acid)을 생성하고 브론스테드산 (Bronsted Acid)과 루이스산 (Lewis Acid)을 통해 분해 (Cracking) 행위를 한다. 최근에는 초안정 와이 제올라이트 (USY Zeolite, Ultra Stability Y Zeolite)가 대표적인 상압잔사 유동식 촉매분해의 촉매로 쓰이고 있다. 이 촉매의 특징은 라이저 반응기에서 중질 탄화수소의 분해에 더 효과적이고 제품의 옥탄가가 높다. 그리고 고온 스팀 상태에서 금속으로 인한 촉매독에 대한 안정성이 좋고 희토류 금속 교환 (Rare Earth Exchange of USY)은 촉매의 안정도 및 선택도를 증진시킨다.

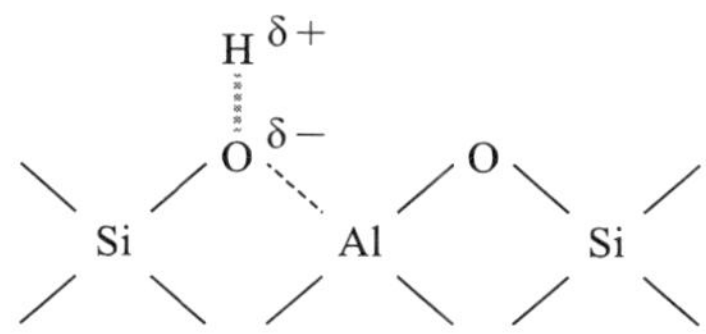

고체산 활성점

그림 17.28 고체산 (Solid Acid) 생성

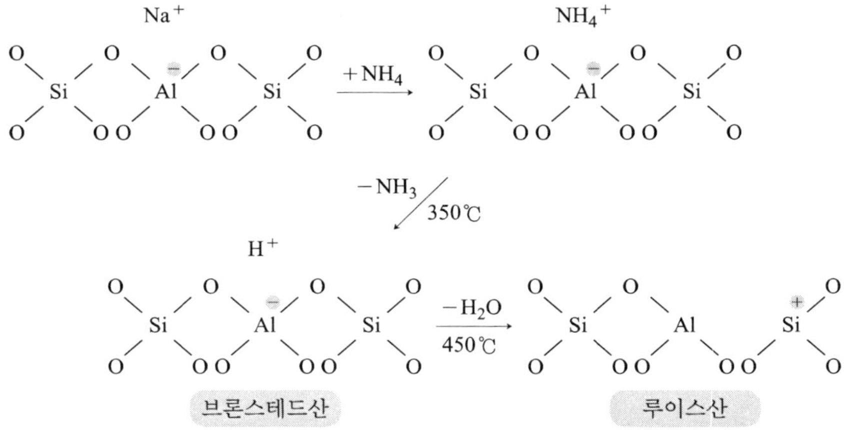

그림 17.29 브론스테드산과 루이스산에 의한 분해 메커니즘

(2) **초안정 와이 제올라이트 (USY Zeolite) 제법과 비골격 알루미나** USY 제올라이트는 제어된 스팀 조건하에서 Al을 Si로 치환하여 제조한다. 탈알루미늄화 (Dealumination) 과정에서 $Al(OH)_3$가 나오게 되며 이를 비골격 알루미나 (NFA, None Framework Alumina)라고 한다. NFA가 많아지면 비선택적 분해가 많아지므로 촉매 준비전/도중에 화학 처리로 제거해 주어야 한다. USY 제올라이트는 활성도 증가의 장점이 있는 반면, 코크 및 드라이 가스의 수율이 증가하는 단점이 있다.

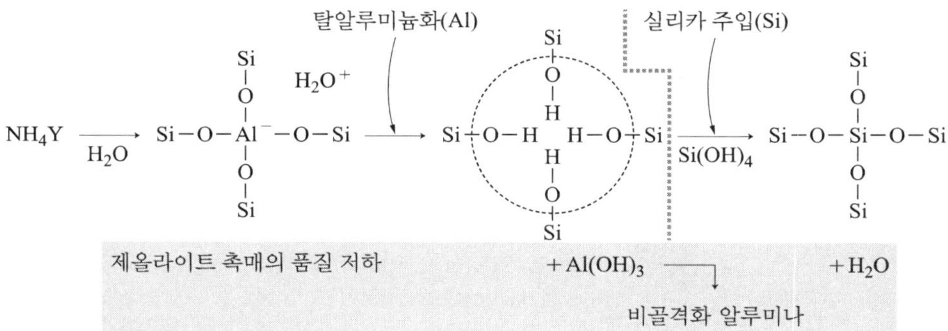

그림 17.30 초안정 와이 제올라이트 촉매제법과 비골격 알루미나

(3) **제올라이트 촉매의 활성 손실** 제올라이트 내의 활성 성분인 알루미나는 가혹한 열수조건 (Hydrothermal Condition)에서 활성을 잃는다. 바나듐(V)과 질소(N) 역시 제올라이트의 결정 구조 붕괴에 기여한다. 따라서 제올라이트는 열수 안정성과 금속 허용치 (Metal Tolerance)가 필요하다.

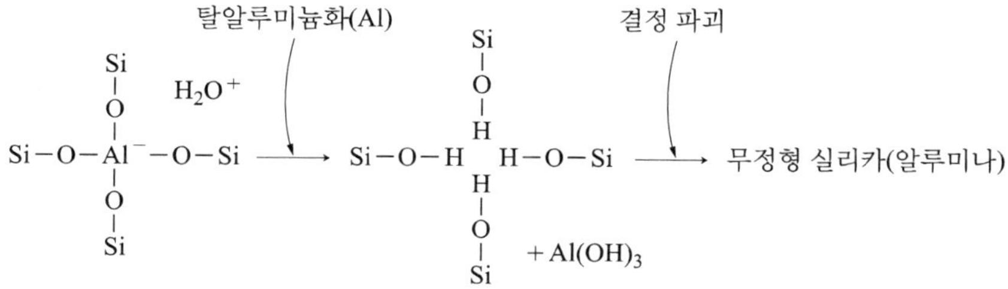

그림 17.31 제올라이트 촉매의 활성 손실

(4) **초안정 와이 제올라이트의 금속 허용치** 초안정 와이 제올라이트 (USY Zeolite)는 희토류 와이 제올라이트 (REY Zeolite)에 비해 높은 안정도를 가지고 있으며 그로 인해 잔사 유동식 촉매분해 공정 (RFCC)의 촉매에 더욱 잘 맞는다. 아래 그래프는 두 종류의 제올라이트를 770℃에서 6시간 비활성화 (Deactivation) 및 100% 스팀화 (Steaming)를 통한 전환율 경향을 나타내고 있다.

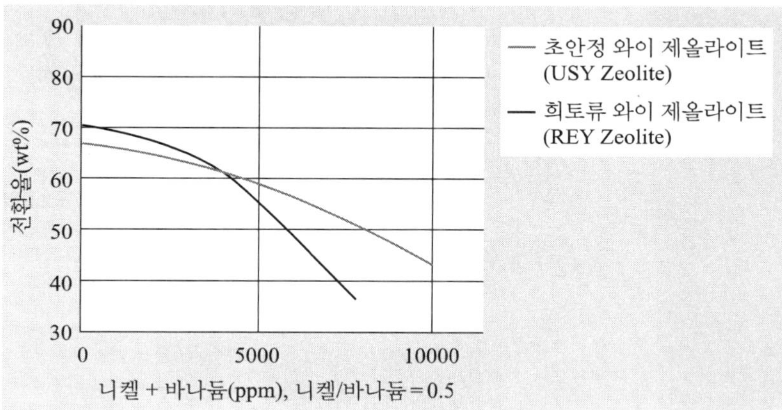

그림 17.32 USY/REY 제올라이트의 금속 허용치 비교

(5) **매트릭스** 이는 결합체 (Binder), 충진제 (Filler), 활성알루미나 (Active Alumina), 금속트랩 (Metal Trap)으로 다시 나눈다.

① **결합체** Si, Al, Al-Si 형태가 존재하고, 구성 요소들을 묶어주는 역할을 하며, 촉매 강도를 양호하게 한다. 일부 결합체는 분해 활성도를 갖기도 한다.

② **충진제** 클레이 (Clay), 카올린 (Kaolin)으로 촉매의 형상을 유지하게 하고 촉매의 열전달 역할을 한다. 그리고 거대기공 (Macro Pore)을 제공하며, 활성도는 거의 없다.

③ **활성알루미나** 중간/거대기공을 통해 사전 분해 (Pre-Cracking)를 진행시킨다. 사전 분해는 중질 피드가 제올라이트에 흡착할 수 있도록 미리 한번 분해하여 피드를 효과적으로 분해할 수 있게 한다. 약 100－1000Å 이상의 기공 구조를 갖는다.

④ **금속트랩** 촉매독의 주요 요인인 금속 (V, Ni) 성분과 선택적으로 결합해서 촉매 활성점 (Active Site)을 보호한다.

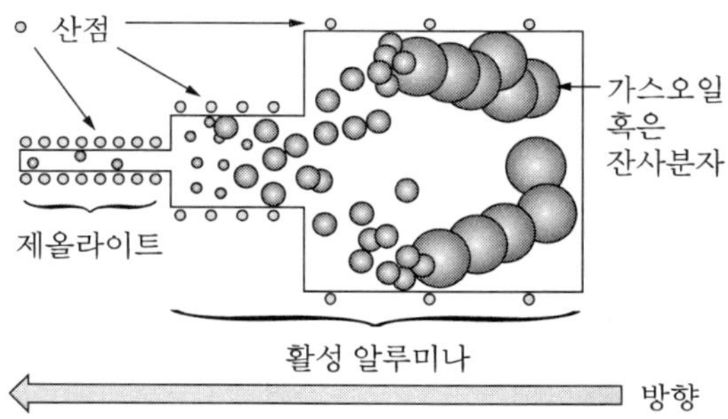

그림 17.33 매트릭스의 활성알루미나 중간/거대기공

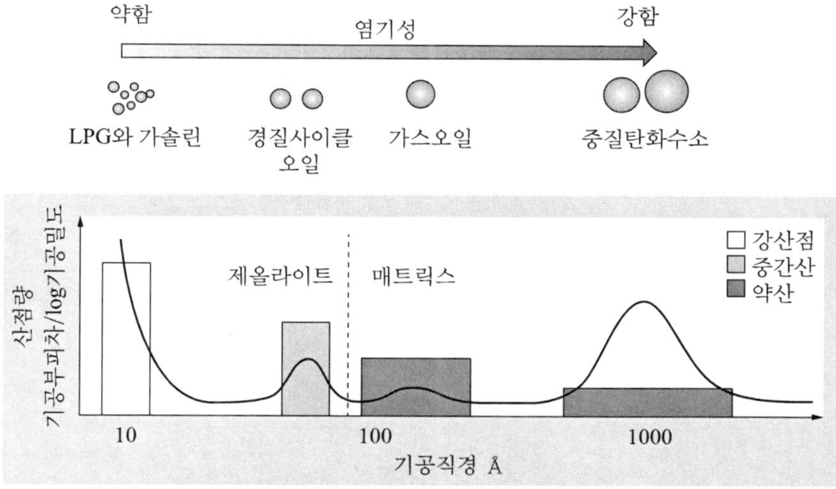

그림 17.34 촉매 제올라이트/매트릭스의 기공 사이즈와 산점량

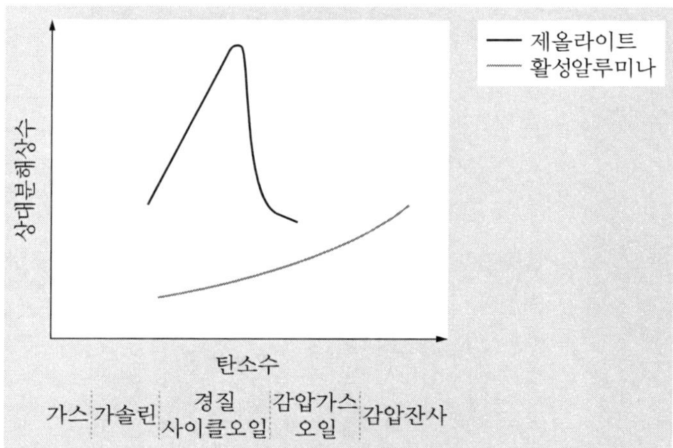

그림 17.35 제올라이트/활성알루미나의 분해상수

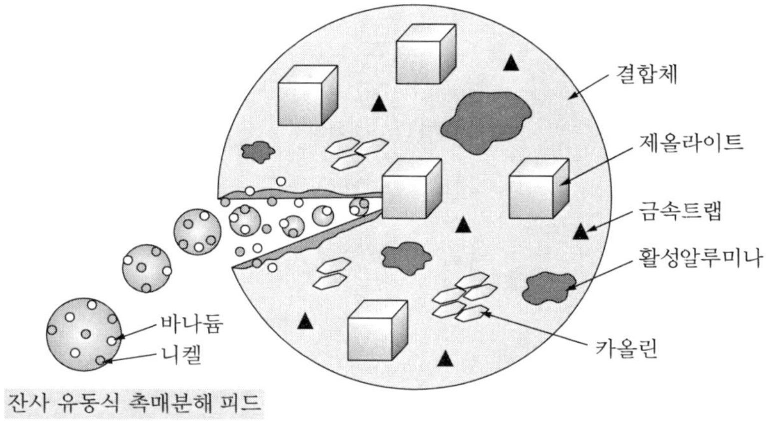

그림 17.36 잔사 유동식 촉매구성 모형도

참고 | 충진제 (Filler)와 결합체 (Binder)

충진제와 결합체는 촉매의 물성을 증진시키는 역할을 하며 또한 중간/거대 다공성 (다공도)에 영향을 미친다.

참고 | 제올라이트 기공과 활성알루미나

제올라이트는 기공 구조에 의해 가스오일이나 보다 중질의 분자를 분해하기가 어렵다. 그러나 활성알루미나는 보다 중질의 분자를 효과적으로 분해할 수 있으므로 상호 보완이 된다.

A
PPENDIX

부 록

A.1 석유화학제품 계통도 (2014 기준)

(단위: 1000톤/연)

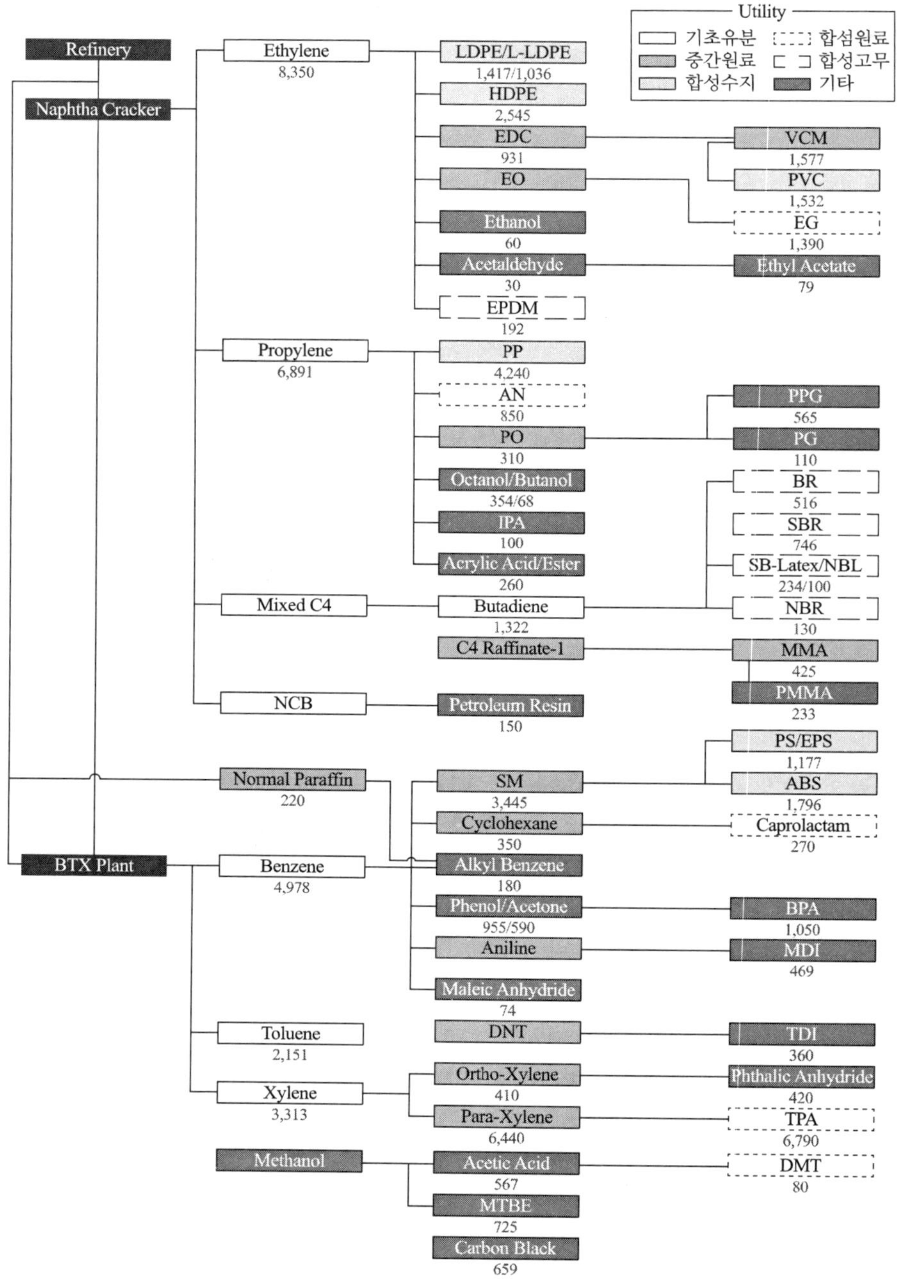

A.2 울산 산업단지 석유화학제품 계통도 (2014 기준)

(단위: 1000톤/연)

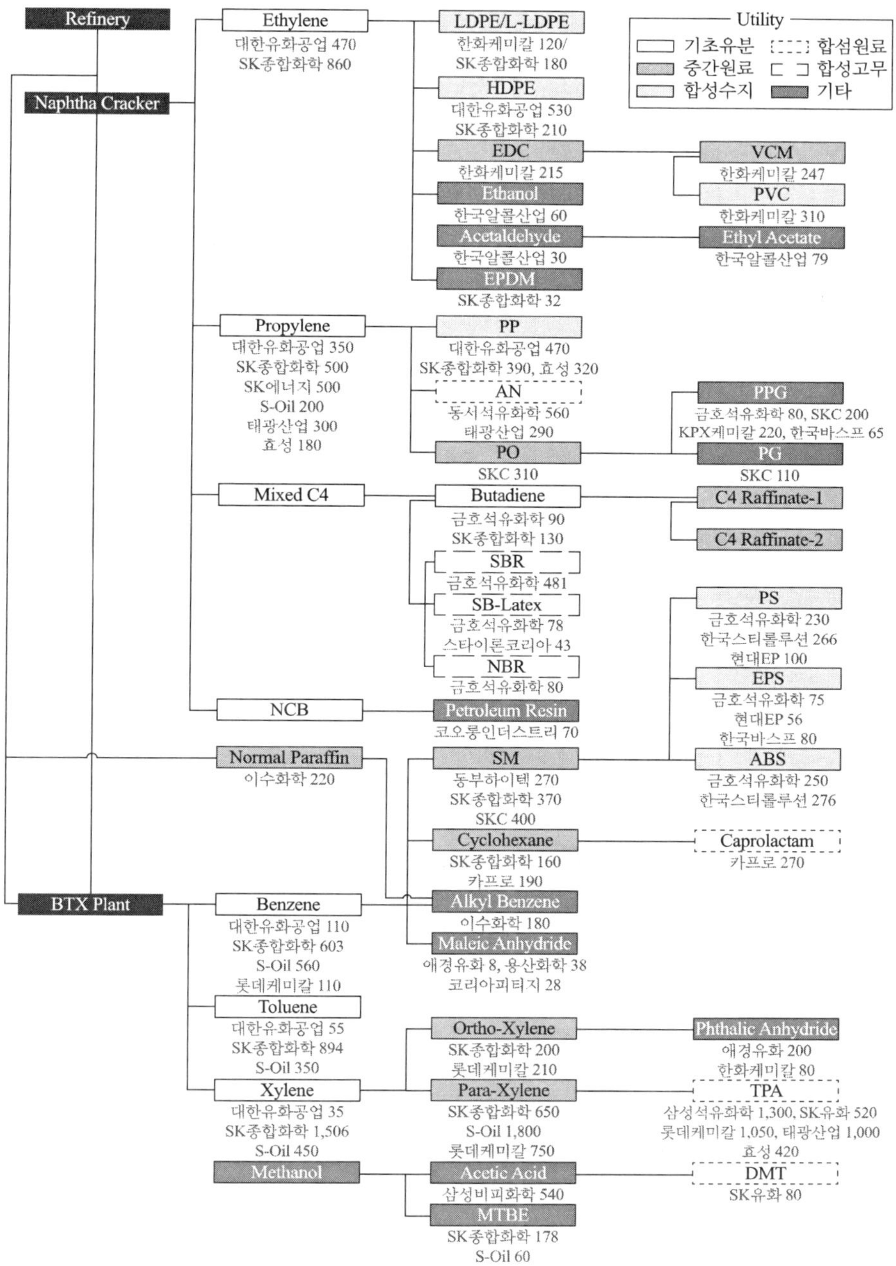

A.3 여수 산업단지 석유화학제품 계통도 (2014 기준)

(단위: 1000톤/연)

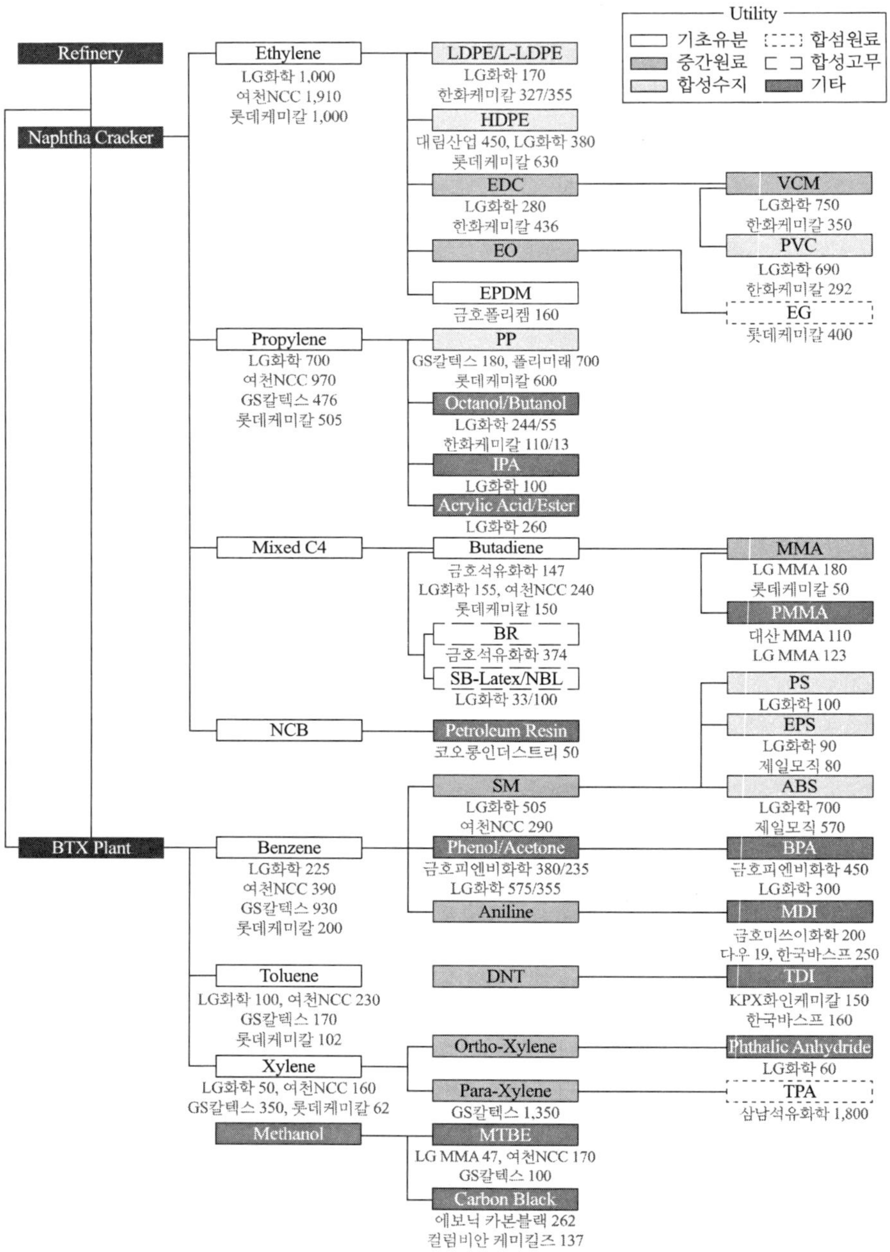

A.4 대산 산업단지 석유화학제품 계통도 (2014 기준)

(단위: 1000톤/연)

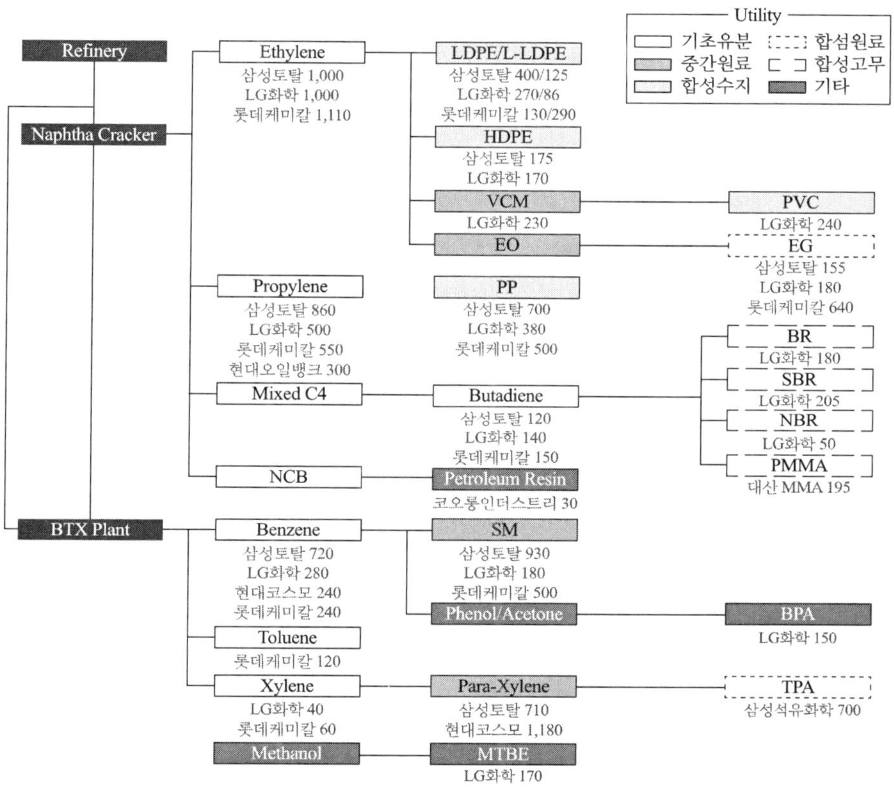

A.5 기타지역 (2014 기준)

(단위: 1000톤/연)

인천	군산	포항	광양
Benzene SK인천석유화학 200	EPS SH에너지화학 100	Phthalic Anhydride OCI 80	Benzene OCI 170
Toluene SK인천석유화학 100	TDI OCI 50	Carbon Black OCI 170	Toluene OCI 30
Xylene SK인천석유화학 600	Acetic Acid OCI 27		Carbon Black OCI 100

A.6 석유제품 분류

유 종	제품명	특 징	주요 규격
LPG	1호 (프로판)	상온에서 기체상태로 무색, 무취, 무미하며, 누설 시 폭발방지를 위해 부취제가 첨가됨. 자동차용 (2호) 연료는 프로판과 부탄이 혼합된 가스로 증기압 (시동성)을 고려하여 겨울철, 여름철 혼합비율이 달라짐.	C_3 함량 90 mol% 이상
	2호 (자동차용)		C_3 함량 - 여름용: 10 mol% 이하 - 겨울용: 15 − 35 mol%
	3호 (부탄)		C_4 함량 85 mol% 이상
항공유	JET A-1, JP-8, JP-5	연소성이 좋고, 발열량이 높으며 적당한 휘발성과 양호한 저온 특성을 지님. 국제 항공유 규격들을 충족하는 우수한 제품임.	
고급휘발유	프리미엄 가솔린	높은 옥탄가가 비정상연소에 의한 Knocking을 감소시켜 엔진에 충격을 줄임. 또한 출력은 향상되고 차량진동과 소음은 줄어들어 승차감이 좋음. 고순도 엔진청정제를 첨가하여 엔진 내 불순물과 카본 찌꺼기를 말끔히 제거하여 연비를 개선하고 엔진 성능을 더함.	황 함량 10 ppm 이하 옥탄가 100 이상 색상: 초록색
휘발유	가솔린	고순도 엔진청정제 첨가로 연료분사장치의 청정성 기능을 개선하고, 연소실 및 흡기밸브 퇴적물 생성을 방지하여 주행성이 우수하며, 비정상연소로 인한 연비 저하를 개선함.	황 함량 10 ppm 이하 옥탄가 91 이상 94 이하 색상: 노란색
등유	순백등유	고순도 정제를 통한 환경마크 인증제품으로 특히 황성분이 거의 없어 연소시 유해가스가 발생되지 않으며 냄새가 적고 눈에 자극이 적음.	황 함량 30 ppm 이하 연점 21 이상 색상: 무색
경유	클린디젤	자동차 배출가스 후처리장치 사용에 적합하도록 심도탈황을 통해 황성분을 완전히 제거하였으며, 각종 첨가제 투입으로 최신 차량에 최적화함.	황 함량 10 ppm 이하
	선박용 경유	내항선박에서 사용할 수 있도록 국내 법 규격을 준수한 제품이며, 황함량을 종전 (1.0%) 대비 대폭 감소하여 (0.05%) 배출가스를 저감한 친환경성을 높였음.	황 함량 0.05% 이하
보일러등유		경유와 등유의 중간유종으로 보일러 등에는 적합하나 황 함량이 높아 실내 사용 불가	황 함량 1000 ppm 이하

A.7 석유제품 비중과 열량표 (일반성상치)

제 품	비 중	순발열량
원유	-	10,100 kcal/kg
프로판	0.508	11,050 kcal/kg
부탄	0.580	10,900 kcal/kg
납사	0.668	7,450 kcal/L
휘발유	0.723	7,400 kcal/L
실내등유	0.793	8,200 kcal/L
보일러등유	0.811	8,350 kcal/L
경유	0.825	8,450 kcal/L
벙커-A	0.8765	8,750 kcal/L
경질잔사연료오일	0.9014	9,100 kcal/L
벙커-C	0.9401	9,350 kcal/L

※ 순발열량은 에너지법 시행규칙 별표 '에너지열량환산기준' 값임.

A.8 참고자료 (G정유사 직무 교육 자료)

1. 원유공정 및 제품
2. 상압 정유공정
3. 알기 쉬운 정유공정 및 제품품질 (1997)
4. 정유공정 중급 (2009년 엔지니어 직무교육) - 사내기술대학
5. 석유화학공정 중급 (2009년 엔지니어 직무교육) - 사내기술대학
6. PP운전교본(I) - 공정 개요
7. Environmental Knowledge (2000) - 기술직사원 직무교육
8. RFCC PRT, CO-Boiler, DeSOx (2002) - 기술직사원 직무교육
9. #1/2/3/4 CDU (2000) - 기술직사원 직무교육
10. RFCC Converter/Catalyst (2000) - 기술직사원 직무교육
11. WCN-HDS (1999) - 기술직사원 직무교육
12. Metallurgy - 기술직사원 직무교육
13. Parex/Isomar Process (2001) - 기술직사원 직무교육
14. Aromtics - NHT/CCR Platformer (2000) - 기술직사원 직무교육
15. Hydrobon/Platformer Unit (수첨탈황 및 접촉개질장치)
16. RFCC MF & Gas Con. (2000) - 기술직사원 직무교육
17. 방향족공정 및 제품 (2000) - 신입사원대상교육
18. Process Equipment Design
19. No.2 BT Extraction Process (2000) - General Operating Manual
20. RFCC 공정 일반 (2000) - 신입사원대상교육
21. 03/04, 63/64 Reformer (2000) - 기술직사원 직무교육
22. MTBE (2001) - 기술직사원 직무교육
23. Merox, LPG (2000) - 기술직사원 직무교육
24. Aromatics - NHT/CCR Platformer - 기술직사원 직무교육
25. 탈황 및 황회수 공정 (2000) - 기술직사원 직무교육
26. Tower & Tower Internals (1999) - 기술직사원 직무교육
27. Pump
28. Heat Exchanger
29. Fired Heater 중급 (2008 엔지니어교육)
30. Chevron 히터 교육자료 (2001)
31. 가열로운전 (I) - 가열로공통직무교육
32. 가열로운전 (II) - 가열로공통직무교육
33. 2003년 Heater & Burner 세미너 (2003)
34. Fired Heaters (2001)
35. In-house Burner Heater School - 강의보조교재

찾아보기

ㅎ

영문 및 기타

저자 : **장 구 수** (www.gsbiztech.wixsite.com/gusujang)

- 공학박사
- GS Caltex 근무
- 미국 GTC Technology 근무
- 국립한경대학교 일반대학원 화학공학과 시간강사
- 국립한경대학교 화학공학과 겸임교수
- (현) 수원대학교 화학공학과 객원교수
- (현) Hindustan Petroleum Corporation Limited(HPCL) Technical Adviser
- (현) 한국나크(주) 상무이사

저서 :
《Fired Heater Theory and Practice (English)》
–Book Lab (2018.2.28)
《대기오염 및 처리기술》–도서출판 동화기술 (2019.9.10)
《고분자공학》–도서출판 동화기술 (2020.3.10)

석유화학공학 정가 24,000원

발 행 2024년 3월 10일 초판 3쇄
저 자 장구수
발행인 정우용
발행처 도서출판 **동 화 기 술**
경기도 파주시 광인사길 201(문발동, 파주출판도시)
Tel (031)955-4211~6 donghwapub@nate.com
Fax (031)955-4217 www.donghwapub.co.kr
(등록) 1977년 12월 19일/9-16호

ISBN 978-89-425-9198-5